SOLIDWORKS

SOLIDWORKS® 公司官方指定培训教程
CSWP 全球专业认证考试培训教程

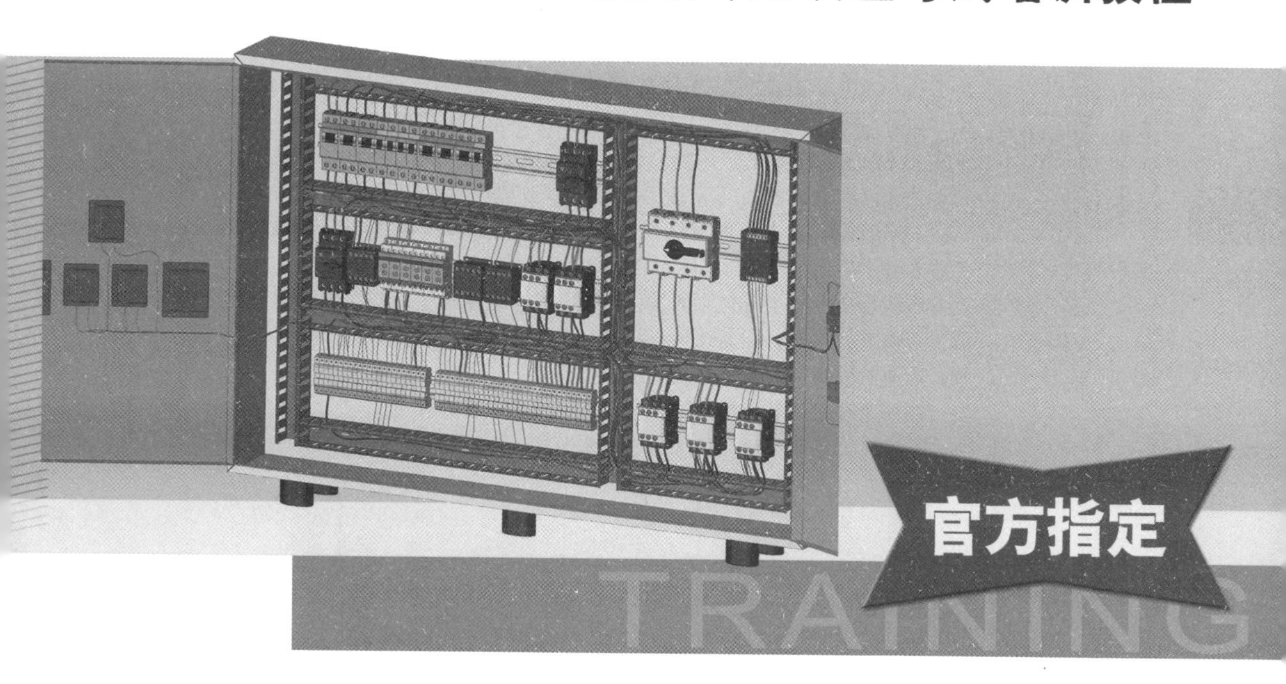

SOLIDWORKS®
电气基础教程

（2024版）

[美] DS SOLIDWORKS®公司 著
(DASSAULT SYSTEMES SOLIDWORKS CORPORATION)
戴瑞华 主编

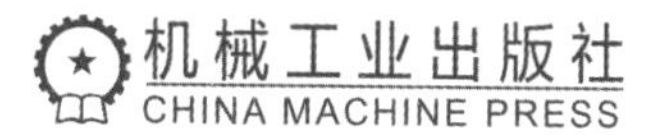

《SOLIDWORKS®电气基础教程（2024版）》是根据DS SOLIDWORKS®公司发布的《SOLIDWORKS® 2024：SOLIDWORKS Electrical：Schematic》编译而成的，主要介绍了使用SOLIDWORKS Electrical软件进行电气原理图设计的技巧和相关技术。本教程提供练习文件下载，详见“本书使用说明”。本教程提供高清语音教学视频，扫描书中二维码即可免费观看。

本教程在保留了英文原版教程精华和风格的基础上，按照中国读者的阅读习惯进行编译，配套教学资料齐全，适合企业工程设计人员和大专院校、职业院校相关专业师生使用。

北京市版权局著作权合同登记 图字：01-2024-2901号。

图书在版编目（CIP）数据

SOLIDWORKS®电气基础教程：2024版／美国DS SOLIDWORKS®公司著；戴瑞华主编. -- 2版. -- 北京：机械工业出版社，2025. 3. --（SOLIDWORKS®公司官方指定培训教程）（CSWP全球专业认证考试培训教程）.
ISBN 978-7-111-77818-9

Ⅰ. TM02-39

中国国家版本馆CIP数据核字第2025LG4795号

机械工业出版社（北京市百万庄大街22号 邮政编码100037）
策划编辑：张雁茹 责任编辑：张雁茹
责任校对：张爱妮 张亚楠 封面设计：陈 沛
责任印制：张 博
天津光之彩印刷有限公司印刷
2025年4月第2版第1次印刷
184mm×260mm · 15.25印张 · 412千字
标准书号：ISBN 978-7-111-77818-9
定价：59.80元

电话服务
客服电话：010-88361066
010-88379833
010-68326294

网络服务
机 工 官 网：www. cmpbook. com
机 工 官 博：weibo. com/cmp1952
金 书 网：www. golden-book. com
机工教育服务网：www. cmpedu. com

序

尊敬的中国 SOLIDWORKS 用户：

DS SOLIDWORKS®公司很高兴为您提供这套最新的 SOLIDWORKS® 中文版官方指定培训教程。我们对中国市场有着长期的承诺，自从 1996 年以来，我们就一直保持与北美地区同步发布 SOLIDWORKS 3D 设计软件的每一个中文版本。

我们感觉到 DS SOLIDWORKS®公司与中国用户之间有着一种特殊的关系，因此也有着一份特殊的责任。这种关系是基于我们共同的价值观——创造性、创新性、卓越的技术，以及世界级的竞争能力。这些价值观一部分是由公司的共同创始人之一李向荣（Tommy Li）所建立的。李向荣是一位华裔工程师，他在定义并实施我们公司的关键性突破技术以及在指导我们的组织开发方面起到了很大的作用。

作为一家软件公司，DS SOLIDWORKS®公司致力于带给用户世界一流水平的 3D 解决方案（包括设计、分析、产品数据管理、文档出版与发布），以帮助设计师和工程师开发出更好的产品。我们很荣幸地看到中国用户的数量在不断增长，大量杰出的工程师每天使用我们的软件来开发高质量、有竞争力的产品。

目前，中国正在经历一个迅猛发展的时期，从制造服务型经济转向创新驱动型经济。为了继续取得成功，中国需要相配套的软件工具。

SOLIDWORKS® 2024 是我们最新版本的软件，它在产品设计过程自动化及改进产品质量方面又提高了一步。该版本提供了许多新的功能和更多提高生产率的工具，可帮助机械设计师和工程师开发出更好的产品。

现在，我们提供了这套中文版官方指定培训教程，体现出我们对中国用户长期持续的承诺。这些教程可以有效地帮助您把 SOLIDWORKS® 2024 软件在驱动设计创新和工程技术应用方面的强大威力全部释放出来。

我们为 SOLIDWORKS 能够帮助提升中国的产品设计和开发水平而感到自豪。现在您拥有了功能丰富的软件工具以及配套教程，我们期待看到您用这些工具开发出创新的产品。

Manish Kumar
DS SOLIDWORKS®公司首席执行官
2024 年 6 月

戴瑞华　现任达索系统大中华区技术咨询部 SOLIOWORKS 技术总监

戴瑞华先生拥有 30 年以上机械行业从业经验，曾服务于多家企业，主要负责设备、产品、模具以及工装夹具的开发和设计。其本人酷爱 3D CAD 技术，从 2001 年开始接触三维设计软件，并成为主流 3D CAD SOLIDWORKS 的软件应用工程师，先后为企业和 SOLIDWORKS 社群培训了上千名工程师。同时，他利用自己多年的企业研发设计经验，总结出了在中国的制造业企业应用 3D CAD 技术的最佳实践方法，为企业的信息化与数字化建设奠定了扎实的基础。

戴瑞华先生于 2005 年 3 月加入 DS SOLIDWORKS®公司，现负责 SOLIDWORKS 解决方案在大中华区的技术培训、支持、实施、服务及推广等，实践经验丰富。其本人一直倡导企业构建以三维模型为中心的面向创新的研发设计管理平台，实现并普及数字化设计与数字化制造，为中国企业最终走向智能设计与智能制造进行着不懈的努力与奋斗。

前　言

DS SOLIDWORKS®公司是一家专业从事三维机械设计、工程分析、产品数据管理软件研发和销售的国际性公司。SOLIDWORKS 软件以其优异的性能、易用性和创新性，极大地提高了机械设计工程师的设计效率和质量，目前已成为主流 3D CAD 软件市场的标准，在全球拥有超过 650 万的用户。DS SOLIDWORKS® 公司的宗旨是：to help customers design better products and be more successful——让您的设计更精彩。

“SOLIDWORKS®公司官方指定培训教程”是根据 DS SOLIDWORKS® 公司最新发布的 SOLIDWORKS® 2024 软件的配套英文版培训教程编译而成的，也是 CSWP 全球专业认证考试培训教程。本套教程是 DS SOLIDWORKS®公司唯一正式授权在中国大陆地区（不包括香港、澳门特别行政区及台湾地区）出版的官方指定培训教程，也是迄今为止出版的最为完整的 SOLIDWORKS®公司官方指定培训教程。

本套教程详细介绍了 SOLIDWORKS® 2024 软件的功能，以及使用该软件进行三维产品设计、工程分析的方法、思路、技巧和步骤。为了简化和加快从概念到制造的产品开发流程，SOLIDWORKS® 2024 包含了用户驱动的全新增强功能，重点关注提高工作的智能化程度和工作效率，让工程师可以专注于设计。除此之外，还增加了基于云的扩展应用，包含新一代的设计工具以及强大的仿真能力和智能制造等。新功能中也融合了人工智能、云服务等新兴数字技术，为智能化转型升级提供了新的可能。

《SOLIDWORKS®电气基础教程(2024 版)》是根据 DS SOLIDWORKS®公司发布的《SOLIDWORKS® 2024：SOLIDWORKS Electrical：Schematic》编译而成的，着重介绍了使用 SOLIDWORKS Electrical 软件进行电气原理图设计的技巧和相关技术。

本套教程在保留了英文原版教程精华和风格的基础上，按照中国读者的阅读习惯进行编译，使其变得直观、通俗，让初学者易上手，让高手的设计效率和质量更上一层楼！

本套教程由达索系统大中华区技术咨询部 SOLIDWORKS 技术总监戴瑞华先生担任主编。由达索教育行业高级顾问严海军和 SOLIDWORKS 技术专家李鹏承担编译、校对和录入工作。此外，本教程的操作视频由达索教育行业高级顾问严海军制作。在此，对参与本教程编译和视频制作的工作人员表示诚挚的感谢。

由于时间仓促，书中难免存在疏漏和不足之处，恳请广大读者批评指正。

戴瑞华

2024 年 6 月

本书使用说明

关于本书

本书的目的是让读者学习如何使用 SOLIDWORKS 软件的多种高级功能，着重介绍了使用 SOLIDWORKS 软件进行高级设计的技巧和相关技术。

SOLIDWORKS® 2024 是一个功能强大的机械设计软件，而本书篇幅有限，不可能覆盖软件的每一个细节和各个方面，所以，本书将重点给读者讲解应用 SOLIDWORKS® 2024 进行工作所必需的基本技能和主要概念。本书作为在线帮助系统的一个有益补充，不可能完全替代软件自带的在线帮助系统。读者在对 SOLIDWORKS® 2024 软件的基本使用技能有了较好的了解之后，就能够参考在线帮助系统获得其他常用命令的信息，进而提高应用水平。

前提条件

读者在学习本书之前，应该具备如下经验：

- 电气设计经验。
- 使用 Windows 操作系统的经验。
- 已经学习了《SOLIDWORKS®零件与装配体教程（2024 版）》。
- 安装 SOLIDWORKS Electrical。
- 安装 DraftSight。

编写原则

本书是基于过程或任务的方法而设计的培训教程，并不专注于介绍单项特征和软件功能。本书强调的是完成一项特定任务所应遵循的过程和步骤。通过对每一个应用实例的学习来演示这些过程和步骤，读者将学会为了完成一项特定的设计任务应采取的方法，以及所需要的命令、选项和菜单。

知识卡片

除了每章的研究实例和练习外，书中还提供了可供读者参考的“知识卡片”。这些“知识卡片”提供了软件使用工具的简单介绍和操作方法，可供读者随时查阅。

使用方法

本书的目的是希望读者在有 SOLIDWORKS 使用经验的教师指导下，在培训课中进行学习；希望读者通过“教师现场演示本书所提供的实例，学生跟着练习”的交互式学习方法，掌握软件的功能。

读者可以使用练习题来理解和练习书中讲解的或教师演示的内容。本书设计的练习题代表了典型的设计和建模情况，读者完全能够在课堂上完成。应该注意到，人们的学习速度是不同的，因此，书中所列出的练习题比一般读者能在课堂上完成的要多，这确保了学习能力强的读者也有练习可做。

标准、名词术语及单位

SOLIDWORKS 软件支持多种标准，如中国国家标准（GB）、美国国家标准（ANSI）、国际标准（ISO）、德国国家标准（DIN）和日本国家标准（JIS）。本书中的例子和练习基本上采用了中国国家标准（除个别为体现软件多样性的选项外）。为与软件保持一致，本书中一些名词术语和计量单位未与中国国家标准保持一致，请读者使用时注意。

练习文件下载方式

读者可以从网络平台下载本教程的练习文件，具体方法是：微信扫描右侧或封底的“大国技能”微信公众号，关注后输入“2024DJ”即可获取下载地址。

大国技能

视频观看方式

扫描书中二维码可在线观看视频，二维码位于章节之中的“学习目标”或“操作步骤”处。可使用手机或平板计算机扫码观看，也可复制手机或平板计算机扫码后的链接到计算机的浏览器中，用浏览器观看。

Windows 操作系统

本书所用的截屏图片是 SOLIDWORKS® 2024 运行在 Windows® 10 时制作的。

格式约定

本书使用下表所列的格式约定：

约　定	含　义	约　定	含　义
【插入】/【凸台】	表示 SOLIDWORKS 软件命令和选项。例如，【插入】/【凸台】表示从菜单【插入】中选择【凸台】命令	注意	软件使用时应注意的问题
提示	要点提示	操作步骤 步骤 1 步骤 2 步骤 3	表示课程中实例设计过程的各个步骤

色彩问题

SOLIDWORKS® 2024 英文原版教程是采用彩色印刷的，而我们出版的中文版教程则采用黑白印刷，所以本书对英文原版教程中出现的颜色信息做了一定的调整，尽可能地方便读者理解书中的内容。

更多 SOLIDWORKS 培训资源

my. solidworks. com 提供了更多的 SOLIDWORKS 内容和服务，用户可以在任何时间、任何地点，使用任何设备查看。用户也可以访问 my. solidworks. com/training，按照自己的计划和节奏来学习，以提高使用 SOLIDWORKS 的技能。

用户组网络

SOLIDWORKS 用户组网络（SWUGN）有很多功能。通过访问 swugn. org，用户可以参加当地的会议，了解 SOLIDWORKS 相关工程技术主题的演讲以及更多的 SOLIDWORKS 产品，或者与其他用户通过网络进行交流。

目　　录

第1章　工程模板

学习目标

- 启动 SOLIDWORKS Electrical
- 环境解压缩
- 理解工程配置和工程模板
- 创建新工程
- 编辑工程配置
- 创建编号和交叉引用规则配置
- 创建工程模板

扫码看视频

1.1　SOLIDWORKS Electrical 概述

本章介绍了从 2D 原理图设计到 3D 布线，以及布线参数设置等内容，其均使用了 SOLIDWORKS Electrical（图 1-1）及相关的 SOLIDWORKS 插件。本章将循序渐进地介绍创建 SOLIDWORKS Electrical 工程的全过程。

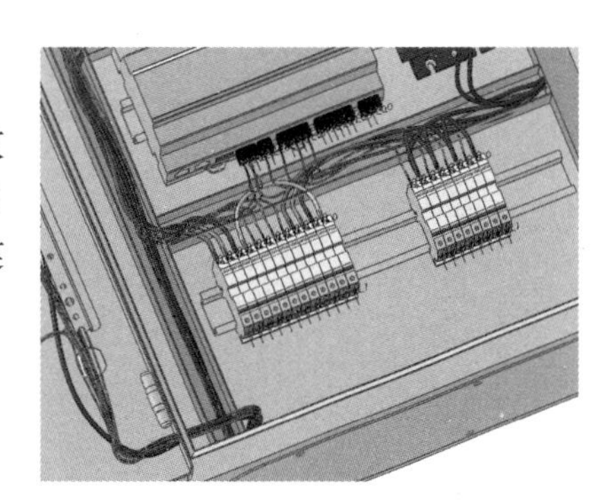

图 1-1　SOLIDWORKS Electrical

1.2　设计流程

主要操作步骤如下：

1. **新建工程**　从空白模板创建工程。
2. **修改工程配置**　为 ANSI 标准工程定义各种配置。
3. **管理公式**　创建并应用编号公式。
4. **创建工程模板**　新配置的工程将保存为模板以备将来调用。

操作步骤

启动 SOLIDWORKS Electrical，新建并修改工程配置，然后将其保存为模板以备将来调用。

1.3　启动 SOLIDWORKS Electrical

知识卡片

SOLIDWORKS Electrical	SOLIDWORKS Electrical 是独立于 SOLIDWORKS 窗口运行的一个程序，其使用 2D 符号和线条来创建电气图纸[1]，也可以与 SOLIDWORKS 同时运行同一个工程。
操作方法	• 菜单：【所有程序】/【SOLIDWORKS】/【SOLIDWORKS Electrical】。

步骤 1　启动 SOLIDWORKS Electrical　双击【SOLIDWORKS Electrical】。

步骤 2　环境解压缩　使用【环境解压缩】命令打开“Start_Lesson_01. tewzip”文件，

[1] 应当为“图样”，为与软件保持一致，故不修改。——编者注

> 该文件位于文件夹“Lesson01\Case Study”内。单击【向后】，检查可用数据。单击两次【完成】，开始解压缩环境数据。解压缩完成后单击【关闭】，完成环境解压缩。

SOLIDWORKS Electrical 用户界面主要分为 5 个部分，如图 1-2 所示。包括：

1. 功能菜单　功能菜单也叫命令菜单，包含了分别放置在不同命令组中的命令。基于当前激活的页面类型，命令组将自动显示或隐藏，以确保只有与当前环境匹配的命令可以被使用。

2. 页面、设备导航器　通过页面、设备导航器可以查看所有的工程文件数据，以及工程中的所有设备参数数据。

3. 资源面板　资源面板具有多个导航器，可以检查或编辑所选工程元素的属性。当页面打开时，宏和符号导航器将会在资源面板中自动打开。

4. 图形区域　图形区域用于限制绘图或编辑的区域。符号和图框可以通过 DraftSight 打开或编辑。页面在 DraftSight 中可以适时打开。这些操作可通过右击弹出的关联菜单进入。

5. 状态栏　状态栏可显示鼠标的位置，并可用于开启和关闭功能，例如【捕捉】。

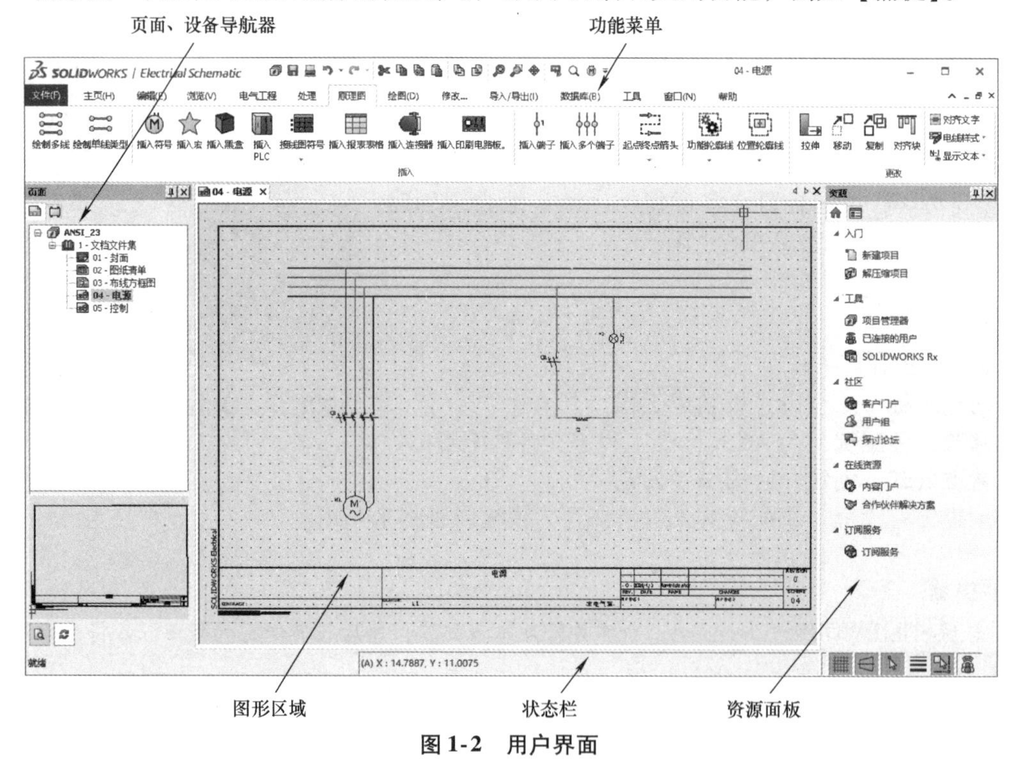

图 1-2　用户界面

1.4　工程概述

一个工程可以包含一个或多个文件集，如图 1-3 所示。每个文件集中可以包含很多不同类型的文件，用于执行和管理复杂的设计工作。

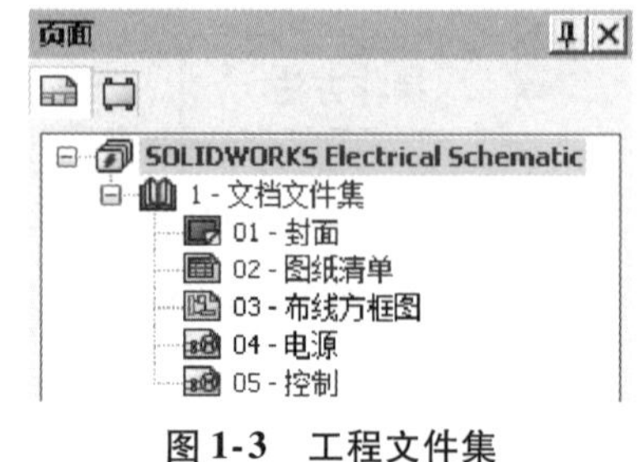

图 1-3　工程文件集

1.5　工程模板

工程模板是工程师储存的特殊工程状态。工程模板包含设计所需数据，如符号、设备型号、文件集、文件夹和各种类型页面。创建新工程时可以选择工程模板，这样可以直接提取已有的工程配置、线型定义及文件配置，甚至报表模板，从而节约大量工作时间。

推荐读者学习 SOLIDWORKS Electrical 时使用工程模板来创建工程，以便利用现有的数据快速学习。

1.6 工程配置

工程可以配置为本地化的工业或设计标准。下面列出了各种配置选项。

1.6.1 基本信息

【基本信息】包含工程语言、单位（公制或英制）、日期格式、默认端子排配置文件、PLC 配置和交叉引用配置等。

1.6.2 工程

【工程】中储存了很多不同类型的文件，这些文件可以用于创建报表、数据以及其他文件。

1.6.3 图表

【图表】用于显示/隐藏和设置颜色、线型、线宽等图形化命令。可以激活【节点指示器】以显示原理接线的接线方向，如图 1-4 所示。

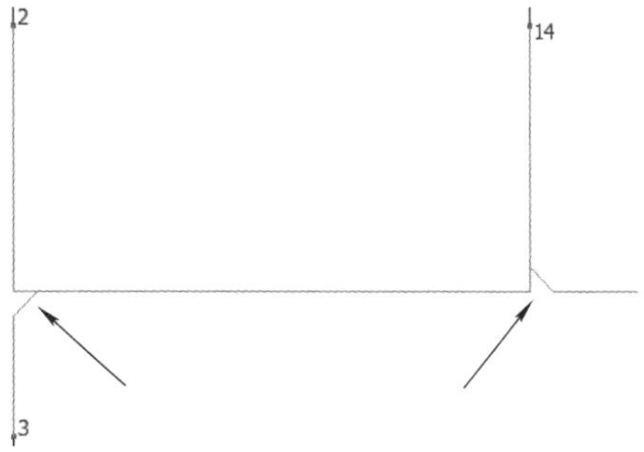

1.6.4 符号

【符号】为电线、电位、电缆和位置设置了接线图符号。

1.6.5 文字

【文字】用于为大量的自动化标注设置字体、高度、颜色和偏移值等。

图 1-4 节点指示器

1.6.6 标注

【标注】用于为所有的工程数据设置编号和交叉引用系统配置。此外，也可以设置图纸解析方向和数据唯一性等。

1.6.7 图框

【图框】用于为所有可用的页面类型定义默认的图框。

1.6.8 数据库及控制面板

【数据库及控制面板】用于选择与符号、图框、宏、设备型号相关联的数据库，也可以选择用户自定义的数据库。

1.7 工程的结构

工程具备分层管理结构，用于管理复杂的设计结构，可细分或组合相关文件。

1.7.1 文件集

文件集包含了所有组成工程的文件夹、图纸和相关文件。一个工程可以有一个或多个文件集。

1.7.2 文件夹

文件夹用于在文件集下再次组合页面，可以更方便地管理分类数据。

1.7.3 页面

页面包含了一系列不同类型信息的图纸和图表文件，包括原理图、报表、2D 布局图、端子排图和线束平展图等。实际上，计算机上可用的所有类型文件，例如包括技术参数数据的 PDF 文件，都可以添加到工程中。

打开的页面在文件结构树中的图标将显示为蓝色，激活的页面也会加粗显示。

1.8 工程配置

1.8.1 工程储存

在工程被创建的同时，会产生唯一的文件夹和结构化查询语言（Structured Query Language，SQL）数据库。默认情况下，工程将会保存在文件夹“ProgramData \ SOLIDWORKS Electrical \ Projects”内，也可以通过单击【工具】/【应用程序设置】/【数据库】选项来配置工程的存放路径和SQL实例所包含的数据。工程管理器中显示的ID编号就是唯一的文件夹编号及SQL数据库编号。

知识卡片	新建工程	• 命令管理器：【主页】/【电气工程】/【新建】。

步骤3 创建新工程 单击【新建】，弹出如图1-5所示对话框。从模板下拉列表框中选择“<空工程>”，单击【确定】。出现警告时再次单击【确定】以创建空工程。

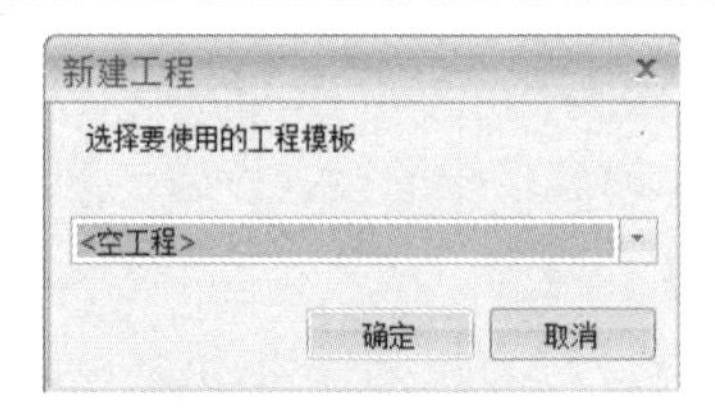

图1-5 新建工程

步骤4 设置工程属性 输入工程【标题】为“Lesson 1”，在【说明（简体中文）】中填写“空配置工程”，如图1-6所示。单击【确定】，创建工程文件夹和数据库。

注意：可以在创建工程后通过【自定义】按钮添加用户属性。

思考：为什么第一次创建工程时不能修改工程设置和自定义用户数据名称？

步骤5 编辑工程配置 单击【电气工程】/【配置】（如果选择了【配置】的下拉菜单，则单击【工程】）。

注意：尽管创建了空工程，但该工程还是会带有一些默认的配置。

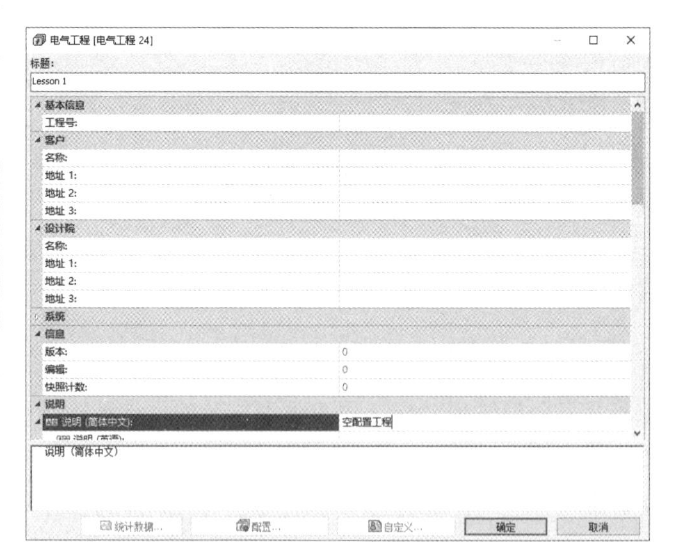

图1-6 设置工程属性

步骤6 更改基本信息 设置【第二种语言】为【西班牙语】。如图1-7所示，更改可用的选项。

步骤7 更改图表配置 在图1-8所示的【图表】配置中，将【符号】和【电线】连接点直径改为“0.01”，【符号】连接点的【显示】选择【连接后】。将【位置】和【功能】线型改为【划线】，【位置】线宽为“0.5”。勾选【自动显示节点指示器】复选框，设置【倾斜线尺寸】为“0.125”。

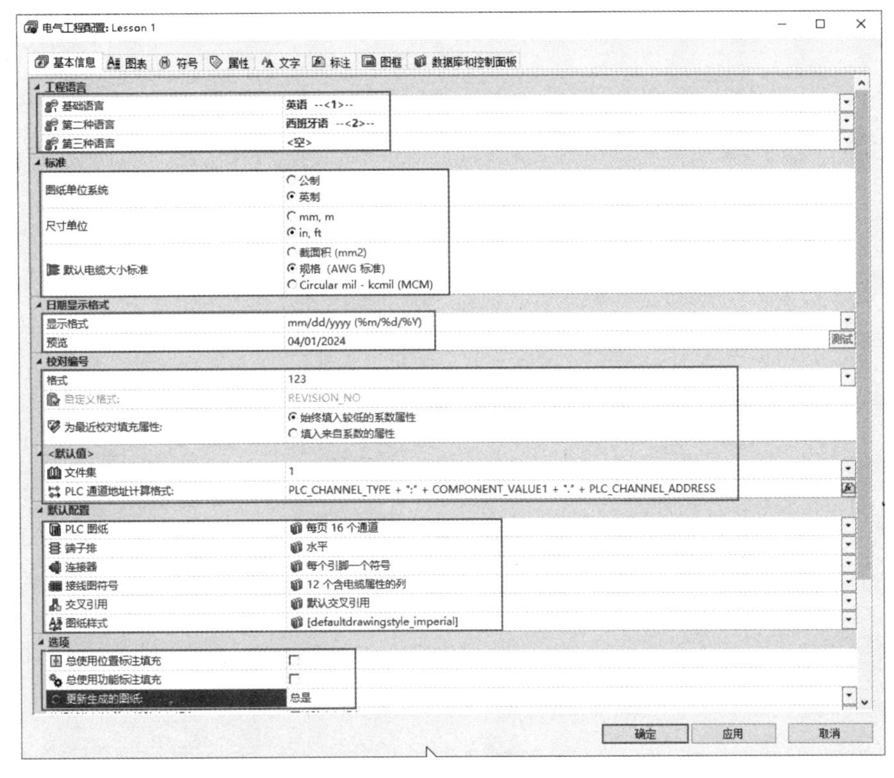

图 1-7　更改基本信息

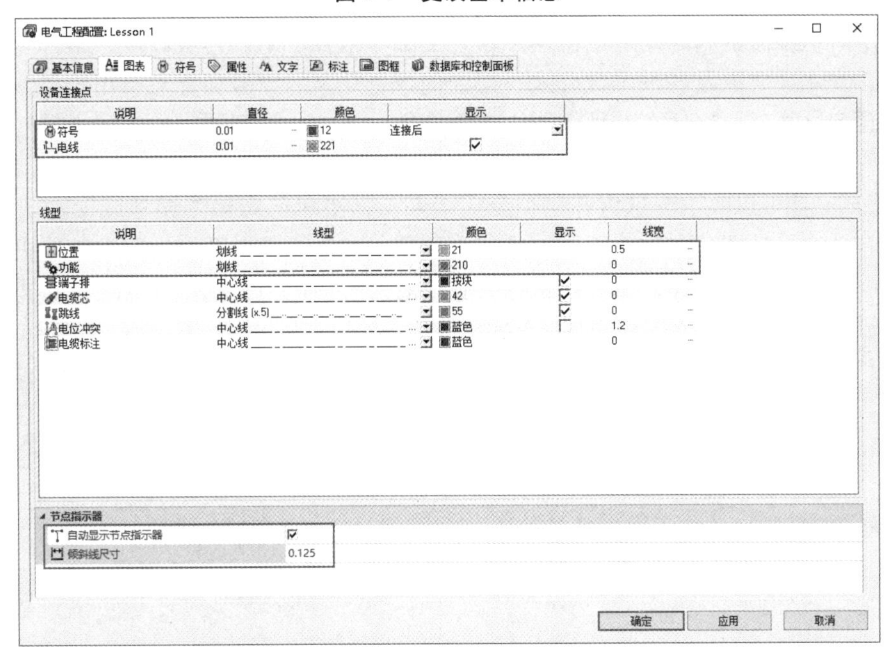

图 1-8　更改图表配置

步骤 8　更改文字设置　更改文字的【高度】和 X、Y 的偏移值，如图 1-9 所示。

注意

X、Y 的偏移值定义了文本自动插入时插入点偏移的位置。

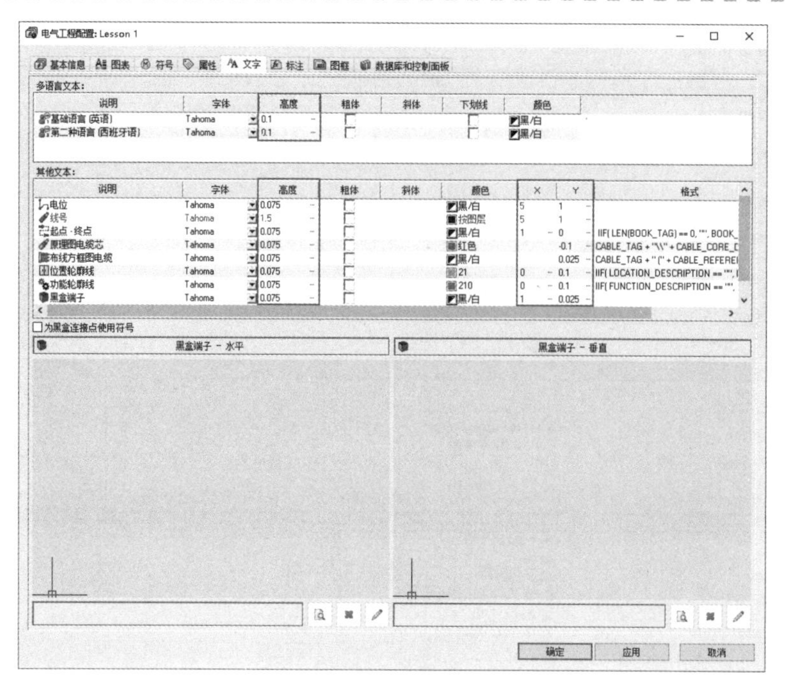

图 1-9　更改文字设置

1.8.2　格式管理器

工程中所有可编号的内容均可以由用户自定义编号格式。用户还可以调用多种变量公式，例如数学公式、文本公式以及各种函数公式，以便创建更复杂的编号和交叉引用结果。创建的公式可以保存为预定义格式，以便在其他工程中重复使用。此外，管理器中也会列出最近使用过的公式。

【测试格式】可以赋予变量值并检查公式结果，以便在正式标注编号或交叉引用之前得到预测结果。有效变量的区分取决于不同的格式管理器，如电线编号系统的需求就取决于页面中电线的类型。由于数据的多样性，每种数据都会有独立的对话框用于进行公式编辑。所有的公式编辑，都是通过【fx】按钮进入编辑页面进行操作的。

创建公式的方式有多种。如果创建公式的方式没有错误，所得的结果也正确，则公式就是正确的。

格式管理器	• 命令管理器：【电气工程】/【配置】/【工程】/【标注】fx。

步骤 9　更改图纸标注　在【标注】选项卡中单击【图纸】行右侧的【fx】格式管理按钮，进入【格式管理：文件标注】对话框，如图 1-10 所示。将对话框下方的【格式：文件标注】区域内容更改为“STRZ(((FILE_ORDERNO)*3-2),3,0)”。（已有的函数变量可切换到【功能】选项卡后，双击对应的变量名，其变量名自动填入【格式：文件标注】栏中）。

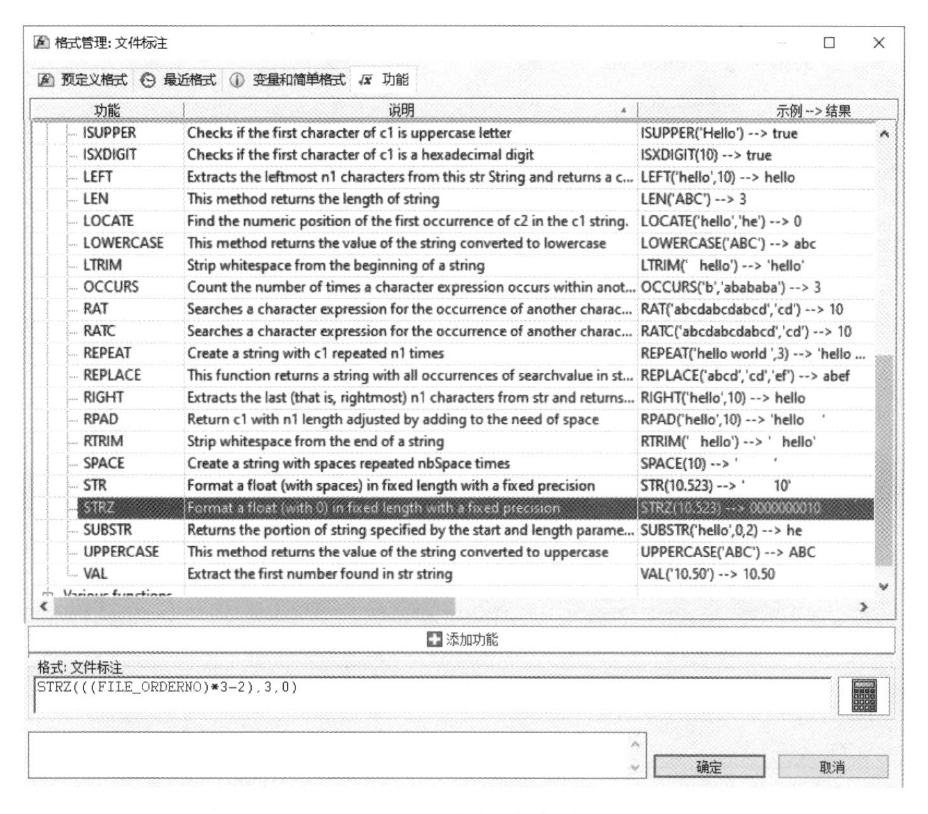

图 1-10　更改图纸标注

上面所举例子中设置的页码值为增量 3 且前缀两个 0，因此前面 3 页的页码是 001、004、007，如图 1-11 所示。公式中的“FILE_ORDERNO”变量是一个序列递增的计数器，即 1、2、3。这些数值默认为整数。因此，可以通过 3 倍（*3）并减去 2（*3 –2）来得到正确的结果。“STRZ”表示使用一个固定的长度，对于缺失的部分补 0。工程使用的公式将不会超过 100 页，因此页码不会得到 4 位数的编号，该公式是可以提供正确结果的。

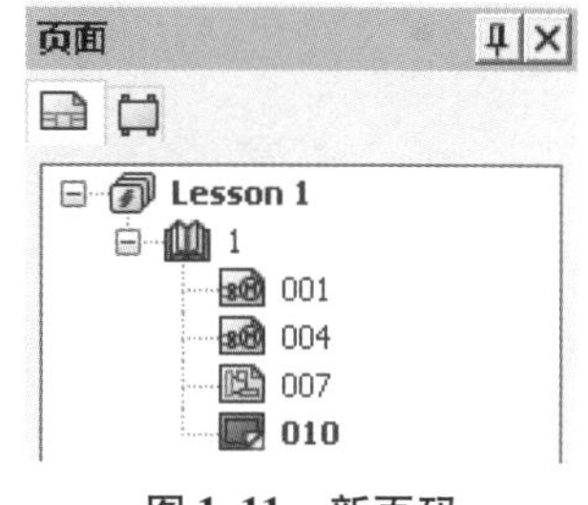

图 1-11　新页码

步骤 10　保存预定义公式　单击【保存格式】，为页码编号储存一个记录。单击【说明（简体中文）】区域，输入“Drawing #001, 004, 007”，如图 1-12 所示。

步骤 11　测试公式　单击【测试格式】图标。如图 1-13 所示，输入“FILE_ORDERNO”值为“99”，确保结果不会得到 4 位字符。单击【关闭】和【确定】，确认新的页面编号格式。

步骤 12　设置图框行编号　单击【行】的【*fx*】格式管理按钮。选择预定义公式“文件序号 * 100 + 行号”，单击【替换格式】。

然后更改“FILE_ORDERNO”为“FILE_TAG”，公式调整为下方内容：

“ALLTRIM(STR((VAL(FILE_TAG) * 100 + VAL(ROW_ORDERNO)),5,0))”

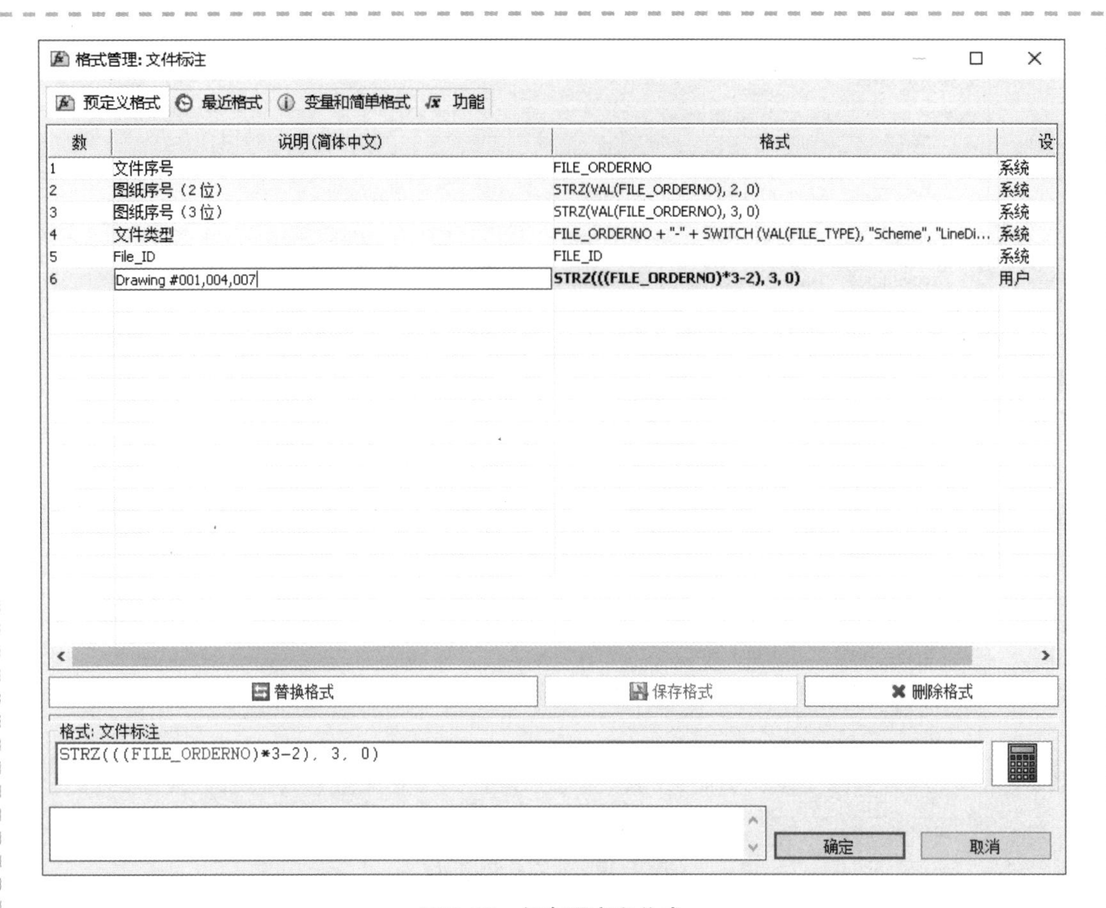

图 1-12　保存预定义公式

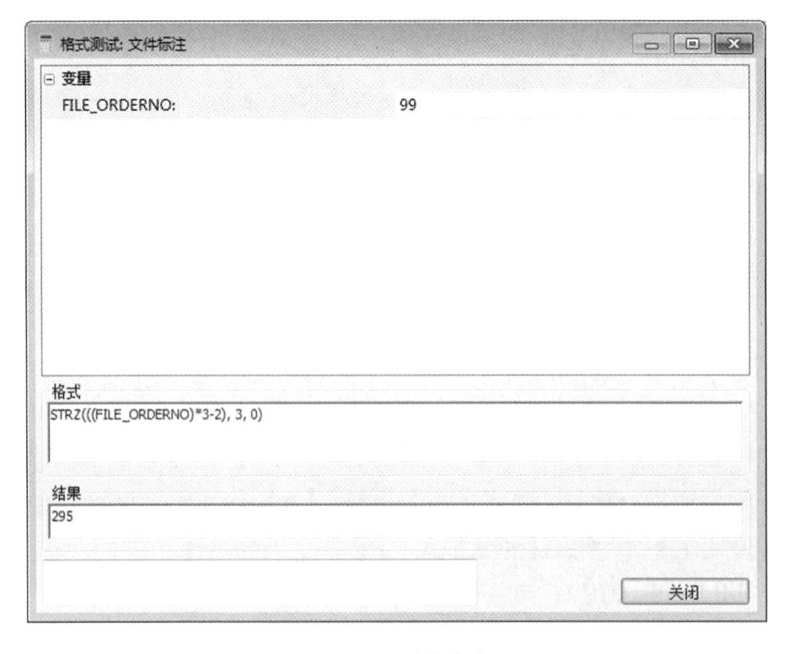

图 1-13　测试公式

单击【测试格式】▦，调整“FILE_TAG”为“1”，结果如图1-14所示。

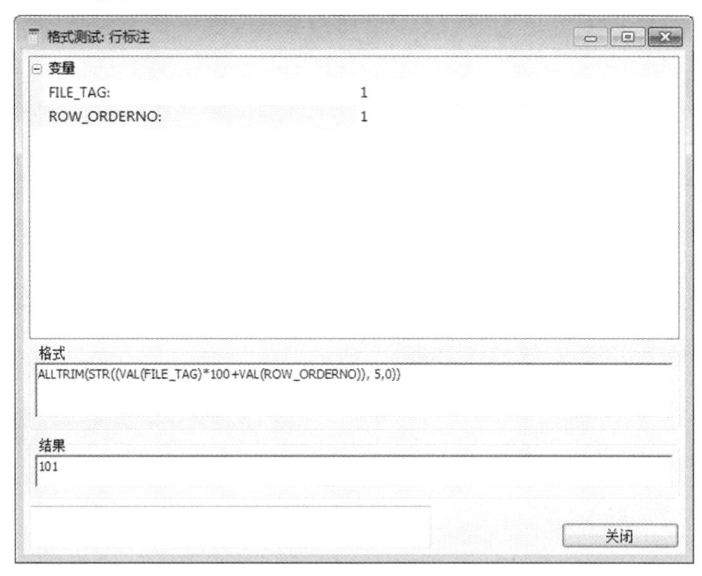

图1-14 格式测试结果

单击【关闭】，再单击两次【确定】后返回页面。

图1-14所示【格式】中的公式将页码和行编号转换为数字，然后将页码乘以100再加上行编号，实现长度为3位数的编号，首位不含空格，如图1-15所示。

图1-15 行编号

使用不同的公式也可以实现相同的效果，例如下面的公式也可以得到同样的结果：“VAL(FILE_TAG) * 100 + VAL(ROW_ORDERNO)”。

步骤13 设置起点-终点箭头和交叉引用公式 单击【起点-终点】的【*fx*】格式管理按钮。在【变量和简单格式】区域，双击公式“ROW_TAG”，单击【确定】，如图1-16所示。重复该过程，设置【交叉引用】公式应用变量“ROW_TAG”。单击【确定】，返回工程配置页面。

步骤 14　使用自定义模式　将【电气工程配置】最下方的【标注模式】切换到【自定义标注】模式。

步骤 15　设置设备编号格式　单击【设备】的【*fx*】格式管理按钮。输入“COMPONENT_ROOT + ROW_TAG + COMPONENT_ORDERNO”，如图 1-17 所示。单击【确定】，确认公式的改变。该公式表示在源标注后添加行标注，再加上设备的序号。

图 1-16　设置起点-终点箭头和交叉引用公式

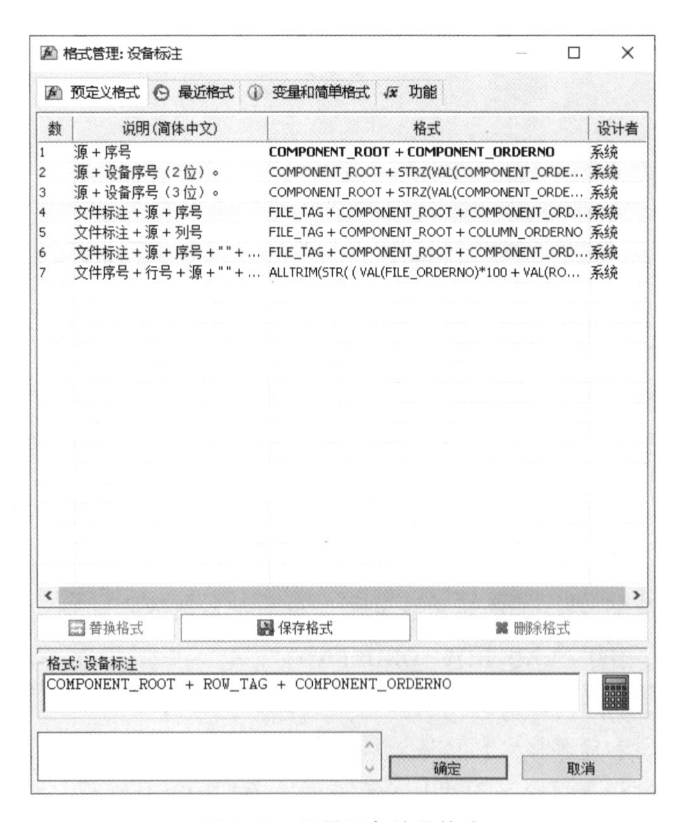

图 1-17　设置设备编号格式

1.8.3 图框

每种页面类型都可以设置不同的默认图框，可以通过页面的关联菜单实现替换或更改图框，以及设置不同的图框尺寸或类型。具体的操作是使用【图框】/【替换】。图框含有属性，可以直接链接到工程、文件及页面区域，各区域的属性值会自动更新。

图框	• 命令管理器：【电气工程】/【配置】/【图框】。 • 快捷方式：右击页面，选择【图框】/【替换】。

步骤 16 选择默认图框 在【图框】中选择【关联】，在【筛选】区域单击【删除筛选器】。选择浏览方式为【列表模式】。在【标题】区域中输入图框名称，快速定位图框位置并应用适当的图框样式，如图 1-18 所示。按照图 1-19 所示图框名称关联到图纸类型。

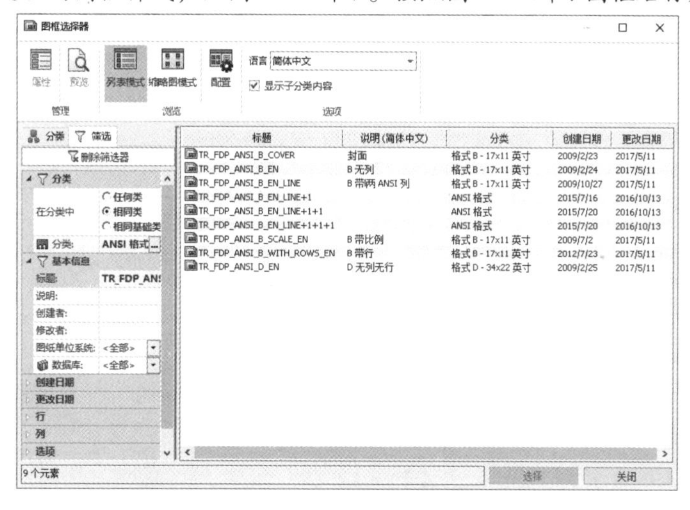

图 1-18 选择默认图框

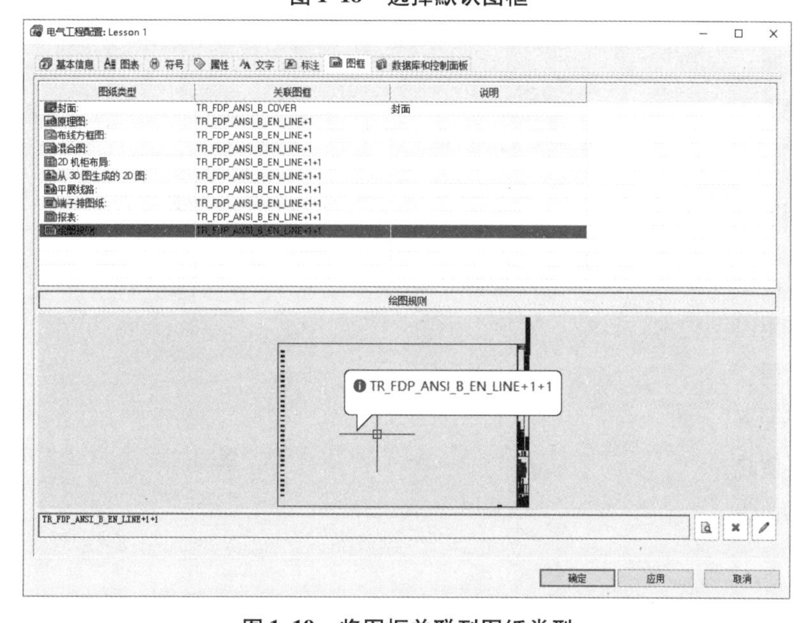

图 1-19 将图框关联到图纸类型

提示 由于列表中的内容会随着输入的名称自动减少，所以列表模式更容易缩小查找范围，而不需要输入完整的图框名称。

步骤17 设置数据库 在【数据库和控制面板】中只选择以下类型：

- 2D_GENERIC。
- 2D_PART。
- ANSI。
- AWG_CABLE。
- KCMIL_CABLE。
- Training Library。

步骤18 更改控制面板设置 将【关联控制面板】设置为对应的ANSI标准，如图1-20所示。单击【确定】，保存所有更改的配置内容。

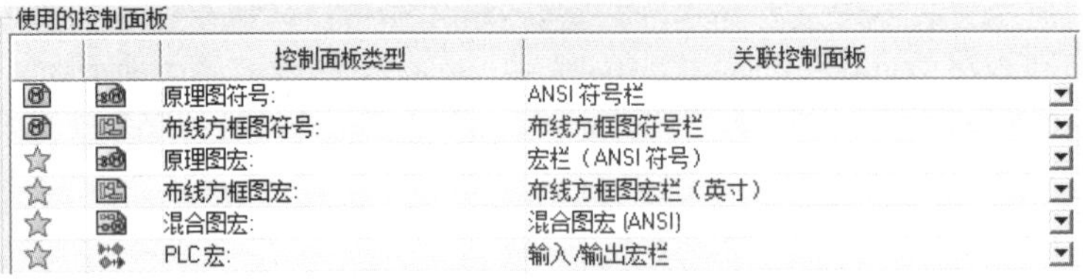

使用的控制面板
控制面板类型
关联控制面板
原理图符号:
ANSI 符号栏
布线方框图符号:
布线方框图符号栏
原理图宏:
宏栏（ANSI 符号）
布线方框图宏:
布线方框图宏栏（英寸）
混合图宏:
混合图宏 (ANSI)
PLC 宏:
输入/输出宏栏

图1-20 更改控制面板设置

步骤19 创建工程模板 打开【电气工程管理】。选择“Lesson 1”，单击【关闭】。选中“Lesson 1”，单击【保存为模板】。单击【确定】，将新创建的模板命名为“Lesson 1”，如图1-21所示。

电气工程
请输入工程模板的名称
Lesson 1
确定
取消

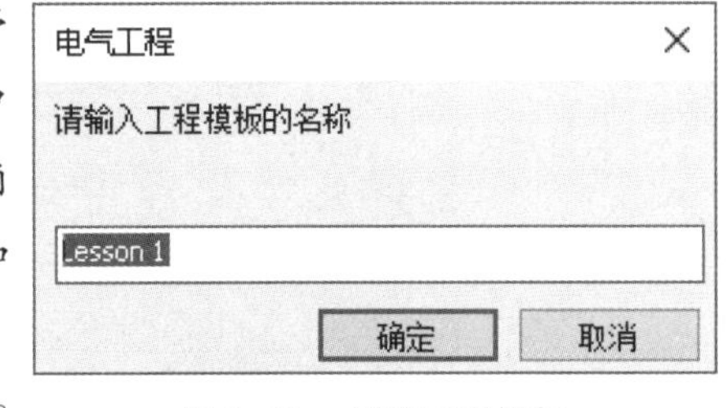

图1-21 创建工程模板

当弹出菜单提示选择工程语言时，单击【是】。当询问是否打开文件位置时，单击【否】。

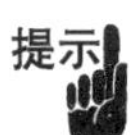

提示 模板可以随时更新，只需要基于模板创建工程，更改配置并保存为新模板即可。确保新模板使用不同的名称，否则新模板将会覆盖旧模板，并更新所有设置。

练习 创建模板

创建新工程，更改配置，并保存为模板。

本练习将使用以下技术：

- 创建新工程。
- 编辑工程配置。
- 更改基本信息。
- 创建工程模板。

操作步骤

基于IEC模板创建工程，更改配置后创建新工程模板。

步骤1 创建IEC工程 单击【新建】，基于IEC模板创建新工程。

步骤2 定义工程信息 定义以下工程信息，创建SQL数据库和相关文件夹。

- 标题：Template Exercise 01。
- 工程号：Job # Here。
- 客户：Leave Section Blank。
- 设计院：Ezy Sparkz。
- 地址1：Elektrk Av。
- 地址2：RK Down Industrial Pk。
- 说明（英语）：Machine 693 Option A。

步骤3 修改基本信息 编辑工程配置，应用以下设置：

- 第二种语言：德语。
- 日期显示格式：01-10-15。
- 校对编号格式：123。
- 端子排：DIN水平。

保存更改。

步骤4 保存为工程模板 将修改后的工程保存为模板，命名为“Machine 693 option A”，如图1-22所示。

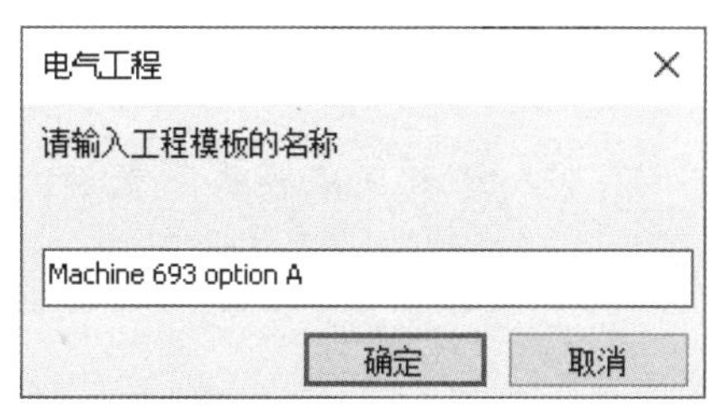

rogramData › SOLIDWORKS Electrical › ProjectTemplate

名称	修改日期	类型	大小
Machine 693 option A.proj.tewzip	2024/4/2 17:43	SOLIDWORKS El...	266 KB
Lesson 1.proj.tewzip	2024/4/2 17:24	SOLIDWORKS El...	273 KB
ANSI.proj.tewzip	2023/10/10 17:24	SOLIDWORKS El...	259 KB
GB_Chinese.proj.tewzip	2023/10/10 17:24	SOLIDWORKS El...	288 KB
IEC.proj.tewzip	2023/10/10 17:24	SOLIDWORKS El...	268 KB
JIS.proj.tewzip	2023/10/10 17:24	SOLIDWORKS El...	266 KB

图1-22 保存为工程模板

第 2 章　修改工程配置

学习目标

- 基于模板创建工程
- 创建工程宏
- 应用工程宏
- 更新工程模板
- 创建环境压缩

扫码看视频

2.1　环境数据概述

SOLIDWORKS Electrical 环境数据可帮助工程师备份所有工程数据，包括工程、符号和设备型号，以及所有 SQL 数据库关联信息。除了创建系统还原点之外，环境也可以在局域网环境中分享数据。

本章将会讲解在不同的项目之间通过工程宏传递线型的设置，修改后的模板将会被更新。本章还将介绍创建环境压缩并设置自动提醒。

提示　使用 SOLIDWORKS Electrical 完成模板配置后，需要完成一次环境压缩。建议用户在日常工作中能习惯性地建立环境压缩。

2.2　设计流程

主要操作步骤如下：

1. **解压缩环境**　解压缩环境，获得所需的课程文件。
2. **基于模板创建工程**　基于已有的模板创建新工程，并获得多样式的线型及编号群。
3. **创建工程宏**　在工程图纸中绘制线型，并创建工程宏。
4. **插入工程宏**　插入新建的工程宏到另一个工程中，快速应用工程信息。
5. **更新模板**　保存工程模板，替换并更新已有模板。
6. **创建环境压缩**　创建环境压缩，并设置自动提醒。

操作步骤

创建工程，添加数据到原理图中，保存数据为宏，应用宏到另一个工程，更新已有模板。

步骤 1　环境解压缩　单击【环境解压缩】，打开文件“Start_Lesson_02. tewzip”，该文件位于文件夹“Lesson02\Case Study”内。单击【向后】，检查可用数据，如图 2-1 所示。单击【完成】，如图 2-2 所示。单击【关闭】，启动解压缩过程。

思考　如果计算机中已经更新过数据，环境解压缩还会更新这些数据吗？会替换吗？

图 2-1 检查可用数据

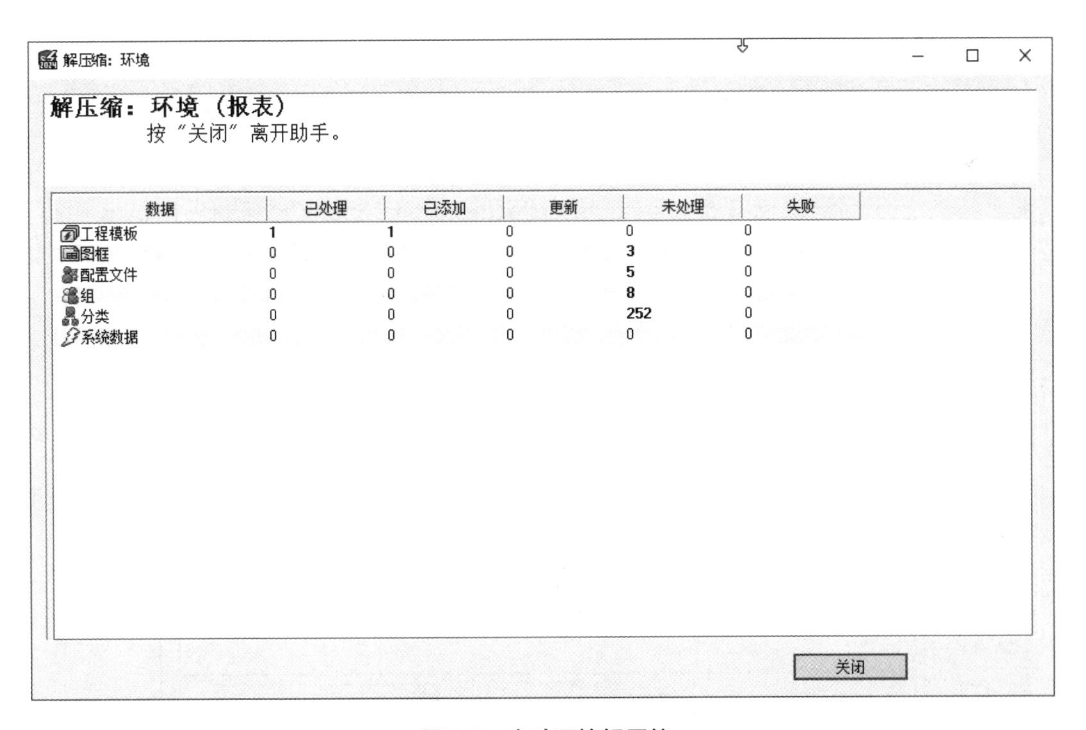

图 2-2 启动环境解压缩

步骤2 基于模板创建工程 单击【新建】。选择【IEC】模板，单击【确定】。【选择工程语言】设置为【英语】，如图2-3所示，单击【确定】。

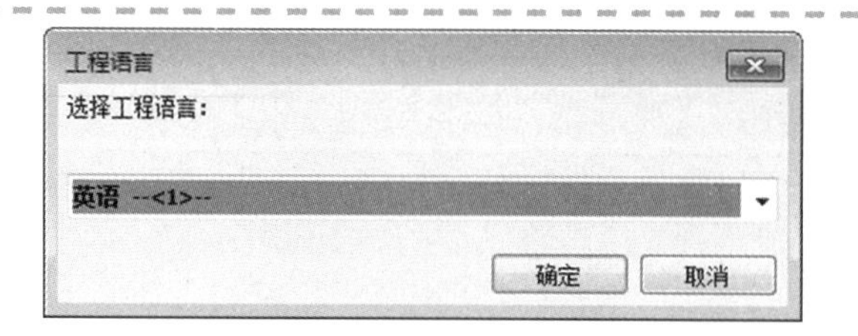

图 2-3 选择工程语言

步骤3 工程信息 输入工程【标题】为“Lesson 2”，【说明】为“Project macro”。单击【确定】创建工程。

思考 如果看不到页面导航器或其他侧边栏，怎么办？

步骤4 创建页面 创建的工程包含文件集及不同类型的页面，在侧边栏的页面导航器中会显示出所有页面，如图 2-4 所示。确认选中了【预览】图标，以便单击“04-Electrical scheme”后可以预览页面。

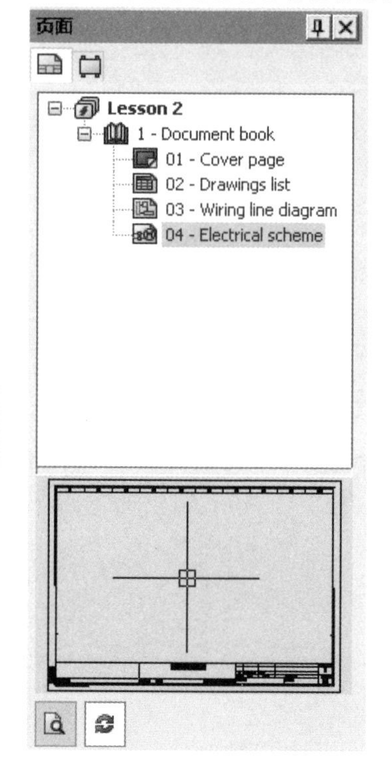

图 2-4 工程页面

思考 工程中创建页面的优点是什么？

步骤5 打开页面 双击“04-Electrical scheme”，打开页面，如图 2-5 所示。

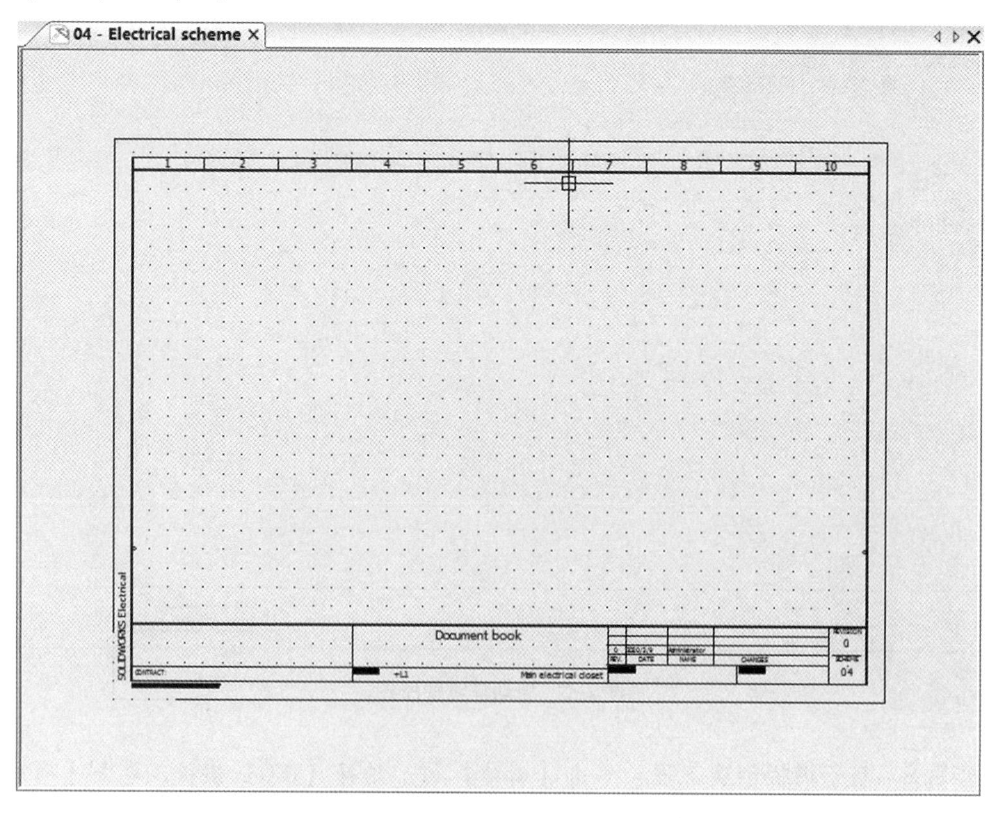

图 2-5 打开页面

2.3　绘制多线

【绘制多线】工具用于添加 1 ~5 条线，代表电线的相序，如图 2-6 所示。电线相互平行，等间距，可以水平也可以垂直（除非开启【非正交模式】）。

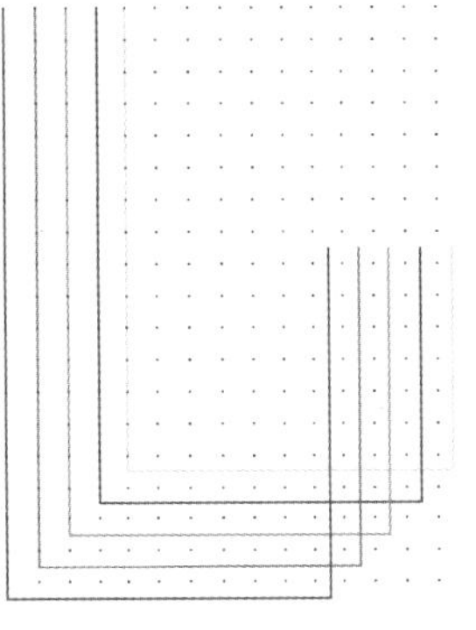

图 2-6　绘制多线

2.3.1　选择线型

电线参数包含线型、电线数量、间距和颜色等，都可以预先定义。在当前例子中，将会使用【N L1 L2 L3】（每个相一种颜色）线型。该线型包括如图 2-7 所示的线型及颜色。

中性线（蓝色）	相 1（红色）	相 2（棕色）	相 3（深红色）	保护（绿色）

图 2-7　N L1 L2 L3 每个相一种颜色

一些选项定义了线型如何出现、如何弯曲以及如何水平或垂直，见表 2-1。这些设置可以通过按钮或快捷键执行。

表 2-1　线型绘制功能表

名　称	说　明	图　示
相位反转（〈Spacebar〉键）	非交叉电线	
	交叉电线	
绘制折弯（快捷键〈C〉）	仅绘制角度的一条线段	
	绘制角度的两条线段	

（续）

名　　称	说　　明	图　　示
绘制非正交（快捷键〈F8〉）	开关	

注意

对于【绘制非正交】选项，光标位置会影响连接（电线角度），如图2-8所示。

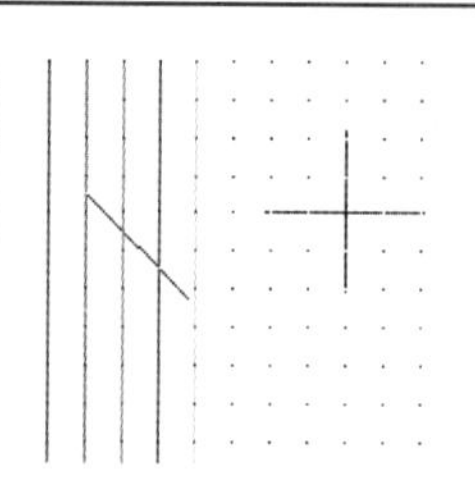

图2-8　绘制非正交

2.3.2　电线样式选择器

【电线样式选择器】用于选择线型，如图2-9所示。可以只选中五相中的某一相，并不是所有线型都需要被同时使用。

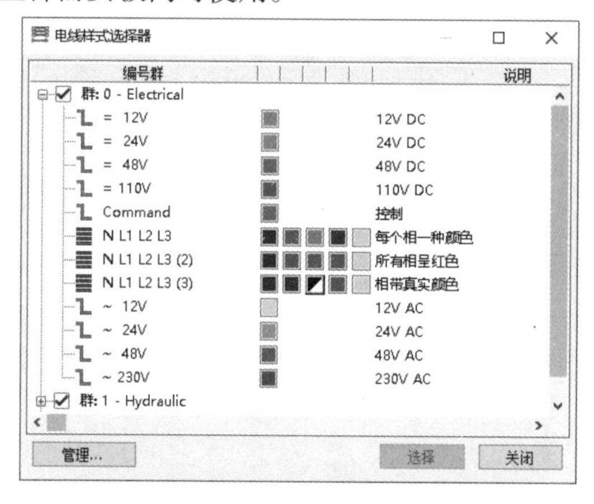

图2-9　【电线样式选择器】对话框

知识卡片	绘制多线	• 命令管理器：【原理图】/【绘制多线】。

步骤6　绘制多线　单击【绘制多线】。单击【浏览】进入【电线样式选择器】。

步骤7　设置多线　选中【N L1 L2 L3（3）】，单击【选择】，如图2-10所示。确认五相均被选中，如图2-11所示。

注意

电线设置在【电线样式选择器】中是可以编辑的，也可以在图纸中选定电线后通过属性界面进行编辑。

步骤8　绘制多线　单击图形区域，在左侧位置开始绘制，如图2-12所示。

步骤9　绘制单线　单击【绘制单线类型】。和绘制多线的过程一样，本次选择【~12V-12V AC】并单击【选择】。在多线下方绘制单线，如图2-13所示。重复操作，选择并绘制以下线型。

侧边栏的命令窗口可以通过单击⇥保持激活状态。

- ~24V-24V AC。
- ~48V-48V AC。
- ~230V-230V AC。

单击【取消】✖或使用〈Esc〉键结束命令。

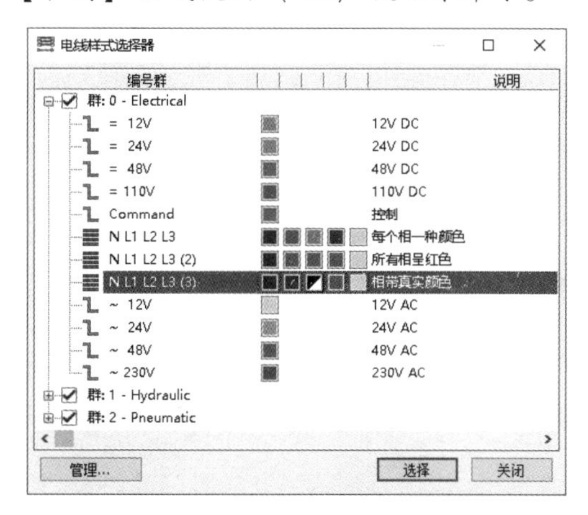

图 2-10　设置多线

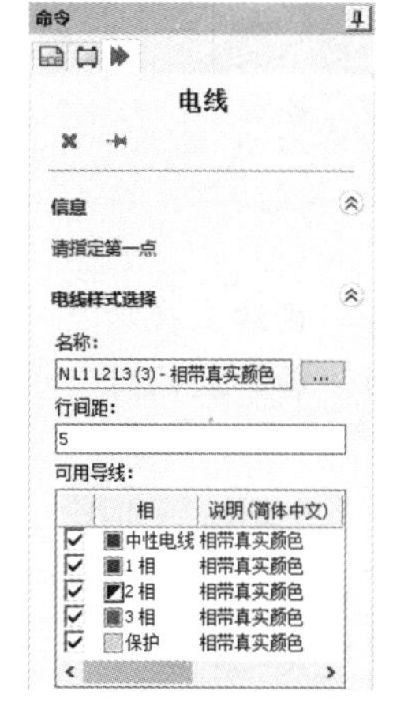

图 2-11　勾选五相

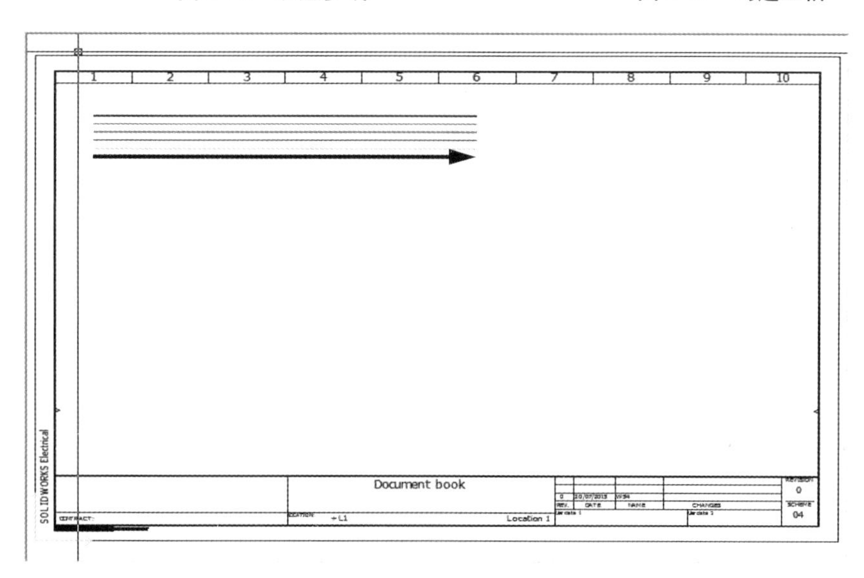

图 2-12　绘制多线

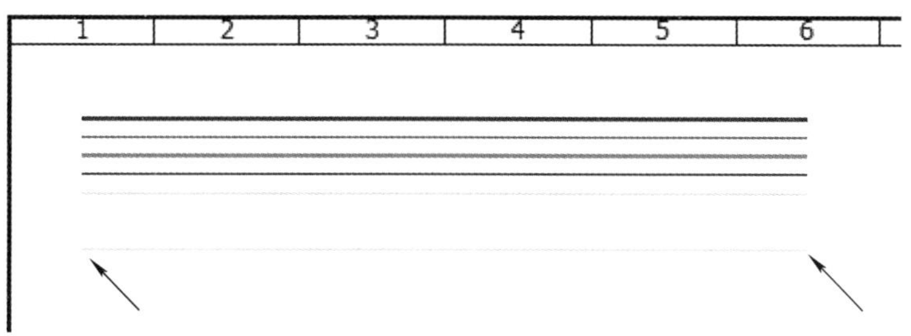

图 2-13　绘制单线

2.3.3 工程宏

工程宏包含一个或多个页面、文件夹或文件集，以及其内部所有数据内容。此类宏的级别类似一个工程，可以插入到任意工程中。该方式提高了设计流畅性，因为宏可以在工程之间传递信息，构建更复杂模块的参数化设计。

工程宏会自动去除图框，以便于宏内容适应所插入的工程配置。

创建工程宏	• 快捷方式：右击选中的文件并单击【创建工程宏】。

步骤10 创建工程宏 右击页面“04-Electrical scheme”，选择【创建工程宏】。

步骤11 填写宏信息 填写宏信息，如图2-14所示。单击【确定】创建并保存宏。

图2-14 填写宏信息

步骤12 创建新工程 单击【主页】/【电气工程】/【新建】。选择“Base Training Project”模板，单击【确定】，如图2-15所示。更改工程名称为“Base Training Project”，单击【确定】。

步骤13 插入工程宏 展开“Base Training Project”，右击文件集“1-Document book”，选择【插入工程宏】。选择步骤11中保存的宏，在【特定粘贴】对话框中单击【完成】，添加宏，如图2-16所示。

思考 页面中尽可能少地添加电线有什么优点？

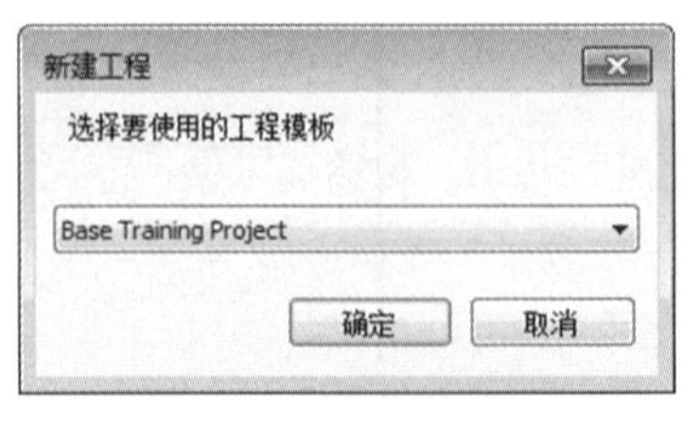

图2-15 创建新工程

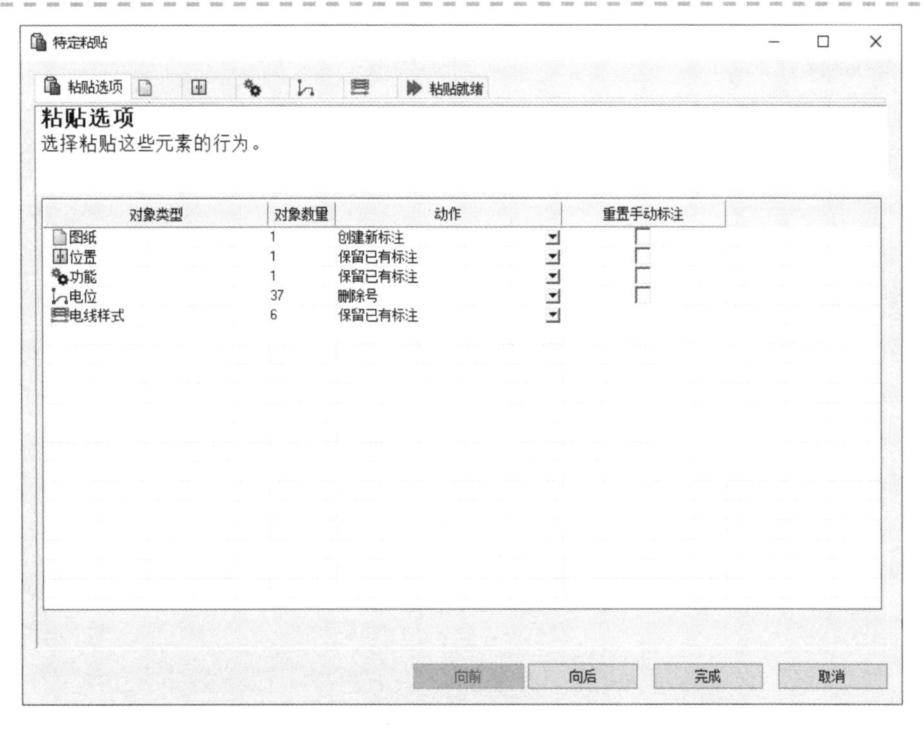

图 2-16　【特定粘贴】对话框

步骤 14　更新模板　右击新创建的页面，选择【删除】，单击【确定】。单击【电气工程】。

为什么【电气工程管理】对话框中一些工程名称加粗显示还带颜色?

选中“Base Training Project”，单击【关闭】，然后单击【保存为模板】。如图 2-17 所示，不改变名称，单击【确定】。单击【是】覆盖原有模板，单击【否】打开文件夹。单击【关闭】，关闭对话框。

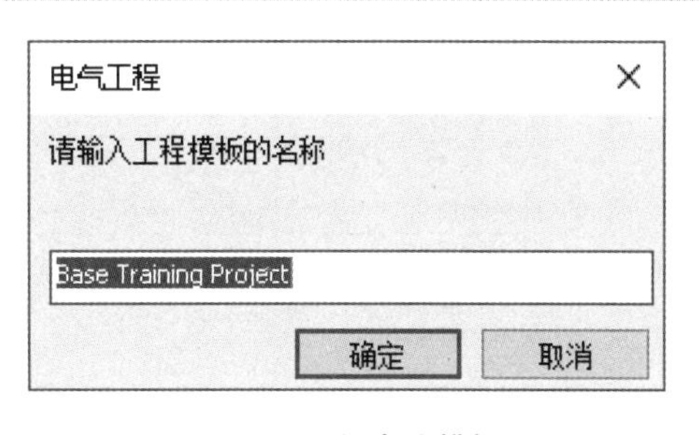

图 2-17　保存为模板

此时工程可以从管理器中删除，因为程序数据中已经储存了工程的压缩文件。以后可以随时对工程模板做修改，只需使用相同名称即可。

2.3.4　选择环境数据

由于储存在环境压缩包中的数据非常多，操作时会花费大量时间。选择性压缩可以仅处理所选的更改内容。建议初始时做一次完整的环境压缩，之后可以选择性地做定期规律性的环境压缩（建议每周一次）。

可选的数据选项如下：

1. 自定义　选择【自定义】可从图框中选择不同类型的数据，如图 2-18 所示。

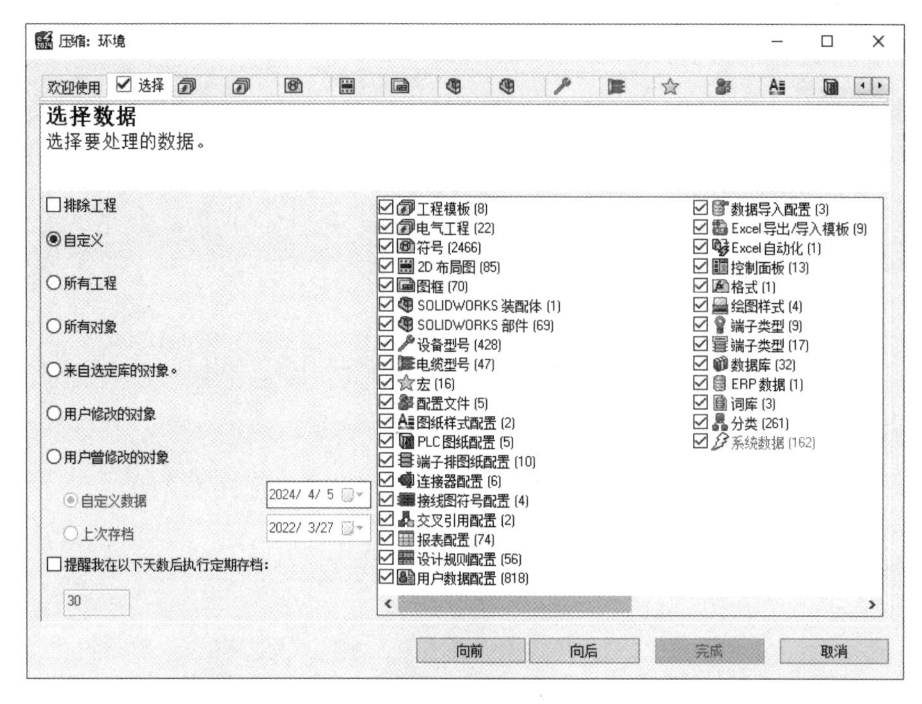

图 2-18　自定义

2. 所有对象　选择【所有对象】将会压缩所有数据。

3. 用户修改的对象　选择【用户修改的对象】则仅用户修改的数据会被压缩，如图 2-19 所示。

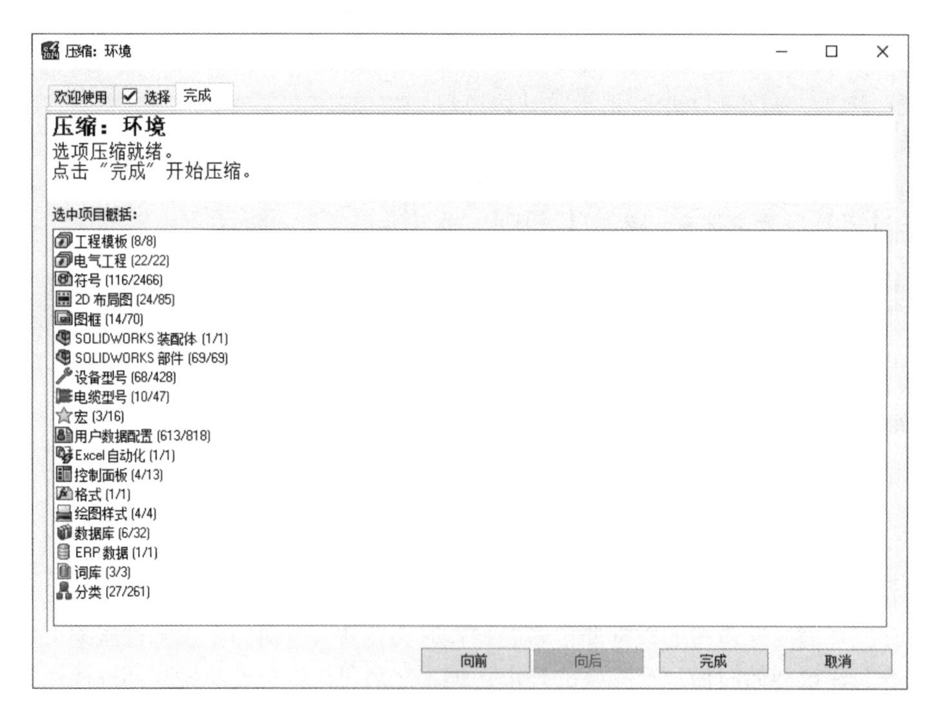

图 2-19　用户修改的对象

4. 用户曾修改的对象　选择【用户曾修改的对象】只对一定时间范围内修改的数据做压缩。该选项可以输出数据或最后一次压缩数据。

5. 提醒我在以下天数后执行定期存档　勾选【提醒我在以下天数后执行定期存档】复选框后，输入一个数字，系统将会自动提醒执行环境压缩。

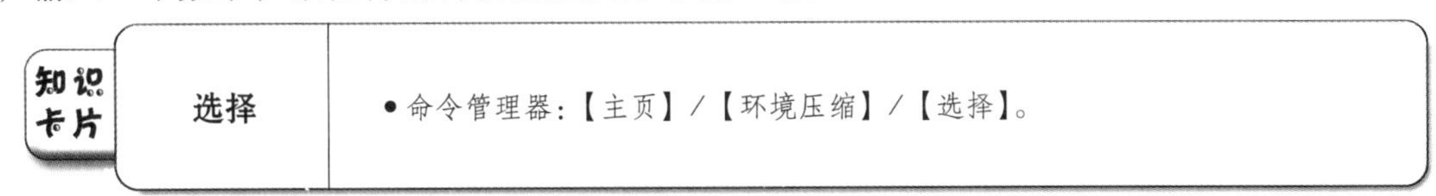

步骤 15　创建环境压缩包　在【主页】菜单中单击【环境压缩】，单击【向后】。按图 2-20 所示设置压缩选项，设定【自定义数据】为当前的日期。

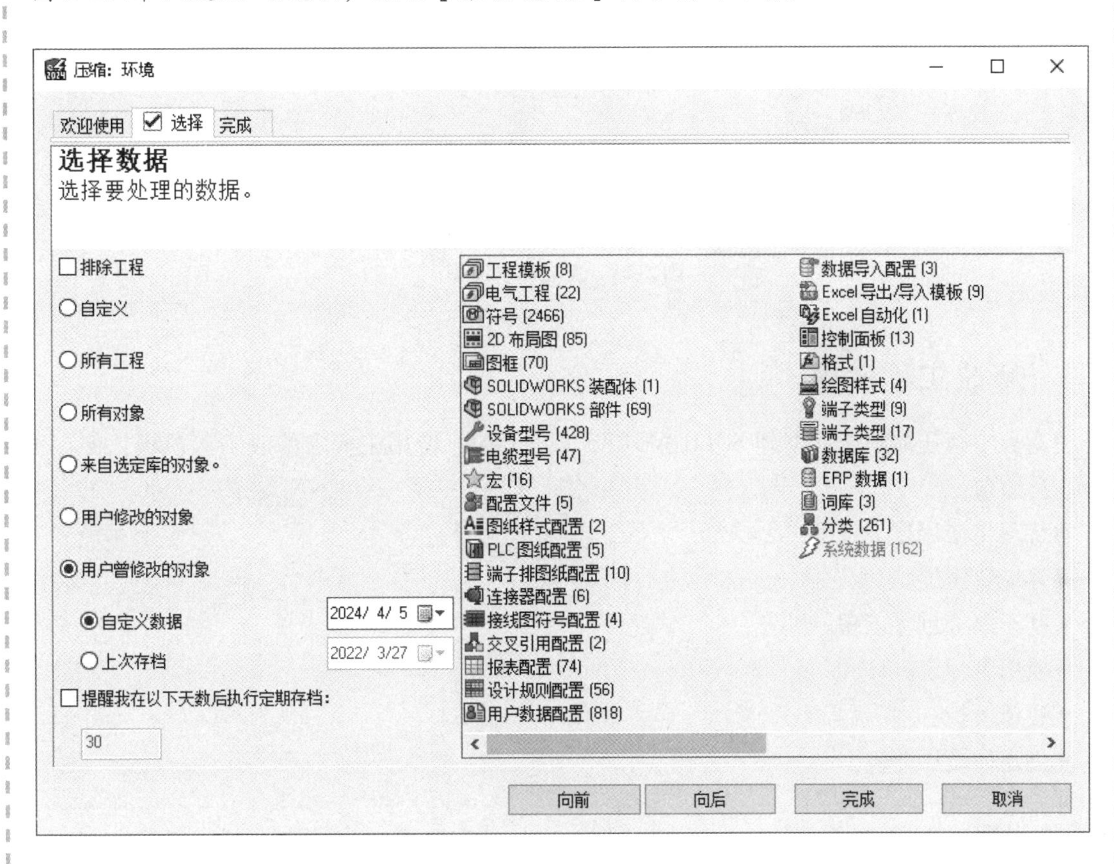

图 2-20　创建环境压缩包

环境压缩包中对象的数量将会随着数据内容的变化而变化。

单击【向后】和【完成】，保存环境压缩包至“Lesson02\Case Study”文件夹内。完成之后会有一个压缩报表，显示对象及数据的操作情况，如图 2-21 所示。单击【关闭】，关闭【压缩：环境】对话框。

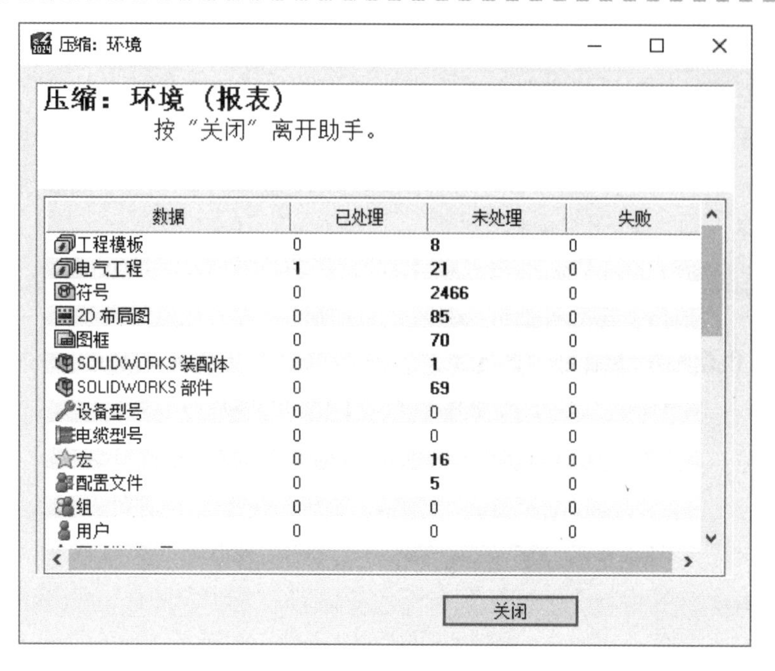

图 2-21　完成环境压缩

练习　修改工程模板

使用环境解压缩解压数据到 SOLIDWORKS Electrical。使用工程宏修改工程模板，保存更改到环境压缩包。

本练习将使用以下技术：

- 环境解压缩。
- 基于模板创建工程。
- 使用工程宏。
- 更新模板。
- 创建环境压缩包。

操作步骤

解压缩环境，使用一个工程模板创建工程。更新页面内容，保存为工程宏。更新模板，并保存更改到环境压缩包中。

步骤 1　解压数据到程序　解压缩环境数据“*.tewzip”文件，文件位于“Lesson02\Exercises”文件夹内，如图 2-22 所示。

图 2-22　解压缩环境数据

步骤2 选择数据 单击【向后】，确保选中所有数据。除工程“SWE_Schematic”外(该选项需要设置为【不操作】)，所有的选项被添加。

步骤3 完成解压缩 完成解压缩过程,添加信息。

步骤4 创建工程 基于“Base Training Project”模板创建工程，设置工程名称为“Exercise02”，在工程信息中填写相关信息。

步骤5 添加页面 使用工程宏“ANSI Drawing”在工程中添加页面。

步骤6 整合数据 为【图纸】创建新标注，但【位置】和【功能】需保留已有标注，如图2-23所示。确认信息后，单击【完成】。

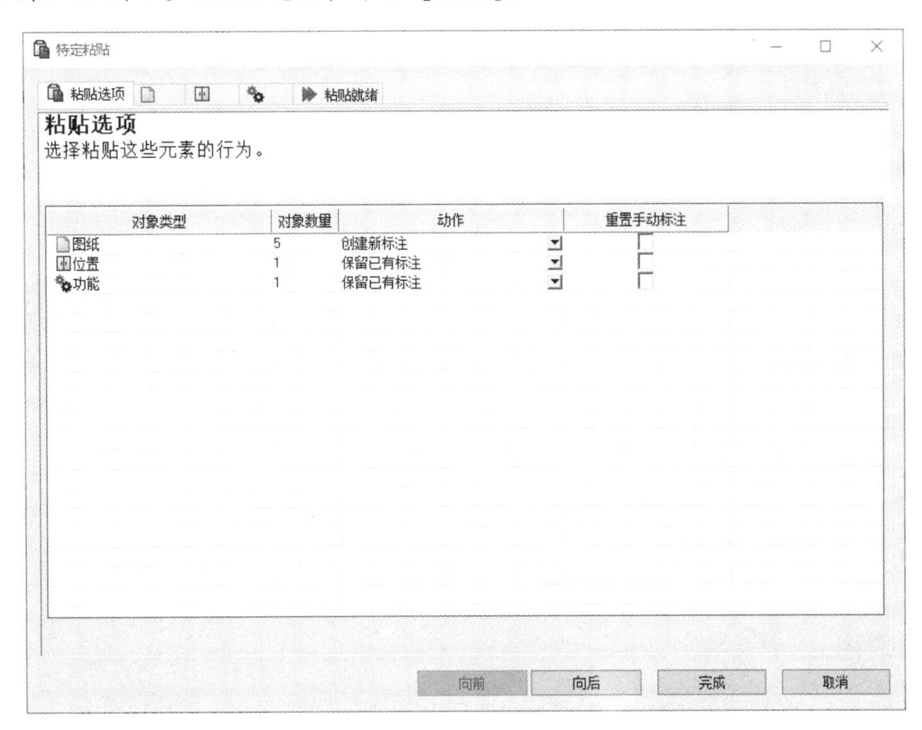

图2-23 整合数据

步骤7 更新模板 保存工程为模板，名称为“Base Project Template”，更新已有文件。

提示 如果列出的内容有多个文件（超过20个），则取消压缩。

步骤8 压缩改变的环境内容 压缩改变的环境内容至“Lesson02\Exercises”文件夹内。

第3章 页面类型

- 解压缩工程
- 插入布线方框图符号
- 关联符号至设备
- 连接布线方框图符号
- 绘制多线原理图
- 插入原理图符号

扫码看视频

3.1 页面类型概述

在 SOLIDWORKS Electrical 中具有多种页面类型，有一些是由软件在工程设计阶段自动生成的，例如报表和端子排图等。核心的设计页面类型是用于总览内部连接的概要图、详细设计的原理图、2D 布局规划图和 3D 装配体。本章将重点讲解布线方框图[㊀]和原理图两种页面类型。其他页面类型将会在后面的章节中进行讲解。

3.1.1 页面

页面包含多种不同的信息类型，共同组合成完整的项目数据。

页面的封面包含一个图框，设计者可以在图框中通过设置不同的属性来显示工程信息，例如工程名称或工程说明等，也可以利用绘图工具添加公司的图标。

3.1.2 原理图

原理图包含电气工程相关的回路信息。

1. 布线方框图 布线方框图用于简单地显示工程设备内部连接的总体情况，也包含形成连接关系的电缆信息。

2. 混合图 混合图允许用户混合使用原理图和方框图的参数来丰富设计形式。这类图纸可以在单线图中使用多芯电缆连接关系，并可使用原理图显示详细的设备接线情况。

3. 清单 这类图纸可以包含工程生成的报表，在执行时可以手动或自动生成。

4. 端子排图 端子排图用于显示在工程中设计或在【端子编辑器】中设计的端子的详细信息，页面是自动生成的。

5. 2D 布局规划图 2D 布局规划图用于显示 SOLIDWORKS Electrical 原理图中设备的布局安排，用于辅助设计在机器、机柜、装置中的设备安装位置。

6. SOLIDWORKS 装配体 SOLIDWORKS 装配体用于在 3D 环境中开发工程数据，如图 3-1 所示。

7. 数据文件 数据文件可以是任何类型的文件，如 XLS、PDF、CSV，用于在工程中添加与设计相关的技术支持文档。

㊀ 为与软件保持一致，书中“方框图”不改“框图”。——编者注

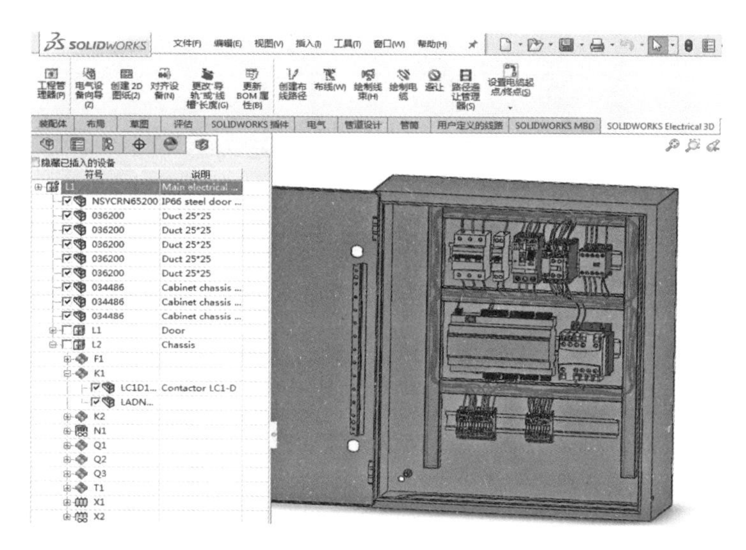

图 3-1 装配体

3.1.3 新建页面

新建页面通过工程的【新建】命令实现，或从文件集的关联菜单中实现。一个工程中可能含有多个文件集，所以第二种方式更合适。

3.2 设计流程

主要操作步骤如下：

1. 解压工程 开始课程之前，先解压“Start_Lesson_03. proj. tewzip”文件，其位于“Lesson03 \ Case Study”文件夹内。

2. 修改方框图符号 打开布线方框图，使用不同的方式插入方框图符号。

3. 关联符号到设备 理解设备和符号的关联关系。

4. 连接电缆 在方框图中连接不同的设备。

5. 绘制电线的内部连接 使用多线连接原理图符号。

6. 添加原理图符号 打开原理图，使用不同的方式插入原理图符号。

3.3 已有工程和压缩工程

SOLIDWORKS Electrical 打开已有工程和解压缩工程具有不同的操作工具和过程。

3.3.1 打开已有工程

【电气工程管理】对话框中会列出所有已存在的工程。这些工程已经创建完成并曾经打开过。每个工程具有一个唯一的 ID，以及工程标注、工程说明和工程号等信息。这些文件默认存放在“C: \ ProgramData \ SOLIDWORKS Electrical \ Projects”文件夹内，每个子文件夹对应一个 ID。

只有在 Projects 文件夹下储存的工程才会出现在【电气工程管理】中。

打开已有工程的步骤如下：

1）单击【电气工程】，如图 3-2 所示，所有打开或解压缩的工程都会列在这里。

2）双击工程名称。

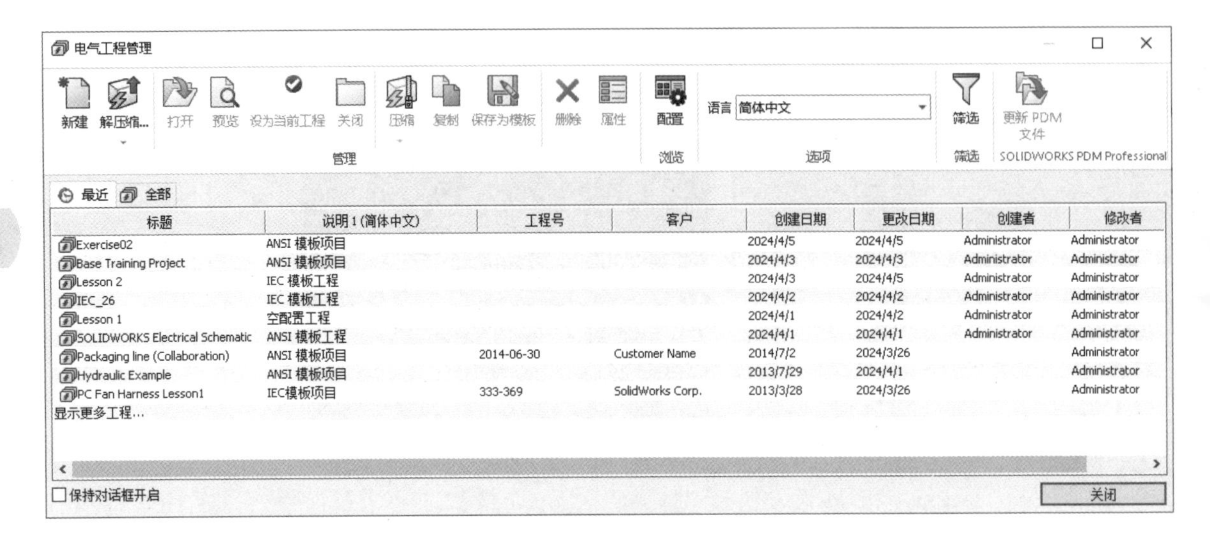

图 3-2 【电气工程管理】对话框

3.3.2 解压缩工程

工程压缩包需要在打开之前先解压缩，其内部包含了打开和编辑工程所需的所有数据信息。开始课程或做练习之前，需要解压缩并打开相应的工程以便获得完整的数据。

解压缩文件并不会打开文件，除非在打开消息框上单击【是】。

解压缩工程的步骤如下：

1）单击【电气工程】并单击【解压缩】，浏览到“Lesson03 \ Case Study”文件夹，选择文件“Start_ Lesson_ 03. proj”并单击【打开】。

2）工程对话框中包含工程的文本信息。单击【确定】。

3）消息提示“确定要更新数据库吗?”时，单击【更新数据】。如果选择了【更新数据】，将会出现向导界面，帮助用户决定不同类别数据的操作内容，如图 3-3 所示。

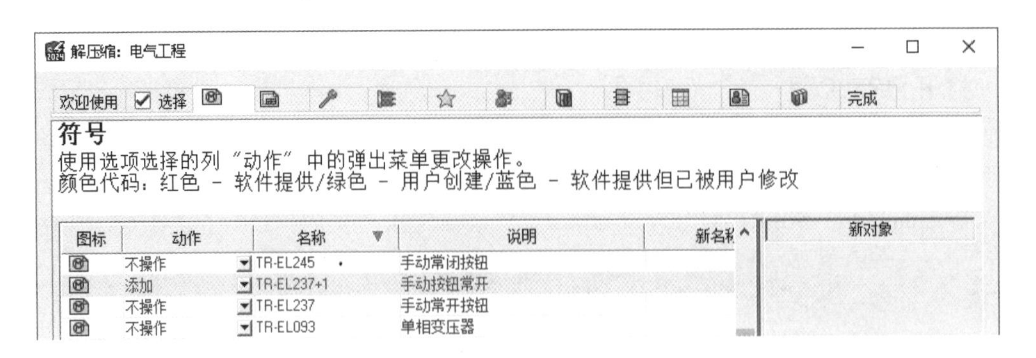

图 3-3 向导界面

知识卡片	解压缩	• 电气工程管理：【解压缩】。

3.3.3 关闭工程

已经打开的工程也可以通过【电气工程管理】关闭。从列表中选择工程（已经打开的工程名称是蓝色的）并单击【关闭】。

知识卡片	关闭工程	• 电气工程管理：【关闭】。

操作步骤

解压缩工程，打开布线方框图、原理图及混合图，并使用不同的方法插入符号和连接符号。

知识卡片	页面类型	• 命令管理器：【电气工程】/【新建】/【页面类型】。

步骤1 打开工程 单击【解压缩并打开】，选择工程“Start_Lesson_03”。

步骤2 打开布线方框图 展开文件集并双击页面“03-Line diagram”，打开页面。

3.4 方框图符号

【符号控制面板】储存了大量的方框图符号，通过分类在不同的位置呈现。用户可以使用多种方法实现从符号库中复制符号到页面内，如图3-4所示。

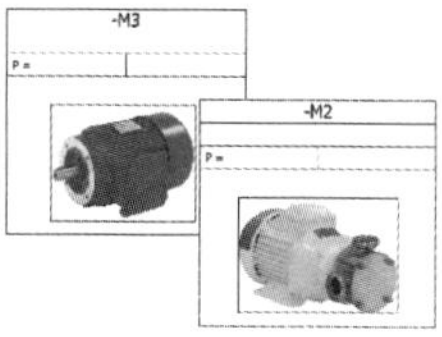

图3-4 符号控制面板

3.4.1 添加符号

添加符号的方法主要有两种，一种是通过单击【插入符号】来放置，另一种是通过类似拖放的方式实现。两种方式都可以进入符号库。

3.4.2 符号库

侧边栏的符号导航器提供了一个简单的获取常用符号的方式。常用符号见表3-1。

表3-1 常用符号

分类	图示及说明		
供给	 EW_SY_Battery 蓄电池	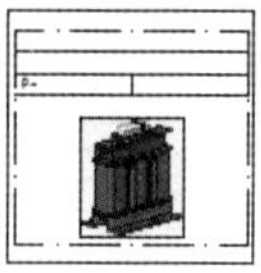 EW_SY_TransformerHigh 高压变压器	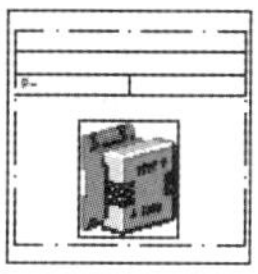 EW_SY_TransformerLow 低压变压器

（续）

分类	图示及说明		
供给	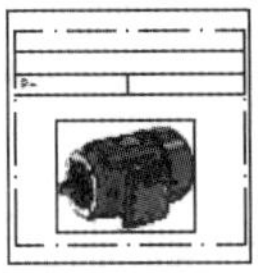 EW_SY_Motor 马达[⊖]	 EW_SY_Resistor Heat 散热电阻器	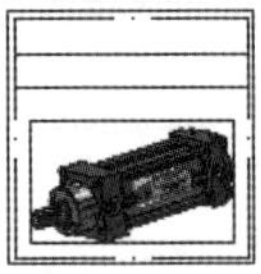 EW_SY_Jack 气缸
	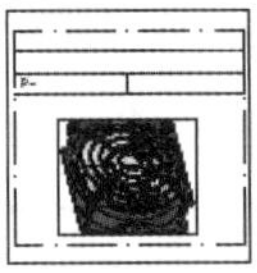 EW_SY_Fan 风扇	 EW_SY_Pump 泵	
断路设备	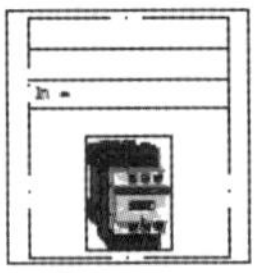 EW_SY_Contactor 接触器	 EW_SY_Circuit Breaker 断路器	 EW_SY_Circuit Breaker Mod 模块化断路器
	 EW_SY_Fuse Switch 熔断器		
命令	 EW_SY_Emergency Stop 应急停止按钮	 EW_SY_Push Button Run 常开按钮	 EW_SY_Push Button Stop 常闭按钮
	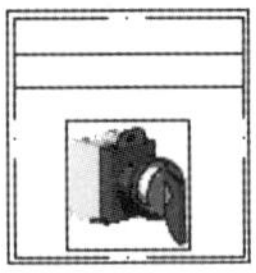 EW_SY_Switch 开关	 EW_SY_Pedal Contact 踏板触点	
传感器	 EW_SY_Limit Switch 滑轮限位开关	 EW_SY_Limit Switch Lever 杠杆限位开关	 EW_SY_Pressure Sensor 压力传感器

⊖ 应为“电动机”，为与软件保持一致，故不修改。——编者注

（续）

分类	图示及说明		
传感器	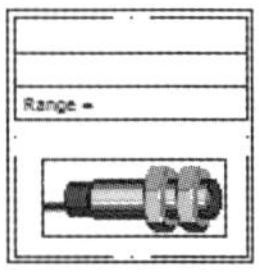 EW_SY_Proximity Sensor 接近传感器	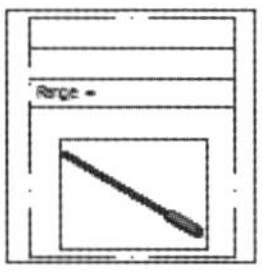 EW_SY_Temperature Probe 测温探头	
其他	 EW_SY_Terminal 端子排	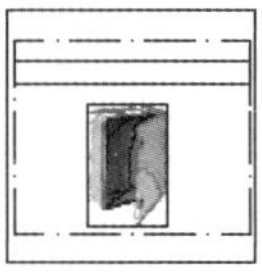 EW_SY_Cabinet 电气机柜	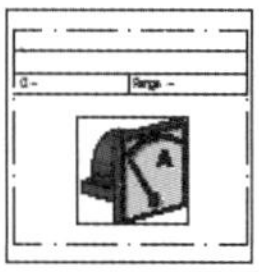 EW_SY_Ammeter 电流表
	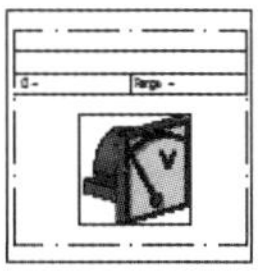 EW_SY_Voltmeter 电压表	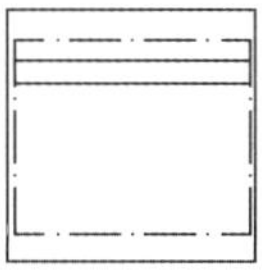 EW_SY_Black Box 普通框	 EW_SY_Time Counter 计时器
	 EW_SY_Motor Drive 马达驱动	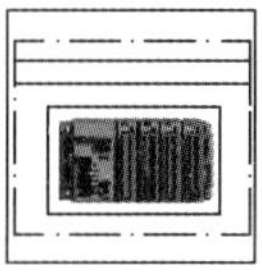 EW_SY_Plc PLC	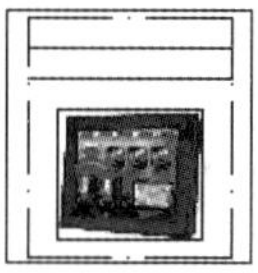 EW_SY_Screen 屏幕

3.4.3 符号方向

【符号方向】选项用于在将符号添加至页面时控制旋转和镜像，见表3-2。

表3-2 符号方向

名称	图示	名称	图示
源方向	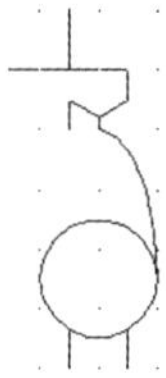	逆时针旋转90°	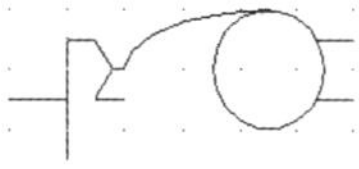
旋转180°	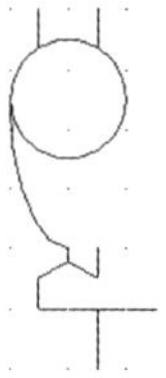	旋转270°	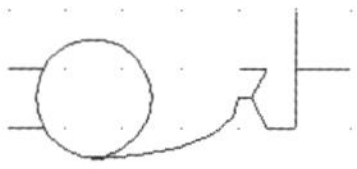

（续）

名　称	图　示	名　称	图　示
顺时针旋转 90°并镜像		镜像	

注意　在符号库中显示的符号，会根据打开的页面类型的变化而变化。

提示　方框图符号在插入时不需要镜像。

注意　资源侧边栏中的符号导航器可以在各个群（例如【命令】、【传感器】等）中添加符号。

知识卡片	插入符号	• 命令管理器：【布线方框图】/【插入符号】Ⓜ。 • 侧边栏：单击【符号】Ⓜ。 • 快捷方式：右击设备并选择【插入符号】Ⓜ。

步骤 3　选择方框图符号　单击【插入符号】Ⓜ。【其他符号】可以用于选择其他符号，如图 3-5 所示。在【符号选择器】中单击【按钮，开关】分类，选择【常开按钮】，单击【选择】，返回页面。

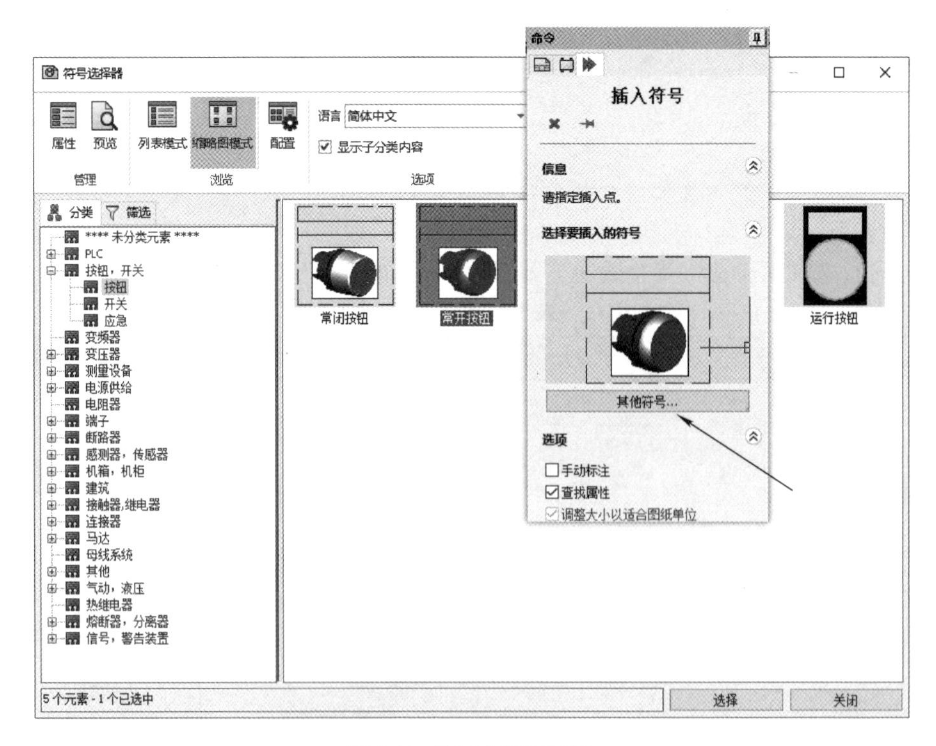

图 3-5　选择方框图符号

> ⚠注意 如果是第一次插入符号，则软件会自动打开【符号选择器】。如果该命令已经被使用过，则默认显示最后一次调用的符号。

步骤4 插入符号 在-T1的右侧插入符号，和-M1对齐，如图3-6所示。

步骤5 符号与设备关联 弹出【符号属性】对话框，在右侧设备列表中单击“=F1-S1-Push Button Switch 1NO/1NC”，如图3-7所示。单击【确定】，创建关联。

> ⚠注意 选择工程中已经存在的设备，则符号会关联到设备。一个设备可以由多个在不同页面中的图形符号共同表达，而设备本身是一个需要购买和安装的物理器件。

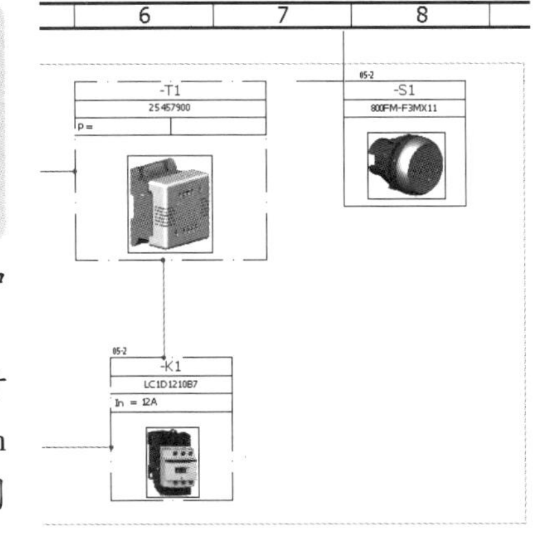

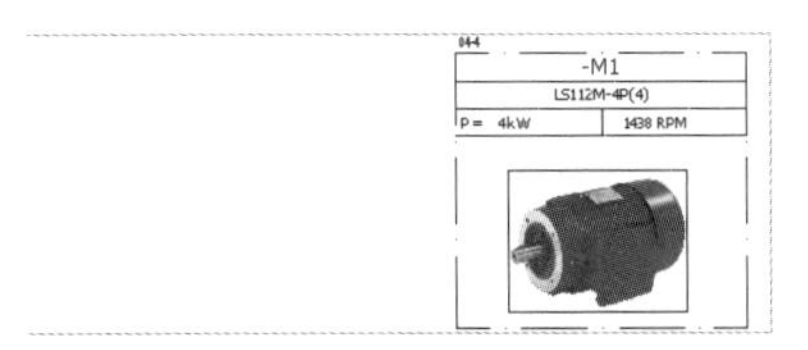

图3-6 插入符号

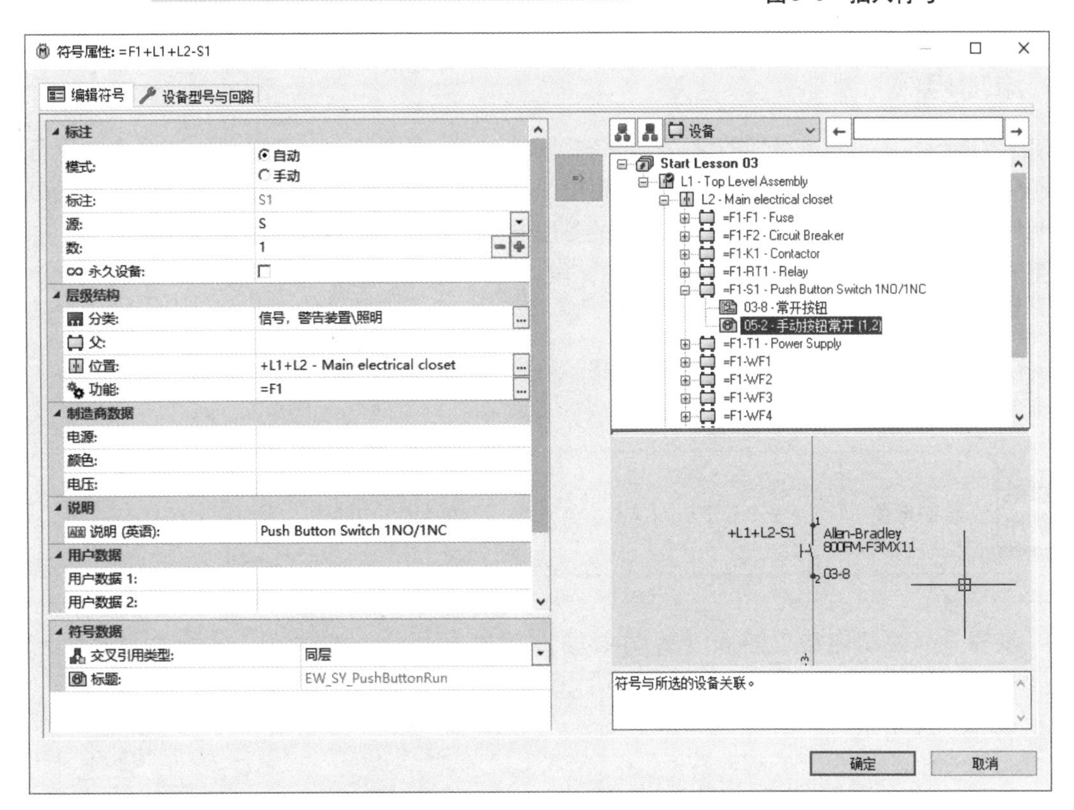

图3-7 符号与设备关联

步骤6 设备导航器 在设备导航器中展开位置“L1-Top Level Assembly”和子位置“L2-Main electrical closet”，如图3-8所示。

步骤 7　插入设备符号　右击设备“=F1-X1-Terminal Strip”，选择【插入符号】Ⓜ。使用同样的方法，添加【端子】分类中的“EW_SY_Terminal（端子排）”，选中后返回页面。将符号放置在-K1 的右侧，-S1的下方，如图 3-9 所示。

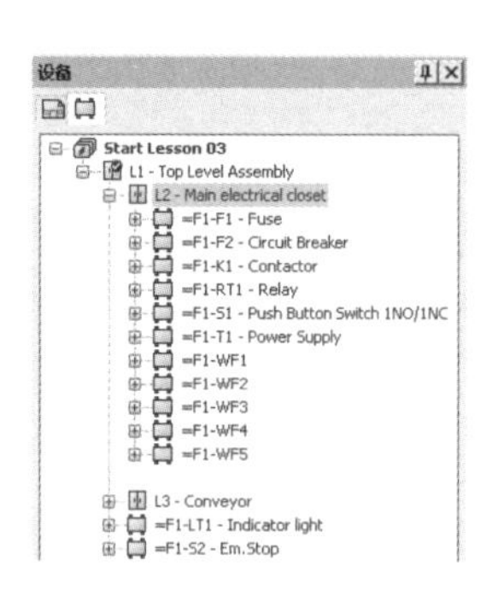

图 3-8　设备导航器

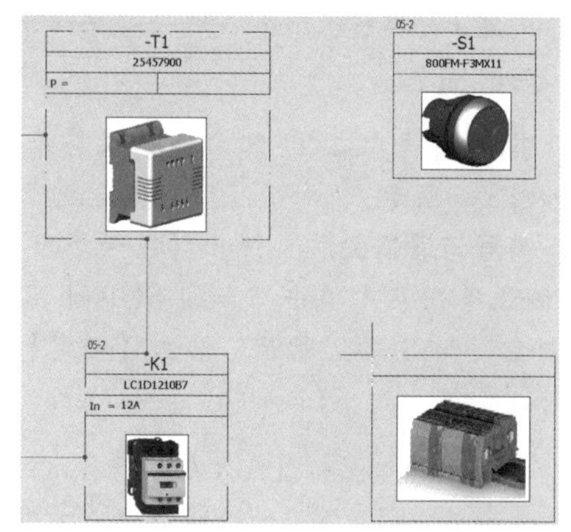

图 3-9　插入设备符号

由于符号在插入时自动关联了设备，因此符号属性不再显示。

3.5　添加电缆

布线方框图显示了系统级别的设备与设备之间的关联。软件通过一根简单的连线表达设备之间的电缆连接。电缆包含组成设备的一根或多根电缆芯或连接器。在布线方框图中，此种连线可以简单地代表设备之间的连接，或设置设备之间的备用电缆，或定义符号之间的详细接线。

电缆信息可以在原理图与布线方框图之间双向更新。

电缆用于在设备之间显示具体的连接，但没有详细定义每根电缆芯的连接信息。

知识卡片	绘制电缆	• 命令管理器：【布线方框图】/【绘制电缆】。

步骤 8　绘制电缆　单击【绘制电缆】，按图 3-10 所示连接符号。【绘制电缆】属性框如图 3-11 所示。

当绘制的电缆没有连接到任何符号时，单击【取消】或按〈Esc〉键可以取消绘制电缆。

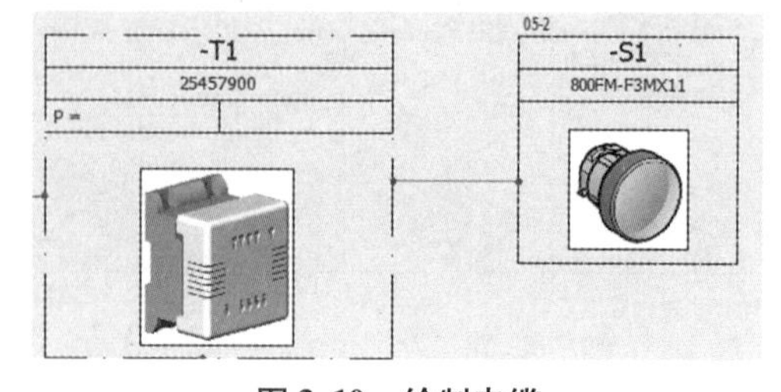

图 3-10　绘制电缆

重复以上操作，绘制其他电缆，如图 3-12 所示。

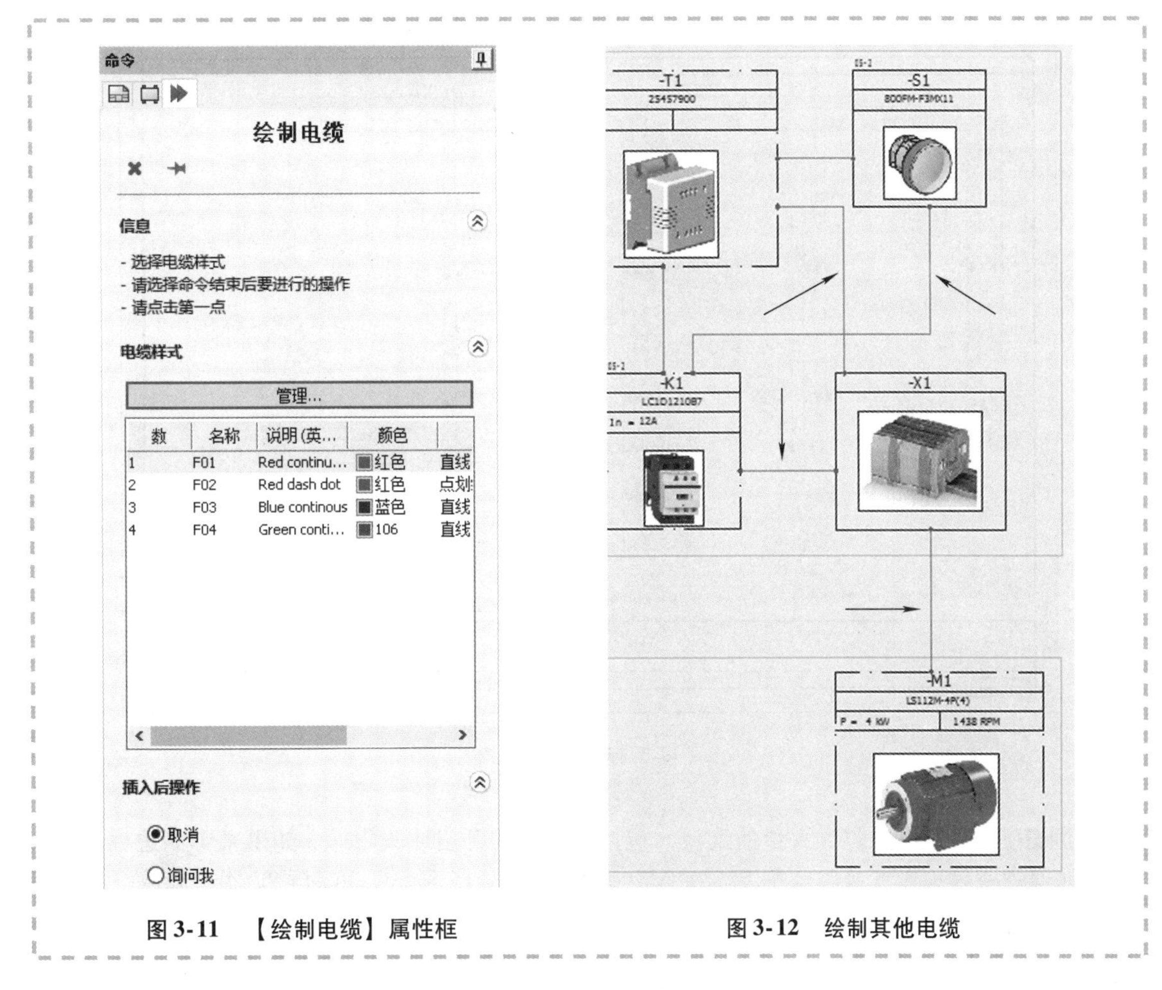

图 3-11 【绘制电缆】属性框　　　　图 3-12 绘制其他电缆

3.5.1 原理图

原理图用于显示电气设备和详细的电气连接，如图 3-13 所示。原理图可能会出现在工程的一个或多个文件集中。打开原理图后，工具栏会出现只用于原理图设计的工具。当插入符号时可以使用筛选命令，以确保排除一些数据，如方框图符号或布局图符号。

页面“04-Power”出现在文件列表中，显示图标为。

3.5.2 效率工具

在原理图中有一些很有效的操作方法，可以让设计和修改更连贯、更方便。

1. 捕捉 所有的符号都是基于 5mm/0.25in（1in = 2.54cm）的栅格系统创建的，利用【捕捉】，可以确保符号在插入、移动及拉伸时能够很容易地与电线连接。

2. 正交 保持【正交】状态，可以确保绘制的电线是直线，让绘图质量更高。

3. 选择窗口 用鼠标拖动一个矩形窗口是选择多个元素最有效的方法。从左到右或从右到左拖动一个矩形框，对于选择的效果是不同的，如图 3-14 所示。

从右到左拖动一个矩形框，获取的是在矩形内部或交叉部分的内容。在本例中，符号和相连的电线将会被选中，因为它们是在矩形内部或与矩形相交的部分。当使用这个方式时，矩形框是虚线。

从左到右拖动一个矩形框，获取的只是矩形内部的内容。在本例中，只有符号被选中，因为连接的电线并没有被完全包含在矩形内部。当使用这个方式时，矩形框是实线。

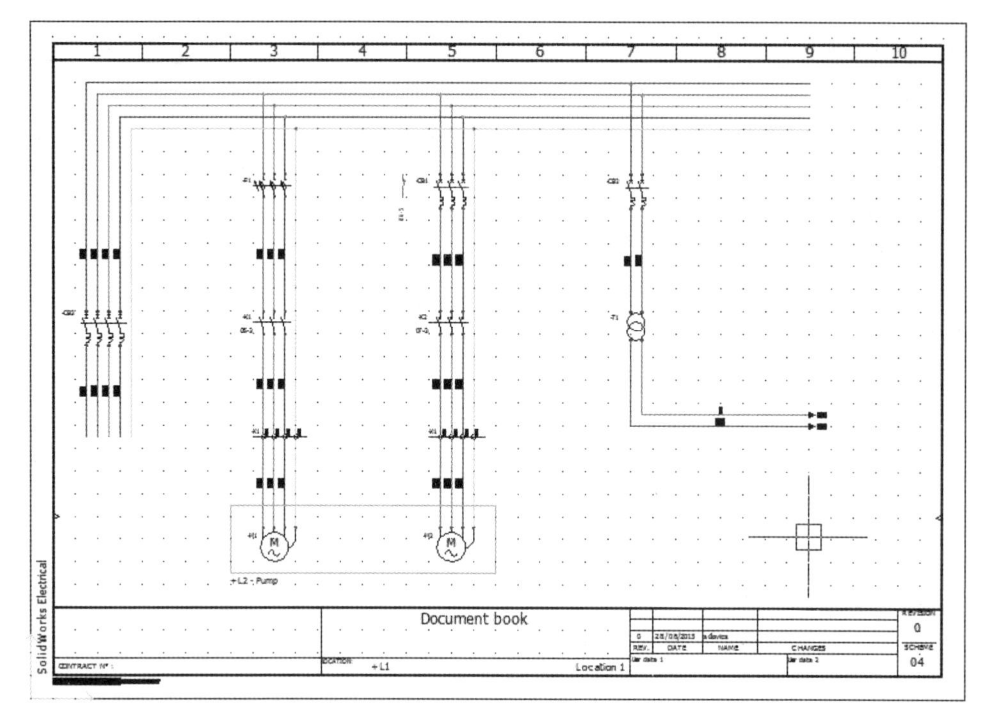

图 3-13　原理图

4. 浏览　【浏览】中包含大量的选项，包括侧边栏的开启或关闭等。如果某个侧边栏，例如页面导航器被关闭，则此处将会显示为关闭状态。如图 3-15 所示，页面导航器被隐藏，只出现了设备导航器。

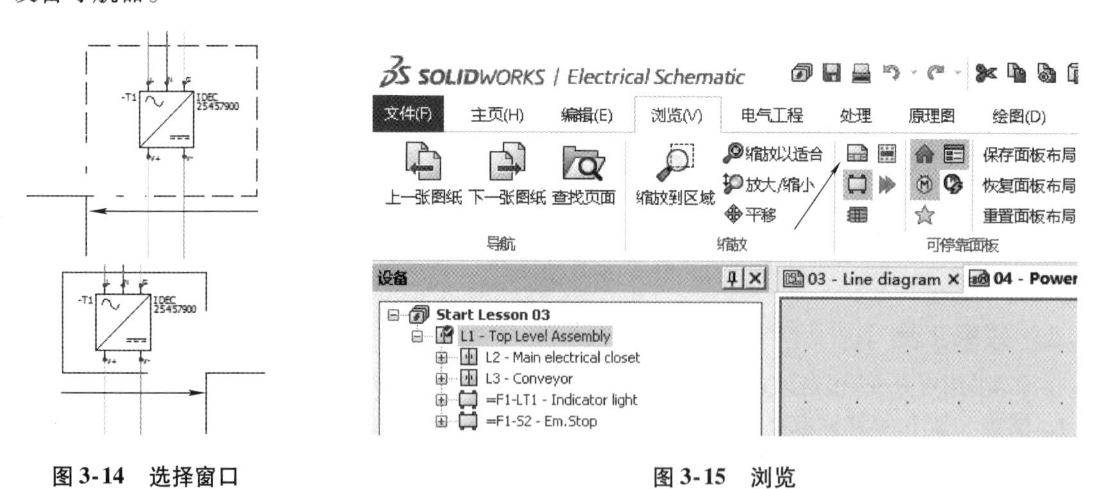

图 3-14　选择窗口　　　　图 3-15　浏览

3.6　设计流程

主要操作步骤如下：

1. 打开原理图　识别和打开原理图。

2. 绘制多线　选择并绘制多线。

3. 添加原理图符号　使用多种方法添加原理图符号。

使用多线和原理图符号完成电源原理图的绘制。

步骤9 打开原理图 打开页面“04-Power”。

步骤10 选择多线 单击【绘制多线】。取消勾选【中性电线】复选框，选择剩下的4相，如图3-16所示。

步骤11 绘制多线 单击第2根电线，例如第1相，向下移动光标，选择右下方向，如图3-17所示。

> **注意** 如果在已经存在的线型上绘制了不正确的线型，程序会自动校正线型为正确的线型，然后匹配已经存在的线型。这不仅节约了设计时间，还可以帮助减少设计错误。

步骤12 完成电线的绘制 再次单击屏幕下方，完成电线的绘制，如图3-18所示。单击【确定】，结束命令。

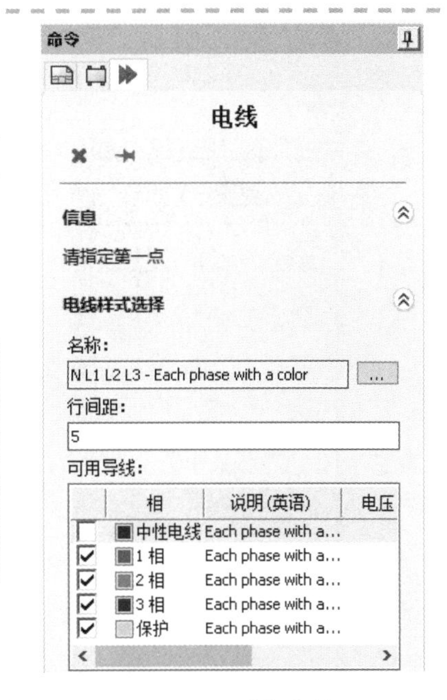

图3-16 选择多线

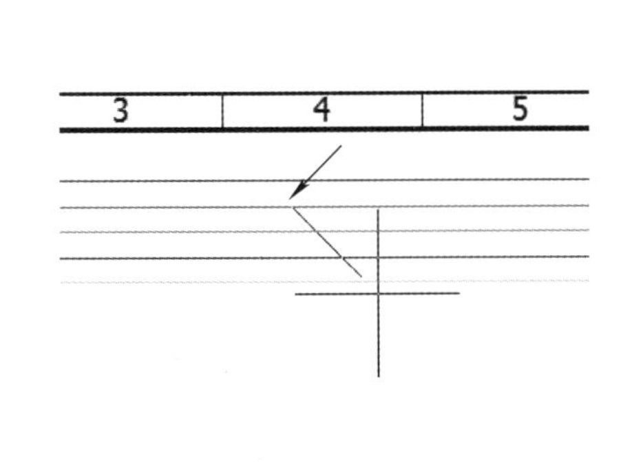

图3-17 绘制多线

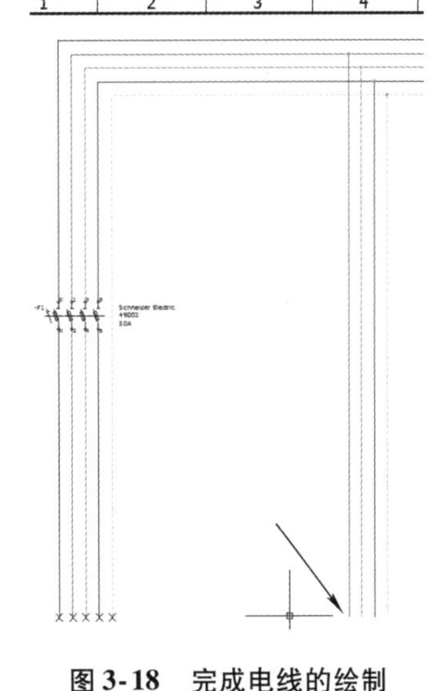

图3-18 完成电线的绘制

3.7 符号导航器

符号导航器可以在布线方框图、原理图及混合图纸中使用。基于不同的页面类型，符号导航器只会显示出对应的符号内容，如图3-19所示。

在混合图纸中，从下拉菜单中可以选择原理图或方框图的符号导航内容。一般情况下，符号按照不同的类别组合起来，但是这些符号也可以通过移动来重新组合。符号的关联菜单如图3-20所示。

所有符号群中显示的符号均储存在应用程序中。面板内容也可以单独添加到项目中实现单独修改。

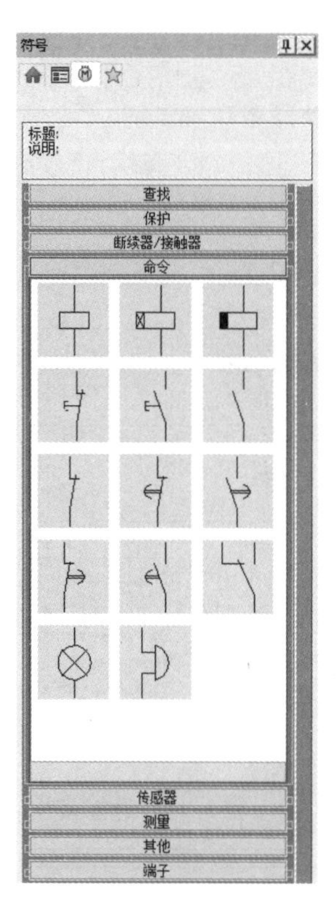

图 3-19　符号导航器

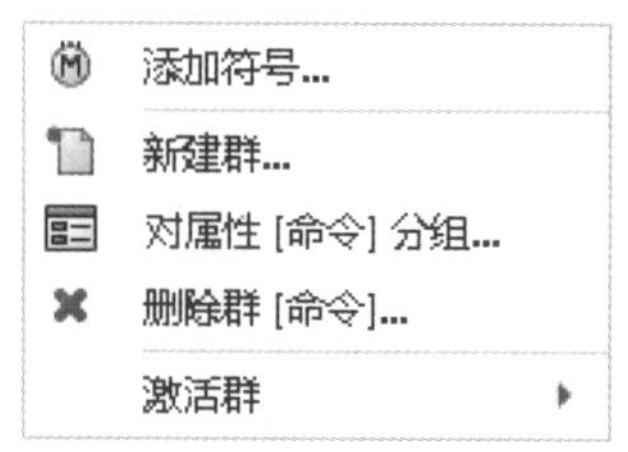

图 3-20　关联菜单

步骤 13　添加符号　从符号导航器的【保护】组中双击三极热磁断路器符号 TR-DI003，如图 3-21 所示。单击并将符号放置到图纸中，如图 3-22 所示。

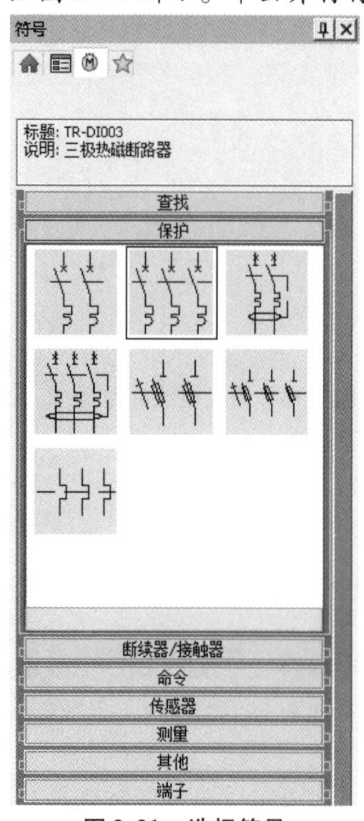

图 3-21　选择符号

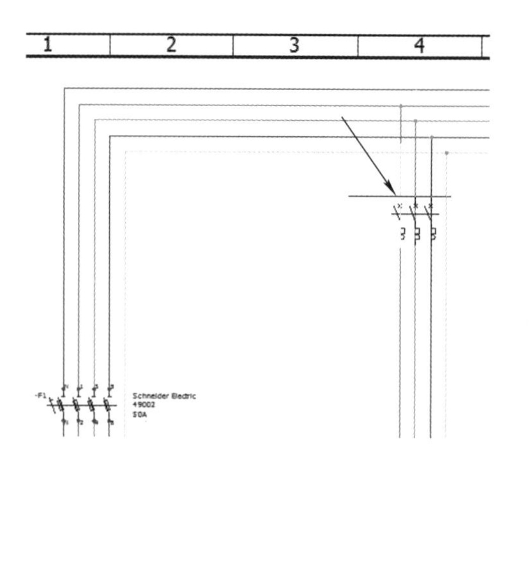

图 3-22　放置符号

步骤 14 符号关联 符号在方框图中已经使用过，即设备已经存在，所以只需要对原理图符号做关联。选择“ =F1-F2-Circuit Breaker”，单击【确定】。

3.8 原理图符号

【符号选择器】储存了大量的图形符号。按照不同的分类，原理图符号储存在【分类】的文件夹及子文件夹内，如图 3-23 所示。符号本身是一个普通的块，包含图形信息和属性参数，属性参数会在设计过程中自动添加值。此外，符号也可以选择储存在 SQL 数据库中的设备型号参数。如果【符号选择器】中没有所需符号，也可以自行创建。

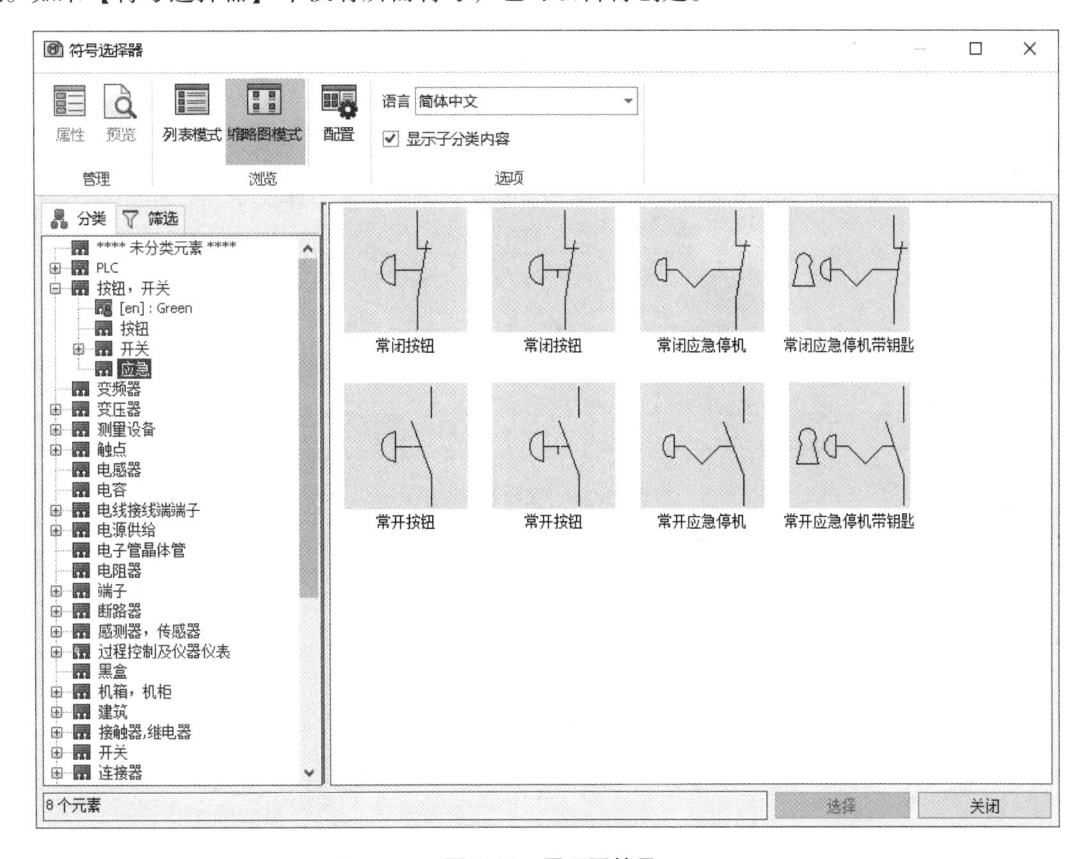

图 3-23 原理图符号

注意

尽管原理图符号和方框图符号储存在同一个符号库中，但是原理图符号和方框图符号不同。

知识卡片	原理图符号	• 命令管理器：【原理图】/【插入符号】Ⓜ。 • 侧边栏：单击【符号】Ⓜ。

步骤 15 插入原理图符号 单击【插入符号】Ⓜ，选择【其他符号】，进入【符号选择器】，如图 3-24 所示。在【接触器，继电器】分类中选择【三极电源触点】（TR-EL035），单击【选择】，将符号放置在-F2 下方，和-F1 对齐，如图 3-25 所示。

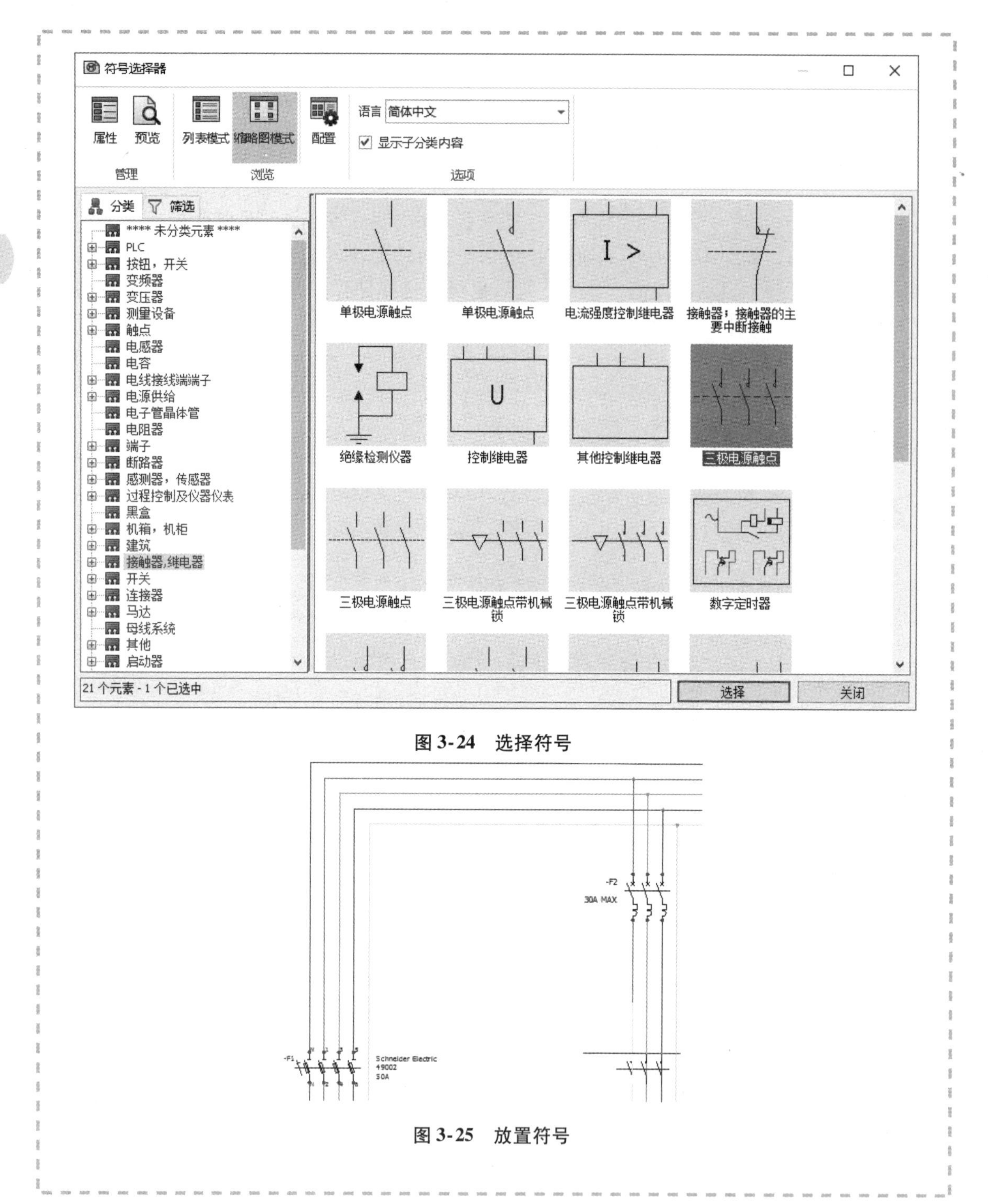

图 3-24　选择符号

图 3-25　放置符号

3.9　符号属性

【符号属性】对话框用于设置各种参数，例如制造商数据和交叉引用设置。对于任何一个符号，同时存在【符号属性】和【设备属性】。两种属性都会含有制造商数据和回路配置。

【符号属性】包含【编辑符号】和【设备型号与回路】选项卡，如图 3-26 所示。【编辑符号】包含文本属性数据以及所有可用的设备列表（右侧）。设备列表可用于设置交叉引用。

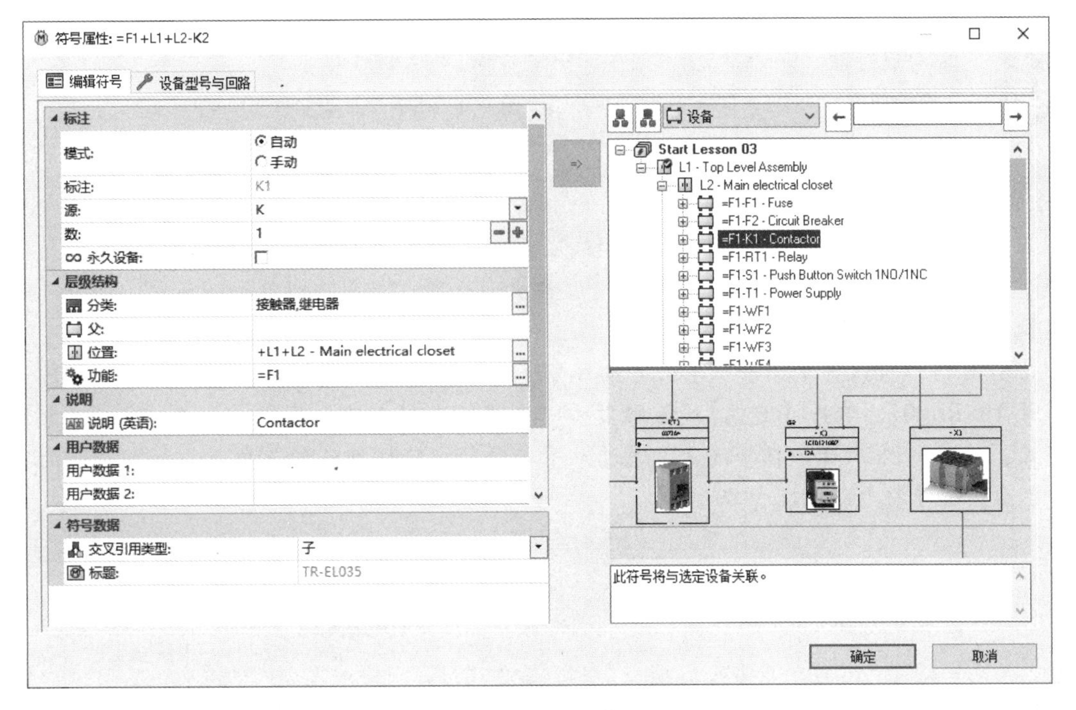

图 3-26 【符号属性】对话框

【设备属性】包含【标注和数据】和【设备型号与回路】选项卡，如图 3-27 所示。【标注和数据】选项卡的下方包含该符号的标注及唯一性定义。

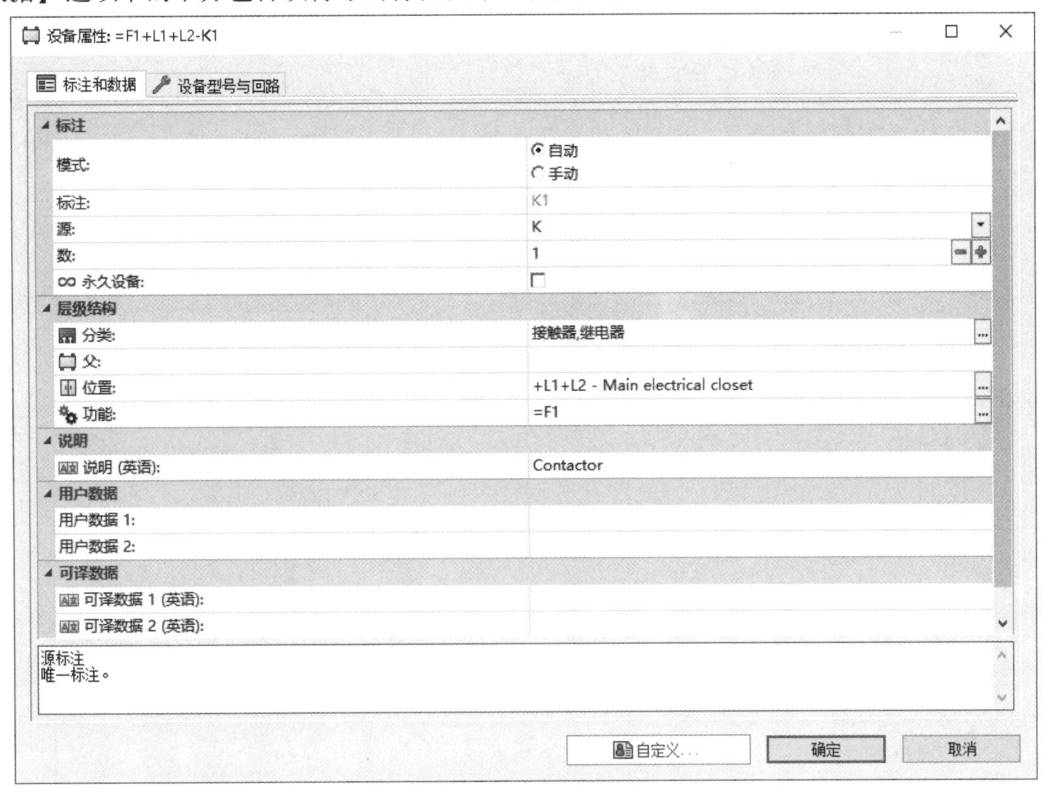

图 3-27 【设备属性】对话框

知识卡片	符号属性和设备属性	• 快捷方式：右击符号，选择【符号属性】。 • 快捷方式：右击符号，选择【设备属性】。

下面的部分使用的是【符号属性】。

步骤 16 线圈触点的关联 触点和线圈表示接触器在不同位置的符号，代表的是同一个设备，需要将触点关联到已存在的设备上。选择“=F1-K1-Contactor”，单击【确定】，创建关联。

步骤 17 插入多个端子 单击【插入多个端子】，从【符号选择器】中选择端子符号 TR-BR001，单击【选择】，返回页面。绘制从左到右的水平线，与-K1 下方的电线交叉，如图 3-28 所示。在轴线上，通过上下移动鼠标确保红色的三角箭头指向页面的下方，放置端子符号，如图 3-29 所示。

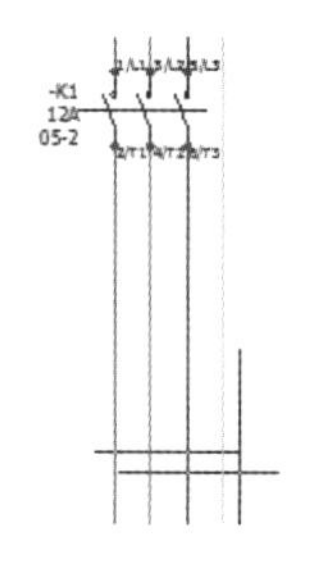

图 3-28 绘制水平线

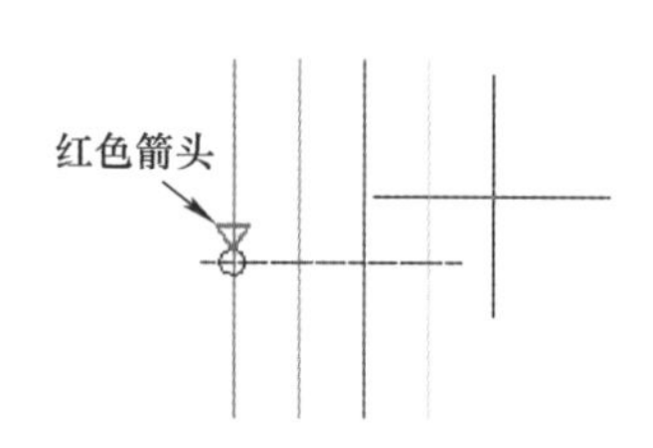

图 3-29 放置端子符号

红色箭头有什么用？

步骤 18 关联所有端子 选择已有的端子排“=F1-X1-Terminal Strip”，单击【确定(所有端子)】，创建多个端子的关联，如图 3-30 所示。

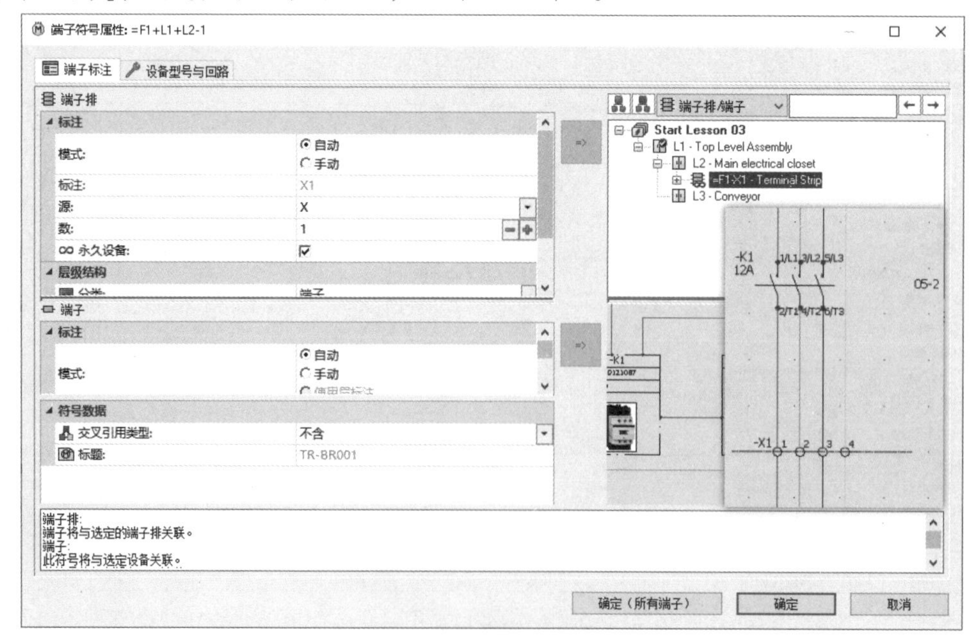

图 3-30 关联所有端子

步骤 19 设备的原理图符号 打开设备导航器，展开位置“L3-Conveyor”。右击“=F1-M1-Motor”，选择【插入符号】Ⓜ，使用之前的方法定位到下面的符号：

- 分类：马达。
- 说明：三相交流电动机，3 端子+接地。

提示 在设备导航器上右击文件集，选择【显示】，有【位置视图】与【功能视图】两个选项。可以通过位置或功能组合两种方式浏览所有设备。

找到符号后，单击【选择】，如图 3-31 所示，返回页面。将符号放在端子下方的电线上，如图 3-32 所示。

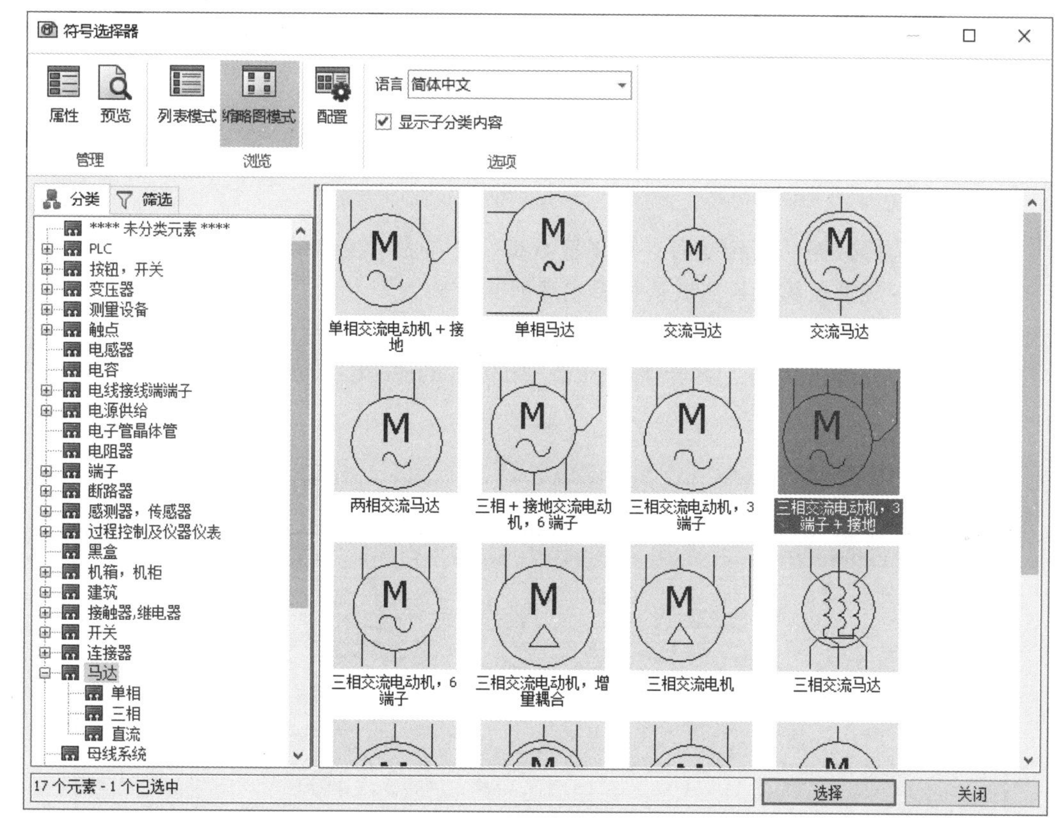

图 3-31 选择符号

注意 由于符号是从设备插入的，符号会自动获得设备的属性，所以不再出现【符号属性】对话框。

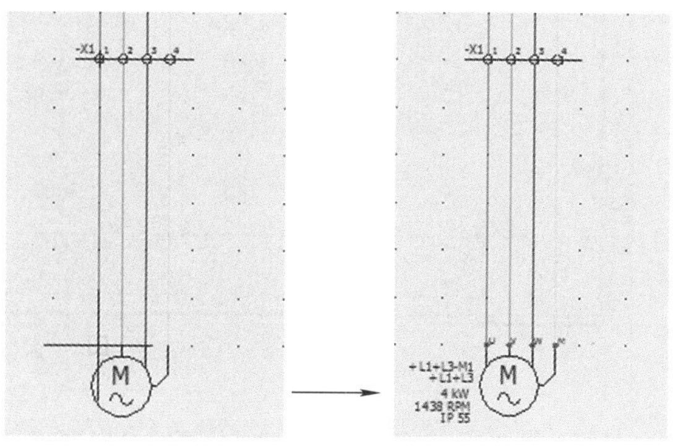

图 3-32 放置符号

步骤 20 关闭工程 在页面导航器上右击工程名称，选择【关闭】。

练习　绘制页面

解压缩工程，创建混合图页面，使用不同的方法插入符号，并关联数据，最后连接电线电缆。

本练习将使用以下技术：

- 解压缩工程。
- 选择方框图符号。
- 符号与设备的关联。
- 插入设备符号。
- 电缆。
- 插入原理图符号。
- 选择多线。
- 绘制多线。

操作步骤

使用方框图符号和原理图符号完成混合图设计。

步骤1　解压缩数据到应用程序　解压缩工程，文件位于“Lesson03\Exercises”文件夹内。

步骤2　选择数据　使用【向后】浏览数据，并单击【更新数据】。

步骤3　完成解压缩　按照默认内容完成解压缩。

步骤4　打开工程　单击【确定】，打开工程。

步骤5　打开混合页面　打开混合页面“03-Monitor-PC-Printer Cabling”，如图3-33所示。

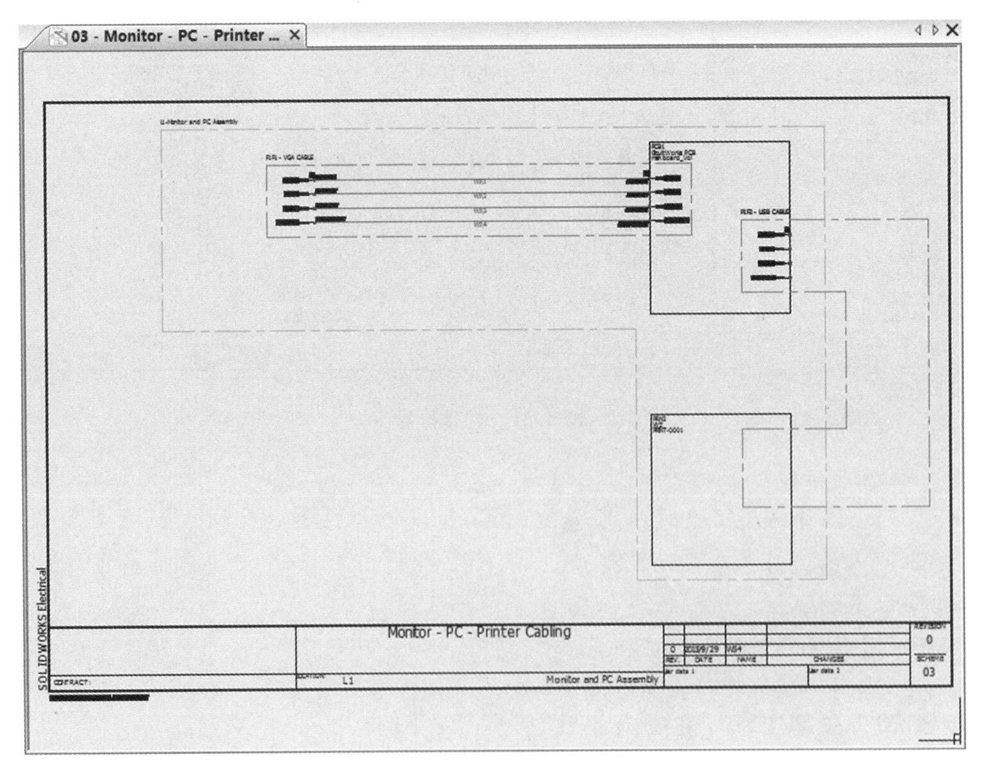

图3-33　打开混合页面

步骤6 方框图符号 在设备导航器中，右击“=F1-MON1-MONITOR”，选择【插入符号】。

> **提示** 由于此图是混合图，所以既有方框图工具又有原理图工具，两者都可以使用。当系统提示“您是要插入哪种类型的符号”时，选择【布线方框图符号】。

步骤7 插入方框图符号 找到满足以下属性的方框图符号：

- 分类：黑盒。
- 说明：PCB WD。
- 名称：EW_BB_Blackbox_2+1。

步骤8 插入符号 插入符号，如图3-34所示。

步骤9 调整符号尺寸 单击符号，选择右下方的蓝色点拖动符号，重新调整符号尺寸，如图3-35所示。

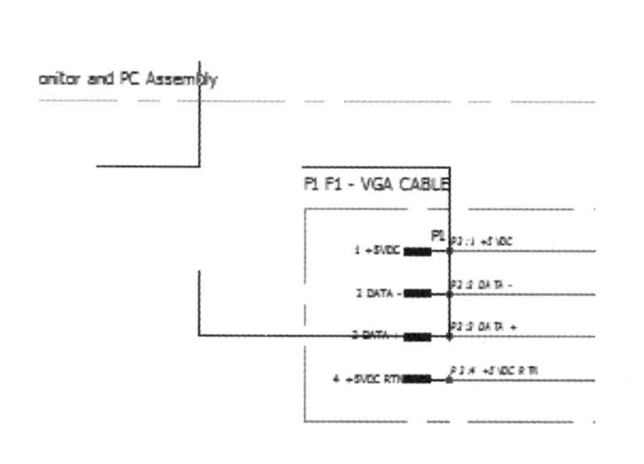

图3-34 插入符号

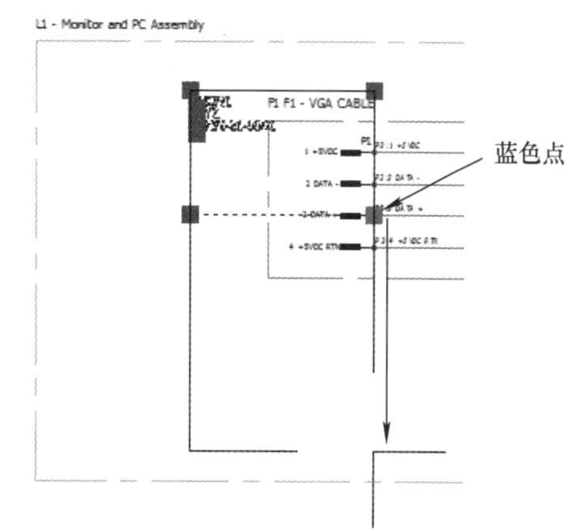

图3-35 调整符号尺寸

步骤10 绘制电缆 使用原理图工具绘制电缆，连接MON1和PCB1，如图3-36所示。

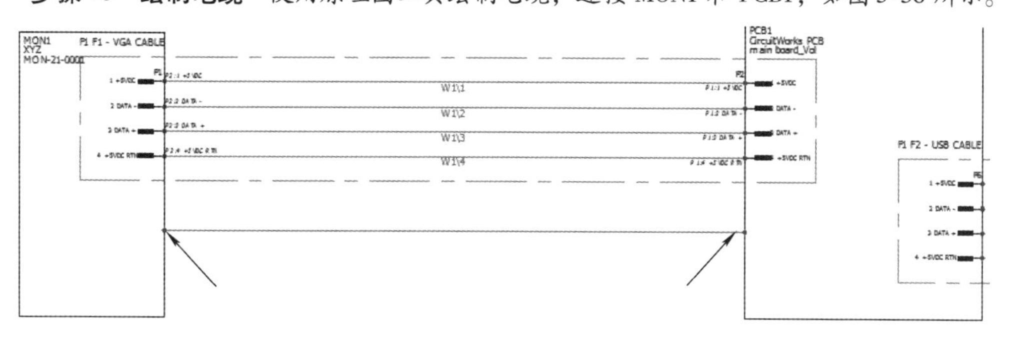

图3-36 绘制电缆

步骤11 插入原理图符号 右击设备“=F1=F2-P3-PC TO PRINTER USB TYPE A”，选择【插入符号】。

步骤12 选择原理图符号 找到满足以下属性的原理图符号：

- 分类：连接器。
- 说明：Male power pin (Training Exercise)。
- 名称：TR-PIN_M_02+1+1。

步骤13　调整符号方向　插入符号时，在侧边栏可以选择【符号方向】，单击【旋转180°】。

步骤14　图钉命令　在插入符号时，在侧边栏使用【图钉】命令。

步骤15　插入连接器符号　插入4个连接器符号，如图3-37所示。

步骤16　移动属性　单击连接器1号针脚“+5VDC”，并拖动标注P3到图3-38所示位置。

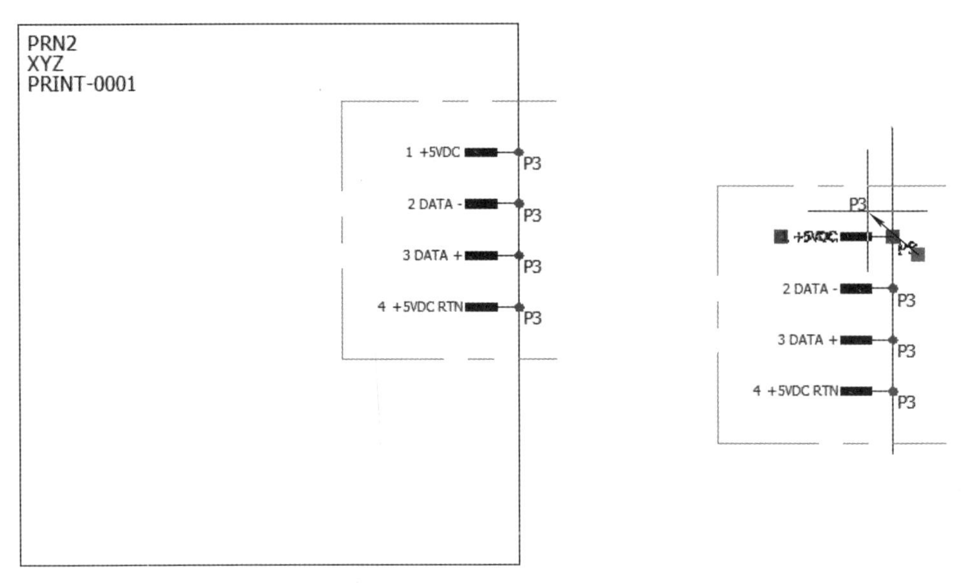

图3-37　插入连接器符号

图3-38　移动属性

步骤17　设置属性隐藏　使用窗口选择的方法选中2号、3号、4号针脚，对其右击后选择【属性】/【Component mark：“P3”】，隐藏这3个符号的标注，如图3-39所示。

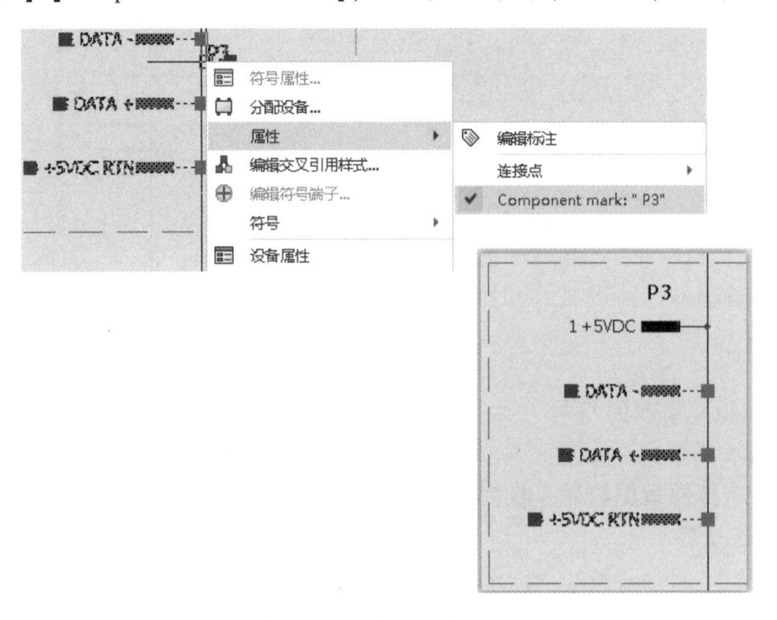

图3-39　设置属性隐藏

步骤 18 插入电线 单击【绘制单线类型】，选择线型 VGA。

步骤 19 绘制多线 设置电线配置，如图 3-40 所示。选择起始点，按照箭头方向连接 P3 1 +5VDC，如图 3-41 所示。单击【取消】✖命令完成绘图，如图 3-42 所示。

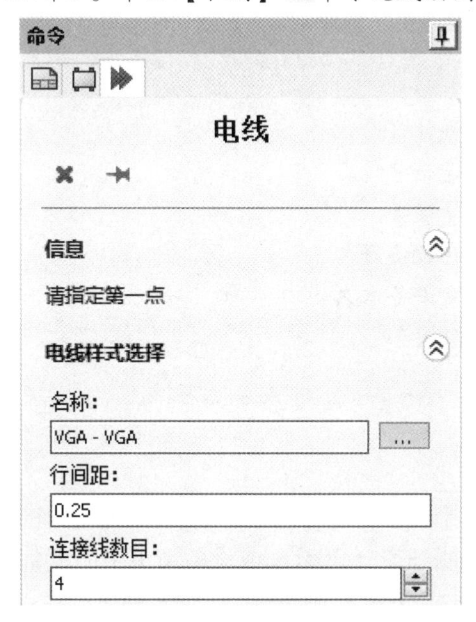

图 3-40 设置电线配置

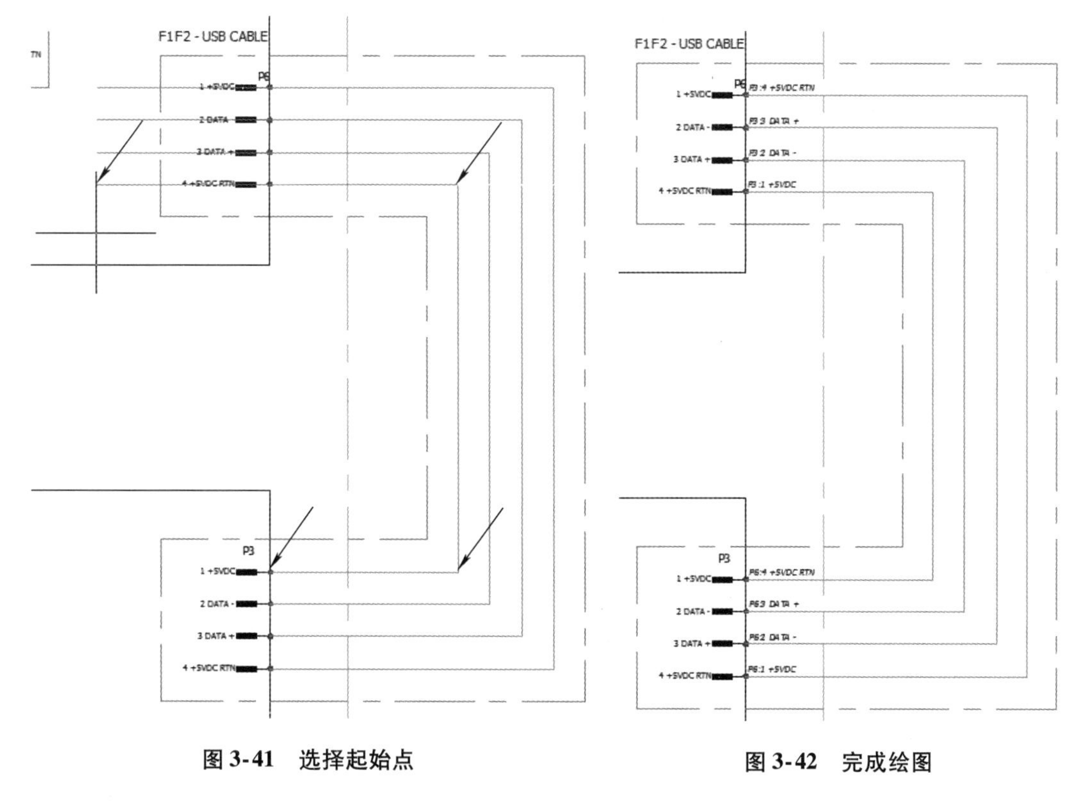

图 3-41 选择起始点

图 3-42 完成绘图

步骤 20 关闭工程 右击工程名称，选择【关闭】。

第 4 章　符号和设备

学习目标

- 理解什么是设备
- 创建符号设备
- 创建设备
- 插入设备符号
- 改变设备永久性
- 分配设备

扫码看视频

4.1　设备概述

设备代表一个装置，由一个或多个零件组成。设备可以由多个遍布在工程中的符号表示，或者由工程中纯粹只出现在材料明细表（BOM）或设备清单中的设备型号表示。

设备的属性将会在各个符号之间同步传递。

有两种完全不同的方式可以整合设备数据。

1. 符号→设备　在页面中插入符号时会自动创建设备。这种方式是将符号作为设备处理，删除符号会自动删除设备。

2. 设备→符号　设备的创建也可以和符号无关，即使符号不出现在图纸中也可以有设备的存在。例如，创建设备并分配设备型号后，可以获得 BOM 或设备清单，这样可以在未开始设计前先做成本统计。当设备创建后，在图纸中可以使用符号来表达，这时设备作为永久设备或强制设备，在其名称前面会出现图标 =F1-K3。此时删除符号，并不会删除设备本身。

本章将使用不同的方式创建设备。

4.1.1　设备标识

在设备导航器中每个设备都由不同的图形来表达其类别，如图 4-1 所示。

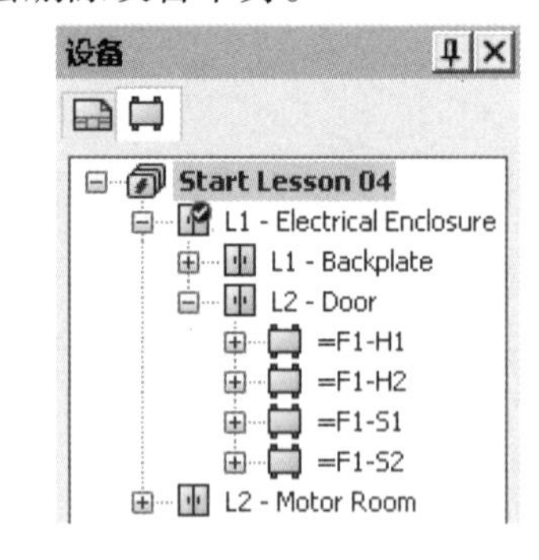

图 4-1　设备标识

- 代表标准的设备类型，例如熔断器、按钮、马达等。
- 代表 PLC。
- 代表端子排，展开端子排将会显示不同的端子类型和状态。是关联了原理图符号的标准端子；是没有关联原理图符号的标准端子；是多层端子。
- 代表连接器设备。
- 代表 PCB 或电路板设备。

4.1.2　设备符号标识

设备树中显示的符号标识表示在不同图纸中应用到的相关符号，如图 4-2 所示。

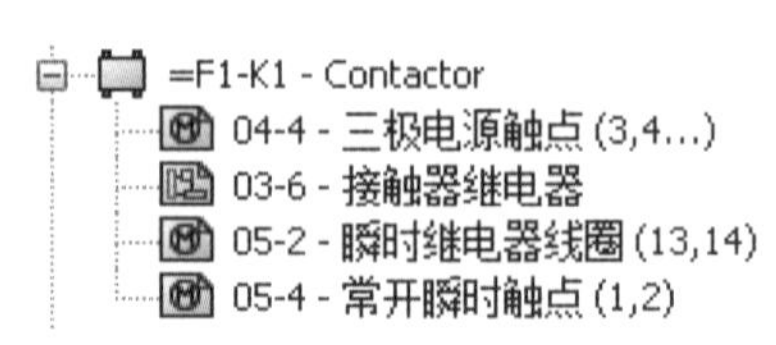

图 4-2　设备符号标识

- 表示设备具有原理图符号的表示形式。
- 表示设备具有方框图符号的表示形式。
- 表示设备具有 SOLIDWORKS 零件的表示形式。
- 表示设备具有2D 机柜布局图符号的表示形式。
- 表示设备具有接线图符号的表示形式。
- 表示设备具有型号接线图符号的表示形式。

4.2　设计流程

主要操作步骤如下：

1. 创建符号-设备　插入符号，创建设备。

2. 自动删除设备　删除符号，移除设备。

3. 创建设备　创建纯数据设备。

4. 从设备插入符号　从设备插入符号，理解永久设备。

5. 关联设备　将多个符号关联到设备。

操作步骤

开始本课程之前，解压缩并打开“Start_Lesson_04. proj”，文件位于“Lesson04 \ Case Study”文件夹中。使用不同方法创建并移除设备，创建关联，插入符号。

步骤1　创建符号-设备　打开页面“03-Electrical scheme”，单击【插入符号】，选择【其他符号】。定位并插入以下符号：

- 分类：接触器，继电器。
- 说明：三极电源触点。
- 名称：TR-EL035。

步骤2　放置符号　插入符号至-F1 和-OL1 之间。如图4-3 所示，单击【确定】，接受默认的符号属性设置。

步骤3　查找符号-设备　激活设备导航器，展开位置“L1-Electrical Enclosure”和子位置“L1-Backplate”，找到设备“=F1-K1”。

步骤4　转至符号　展开设备“=F1-K1”，右击设备符号，选择【转至】，直接切换至符号所在位置，如图4-4 所示。

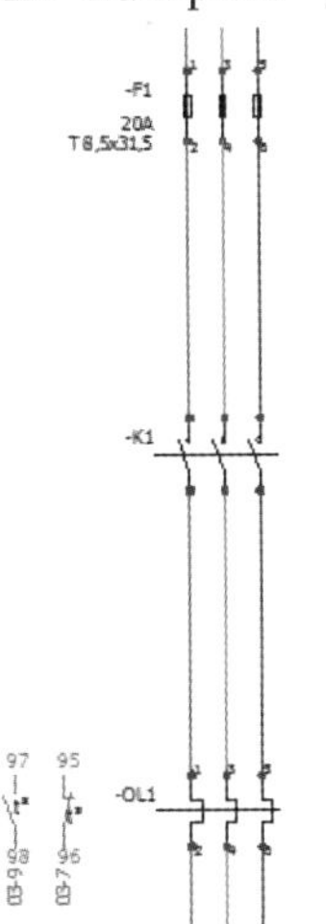

图4-3　放置符号

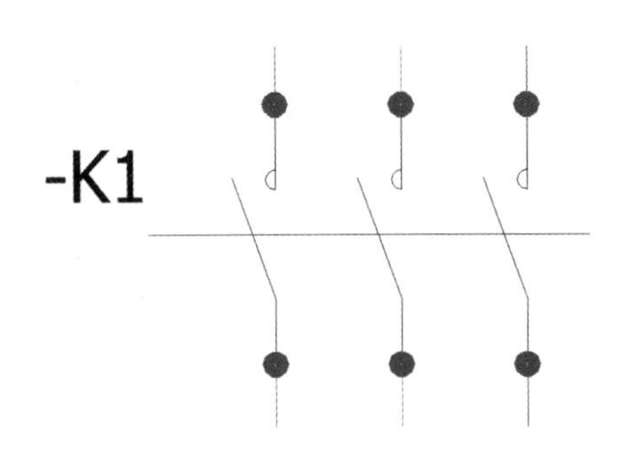

图4-4　转至符号

步骤5　查找设备　在设备导航器上右击工程名称，选择【搜索设备】。在【标注】区域输入“f”，检索工程中的熔断器，如图4-5所示。在结果中选择第二个原理图符号“=F1-F2”，单击【进入图纸】。单击【关闭】，返回页面。

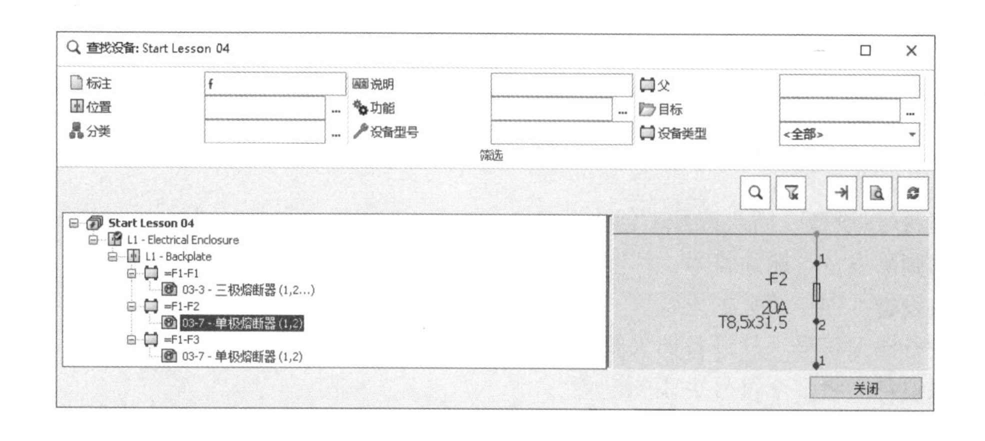

图4-5　【查找设备】对话框

提示　此界面能够打开任何相关页面，并缩放到符号区域。

步骤6　浏览设备　单击【平移】，移动到图纸上方，查看-F2下方的符号，如图4-6所示。在设备导航器中展开位置“L1-Electrical Enclosure”和子位置“L1-Backplate”。

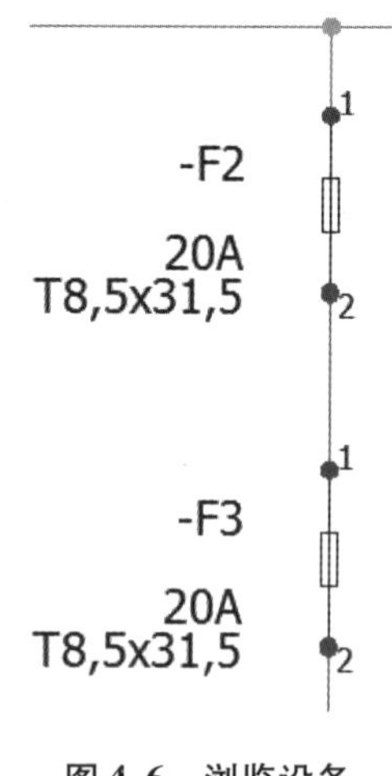

图4-6　浏览设备

注意　删除具有关联的设备时，系统会提示在工程范围内的多个逻辑原理图中将自动删除所有相关符号。

当零部件在SOLIDWORKS的装配体中具有3D零件时，零件不会被删除，而是会与零部件解除关联关系。

当确认删除所有关联的符号和设备时，该操作将无法撤销，应非常谨慎地使用该选项，因为可能会同时删除和取消关联数百个符号。

步骤7　删除设备和符号　右击设备树中的“=F1-F3”设备，选择【删除设备】，弹出如图4-7所示对话框，单击【是】，删除该设备和所有关联的符号。

注意　删除设备的同时执行了三项内容：

- 从图纸中删除关联符号。
- 从设备树中删除设备。
- 电线自动闭合，如图4-8所示。

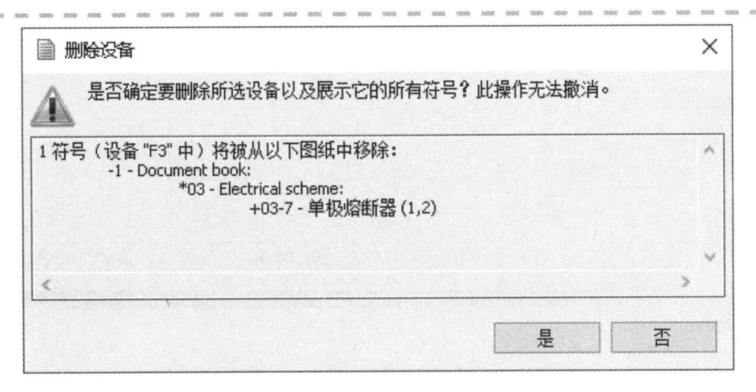

图 4-7　【删除设备】对话框

知识卡片

删除符号	可以像删除设备一样删除图纸中的符号，有三种操作方法： ● 快捷键：选择符号后按键盘〈Delete〉键。 ● 命令管理器：在功能菜单中选择【修改】/【清除】。 ● 快捷方式：右击需要删除的符号，选择【删除】。

步骤 8　从设备型号创建设备　在设备导航器上右击“L1-Electrical Enclosure”，选择【新建】/【设备型号】。

步骤 9　定位设备型号　在【筛选】选项卡中单击【删除筛选器】。在【部件】处输入“LC1D1210B7”，单击【查找】，如图 4-9 所示。

● **说明**　【说明】区域应用于软件的多个界面，其可连接到多语言可译数据。

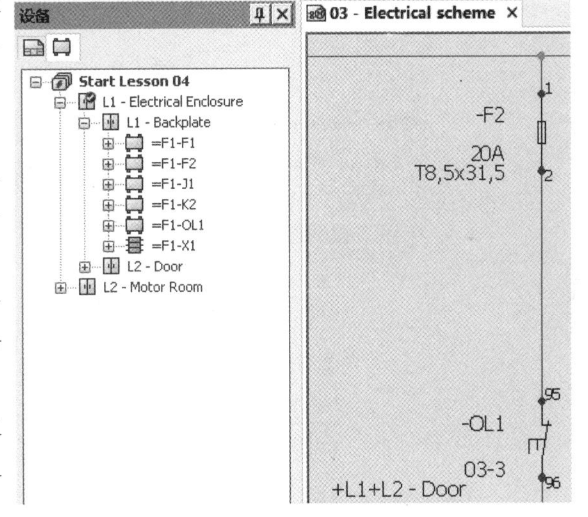

图 4-8　电线自动闭合

用户可以使用多语言的说明，通过选择首选的工程语言来显示匹配的描述语言，如图 4-10 所示。

在工程配置中更改主语言，此处的说明语言也会随之切换，同时也会影响工程中所有使用多语言的地方，例如图框、报表等。

类似设备型号选择器的接口被定义为应用层对话框，任何项目都可以调用和使用这类对话框。因此，描述语言可以在应用程序对话框中由用户定义。

步骤 10　更改说明语言　单击说明语言的下拉菜单，选择【法语】，如图 4-11 所示。

注意　说明语言将会保持显示源语言。更新时，可以勾选【自动刷新】复选框，或者单击【查找】命令。

步骤 11　添加设备型号　在列表中选择型号“LC1D1210B7”，单击【添加】，单击【选择】。

注意　添加型号，实际是从设备库中复制型号到当前项目的设备中。

图 4-9　定位设备型号

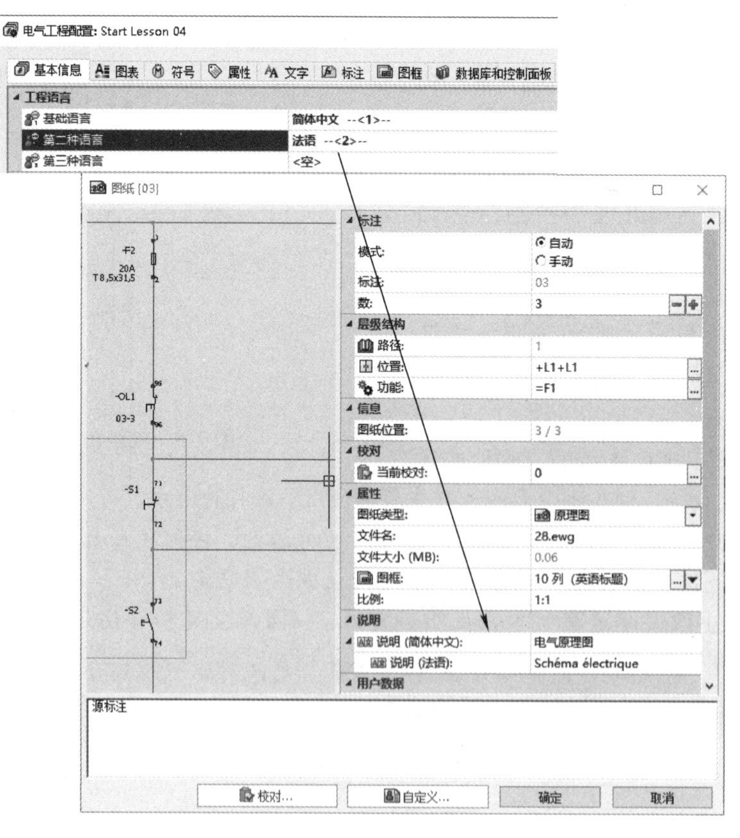

图 4-10　使用工程语言

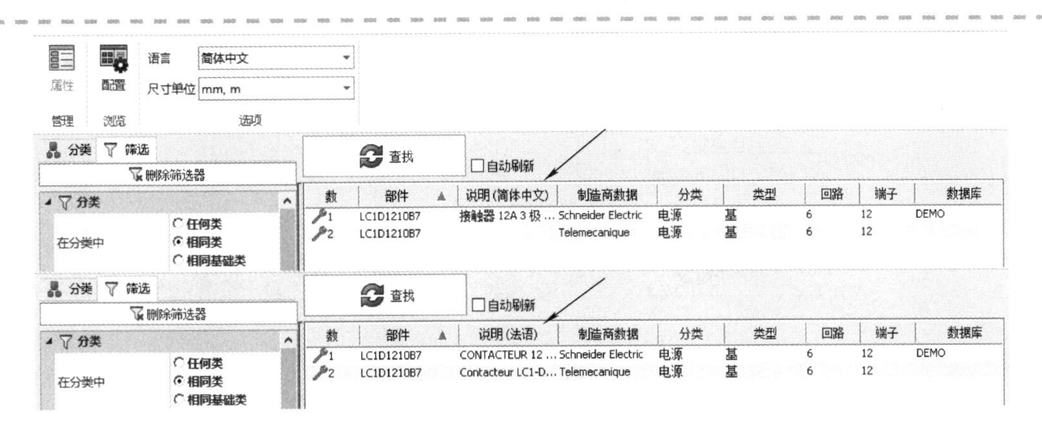

图 4-11 更改说明语言

步骤 12 添加多个设备 保留数目为1，单击【确定】，创建永久设备，如图 4-12所示。

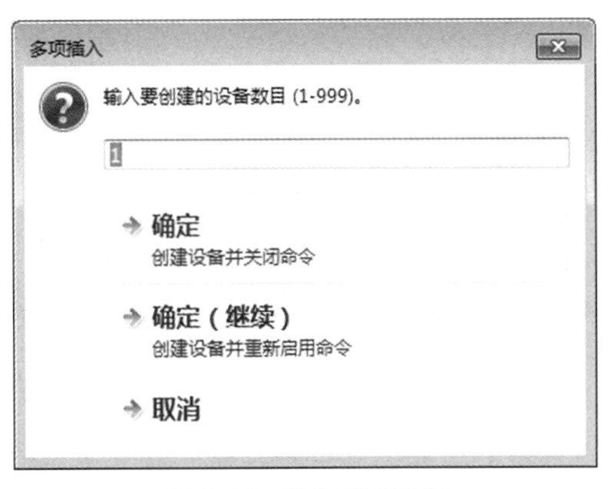

图 4-12 添加多个设备

步骤 13 插入设备符号 右击“=F1-K3”，选择【插入符号】Ⓜ。单击【插入来自设备型号回路的符号】。选择【继电器线圈】，如图 4-13 所示，单击【确定】。在-H1 左边插入符号，放置在电线上，如图 4-14 所示。

步骤 14 更改设备的永久性 右击“=F1-K3”，选择【设置为非永久设备】。

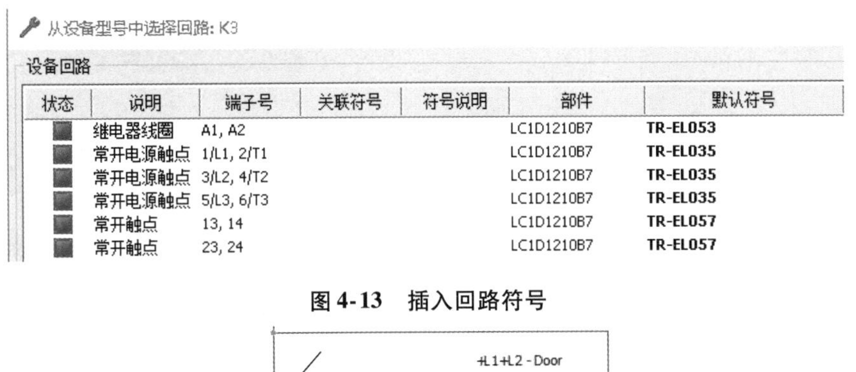

状态	说明	端子号	关联符号	符号说明	部件	默认符号
	继电器线圈	A1, A2			LC1D1210B7	TR-EL053
	常开电源触点	1/L1, 2/T1			LC1D1210B7	TR-EL035
	常开电源触点	3/L2, 4/T2			LC1D1210B7	TR-EL035
	常开电源触点	5/L3, 6/T3			LC1D1210B7	TR-EL035
	常开触点	13, 14			LC1D1210B7	TR-EL057
	常开触点	23, 24			LC1D1210B7	TR-EL057

图 4-13 插入回路符号

图 4-14 放置符号

4.3 符号设备的关联

对不同的符号设置相同的标注，将会建立关联，如图 4-15 所示。利用此种方式可以将设备信息从一个符号传递到其他相关符号中。例如，当创建 M1 的时候插入了方框图符号，在【符号属性】中为其添加了制造商设备型号。之后，在做原理图时，插入马达的符号后会自动获取已有的 M1 的设备参数。所有的技术参数和设备信息都会传递给原理图符号。

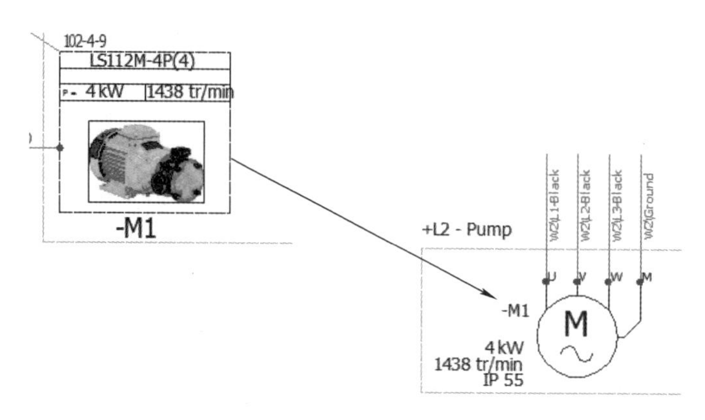

图 4-15　关联符号

有多种方法可以建立这种关联：

- 从【符号属性】的设备树中选择设备，单击【确定】。
- 设置【源】和【数】值等于已有设备，选择【联合】，单击【确定】。
- 选择符号，使用关联菜单选择【分配设备】。显示出侧边栏，列出所有当前已存在的设备。选择所需设备，单击【确定】，创建关联。

步骤 15　为设备分配符号　在页面中按〈Ctrl〉键同时选择符号“-K3”和“-K2”，如图 4-16 所示。右击符号，选择【分配设备】。选择“=F1-K1”，单击【确定】，如图 4-17 所示。单击【取消】。

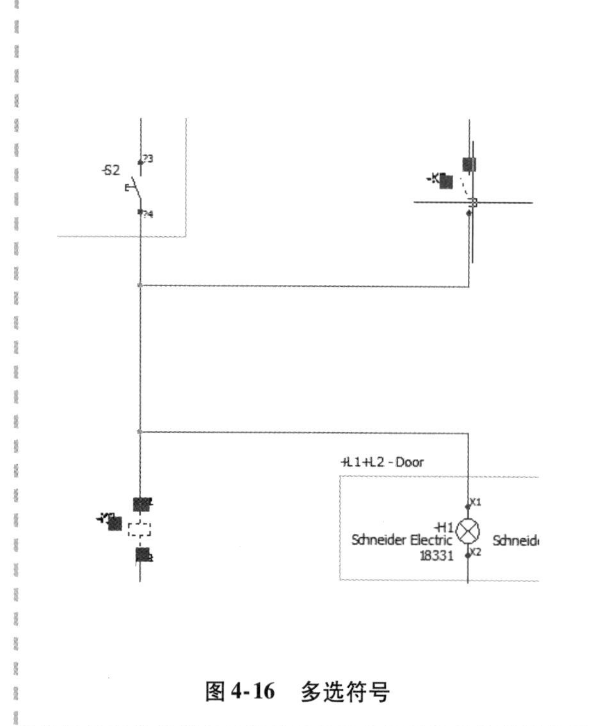

图 4-16　多选符号

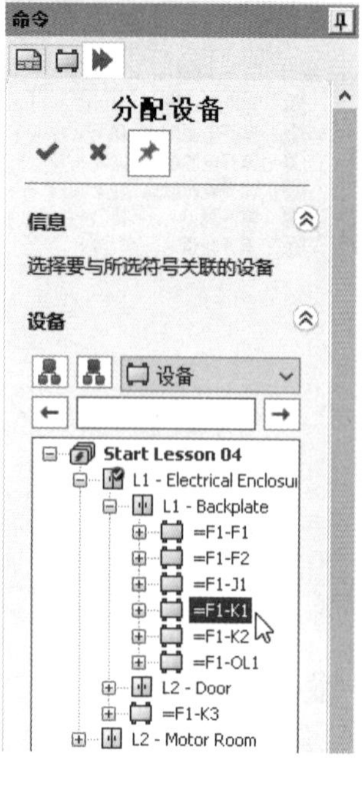

图 4-17　分配设备

注意

执行该命令时会有几处变化。非永久设备-K2和-K3会自动删除，因为它们不再具备任何符号关联，如图4-18所示。-K1将会与单个原理图符号相关联。另一个变化是，分配至-K2和-K3的设备型号被移除了，符号被分配到没有选型的-K1上。如果过程是分配至-K2或-K3，则设备型号将会保留并应用到关联的符号上。

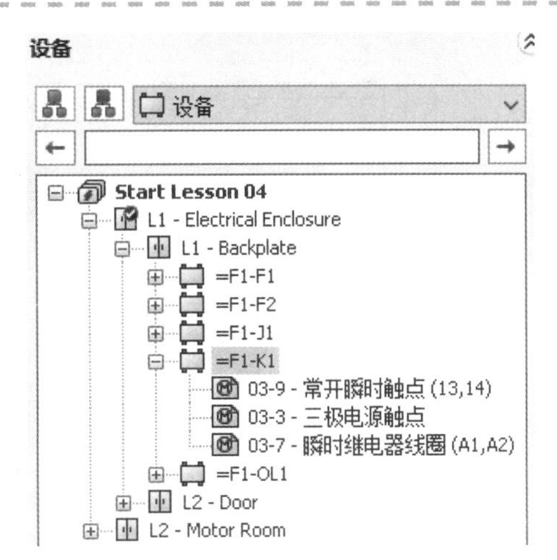

图4-18　自动删除-K2和-K3

步骤16　添加设备型号　双击线圈符号-K1，单击【设备型号与回路】，单击【搜索】。

在【筛选】选项卡中单击【删除筛选器】。在【部件】区域输入“LC1D1210B7”，单击【查找】。选择高亮显示的Telemecanique部件“LC1D1210B7”，单击【添加】。

步骤17　添加　单击【选择】，再单击【确定】返回页面。

注意

双击符号，进入【设备属性】，这里做的任何更改将自动影响和更新工程中所有相关联的符号。

步骤18　关闭工程　在页面导航器上右击工程名称，选择【关闭】。

练习　符号和设备

解压缩工程，使用不同的方法创建设备，插入符号。

本练习将使用以下技术：

- 解压缩工程。
- 插入设备符号。
- 创建符号-设备。
- 设置属性可见性。

操作步骤

使用不同的方法完成混合图的设计，并显示设计中的设备。

步骤1　解压缩数据至应用程序　解压缩位于“Lesson04\Exercises”文件夹内的工程。

步骤2　选择数据　使用【向后】浏览数据，并单击【更新数据】。

步骤3　完成解压缩　按照默认内容完成解压缩。

步骤4　打开工程　单击【确定】，打开工程。

步骤5　打开混合页面　打开混合页面“03-Detailed interconnects”，如图4-19所示。

步骤6　方框图符号　在设备导航器中，使用关联菜单对“=F1-FAN1”插入符号。

步骤7　插入方框图符号　单击插入方框图符号，放置在图4-20所示位置。

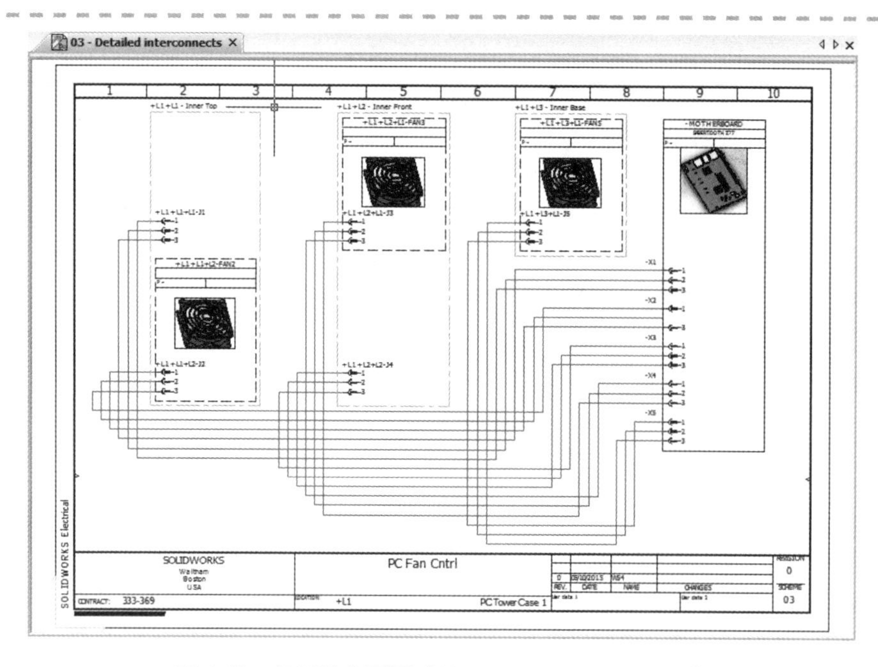

图 4-19　打开混合页面“03-Detailed interconnects”

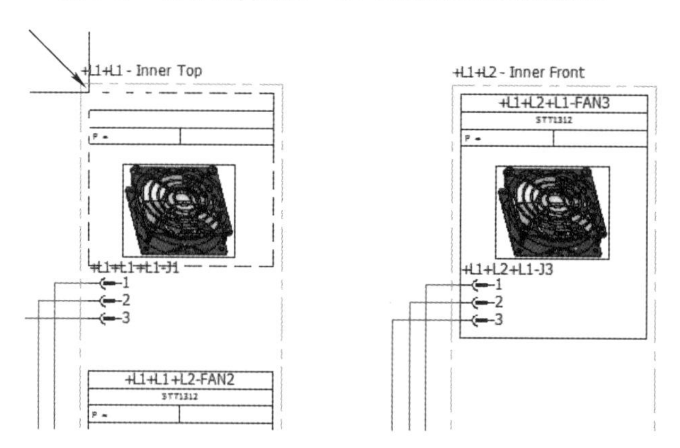

图 4-20　插入方框图符号

步骤 8　调整符号尺寸　单击符号，选择右下方的蓝色点拖动符号，重新调整符号尺寸，如图 4-21 所示。

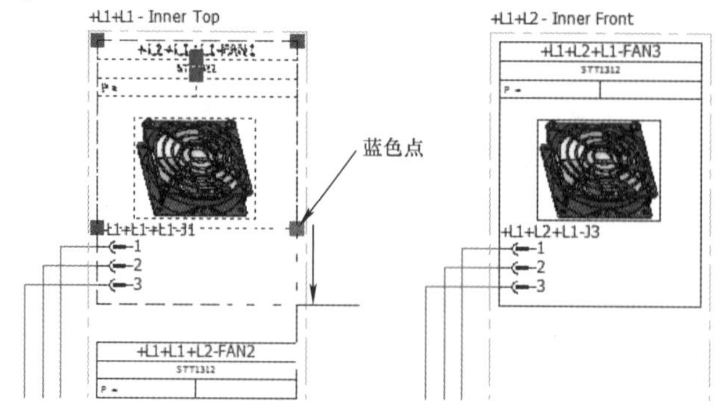

图 4-21　调整符号尺寸

步骤9 创建新设备 单击【复制多项】命令。仅选择“+L1+L2+L1-FAN3”。选择FAN3左上方的点位基准点，将光标拖动到左下方，单击【确定】，确认复制，如图4-22所示。

步骤10 插入原理图符号 在设备导航器上右击“=F1-X2”并选择【插入符号】。选择插入以下原理图符号。

- 分类：连接器。
- 说明：Female pin Training。
- 名称：TR-PIN_F_02+1。

在1号针脚和3号针脚之间放置符号，如图4-23所示。

步骤11 关闭属性 右击新插入的符号，选择【关闭符号标注属性】，如图4-24所示。

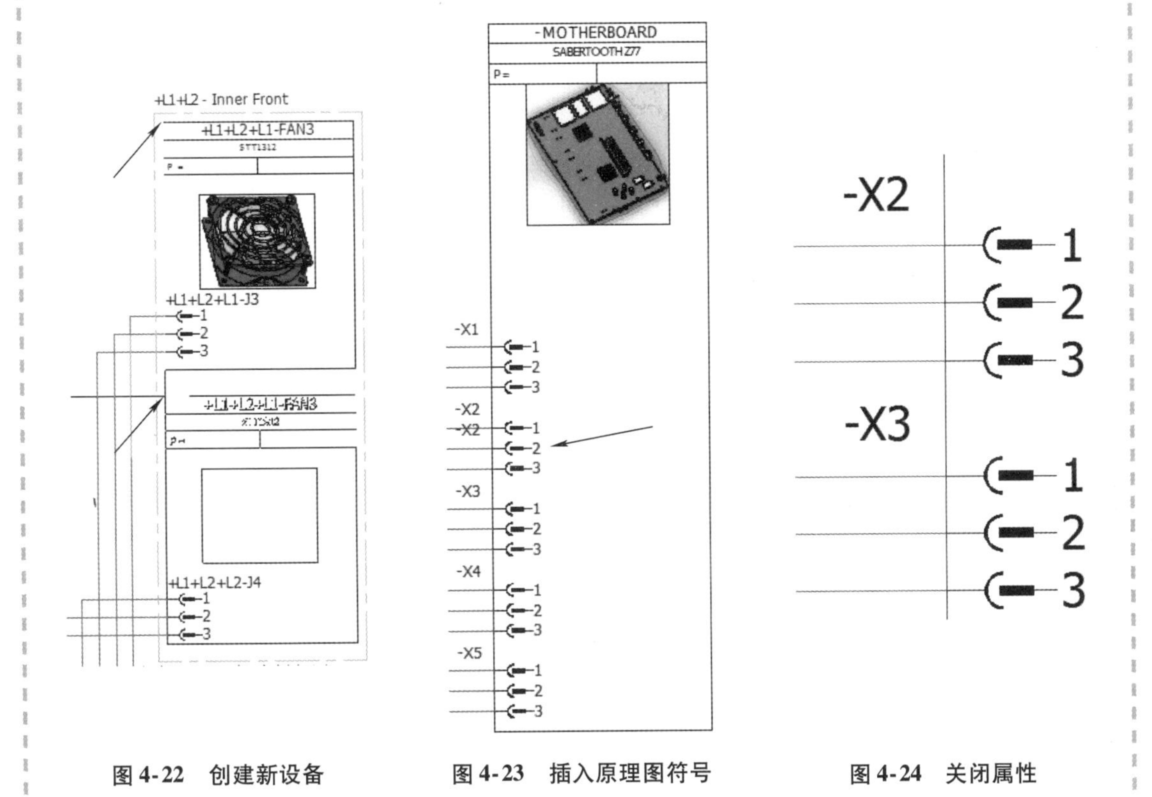

图4-22 创建新设备　　图4-23 插入原理图符号　　图4-24 关闭属性

步骤12 关闭工程 在页面导航器上右击工程名称，选择【关闭】。

第 5 章　制造商设备型号

学习目标

- 理解制造商设备型号
- 查找制造商设备型号
- 修改工程级设备型号
- 更改回路
- 管理回路符号

扫码看视频

5.1　制造商设备型号概述

制造商设备型号在 SOLIDWORKS Electrical 中是一个非常重要的概念，注意不要和 SOLIDWORKS 的零件（*.SLDPRT）相互混淆。制造商设备型号代表需要购买和安装的物理设备。

设备型号包含了大量的与分类有关的技术参数，每个类别都具有不同的技术特性。例如，马达与按钮相比就有很多不同的技术特性。设备型号可以设定默认的原理图符号、方框图符号、3D 的 SLDPRT 文件、2D 布局图符号和 PCB 的 EMN 文件。此种设置可以通过设备直接调取符号并插入至图纸。

软件安装后默认只会有少量的数据添加到数据库中，以减少首次安装的时间。软件支持使用在线数据库从 Electrical content portal 选择性地下载和解压缩设备型号。

- 回路和端子　设备型号含有回路的数量和类型，以及端子号（针脚号）。这些信息与原理图符号的回路相比，会将数据应用到符号上以便在设计时提供可用的接点信息。回路关联在符号属性和设备属性中较为常见，以图形化方式显示信息状态，如图 5-1 所示。

不同的状态颜色如下：

- 可使用，备用回路（蓝色）：蓝色状态代表在设备型号上应用，但没有对应的原理图符号与之匹配。
- 已分配，正确匹配（绿色）：绿色状态代表设备型号回路应用到设备或符号上，而且已经与原理图符号的回路正确匹配。
- 不可用，设计过失（红色）：红色状态代表原理图符号已经被使用，但是没有设备型号回路与此对应，或回路类型不同，对应不正确。
- 虚拟回路（黄色）：黄色状态代表虚拟回路。这样的回路只能手动添加，且不能直接与符号或设备型号的回路关联。虚拟回路是用于添加至已知连接关系的设备，但设计并未充分知道详细的设备型号需求，此时原理设计仍然可以完成。

是否在任何分类中都会有红、绿、蓝不同的颜色？颜色可以修改吗？

若设备型号应用后仍然出现红色回路状态，则意味着设计时所选的设备型号不满足设计要求，将会导致生产延期。

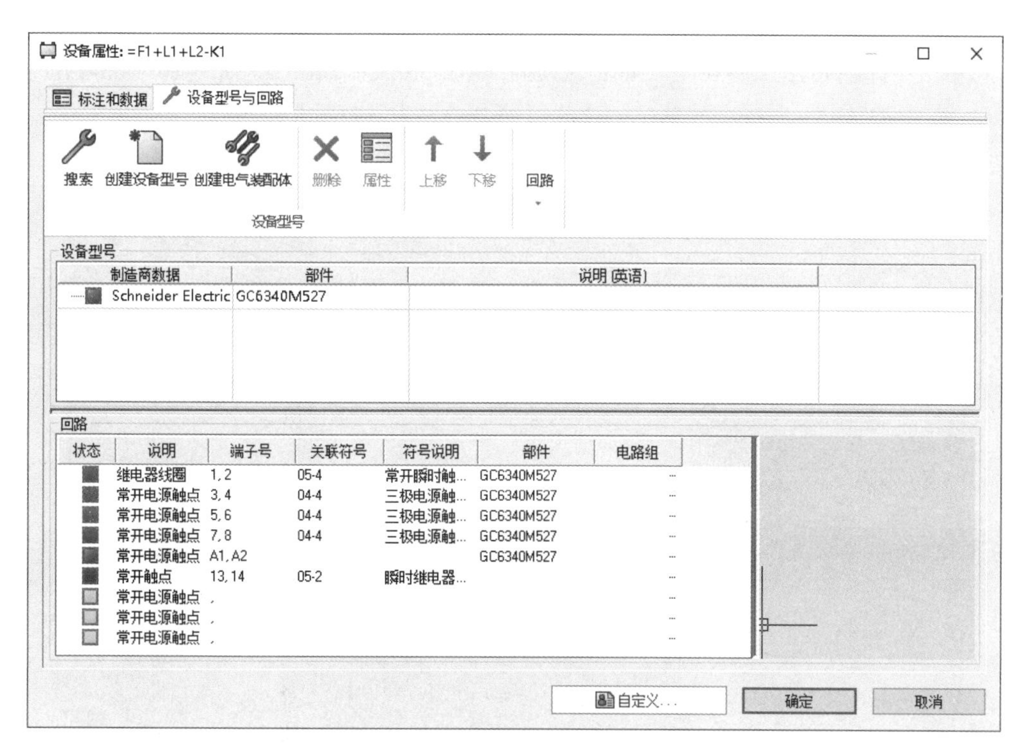

图 5-1 回路和端子

5.2 设计流程

主要操作步骤如下：

1. **解压缩设备** 通过【设备型号管理】解压缩设备型号压缩包。
2. **搜索型号** 通过分类和筛选器定位特定型号。
3. **编辑设备型号** 编辑设备型号并应用到设备上，学会更新操作。
4. **回路关联** 手动编辑设备回路符号。
5. **插入回路符号** 插入应用到设备型号回路上的符号。

操作步骤

开始课程前，先解压缩并打开“Start_Lesson_05. proj”，文件位于“Lesson05\Case Study”中。通过【设备型号管理】解压缩制造商零件数据，应用筛选器将设备型号添加到符号上，并修改非正式设备型号。手动更改回路符号关联，插入设备的回路符号。

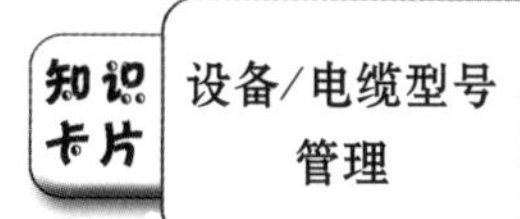

知识卡片	设备/电缆型号管理	• 命令管理器：【数据库】/【设备型号管理】或【电缆型号管理】。

提示 解压缩时，可以选择多个“*.tewzip”文件同时解压缩。

步骤1 解压缩文件 在【设备型号管理】中单击【解压缩】，浏览到“Lesson05\Case Study”文件夹，选择“Schneider_Electric. part. tewzip”文件，单击【打开】。

步骤2 解压缩向导 单击【向后】，确认添加选项的设置，选择【更新】。单击【向后】，选择【完成】，结束解压缩过程。单击【关闭】退出。

步骤3 详细布线 解压缩“Start_ Lesson_ 05. proj. tewzip”，打开页面 “03-Line diagram”。右击关联-X1和-K1的电缆，选择【详细布线】，如图5-2所示。

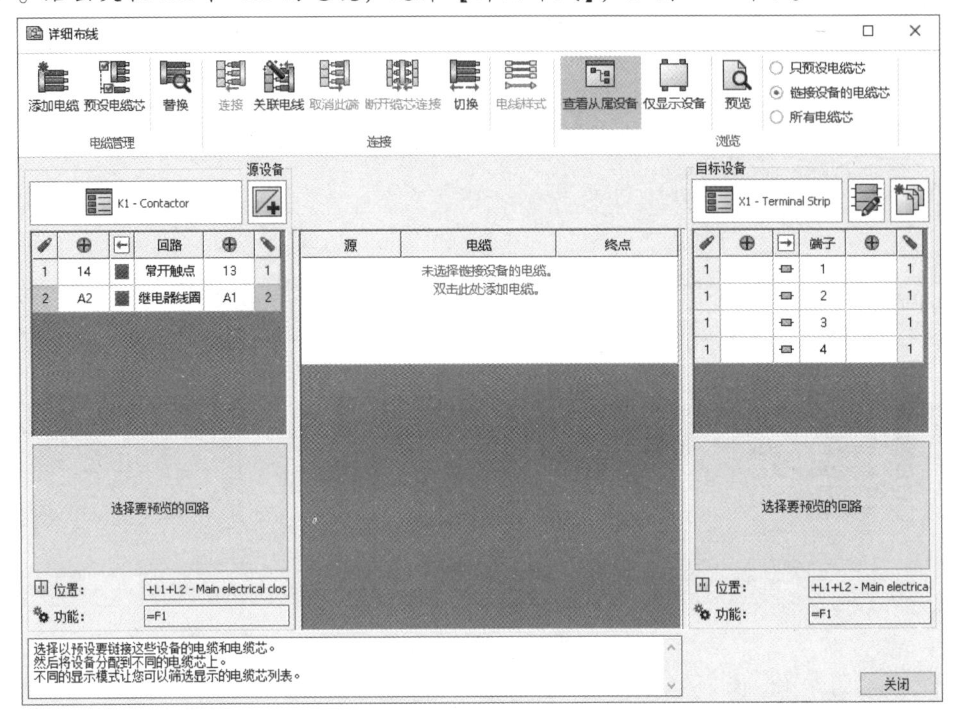

图5-2 【详细布线】对话框

步骤4 分配虚拟回路 在源设备K1上单击【添加虚拟回路】。单击【添加】并更改【回路类型】为【常开电源触点】。更改【回路数目】为“3”，如图5-3所示。单击【确定】，创建虚拟回路，如图5-4所示。单击【关闭】，返回页面。

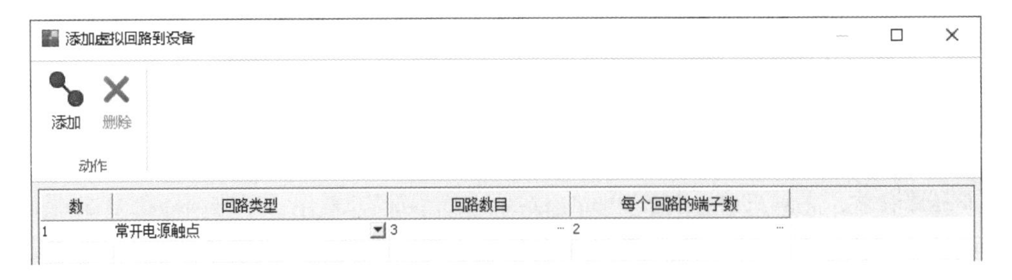

图5-3 分配虚拟回路

图5-4 创建虚拟回路

5.3　查找设备型号

应用设备型号到符号或设备上的方法有两种：第一种是通过各自的属性对话框应用于符号或设备，第二种是在符号或设备的关联菜单上选择【分配设备型号】。第二种方法减少了完成过程的操作步骤，因为不会访问属性对话框。这种方法会限制对数据的改变，或应用其他设备型号。

> 注意　为符号或设备选择型号也可以达到此目的，因为符号也是设备的一种表达方式。

5.3.1　查找选项

查找设备型号可使用筛选方法 筛选。筛选一般会减少检索的结果数量让选择更简单。以下是可用的筛选类别。电缆也属于设备型号，具有一些不同的选项。

1. 分类　单击【分类】选项，限制查找范围到一个特定的设备分类，例如按钮或马达。使用此操作会将分类显示在分类列表中，如图5-5所示。

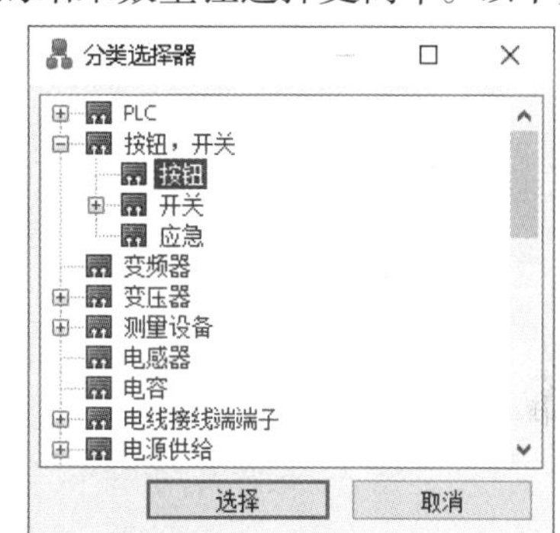

图5-5　设备分类

> 注意　【在分类中】选项也是一个限制选项，如果查找的对象不合适，可以取消这个限制。

2. 数据库　选择用于搜索的数据库。除非此处设置了用户自定义的数据库，一般会使用【所有工程数据库】。

3. 制造商数据　限定查找的制造商名称，例如GE或Square D。

4. 类型　选择类型，例如基、辅助及附件。

（1）基　基型号用于设备只有一个型号或有多个型号的主要设备型号。

（2）辅助　辅助型号仅用于已有一个基设备的情况，因为它们会连接到基设备。辅助型号依然需要执行一些电气功能。

（3）附件　附件型号（类似辅助设备）也用于一个已有设备，但并不具备电气功能。附件设备可以是一些螺钉来固定设备或一些文本标签来解释功能。

> 注意　PLC设备具有其自身特定的一些类型。

5. 部件　输入文本直接查找设备型号的名称。例如，查找一个信号报警器的型号XACV06。通过型号名称XACV也可以实现模糊查找。

6. 说明　在说明中输入的文本用于查找与此说明匹配的设备型号。例如，查找P LIGHT FOR XAC-B DIRECT，通过局部说明LIGHT也可以实现模糊查找。

7. 物料编码　设备型号的第二名称，一般是企业内部使用。

8. 回路　从下拉菜单中选择回路数量或端子数量。

9. 使用　从下拉菜单中选择电压或频率。

10. 控制　从下拉菜单中选择控制电压或频率。

步骤5　缩放符号　关闭方框图，打开原理图“05-Control”。单击【缩放到区域】，切换到线圈-K1，如图5-6所示。

> 注意　当前的设备并未选型，但已经含有虚拟回路及相关联的辅助触点。触点状态会显示在线圈下方，与回路状态的颜色定义相同。

思考　还有其他方式缩放到符号吗？

步骤6　查找设备型号　右击-K1并选择【符号属性】，在【设备型号与回路】上单击【搜索】，进入【选择设备型号】对话框。

步骤7　筛选型号　在【筛选】选项卡中，使用如图5-7所示的条件，单击【查找】，更新设备列表。

提示　勾选【自动刷新】复选框后，设备列表将会动态地自动刷新，不需要单击【查找】。

步骤8　精确查找　列表中包含数百个结果，为了减少设备型号数量，在【部件】处输入“GC6340M5”，单击【查找】。如图5-8所示，选中“GC6340M527”，单击【添加】。单击【选择】，确认更改。

注意　回路状态显示只有一半的图标带有+，表明需等待确认，直到单击【选择】并【确定】后，才可以单击【取消】命令。

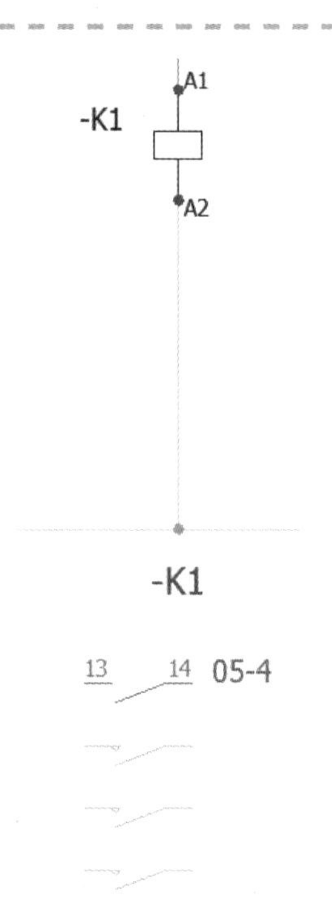

图5-6　缩放符号

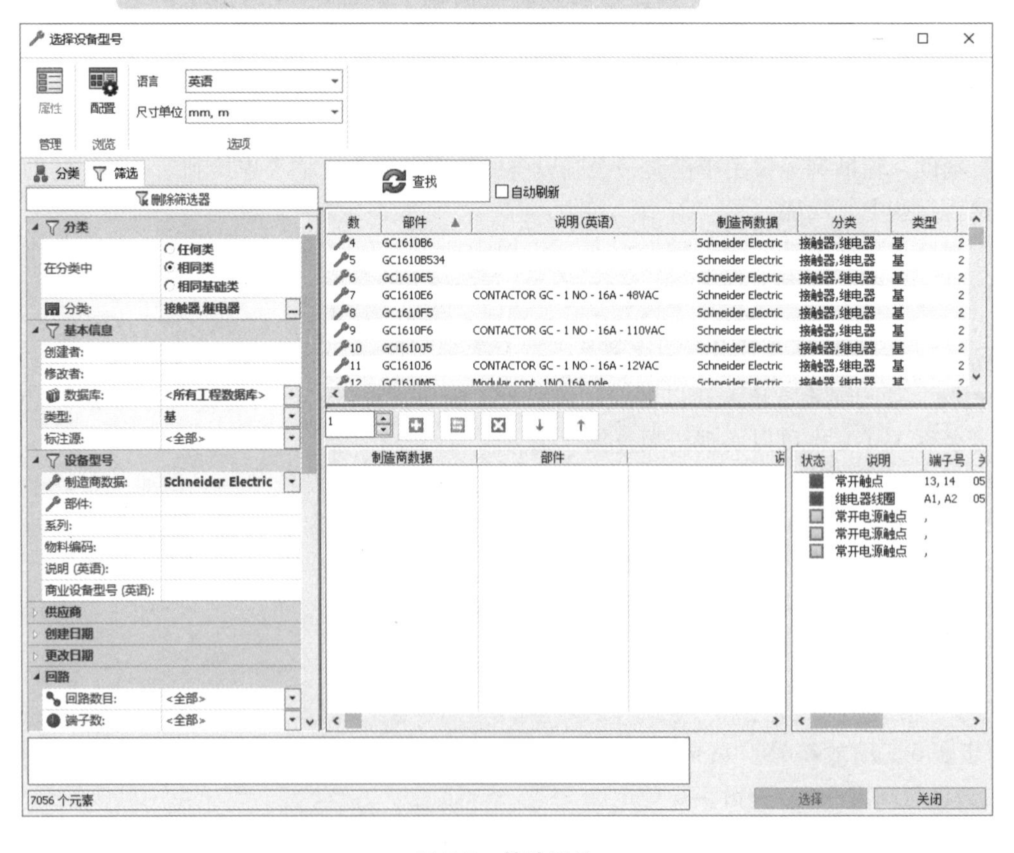

图5-7　筛选型号

图 5-8 精确查找

5.3.2 编辑型号

型号在应用程序中是可以通过【设备型号管理】编辑的，或者通过【符号属性】或【设备属性】对话框编辑。通过【符号属性】或【设备属性】对话框改变工程中的设备型号时，修改内容可以应用到设备中，也可以更新到程序的数据库中，如图 5-9 所示。

图 5-9 编辑型号

更新设备型号至数据库后，该型号可以在任意工程和任意时间使用更新后的信息。更改某个设备的设备型号仅会改变单个设备的设备型号，不会改变其他地方的设备型号。

步骤 9 改变回路顺序 选中设备型号 Schneider Electric 的“GC6340M527”，单击【属性】。在【回路，端子】选项卡中，使用【上移】箭头移动继电器线圈到列表的顶部，如图 5-10 所示。

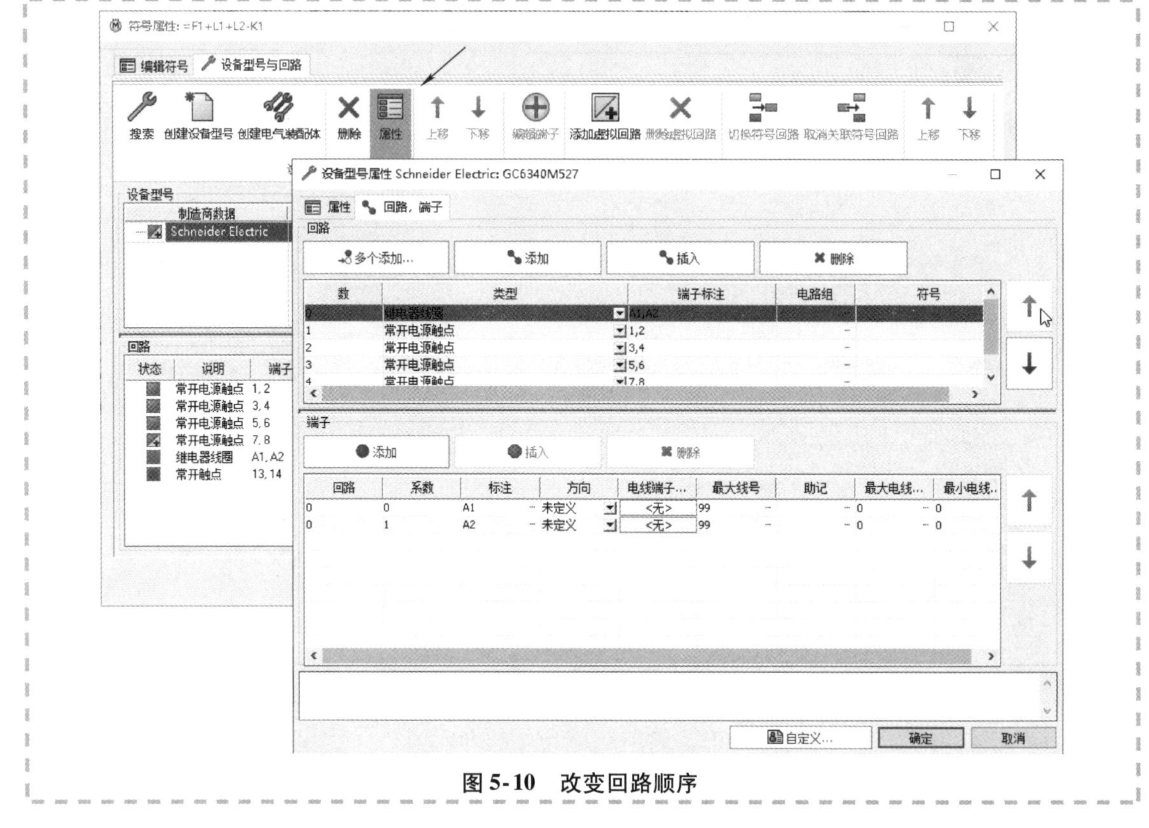

图 5-10　改变回路顺序

5.3.3　回路符号

不同的回路可以应用不同的符号，这些符号可以在原理图中作为设备符号被使用。此种方式在成本统计的详细设计之前，会预先创建设备。关联符号到设备型号的回路上的另一个优点，是可以减少把不可用触点关联到线圈的错误。

步骤 10　型号回路符号　选择回路 1～回路 3 的【常开电源触点】，如图 5-11 所示。

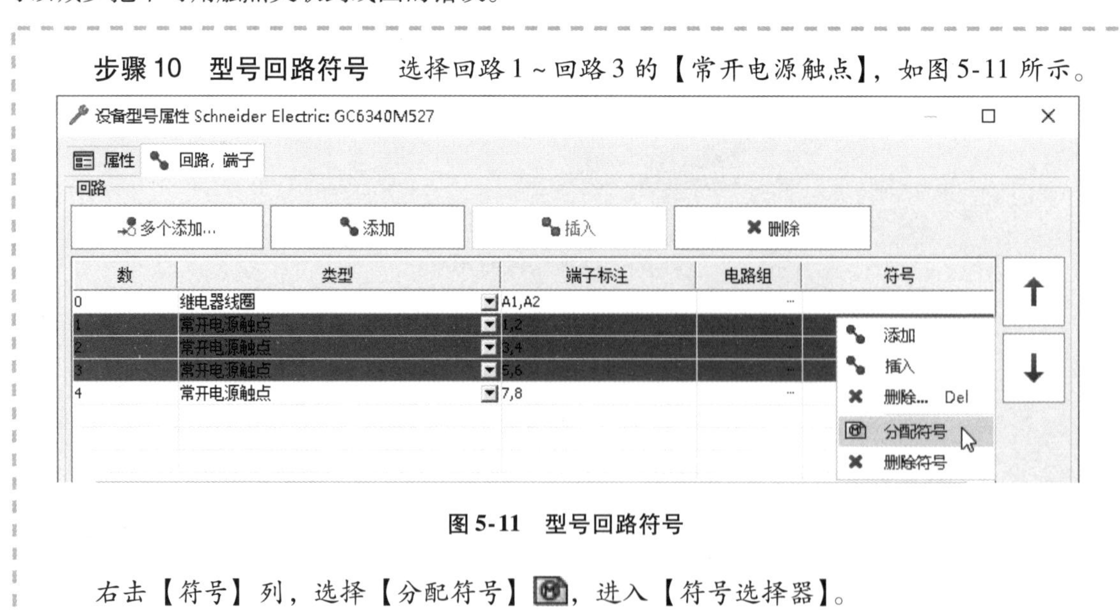

图 5-11　型号回路符号

右击【符号】列，选择【分配符号】，进入【符号选择器】。

步骤 11　定位符号　定位如下符号，如图 5-12 所示。

- 分类：接触器，继电器/电源。
- 说明：三极电源触点。
- 名称：TR-EL035。

单击【选择】，分配符号到回路上，如图5-13所示。单击【确定】，确认更改，选择【只修改此设备】。

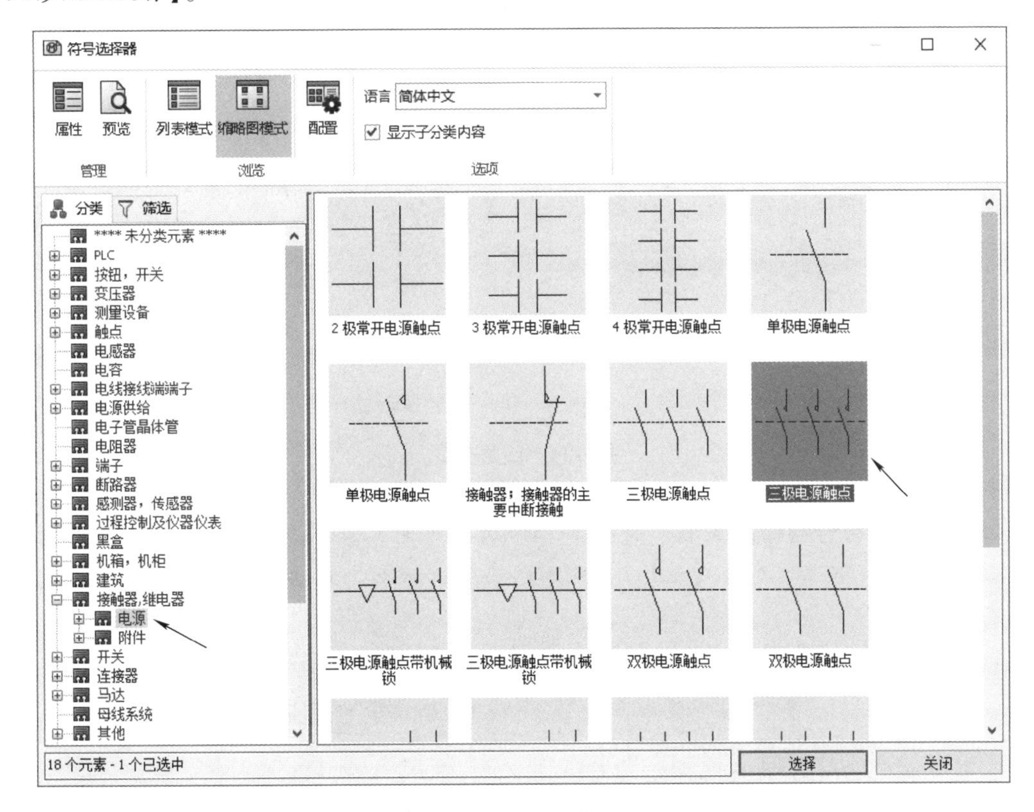

图5-12　定位符号

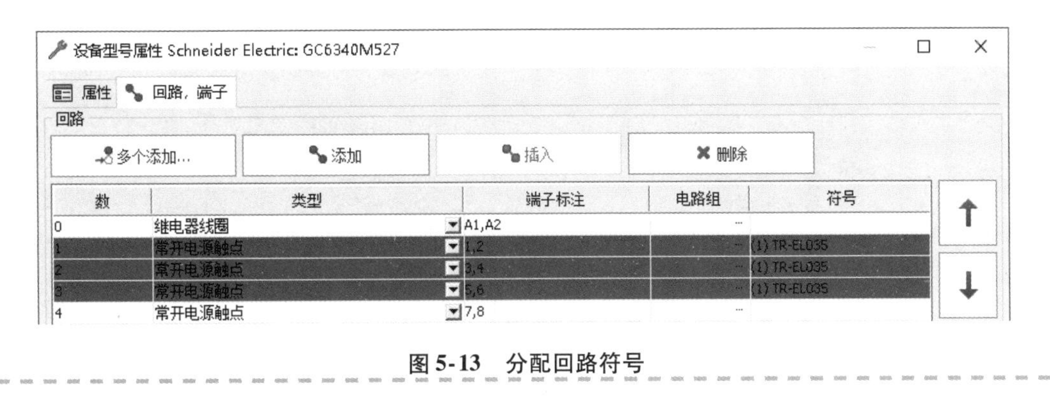

图5-13　分配回路符号

5.3.4　回路关联

符号和设备回路匹配时，回路将会逐个自动关联。如果对应关系不匹配，则可通过拖曳的方式将符号的红色回路拖放到蓝色或绿色回路上，如图5-14所示。

唯一不能通过拖曳的方式实现回路类型匹配的是虚拟回路。虚拟回路只有与设备型号回路完全相同时才会获得匹配。此种限制可以约束工程师限制设备型号的分配。

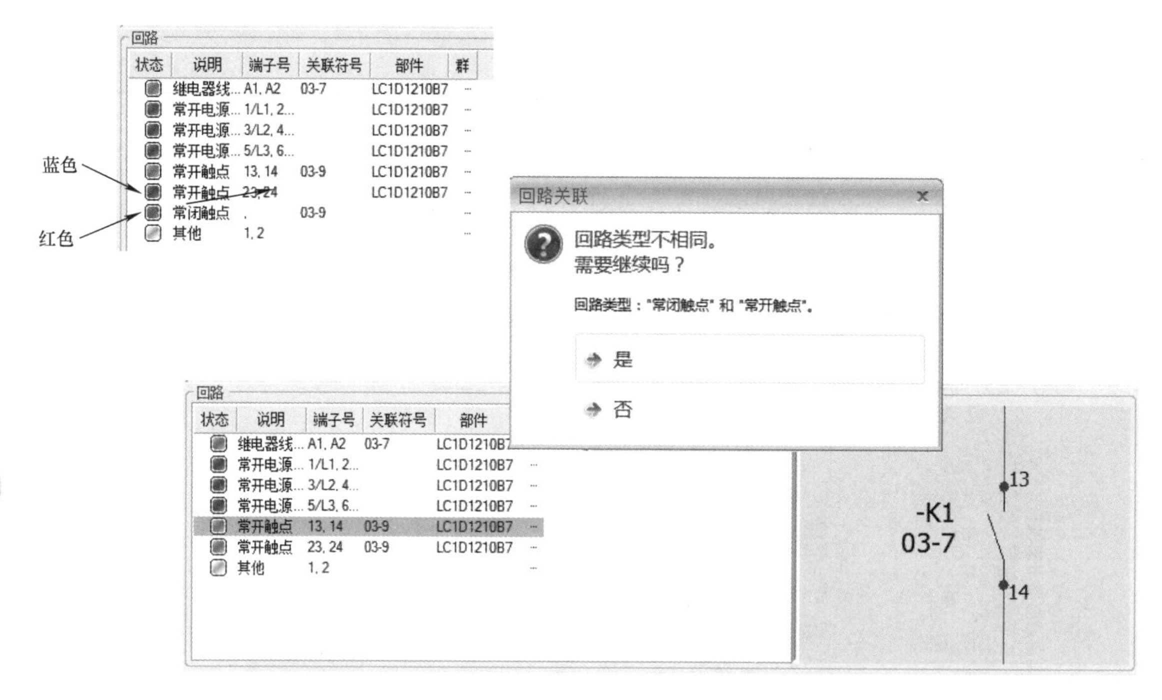

状态	说明	端子号	关联符号	部件	群
	继电器线...	A1, A2	03-7	LC1D1210B7	...
	常开电源...	1/L1, 2...		LC1D1210B7	...
	常开电源...	3/L2, 4...		LC1D1210B7	...
	常开电源...	5/L3, 6...		LC1D1210B7	...
	常开触点	13, 14	03-9	LC1D1210B7	...
	常开触点	23, 24		LC1D1210B7	...
	常闭触点	.	03-9		...
	其他	1, 2			...

状态	说明	端子号	关联符号	部件
	继电器线...	A1, A2	03-7	LC1D1210B7
	常开电源...	1/L1, 2...		LC1D1210B7
	常开电源...	3/L2, 4...		LC1D1210B7
	常开电源...	5/L3, 6...		LC1D1210B7
	常开触点	13, 14	03-9	LC1D1210B7
	常开触点	23, 24	03-9	LC1D1210B7
	其他	1, 2		

图 5-14　回路关联

步骤 12　将符号与回路关联　将图 5-15 所示的绿色回路的“常开电源触点”拖动到“继电器线圈”回路上。单击【是】，更改回路类型，如图 5-16 所示。再次单击【确定】，确认更改。

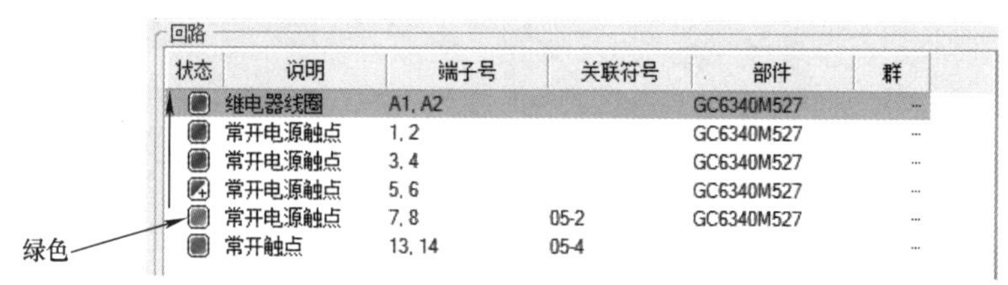

状态	说明	端子号	关联符号	部件	群
	继电器线圈	A1, A2		GC6340M527	...
	常开电源触点	1, 2		GC6340M527	...
	常开电源触点	3, 4		GC6340M527	...
	常开电源触点	5, 6		GC6340M527	...
	常开电源触点	7, 8	05-2	GC6340M527	...
	常开触点	13, 14	05-4		...

图 5-15　将符号与回路关联

回路

状态	说明	端子号	关联符号	部件	群
	继电器线圈	A1, A2	05-2	GC6340M527	...
	常开电源触点	1, 2		GC6340M527	...
	常开电源触点	3, 4		GC6340M527	...
	常开电源触点	5, 6		GC6340M527	...
	常开电源触点	7, 8		GC6340M527	...
	常开触点	13, 14	05-4		...

图 5-16　更改回路类型

步骤 13　插入设备回路符号　打开页面“04-Power”。展开位置“L2-Main electrical closet”，右击“=F1-K1”，选择【插入符号】Ⓜ，如图 5-17 所示，单击【插入来自设备型号回路的符号】。

步骤 14　选择回路符号　选择第一个【常开电源触点】，如图 5-18 所示。单击【确定】，返回页面。将符号放置在-F2 和端子排-X1 之间，如图 5-19 所示。

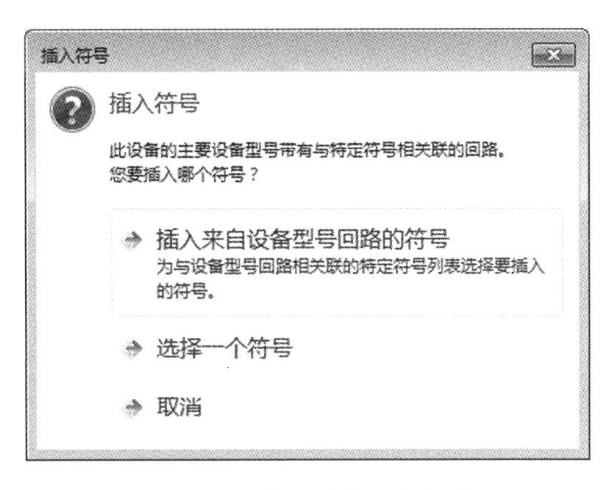

图 5-17　插入设备回路符号

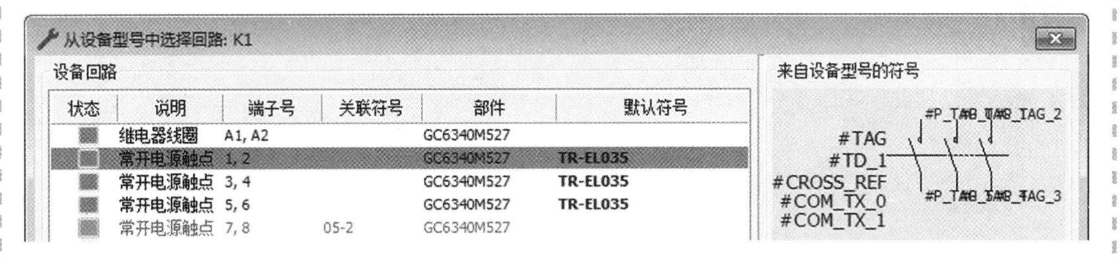

图 5-18　选择回路符号

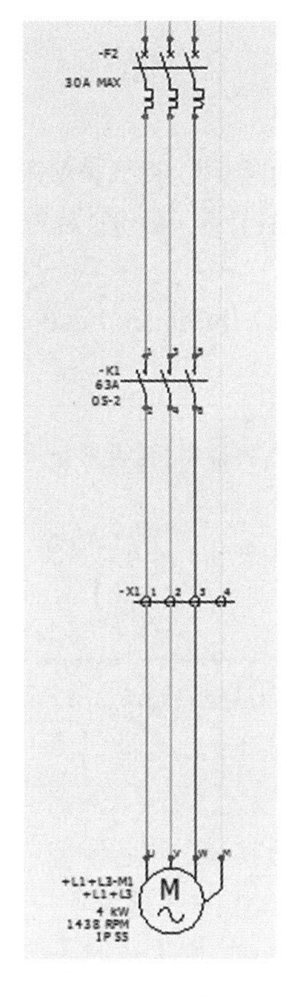

图 5-19　放置符号

5.4 电气装配体

电气装配体是一种虚拟的设备型号，它可以由多个单独的制造商设备型号组成，如图 5-20 所示。当将一个电气装配体分配给一个工程设备时，电气装配体包含的设备型号将被应用到设备上。

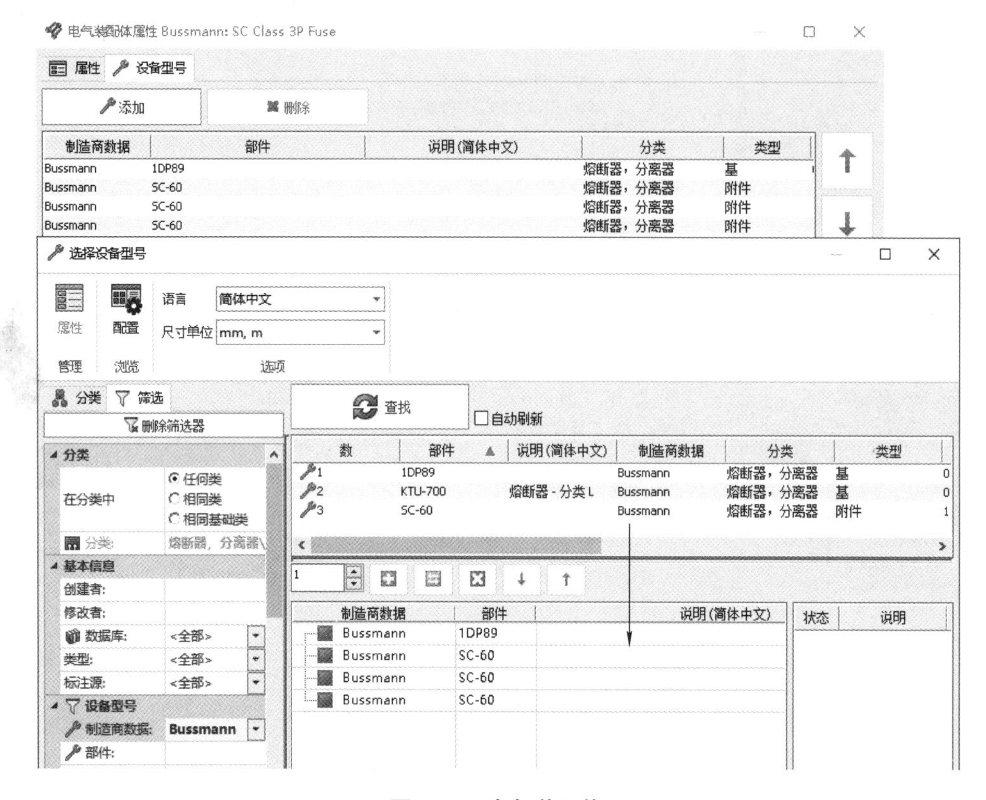

图 5-20 电气装配体

这种形式可以快速保存和应用多个型号组成一个装配体。

开始课程前，先解压缩并打开“Bussman Fuse Parts. part. tewzip”，文件位于“Lesson05 \ Case Study”中。

知识卡片

电气装配体	• 命令管理器：【数据库】/【设备型号管理】/【添加设备型号】/【添加电气装配体】。 • 快捷方式：右击符号或设备，单击【符号属性】或【设备属性】，选择【设备型号与回路】/【创建电气装配体】。

步骤 15 定位符号 打开页面“04-Power”，缩放到熔断器-F2。

步骤 16 创建电气装配体 右击-F2，选择【符号属性】。单击【设备型号与回路】，单击【创建电气装配体】。

步骤 17 分配电气装配体 切换至【设备型号】选项卡，单击【添加】，按图 5-21 所示定义电气装配体的型号。单击【选择】。

步骤 18 定义电气装配体属性 单击【属性】选项卡，按图 5-22 所示信息进行填写，单击【确定】。

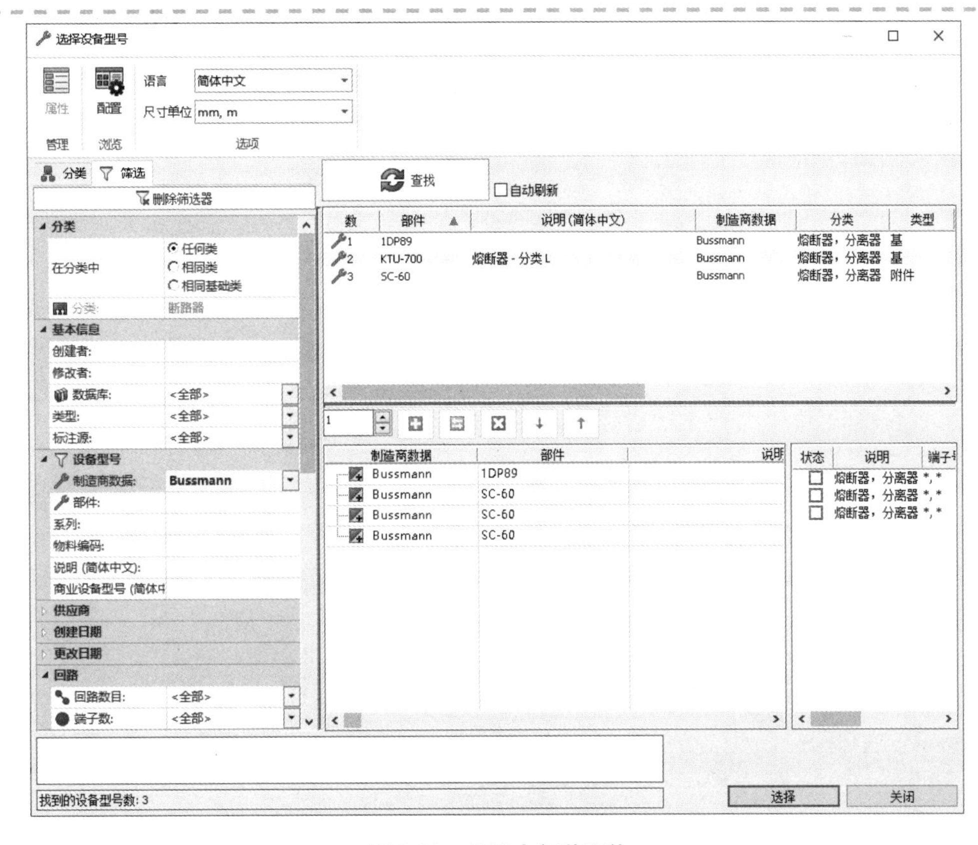

图 5-21　分配电气装配体

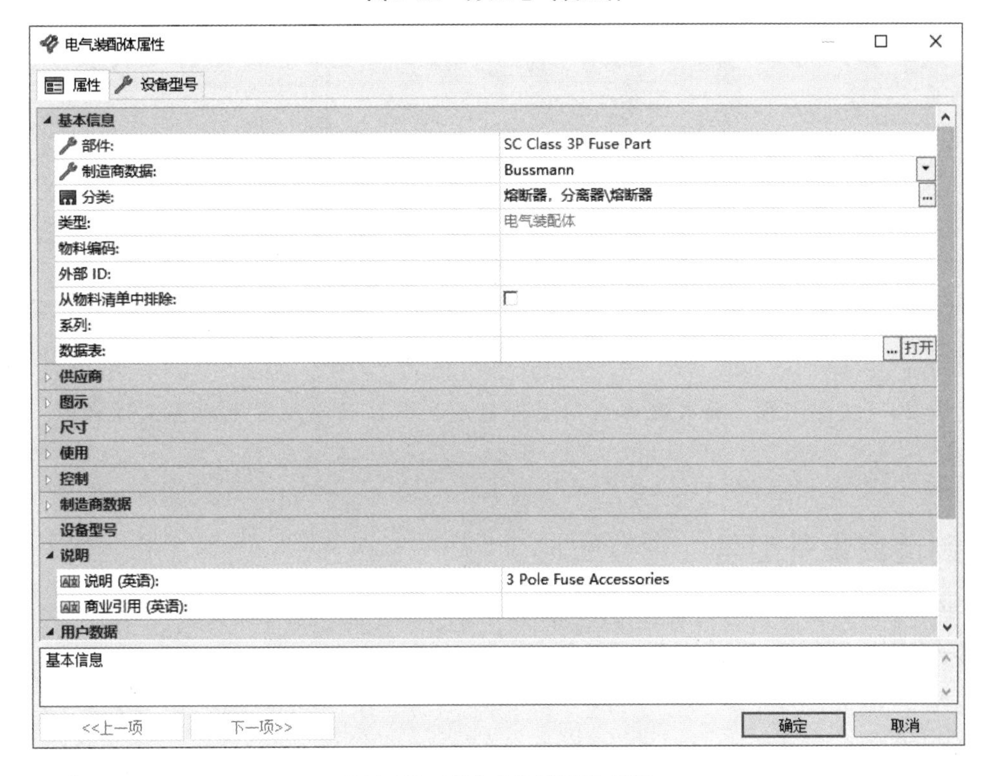

图 5-22　定义电气装配体属性

步骤 19　添加电气装配体到设备库　完成装配体的创建后，程序自动弹出对话框询问是仅应用于当前设备，还是添加到库以便于其他工程使用，如图 5-23 所示。

单击【是】，添加至库。将电气装配体的所有设备型号添加至 F2，如图 5-24 所示。

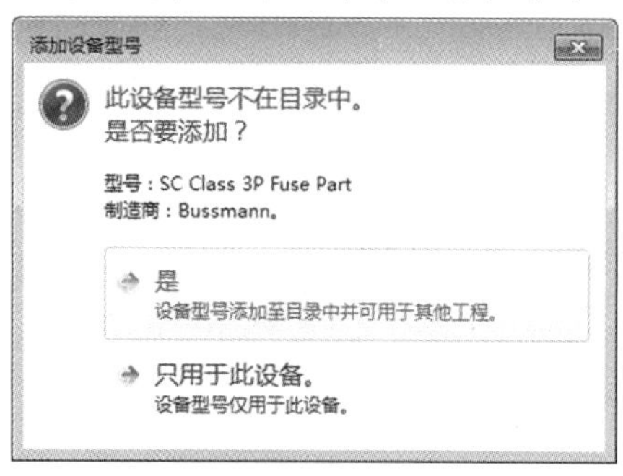

图 5-23　添加设备型号

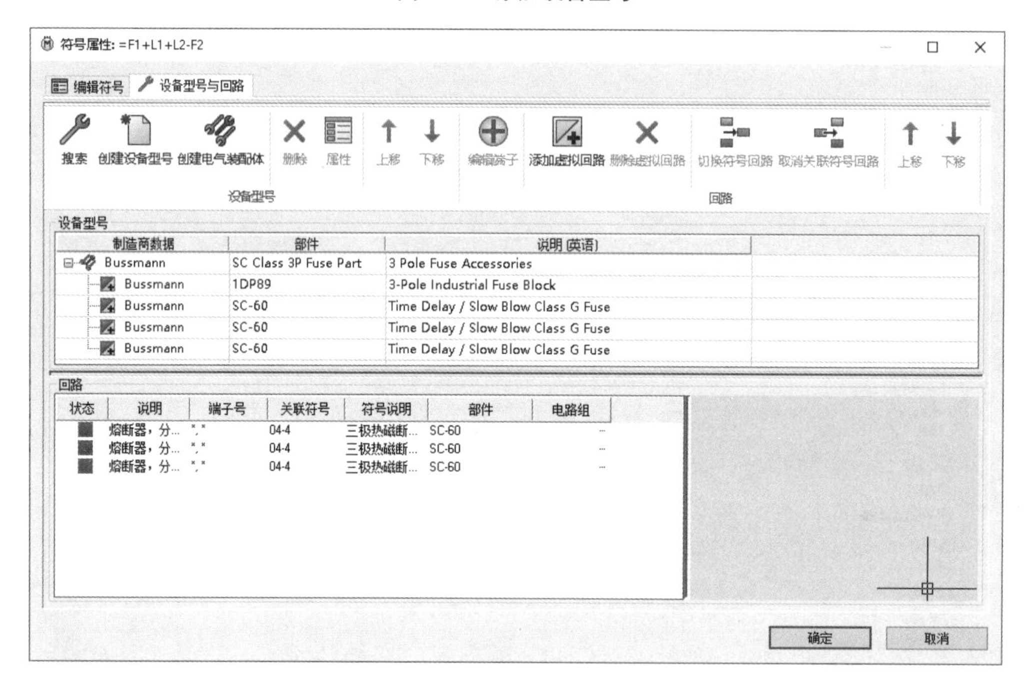

图 5-24　添加电气装配体到设备库

步骤 20　关闭工程　将装配体应用到设备后，在页面导航器上右击工程名称，单击【关闭】。

练习　制造商设备型号

解压缩工程和数据库，为设备查找并应用设备型号，手动调整回路关联。

本练习将使用以下技术：

- 解压缩文件。
- 解压缩向导。
- 查找设备。
- 查找设备型号。

- 筛选型号。
- 精确查找。
- 符号回路关联。

操作步骤

使设备应用匹配的型号。

步骤1　解压缩数据至应用程序　解压缩位于“Lesson05\Exercises”文件夹内的工程。

步骤2　选择数据　使用【向后】浏览数据，并单击【更新数据】。

步骤3　完成解压缩　按照默认内容完成解压缩。

步骤4　打开工程　单击【确定】，打开工程。

步骤5　打开原理图　打开原理图“04-Control”，如图5-25所示。

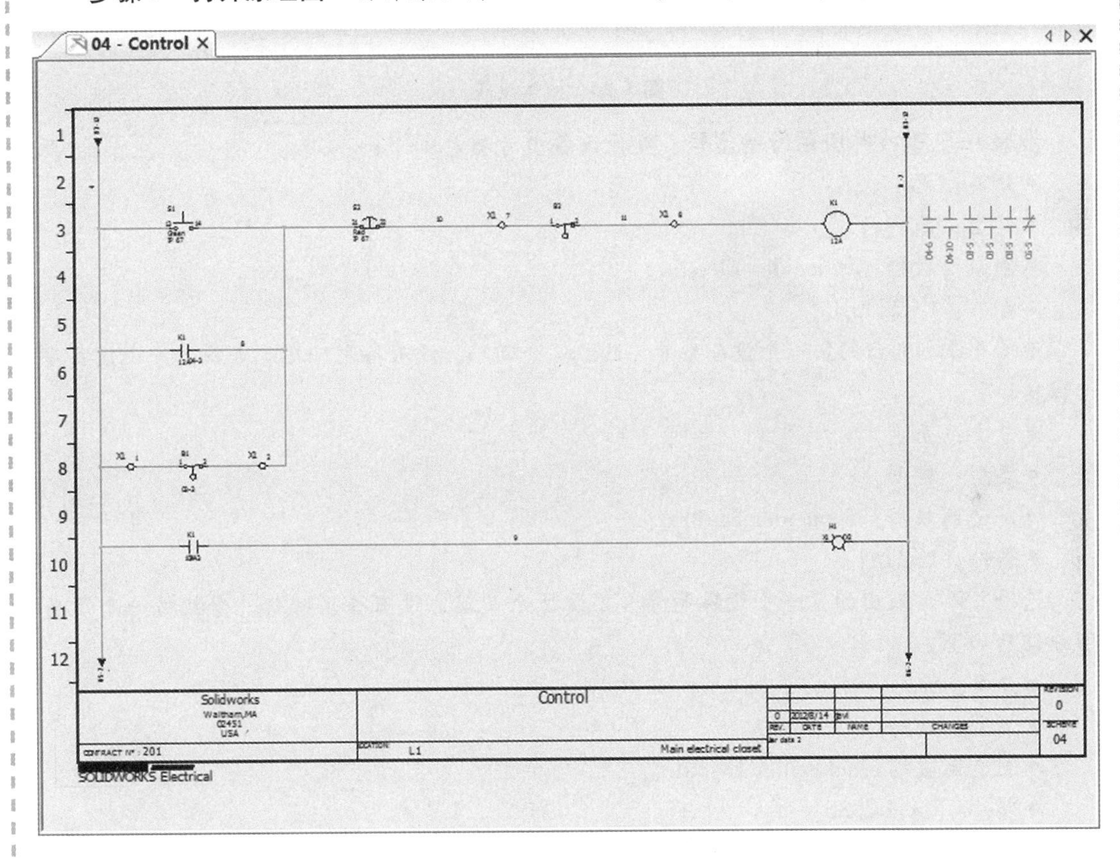

图5-25　打开原理图

步骤6　解压缩设备型号　打开【设备型号管理】，选择【解压缩】。浏览到“Lesson05\Exercises”文件夹，选择打开所有压缩包文件。

步骤7　解压缩向导　通过向导启动解压缩，选择更新每个压缩包。完成所有解压缩后，关闭管理器，返回页面。

步骤8　搜索设备　在设备导航器中使用【搜索设备】命令定位到设备K1，如图5-26所示。

步骤9　设备属性　右击设备，选择【属性】。

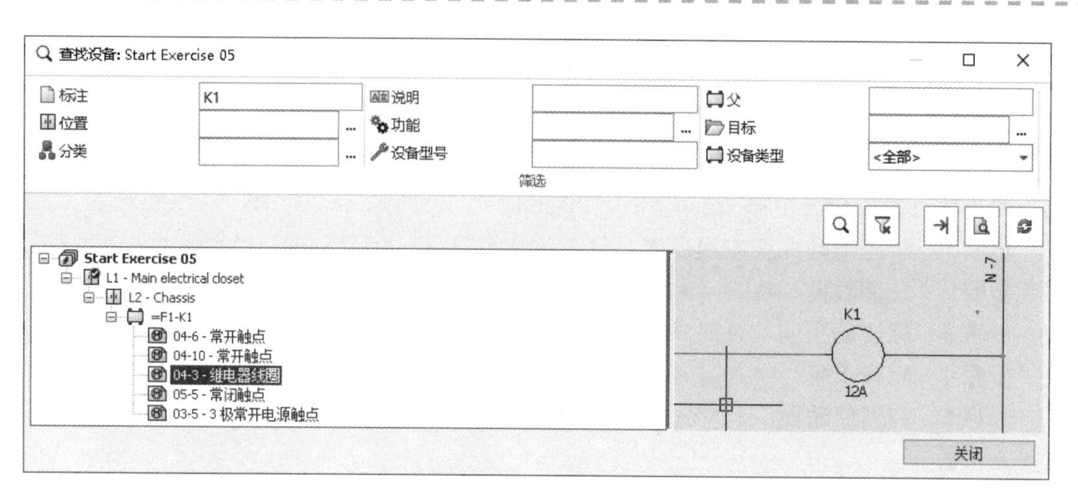

图 5-26　搜索设备

步骤 10　查找并应用设备型号　查找设备型号信息如下：

- 分类：无。
- 类型：基。
- 制造商数据：Schneider Electric。
- 部件：GC2530B。

选择并添加列出的第一个设备型号，匹配 4 个回路，没有备用回路。查找另一个设备型号信息如下：

- 分类：无。
- 类型：辅助。
- 制造商数据：Schneider Electric。
- 部件：LA1DN。

选择并添加列出的第一个设备型号，匹配 2 个回路，没有备用回路。查找另一个设备型号信息如下：

- 分类：无。
- 类型：辅助。
- 制造商数据：Schneider Electric。
- 部件：LA1LC080。

选择并添加列出的第一个设备型号，确认选项后返回到设备，如图 5-27 所示。

回路

状态	说明	端子号	关联符号	符号说明	部件	电路组
	继电器线圈	A1, A2	04-3	继电器线圈 (...	GC2530B5	...
	常开电源触点	1, 2	03-5	3 极常开电源...	GC2530B5	...
	常开电源触点	3, 4	03-5	3 极常开电源...	GC2530B5	...
	常开电源触点	5, 6	03-5	3 极常开电源...	GC2530B5	...
	常闭触点	41, 42	05-5	常闭触点 (E...	LA1DN01	...
	常开电源触点	X1, X2			LA1LC080BD	...
	常开触点	,	04-6	常开触点 (E...		...
	常开触点	,	04-10	常开触点 (E...		...

图 5-27　匹配回路

步骤 11　强制回路关联　强制将【常开触点】关联至【常开电源触点】，如图 5-28 所示。

回路

状态	说明	端子号	关联符号	符号说明	部件	电路组
	继电器线圈	A1, A2	04-3	继电器线圈 (...	GC2530B5	...
	常开电源触点	1, 2	03-5	3 极常开电源...	GC2530B5	...
	常开电源触点	3, 4	03-5	3 极常开电源...	GC2530B5	...
	常开电源触点	5, 6	03-5	3 极常开电源...	GC2530B5	...
	常闭触点	41, 42	05-5	常闭触点 (E...	LA1DN01	...
	常开电源触点	X1, X2	04-6	常开触点 (E...	LA1LC080BD	...
	常开触点	,	04-10	常开触点 (E...		...

图 5-28　强制回路关联

步骤 12　查看结果　确认改变后返回到页面，浏览线圈 K1 的交叉引用，如图 5-29 所示。

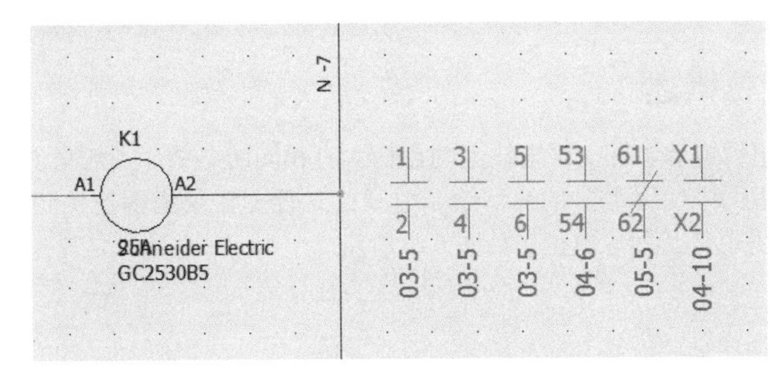

图 5-29　查看结果

步骤 13　关闭工程　右击工程名称，选择【关闭】。

第 6 章　电线和电位

学习目标

- 理解电线和电位的区别
- 创建编号群
- 创建多线线型
- 修改线型
- 基于电线和电位的编号
- 调整电线属性更改连接

扫码看视频

6.1　电线和电位概述

电位用于描述电线电势，同一根电线上的点均含有相同的电势。一般来说，电线是根据线型来预命名的。在原理图中使用 48V 的线型绘制电线，工程师需要指明连接到该电线的所有符号连接点均具有 48V 的电势，即等电位，如图 6-1 所示。

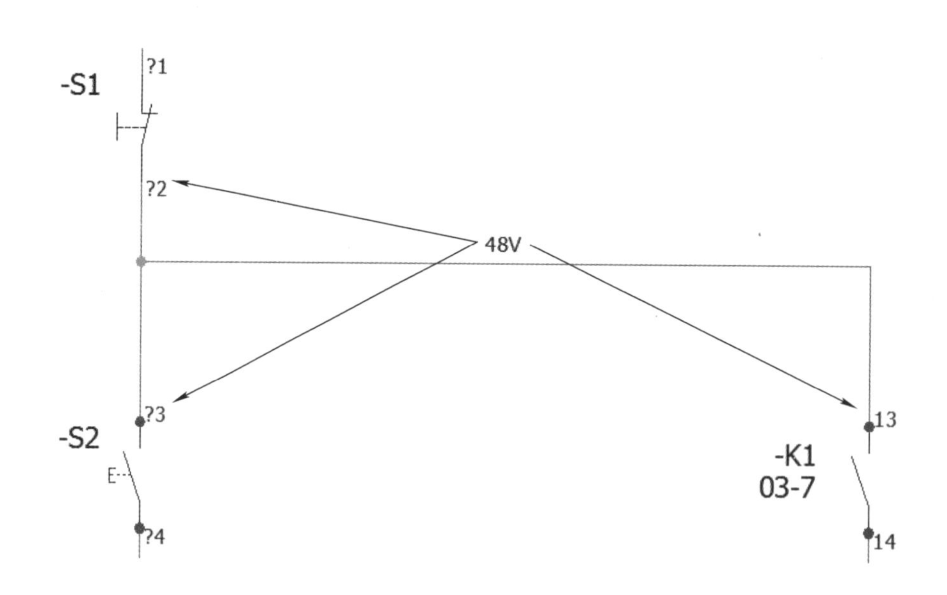

图 6-1　等电位

等电位表达多个设备通过多根电线连接在一起。在上面的例子中，就有两根电线组成等电位电线，其中一根电线连接-S2 到-S1，另一根连接-S1 到-K1。当-S1 被按下后，将会切断-S2 和-K1 的电源，如图 6-2 所示。

线型代表电线或电位，每种线型都具有不同的编号系统。工程师可以基于电线或电位完成编号，也可以修改线型、电线或电位的属性。一般来说，不同行业使用不同的编号方式，汽车行业使用电线编号，而工业自动化行业使用电位编号，不同的编号方式之间可以互相转换。

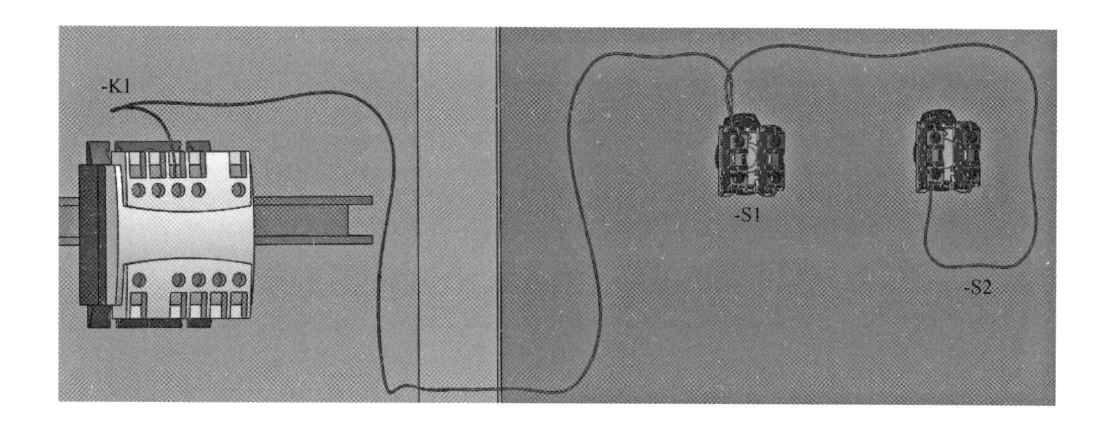

图 6-2　等电位电线

使用选定的线型绘制电线时，将其属性应用到等电位或电线上并呈现出来。原理图中具有特定的功能，即可以根据设计需要方便地修改电位或电线的属性。在本章中，将介绍创建和管理编号群、关联电线样式，以及在图纸中实现不同的编号系统和使用不同的方法来定义连接关系。

6.2　设计流程

主要操作步骤如下：

1. **创建编号群**　为编号群创建和应用属性。
2. **创建多线线型**　创建多线线型关联到群。
3. **修改线型**　更改不同线型的属性。
4. **绘制电位**　使用多线线型连接设备。
5. **替换线型**　使用其他线型来替换。
6. **电位编号**　基于电位设置电线编号。
7. **清空电位编号**　清空所有电位编号。
8. **电线编号**　基于电线设置电线编号。
9. **应用电线数据并更改连接**　将数据应用到各根电线上，更改接线方向。

操作步骤

开始课程之前，先解压缩并打开“Start_Lesson_06. proj”，文件位于“Lesson06 \ Case Study”文件夹内。

步骤 1　打开原理图　打开页面“03-Power”，如图 6-3 所示。

注意

有时出于成本核算的目的，设计人员会采用逆向设计的方式，预先设定设备，之后在图纸中插入符号以及绘制电线。

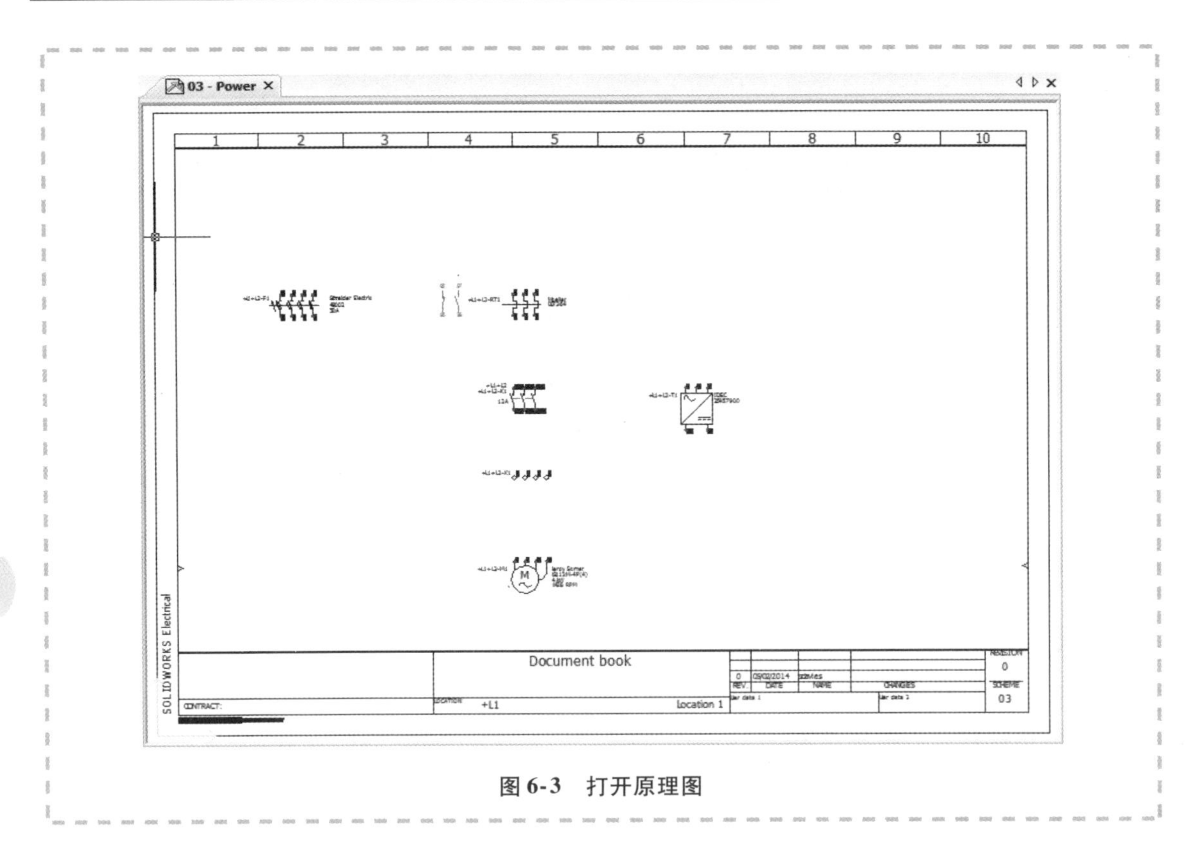

图 6-3　打开原理图

6.3　电线样式管理器

电线样式管理器含有编号群以及相关的工程级线型。工程中所有的群和线型都可以在这里管理。为了让设计更便捷，可以在工程中创建和保存群和线型，并存为模板，避免在不同工程中重复创建。

线型管理器	• 命令管理器：【电气工程】/【配置】/【电线样式】。 • 绘制单线线型属性管理器：【电线样式选择器】/【管理】。 • 绘制多线线型属性管理器：【电线样式选择器】/【管理】。

关联到编号群的线型包含单线线型和多线线型。编号群提供了特定选项，例如开始编号值，基于工程、文件集及文件夹的编号唯一性设置，以及设置多线线型编号的不同计算方式。编号群也可以禁用所有关联到该群的电线样式编号，即关联到该群的所有线型无法创建线号，即便是使用【重编线号】也无法创建。

步骤 2　删除编号群　打开【电线样式】。单击“群：1-Hydraulic”，选择【删除】。单击【确定】，删除 6 个线型。重复操作过程，删除“群：2-Pneumatic”。

提示　一旦单击【确定】删除群，群中所有的线型会全部被移除，通过【撤销】可以返回。关闭电线样式管理器意味着过程被确认，无法再执行撤销。

步骤 3　添加编号群　单击【添加编号群】，单击【确定】，设置群号为“1”。

步骤 4　设置编号群属性　选择“群：1”，单击【属性】。按图 6-4 所示设置属性。单击【确定】，执行更改。

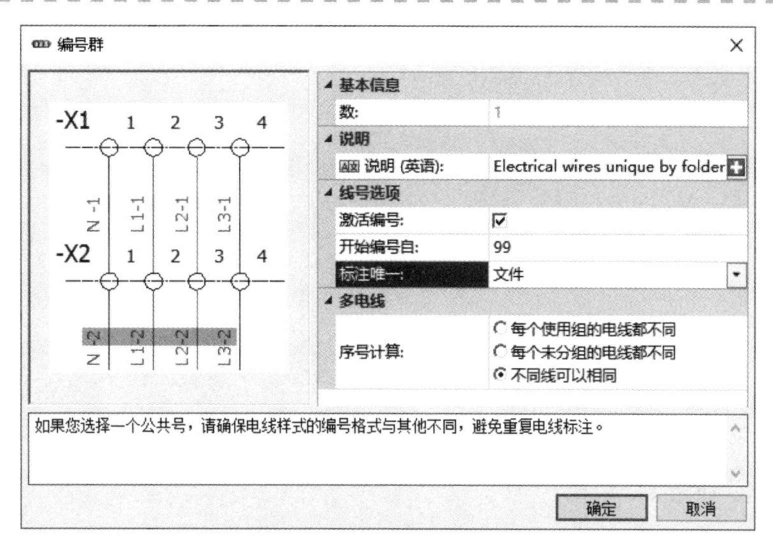

图 6-4　设置编号群属性

步骤 5　创建多线　单击【添加多线制】，创建多线线型。选择新建的多线线型 F26，单击【属性】，按如下设置：

- 名称：IEC AC Power。
- 标准电线尺寸：截面积（mm^2）。
- 说明：N L1 L2 L3 PE。

单击【确定】，执行更改。

> 注意　应用到多线线型的更改会在所有相上执行，选项变为蓝色表示值已经应用和改变。

步骤 6　修改线型　单击【数】列，让线型按照顺序排列，如图 6-5 所示。双击“IEC AC Power (1)”中性电线，编辑其属性：

Start Lesson 06
群: 0 - Electrical
群: 1 - Electrical wires unique by folder
F25 - 控制
IEC AC Power

编号群	名称	数 ▲	说明(英语)	相	线颜色	线型
1	IEC AC Power (1)	1	N L1 L2 L3 PE	中性电线	蓝色	直线
1	IEC AC Power (2)	2	N L1 L2 L3 PE	1 相	红色	直线
1	IEC AC Power (3)	3	N L1 L2 L3 PE	2 相	红色	直线
1	IEC AC Power (4)	4	N L1 L2 L3 PE	3 相	红色	直线
1	IEC AC Power (5)	5	N L1 L2 L3 PE	保护	绿色	直线

图 6-5　修改线型

- 截面积或规格：2.1。
- 直径：1.63。
- 电线颜色/颜色 1：蓝色。

单击【确定】，执行更改，返回管理器。对后续线型重复上述操作，应用以下属性：

① 线型：IEC AC Power (2) -1 相。

- 截面积或规格：4.2。
- 直径：2.3。
- 电线颜色/颜色 1：棕色。

② 线型：IEC AC Power（3）-2 相。
- 截面积或规格：4.2。
- 直径：2.3。
- 电线颜色/颜色 1：黑色。

③ 线型：IEC AC Power（4）-3 相。
- 截面积或规格：4.2。
- 直径：2.3。
- 电线颜色/颜色 1：灰色。

④ 线型：IEC AC Power（5）-保护。
- 截面积或规格：2.1。
- 直径：1.63。
- 电线颜色/颜色 1：绿色。
- 电线颜色/颜色 2：黄色。
- 电位格式：PE。

单击【关闭】退出管理器，返回页面。

步骤 7　绘制多线　单击【绘制多线】。单击【...】浏览，进入【电线样式选择器】。展开“群：0-Electrical”，选择“N L1 L2 L3-每个部分带颜色”，单击【选择】。绘制多线，如图 6-6 所示。

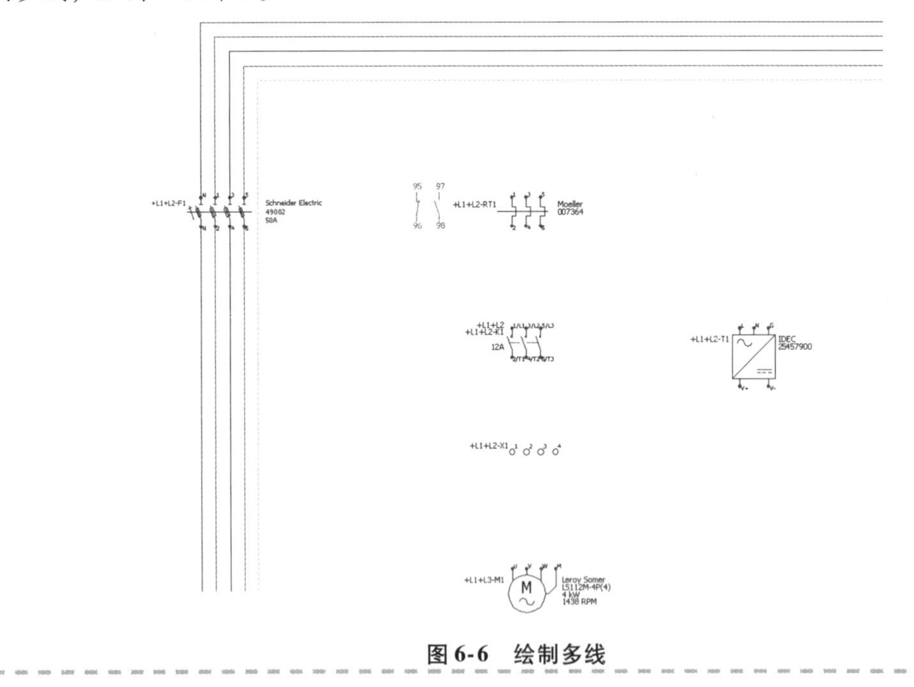

图 6-6　绘制多线

6.4　替换电线

在【电线样式选择器】中，可以将已经存在的电线替换成其他类型的电线。替换范围决定了有多少线型可以替换：从单独的一根电线到整个工程的所有电线。

1. **【整个工程】**　工程中使用该线型的所有电线将会被替换。
2. **【当前文件集】**　当前文件集中使用该线型的所有电线将会被替换。

3.【当前文件夹】　当前文件夹中使用该线型的所有电线将会被替换。并不是所有文件集都有文件夹。

4.【当前原理图】　当前原理图或图纸中使用该线型的所有电线将会被替换。

5.【选择原理图】　所选原理图或页面中使用该线型的所有电线将会被替换。

6.【原理图中选项】　仅选中的电线将会被替换。

7.【延伸到等电位处】　连接到所选电线的所有电线将会被替换。

8.【延伸穿过回路】　所选回路的所有电线将会被替换。

知识卡片 替换电线	• 快捷方式：右击电线，选择【电线样式】/【替换】。

步骤 8　替换电线样式　右击绿色的保护线，选择【电线样式】/【替换】。【替换范围】选择【延伸穿过回路】，如图 6-7 所示，单击【确定】。在【电线样式选择器】中展开“IEC AC Power”，单击【保护】，并单击【选择】。

> 注意　选择【延伸穿过回路】，线型将会穿过符号回路应用到回路中所有电线（其他电线也应用与选定线型相同的线型）。选择【延伸到等电位处】，只会将选定线型应用到整个原理图等电位的电线上。

步骤 9　完成替换　重复替换过程，将每相电线都替换，如图 6-8 所示。

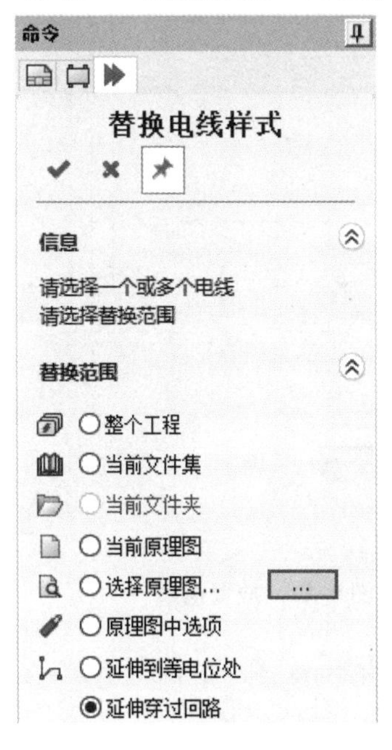

图 6-7　替换电线样式

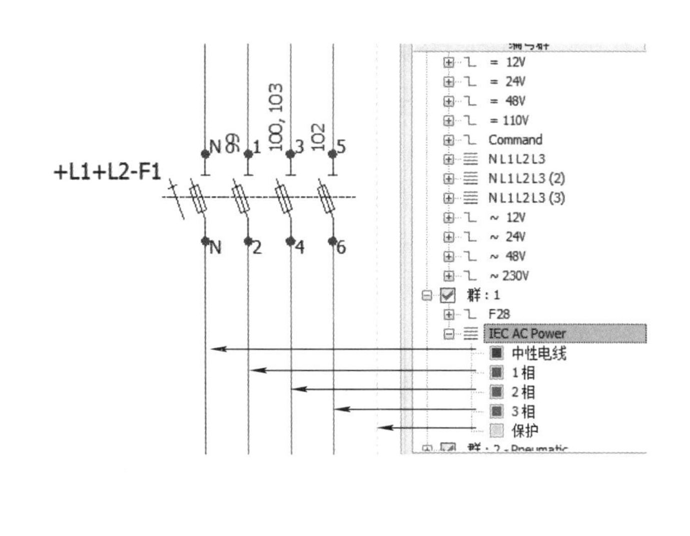

图 6-8　完成替换

> 提示　在命令侧面板单击图标，可以选择和替换每个线型，而不需要重复操作。

如果已经激活替换线型功能，可单击【取消】或按〈Esc〉键结束命令。

步骤 10　缩放到最大　在屏幕顶部单击【缩放以适合】。

步骤 11　绘制多线　单击【绘制多线】，取消勾选【中性电线】复选框，留下 4 相电线，如图 6-9 所示。单击第二根电线“1 相”，如图 6-10 所示，与符号对齐，开始绘制。移动光标到页面下方，单击放置电线，如图 6-11 所示。单击【取消】命令。

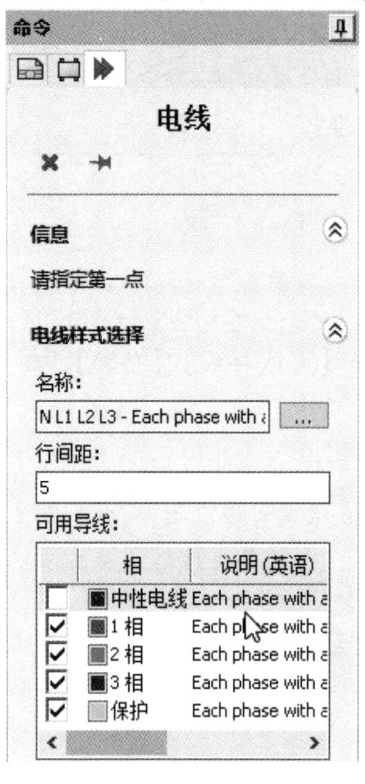

图 6-9　绘制 4 相线

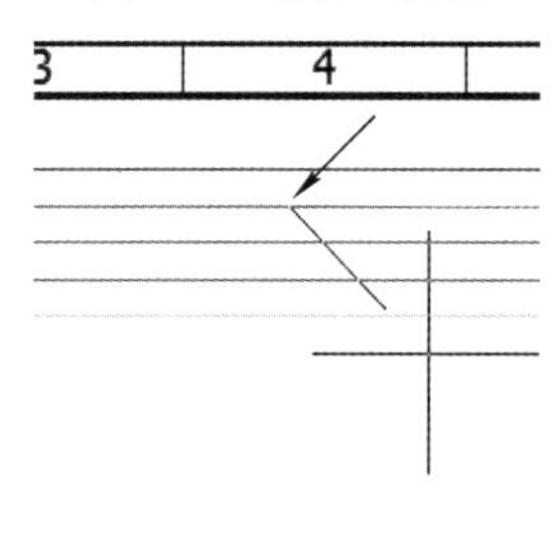

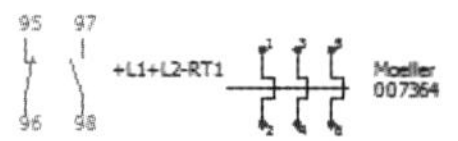

图 6-10　绘制多线

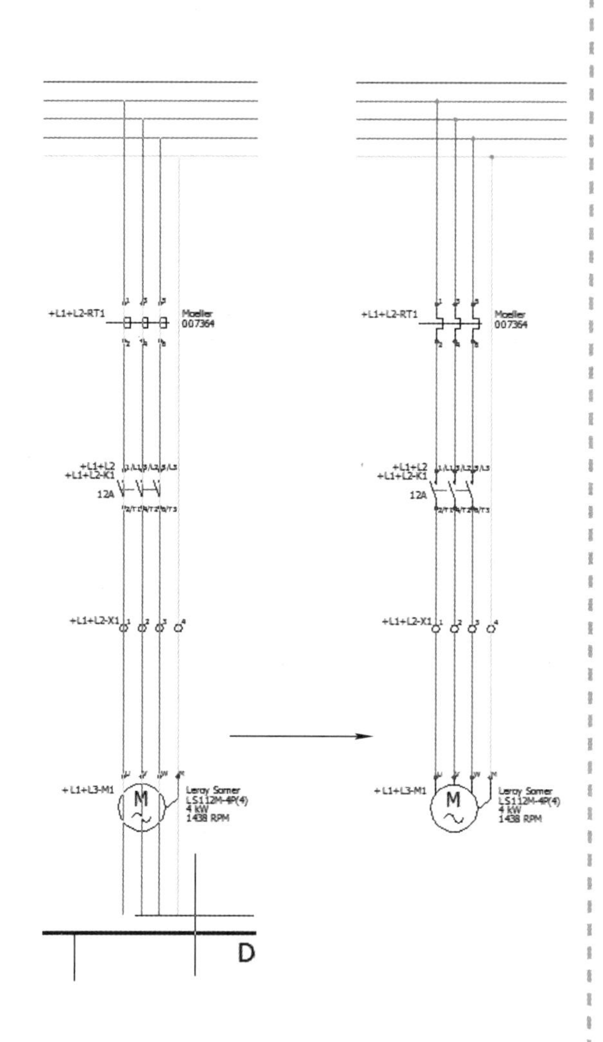

图 6-11　放置电线

步骤 12　绘制单线　单击【绘制单线类型】，单击【...】浏览。选择线型“=24V-24V DC”，单击【选择】，确认后返回页面。

步骤 13　绘制单线和多线连接端子　从变压器下的端子 V-开始绘制，在列 8 下结束。单击【绘制多线】，选择线型“IEC AC Power”，只选择【保护】。从变压器下方的端子 V+绘制到列 8 下结束，如图 6-12 所示。单击【取消】命令。

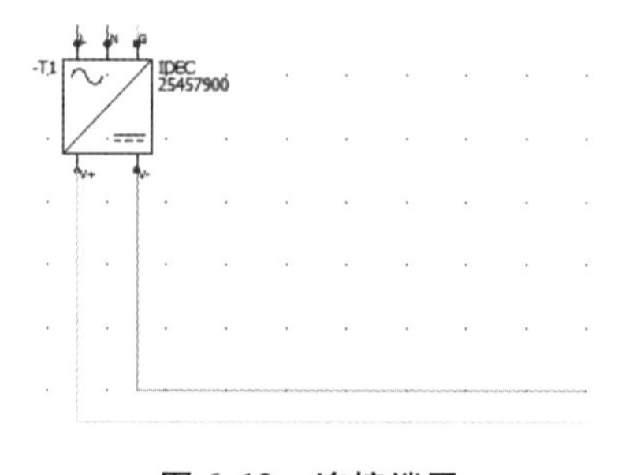

图 6-12　连接端子

步骤 14　完成多线　单击【绘制多线】，使用图 6-13 所示的线型从变压器连接到 2 相、3 相和保护。

步骤 15　修改电线连接　单击连接到“T1:N”的电线，使其高亮显示，单击上方的交叉点并拖到下方，再次单击交叉点连接到如图 6-14 所示的位置。

注意　这个操作是在原理设计时出现短路的唯一途径。

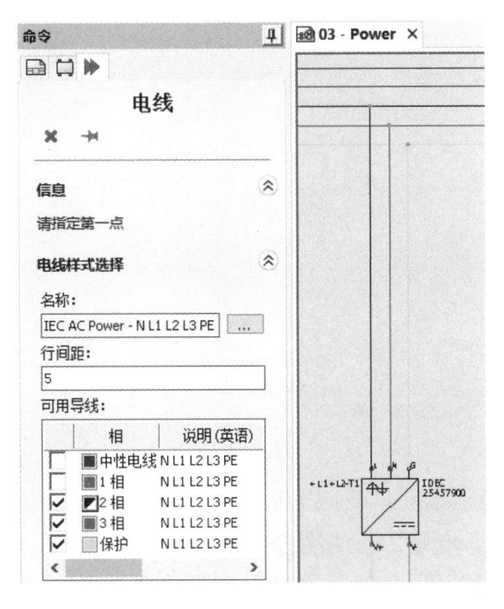

图 6-13　完成多线

步骤 16　延伸等电位　右击水平的中性电线，单击【电线样式】/【延伸】。在命令面板中，单击【到等电位】。单击【确定】。

步骤 17　创建文件夹　关闭页面“03-Power”。右击文件集，选择【新建】/【文件夹】，创建“1”和“2”，如图 6-15 所示。

步骤 18　移动页面　选择页面“03-Power”和“04-Control”，将两个页面拖放到文件夹“1”中。

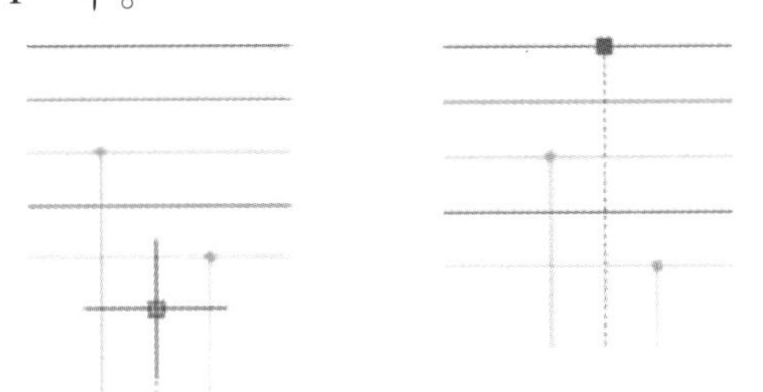
图 6-14　修改电线连接

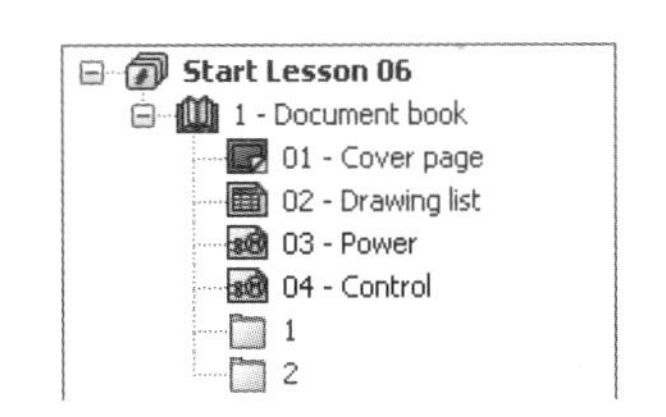

图 6-15　创建文件夹

步骤 19　复制粘贴页面　选择页面“03-Power”和“04-Control”，右击，选择【复制】。右击文件夹“2”，选择【粘贴】。结果如图 6-16 所示。

步骤 20　线号编号　打开页面“03-Power”和“05-Power”，在【窗口】菜单中单击【垂直平铺】。单击【处理】/【为新电线编号】，选择【是】，为新电线编号，不更改已有编号。

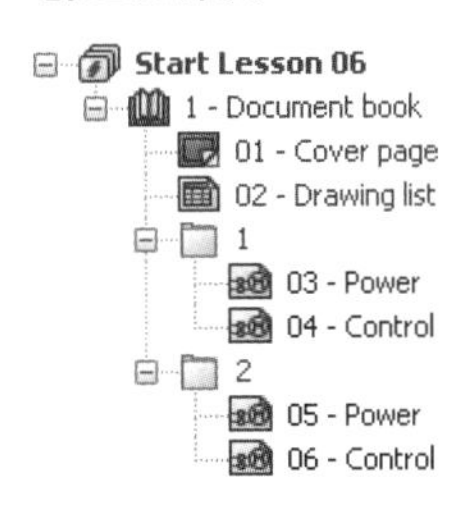

图 6-16　复制粘贴页面

6.5　电位编号规则

原理接线已经基于等电位完成编号，因为电线样式管理器中已经定义过编号规则。编号群激活后，设定文件夹中图纸的编号是从 99 号开始，因此文件夹中等电位编号也从 99 号开始生成。此种方式可以实现自动编号，而不需要手动干预，如图 6-17 所示。文件夹图纸中的所有电位都设置了唯一的编号计数。

注意　系统中使用的等电位编号被认为是独立不相连的电位，虽然它们具有相同的编号。

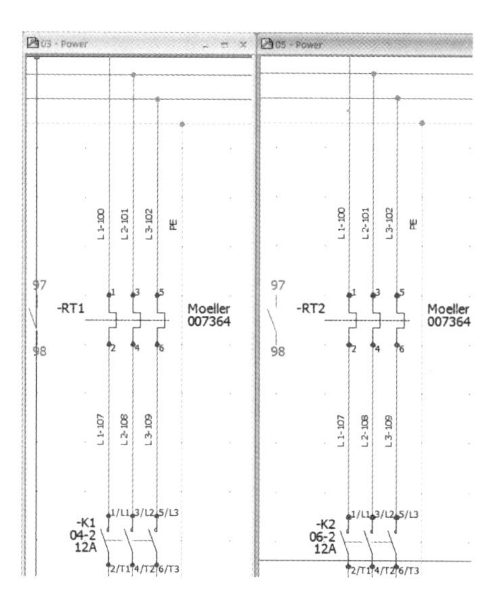

图 6-17　电位编号规则

步骤 21　接线方向　单击【电气工程】/【接线方向】。按“电位”排序，查看两个 L1-99 电位，可以看到两者之间的联系，如图 6-18 所示。单击【确定】退出。

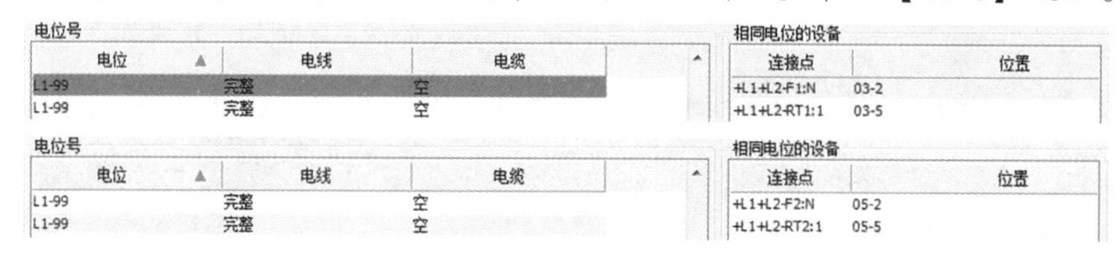

图 6-18　接线方向

步骤 22　重编线号　单击【处理】/【重编线号】。按图 6-19 所示选择选项。单击【确定】，移除并重置电位编号。

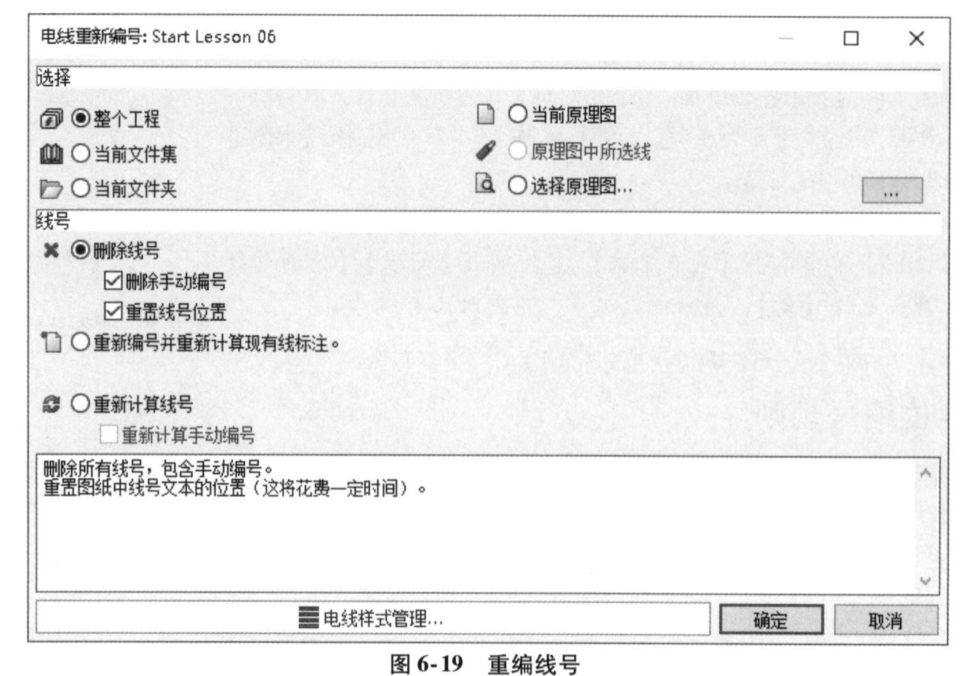

图 6-19　重编线号

步骤23　激活电线编号样式　单击【电气工程】/【配置】/【电线样式】，激活【电线】编号样式，如图6-20所示。单击【应用】和【关闭】。单击【为新电线编号】，选择【是】，为新电线编号，不修改已有编号。

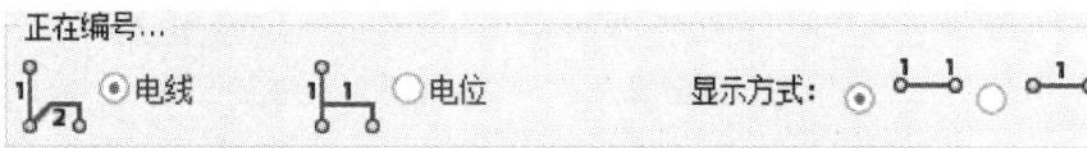

图6-20　激活【电线】编号样式

6.6　电线编号结果

基于电线对所有线完成编号。编号自动出现在每个连接端，如图6-21所示。

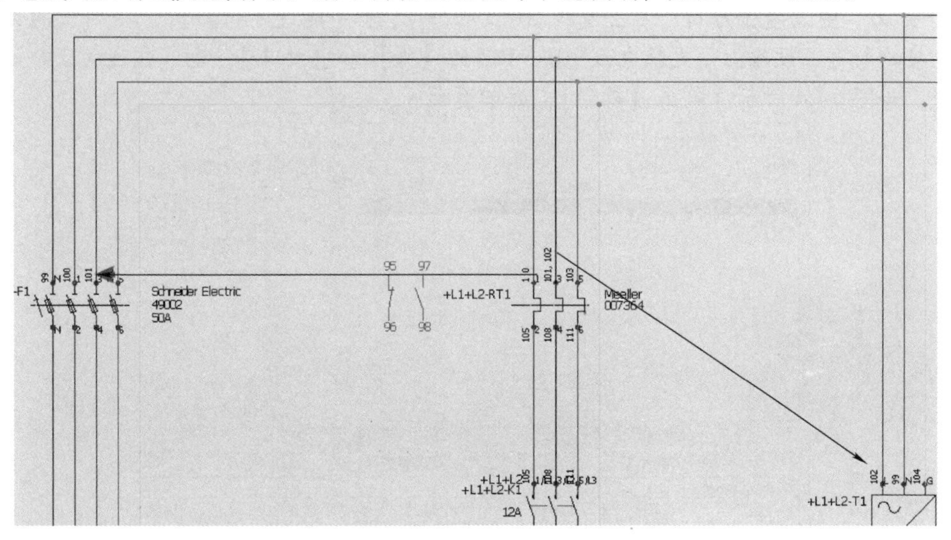

图6-21　电线编号结果[㊀]

在图6-21中，-RT1端子3显示101、102两个线号，因为此处有两根线。电线101连接到-F1端子3，电线102连接到-T1端子L。除了使用电位系统之外，编号系统也提供更多的详细信息。当系统开启【接线方向】或【节点指示器】时，就可以直接定义设备的详细接线方式。

步骤24　更改电线属性　右击电线101，选择【电线】属性中的“101”。设置【布线】的【长度】为“175”，如图6-22所示。单击【确定】。

步骤25　检查报表接线数据　重复操作，将电线102长度更改为“225”。单击【报表】，选择电线清单，单击表头按【长度（mm）】排序，如图6-23所示。单击【关闭】，退出并返回页面。

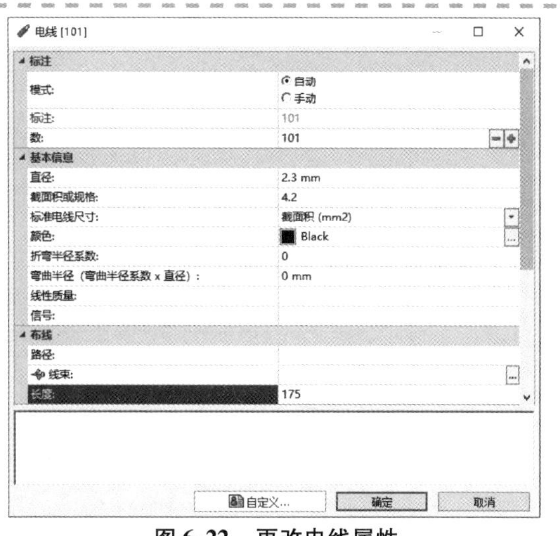

图6-22　更改电线属性

㊀ 此为局部图，故未体现-F2、-RT2、-T2等元器件。——编者注

=F1+L1+L2-F1:3	=F1+L1+L2-RT1:3	101	(mm²)	175
=F1+L1+L2-RT1:3	=F1+L1+L2-T1:L	102	(mm²)	225

图 6-23　检查报表接线数据

注意

本例中的连接会根据页面中电线的长度显示略有区别。

注意

应用的长度数据将会在 3D 布线后被保留在电线、电缆或线束中。3D 布线的真实长度将会更新原理图中手动编写的长度。

步骤 26　更改接线方向　右击电线 101，102，选择【接线方向】。将列出的设备拖放到连接的等电位设备上，更改电线 101，102 的【源】和【终点】，电线相连的 3 个设备将会更换，如图 6-24 所示。单击【确定】，返回页面。

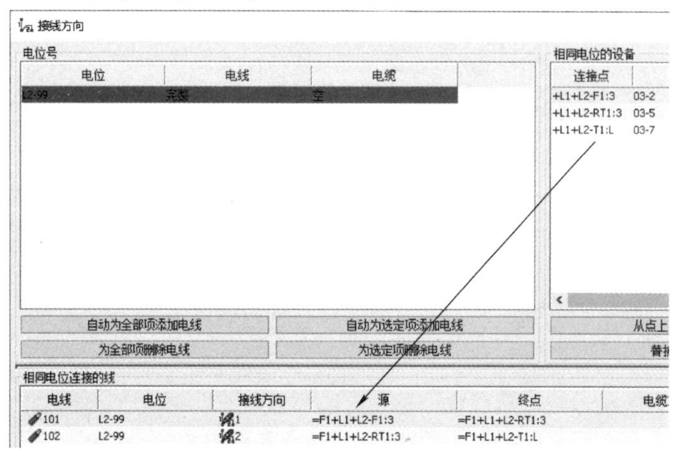

图 6-24　更改接线方向

注意

除了拖放之外，【替换源点】和【替换目标点】也可以用于更改连接。

步骤 27　重编线号　单击【重编线号】，选择【重新计算线号】，单击【确定】。结果如图 6-25 所示。

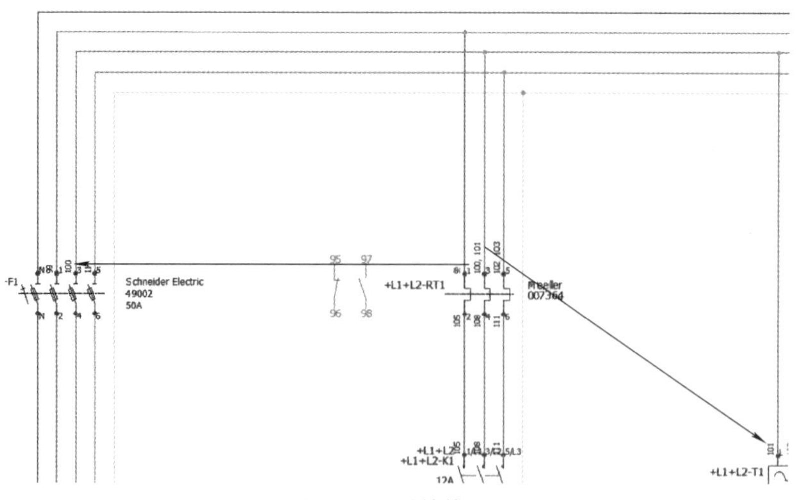

图 6-25　重编线号

6.7　使用节点指示器

除了【接线方向】可以定义原理图的接线方向外，另一种图形化识别方式是【节点指示器】。在工程配置中激活【节点指示器】，将会在原理图中显示接线方向。有 3 种连接方式可用：

（1）T 形连接　可以应用于任何地方，并不显示接线方向，如图 6-26 所示。

（2）V 形连接　定义了精确的接线顺序，如图 6-27 所示的-S1 连接到-S2，-S2 连接到-K1。

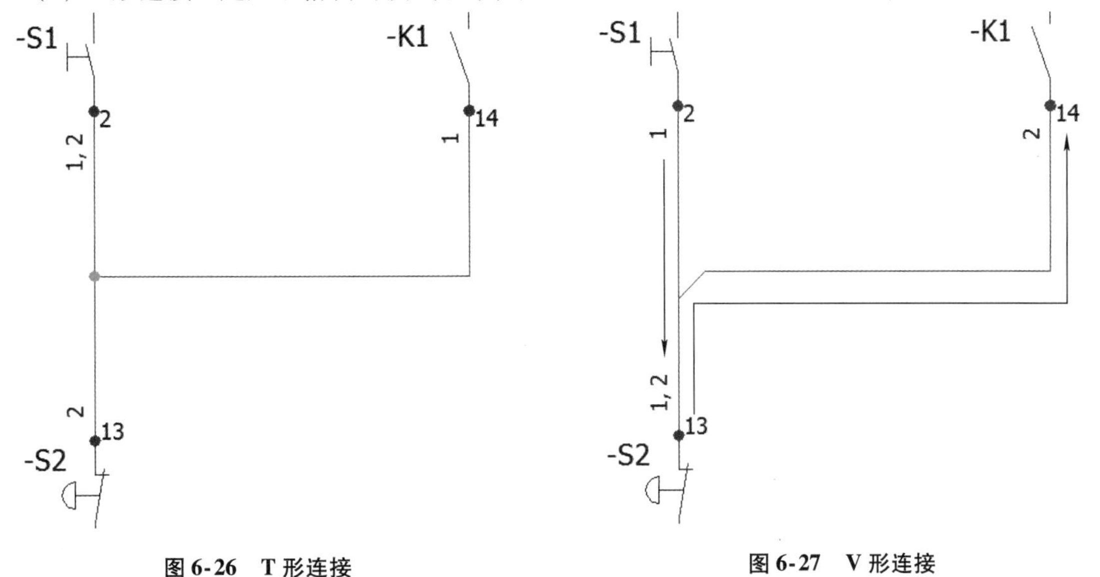

图 6-26　T 形连接　　图 6-27　V 形连接

（3）Y 形连接　定义了精确的接线顺序，如图 6-28 所示的-S2 连接到-K1，-K1 连接到-S1。

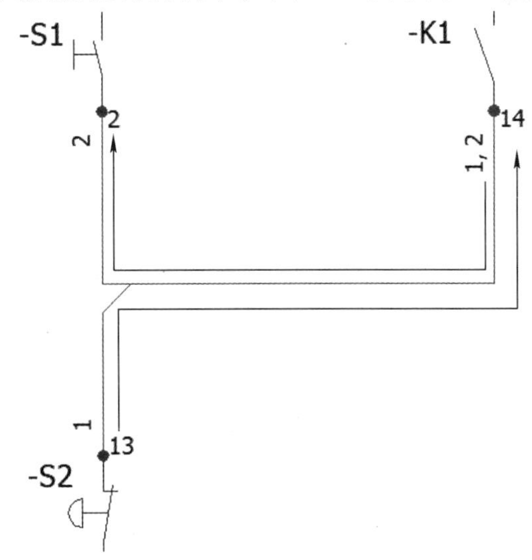

图 6-28　Y 形连接

这些连接方式也可以通过【接线方向】或原理图中电线的关联菜单实现。

编辑连接路径	• 命令管理器：【电气工程】/【接线方向】/【编辑连接路径】。 • 快捷方式：右击电线，选择【编辑连接路径】。

步骤28　激活节点指示器　单击【电气工程】/【配置】，选择【图表】选项卡。勾选【自动显示节点指示器】复选框，如图6-29所示。单击【确定】，返回页面。

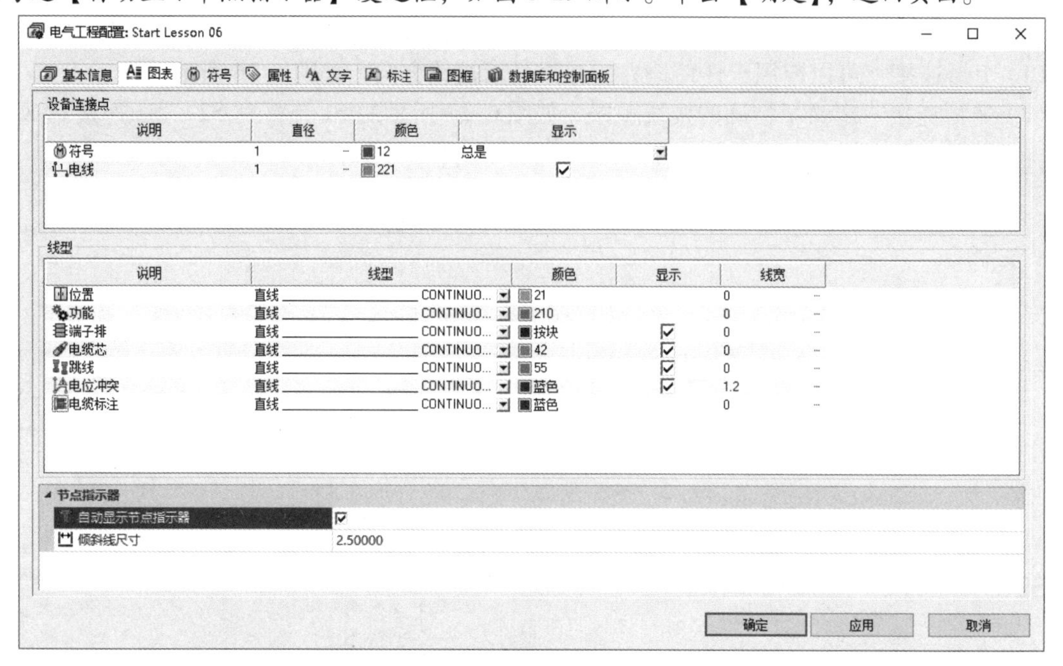

图6-29　激活节点指示器

步骤29　重新定义连接和电线　单击【接线方向】/【优化接线方向】，按图6-30所示设置。单击【确定】，清空连接和设置。

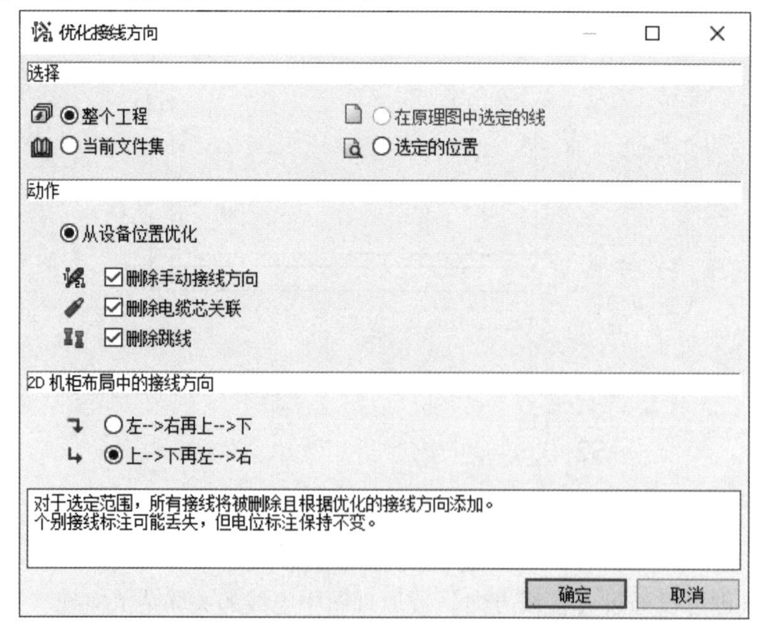

图6-30　重新定义连接和电线

步骤30　重编线号　单击【重编线号】，按图6-31所示设置。单击【确定】。

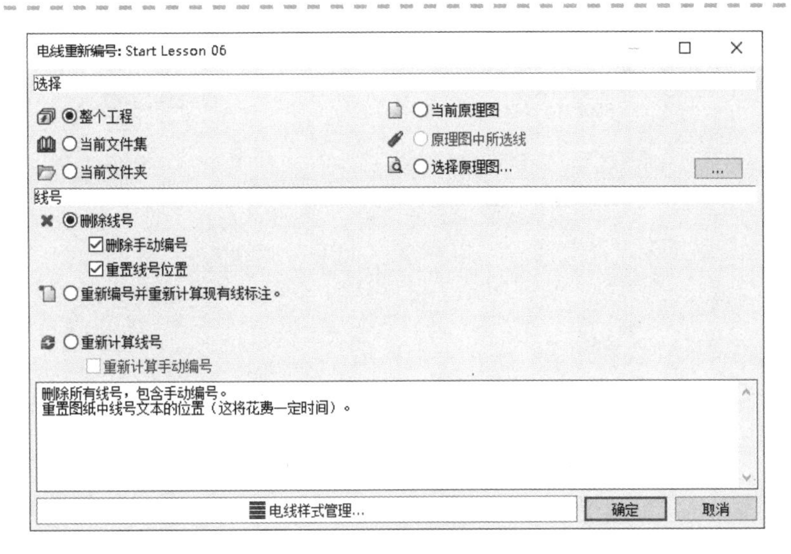

图6-31　重编线号

步骤31　更改节点指示器　打开页面“04-Control”。单击【为新电线编号】，选择【是】。缩放到电线3和电线4，显示按钮和触点，如图6-32所示。

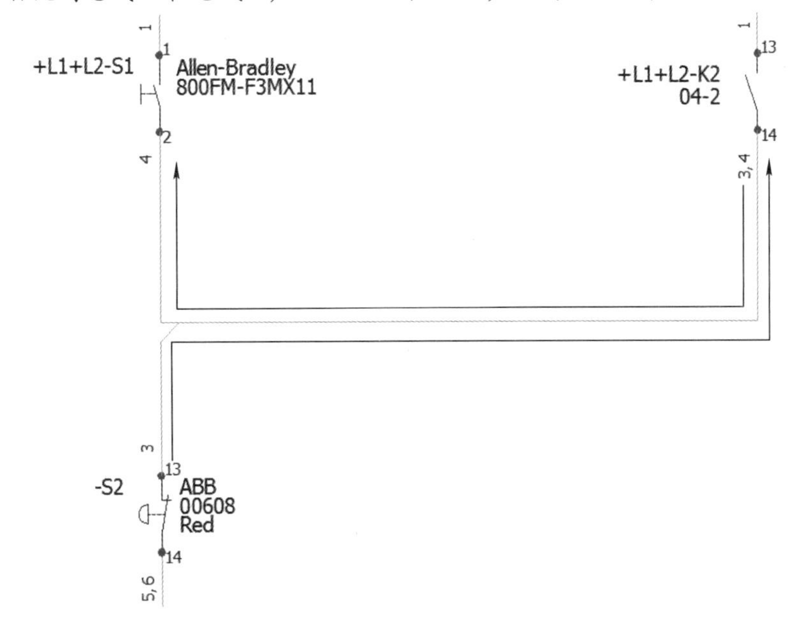

图6-32　为新电线编号

当前的连接默认定义是电线3连接了-S2和-K2，电线4连接-K2和-S1。

右击水平的电线3，4，选择【编辑连接路径】。在命令面板上选择【V形】，单击【确定】，结果如图6-33所示。单击【取消】。

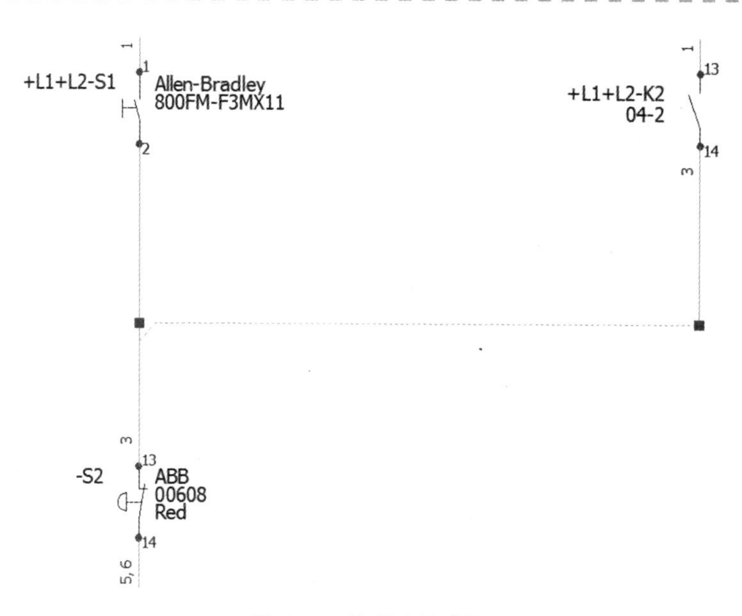

图 6-33　编辑连接路径

步骤 32　重编线号　单击【重编线号】，按图 6-34 所示设置。单击【确定】，结果如图 6-35 所示。

注意　此时连接定义为电线 3 连接-K2 和-S2，电线 4 连接-S2 和-S1。

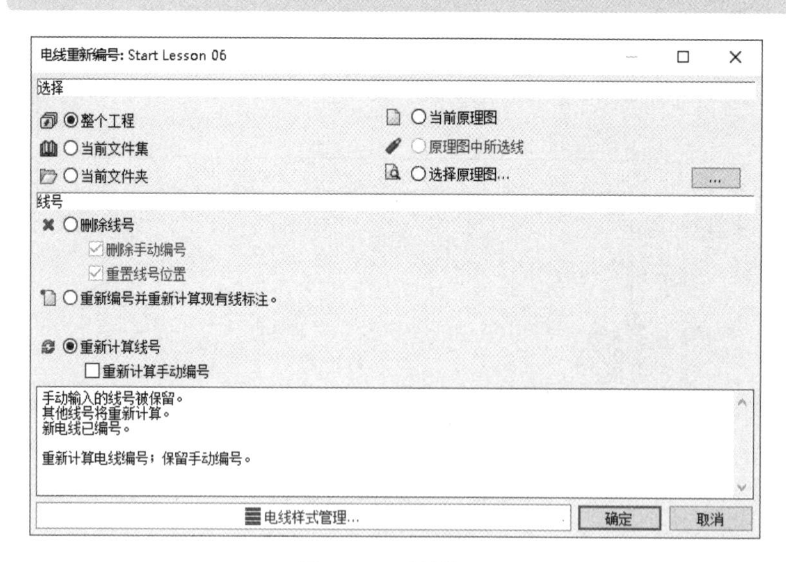

图 6-34　重编线号

步骤 33　关闭工程　右击工程名称，选择【关闭】。

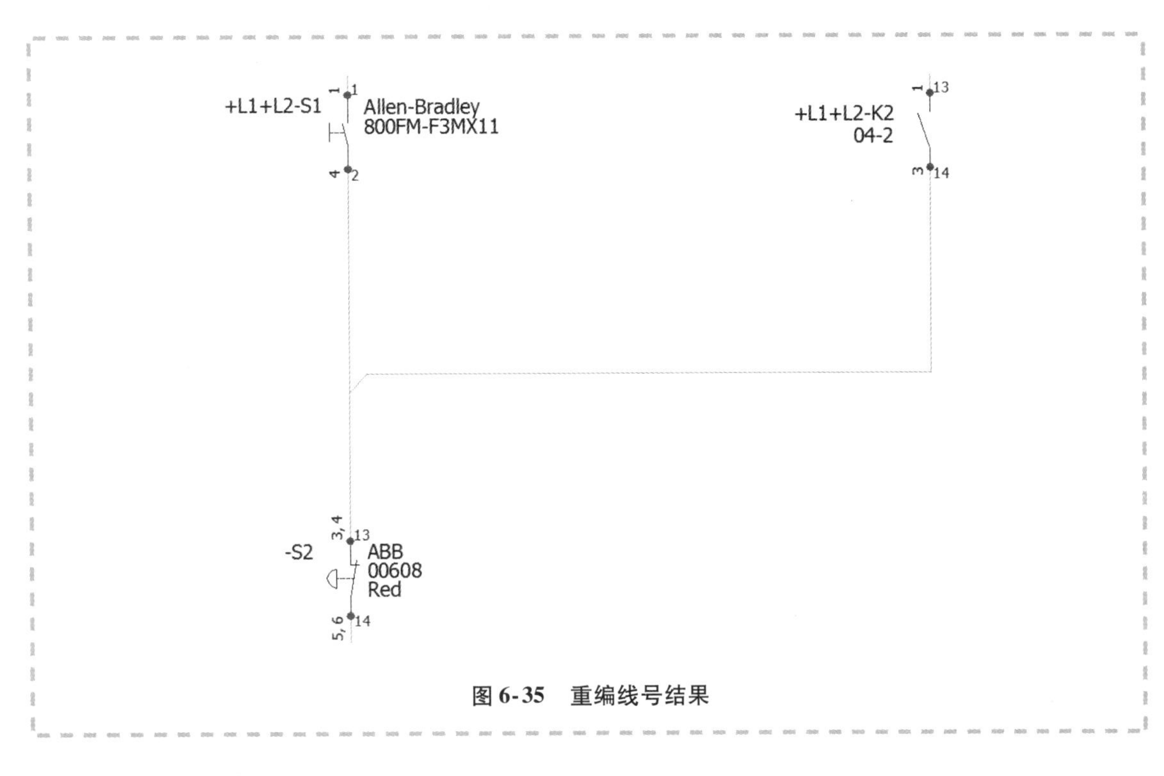

图 6-35 重编线号结果

练习 电线和电位

设置电线编号，更改节点指示器。

本练习将使用以下技术：

- 电线编号。
- 更改接线方向。

操作步骤

在开始本练习前，先解压缩并打开“Start_Exercise_06. proj”，文件位于文件夹“Lesson06 \ Exercises”内。设置工程编号方式为电线，更改接线方向。

步骤1 打开页面 打开页面“04-Control”。

步骤2 设置电线编号 设置电线编号方式为【电线】。

步骤3 为新电线编号 选择为新电线编号。

步骤4 更改连接 激活-K1 到-S2 的接线方向。将连接更改为：

- -S2：14 到-K1：A1。
- -K1：A1 到-LT1。

单击【确定】。

步骤5 重编线号 对整个工程重新计算线号，如图 6-36 所示。

步骤6 激活节点指示器 进入配置，激活节点指示器，如图 6-37 所示。

步骤7 编辑连接 编辑连接路径，实现如下更改：

- -S2：14 到-LT1。
- -LT1 到-K1：A1。

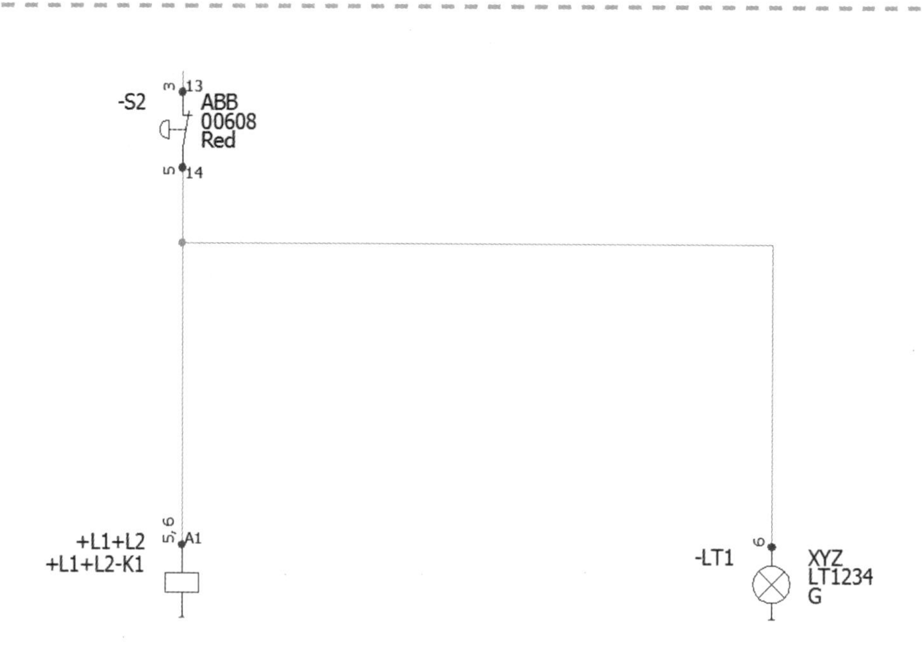

图 6-36　重编线号

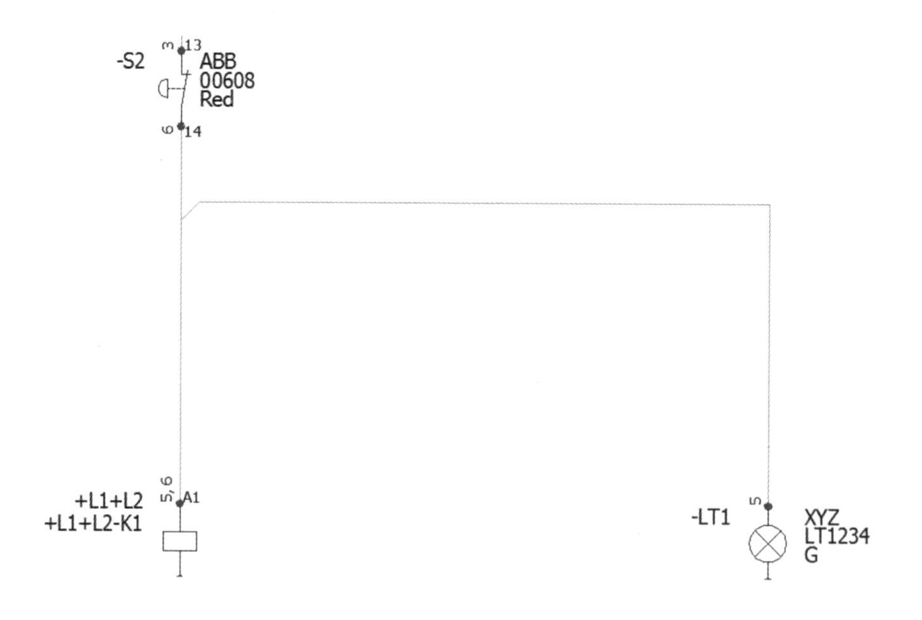

图 6-37　激活节点指示器

步骤 8　重编线号　对整个工程重新计算线号，如图 6-38 所示。

步骤 9　关闭工程　右击工程名称，选择【关闭】。

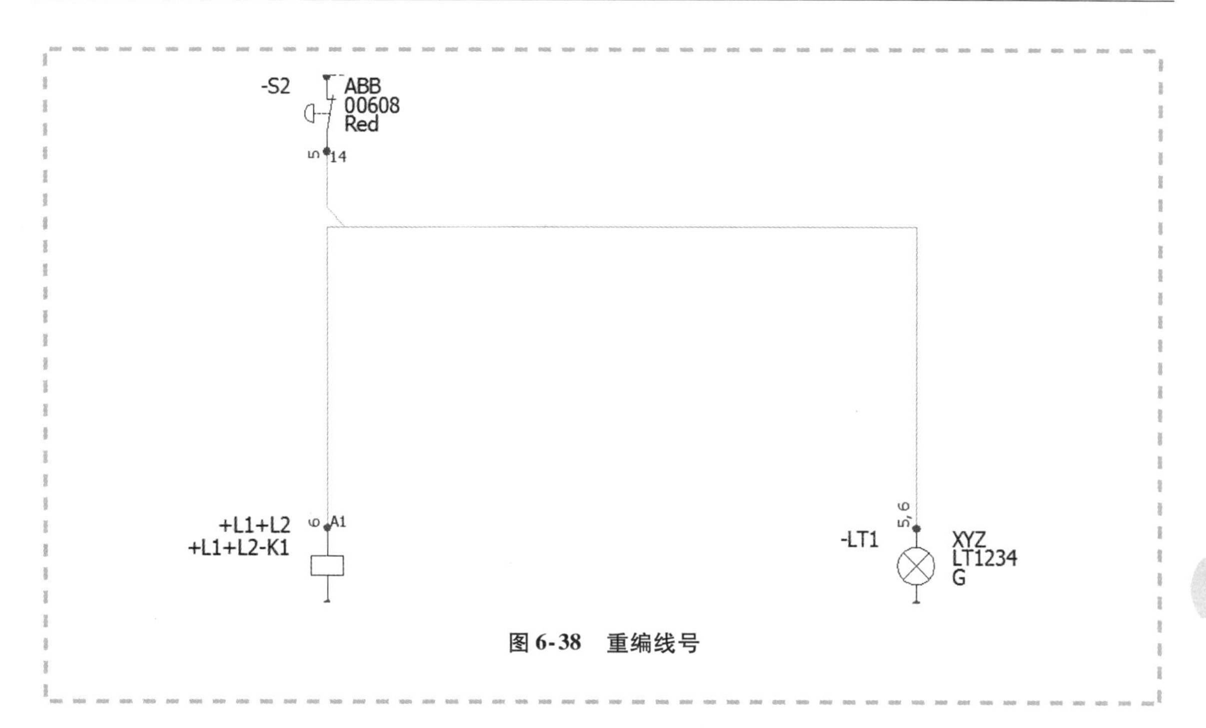

图 6-38 重编线号

第 7 章　布　　线

学习目标

- 预设电缆
- 详细布线
- 更改电缆文本位置
- 自定义电缆和电缆芯
- 端子编辑器关联电缆
- 复制和特定粘贴
- 布线方框图到原理图的布线
- 原理图到布线方框图的布线

扫码看视频

7.1　布线概述

在 SOLIDWORKS Electrical 中有多种方法可以实现设备之间的电缆连接。无论哪种方法，都可以定义点与点之间的电缆连接。本章将会介绍 3 种方法：在布线方框图中使用【详细布线】；在原理图中使用【关联电缆芯】；在【端子编辑器】中关联电缆。

注意　电缆也可以通过【接线方向】命令实现应用。

【关联电缆芯】是在原理图中对符号之间连接的电线进行操作，因此可以提供更多的连接信息。【详细布线】获取电缆连接信息，不需要完成任何原理图接线，可以先于原理图的设计，如图 7-1 所示。不管使用哪种方法，信息均会在整个工程中自动应用到图纸内。

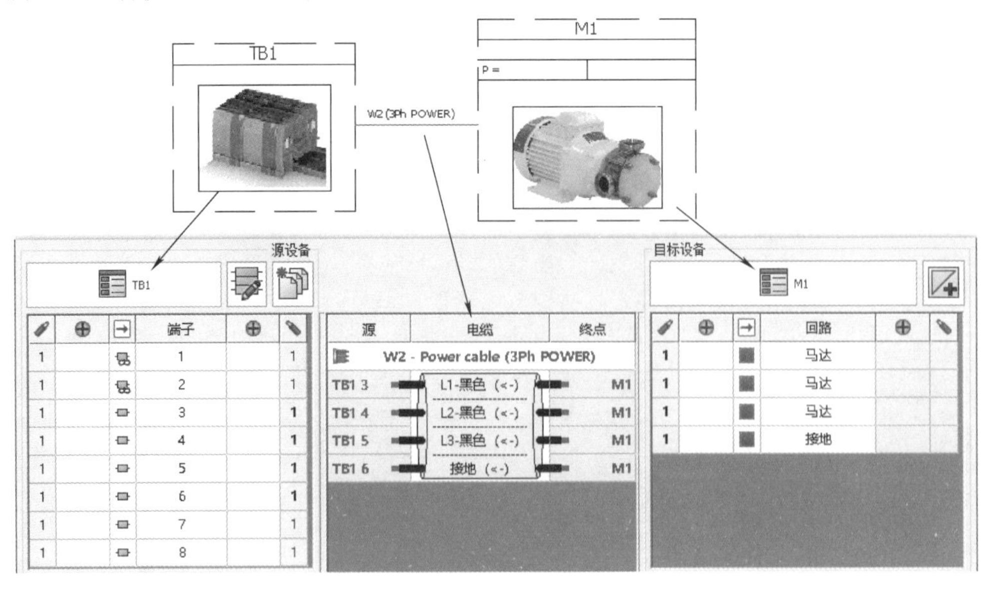

图 7-1　详细布线

当完成详细布线后，接线关系不再是一根线条了。接线信息将会添加到符号和电缆上，同时也会传递到原理图中。本章将会使用混合的原理图来显示电源回路、泵及传感器等的控制原理。

7.2 设计流程

主要操作步骤如下：

1. 创建电缆 根据设计需要，通过电缆库选择电缆或在草图中创建电缆。

2. 详细布线 详细布线需要选择电缆，将两个设备连接起来。

3. 添加设备型号 从设备库中为关联的符号选择设备型号。

4. 复制和粘贴 已有的图形带有智能特性，可以备用。

5. 布线方法 电缆可用于原理图、端子编辑器、布线方框图和混合图中，信息将在所有位置保持同步。

操作步骤

在开始本课程前，解压缩并打开文件“Start_Lesson_07. tewzip”，文件位于“Lesson07 \ Case Study”文件夹内。创建新电缆，添加设备型号，并在方框图中使用详细布线应用数据。

7.3 电缆

创建的电缆用于连接设备，但详细的布线信息未定义。使用哪种电缆以及使用哪根电缆芯连接？类似的问题要在图纸中添加了电缆的详细布线信息后才能得到解答。可用的电缆都储存在同一个数据库中。数据库包含了尚未分类和已经分类的电缆，但这并不表示所需的电缆都在库中。电缆型号管理器如图 7-2 所示。如果未找到所需要的电缆，可以创建一根新电缆。

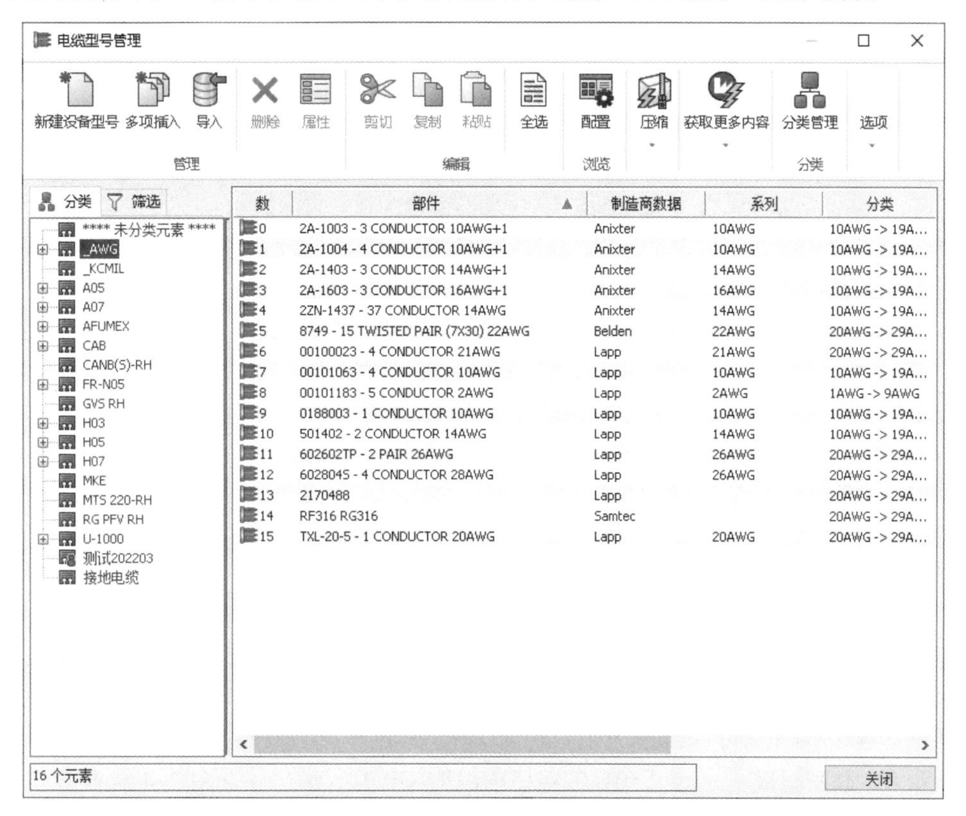

图 7-2 电缆型号管理器

本章将会同时使用自定义的和已存在的电缆。

7.4 详细布线

混合图纸中的符号在【详细布线】对话框中直接对应了 TB1 和 B1，如图 7-3 所示。两个符号也被标记为【源设备】和【目标设备】，但两者还未连接。下面将会定义设备之间的电缆。

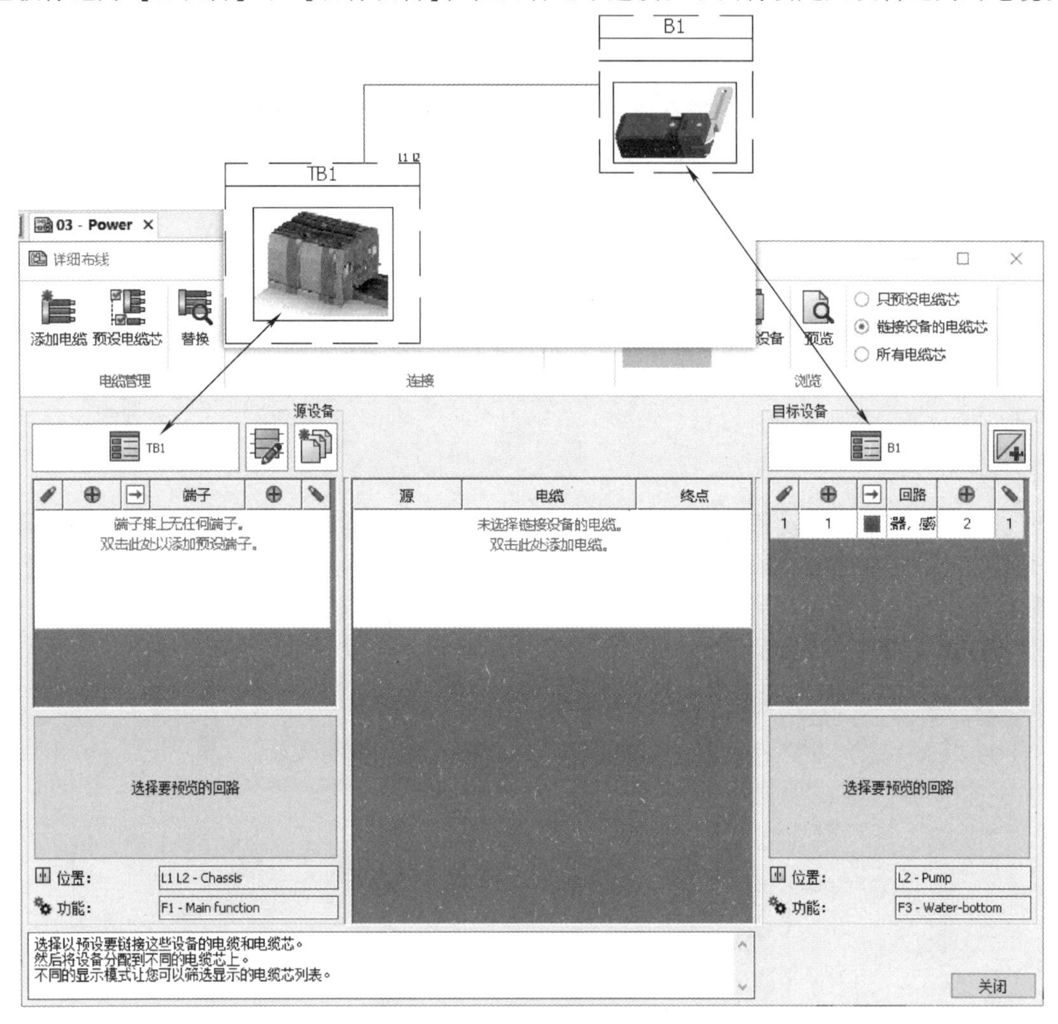

图 7-3 【详细布线】对话框

知识卡片	详细布线	• 命令管理器：【布线方框图】/【详细布线】。 • 快捷方式：右击电缆，选择【详细布线】。

步骤 1 预设电缆 单击【电气工程】/【电缆】，单击【新电缆】。

步骤 2 筛选电缆 在【筛选】中单击【删除筛选器】。设置以下筛选条件：

- 大小标准：规格（AWG 标准）。
- 规格（AWG 标准）：14。

步骤 3 选择电缆 选择“501402-2CONDUCTOR 14AWG”，如图 7-4 所示。

步骤 4　定义电缆　单击【添加】，在工程中添加电缆，单击【选择】。

步骤 5　设置电缆属性　选择新建的电缆“W1”，如图 7-5 所示。单击【属性】。

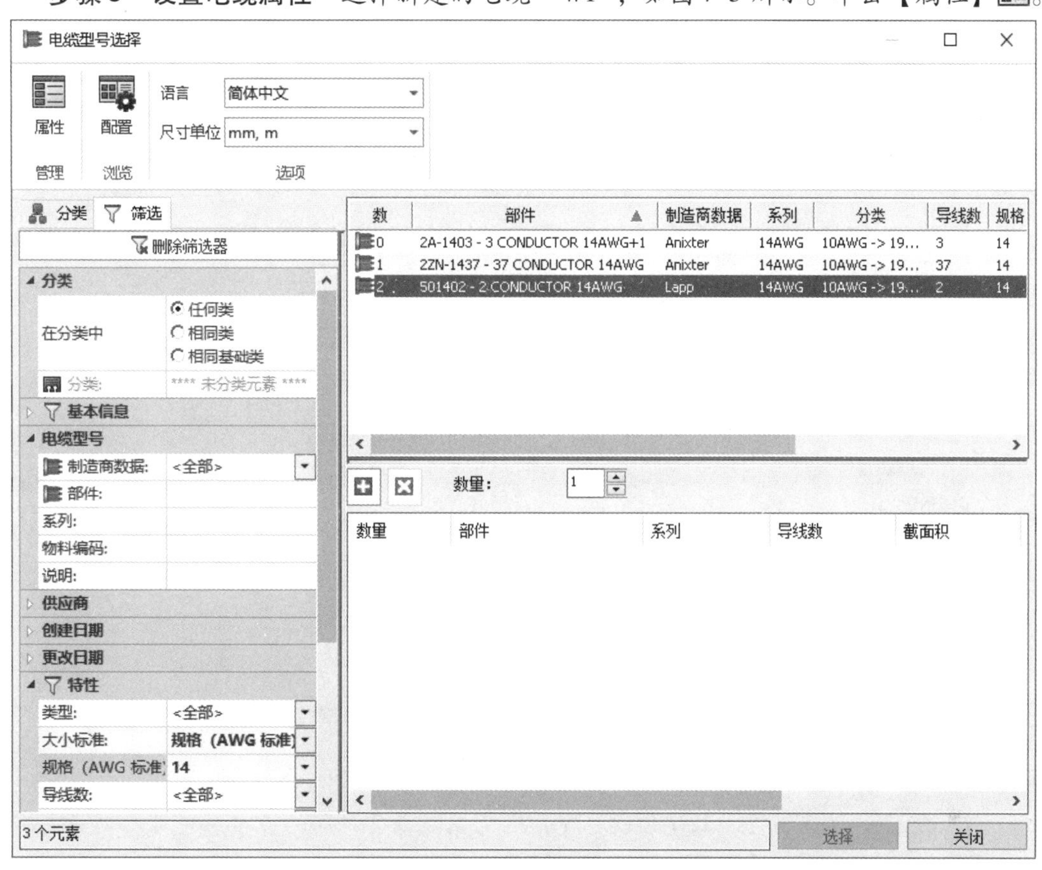

图 7-4　选择电缆

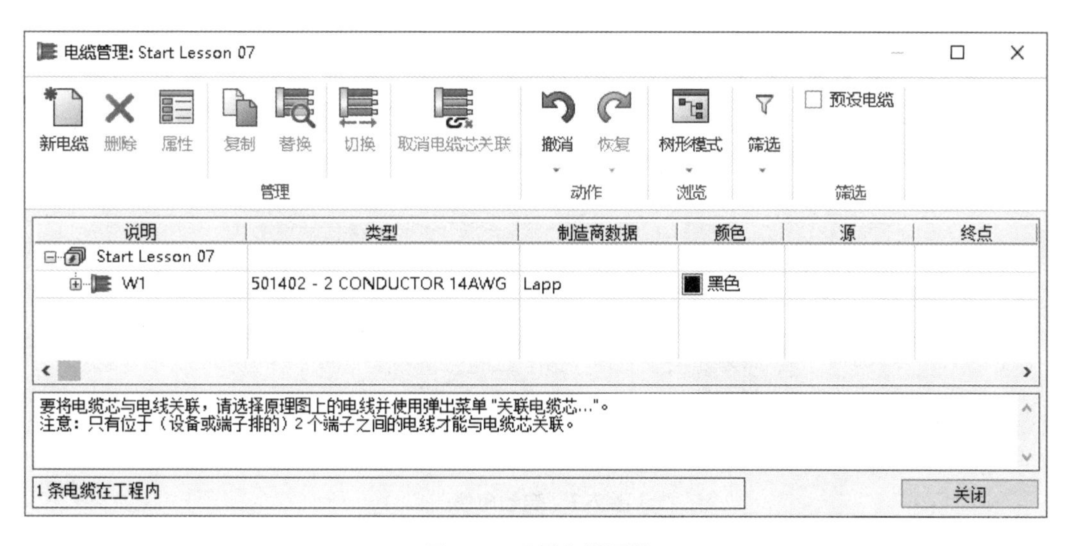

图 7-5　设置电缆属性

步骤 6　定义电缆位置　设置【上游位置】为“L2-Pump”，【下游位置】为“L1 L2-Chassis”，如图 7-6 所示。单击【确定】确认更改，单击【关闭】，退出电缆管理器。

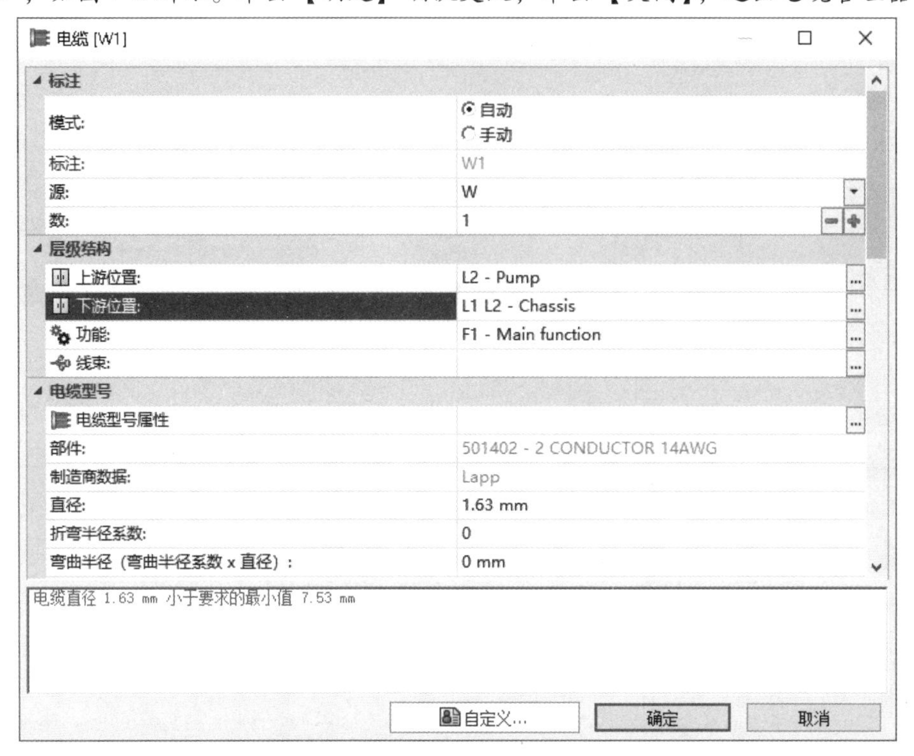

图 7-6　定义电缆位置

注意

该过程将会创建预设电缆，定义完成设备之间的连接后就可以创建电缆了。如果位置设置不同，则电缆将会自动隐藏部分选择。

提示

该系统允许针对设备创建常用电缆，创建时必须选择相应的分类。

步骤 7　打开页面　打开页面“03-Power”。

步骤 8　启动电缆　右击图 7-7 所示电缆，选择【详细布线】。

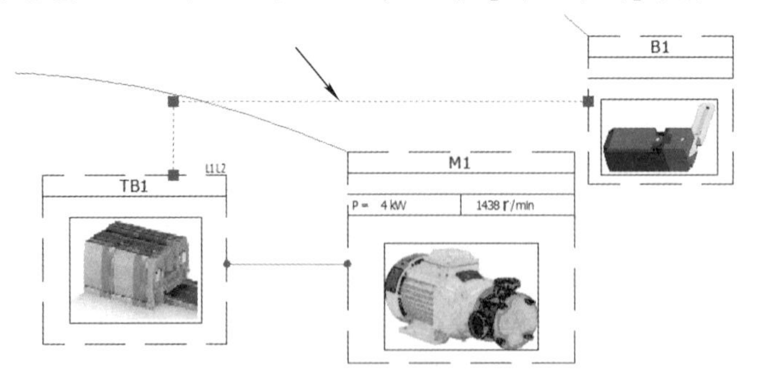

图 7-7　启动电缆

提示

双击电缆，也可以启动【详细布线】。

7.5 端子排

端子排设备包含多个端子，每个端子包含一根或多根电线，如图7-8和图7-9所示。

图7-8 端子排

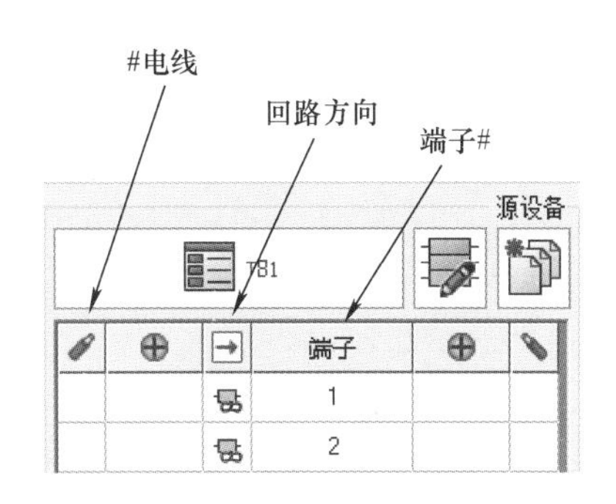

图7-9 端子排定义

步骤9 插入端子 在TB1上单击【插入端子】，在【插入多个】中输入“2”，如图7-10所示。单击【确定】，创建端子，如图7-11所示。

注意：这将设置端子的初始数量。要添加更多端子，请参阅7.6.4小节。

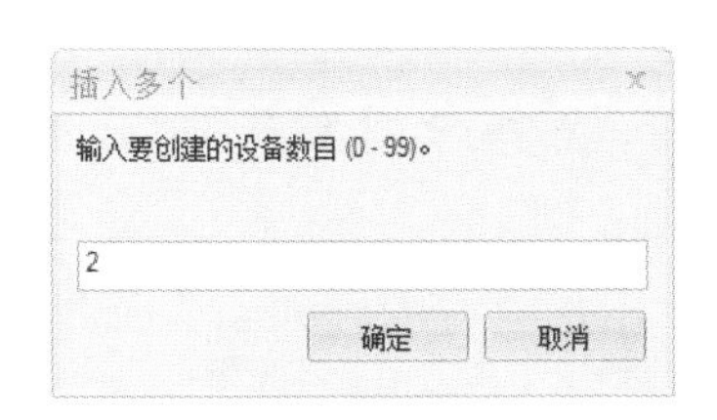

图7-10 设置插入端子数量

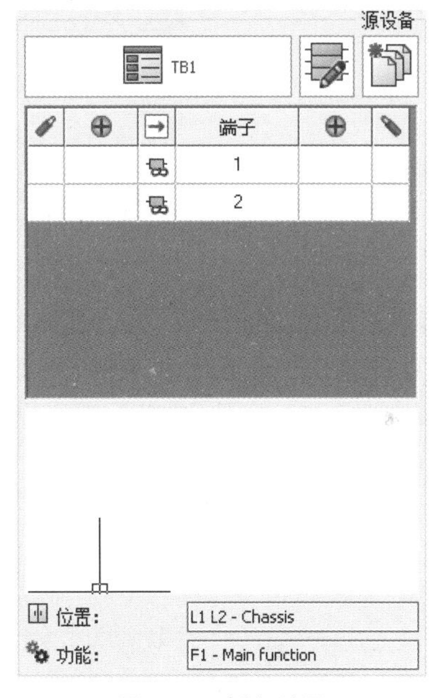

图7-11 插入端子

7.6 点对点连接

连接电缆可以通过【详细布线】工具完成。点对点连接电缆芯可以通过连接工具实现，如图7-12所示。

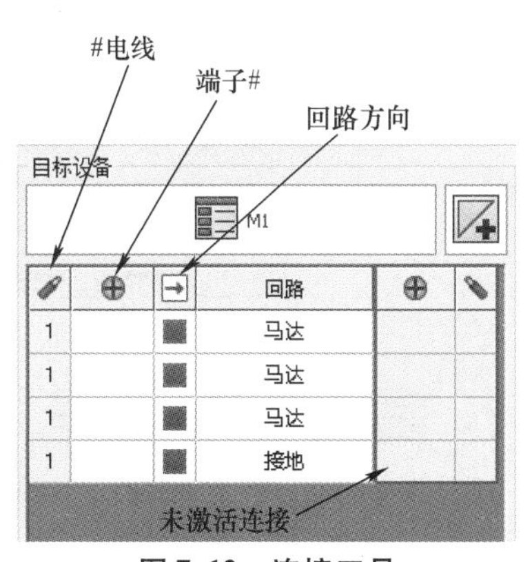

图7-12 连接工具

7.6.1 电线

【电线】代表连接到设备端子上的接线数量。

7.6.2 端子

【端子】显示连接器的端子编号。

步骤10　预设电缆芯　单击【预设电缆芯】。展开工程名称，选择电缆“W1”，如图7-13所示。单击【确定】，在两个设备之间确认预设。

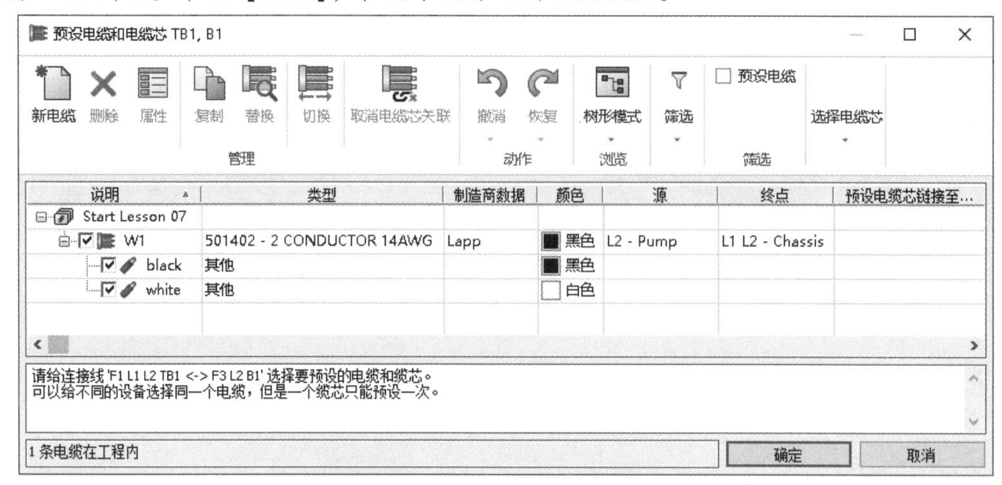

图7-13　预设电缆芯

提示　电缆列表自动筛选，以匹配应用于详细布线中的源和终点符号的位置。此种方式可以节约时间，以便快速查找设备中匹配的特定区域。

注意　更改【筛选】，可以查看工程中的其他电缆。

当电缆预设了设备的上游和下游位置，并且定义的位置与源和目标位置不匹配时，则需要修改。

步骤11　连接传感器电缆芯　单击选择“black”终点单元和B1的端子1，如图7-14所示。单击【连接】，关联传感器。

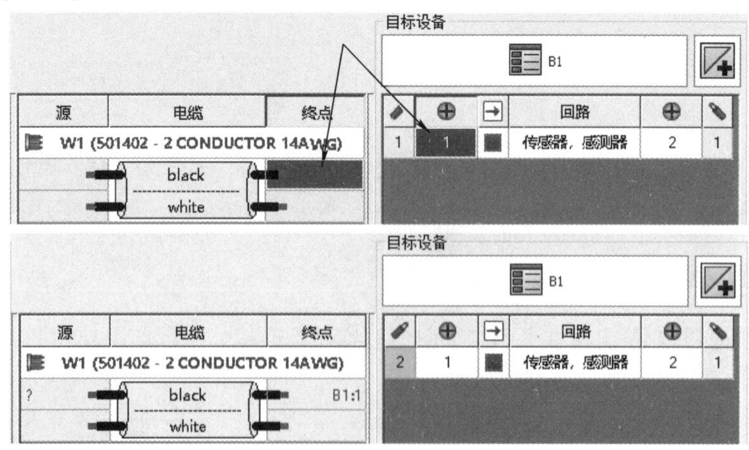

图7-14　连接传感器电缆芯

步骤12　连接其他端子　重复操作，完成端子2的连接，如图7-15所示。

步骤13　多个连接　多选“black”和“white”导线源单元和两个端子列，如图7-16所示。单击【连接】，如图7-17所示。单击【关闭】，返回页面。

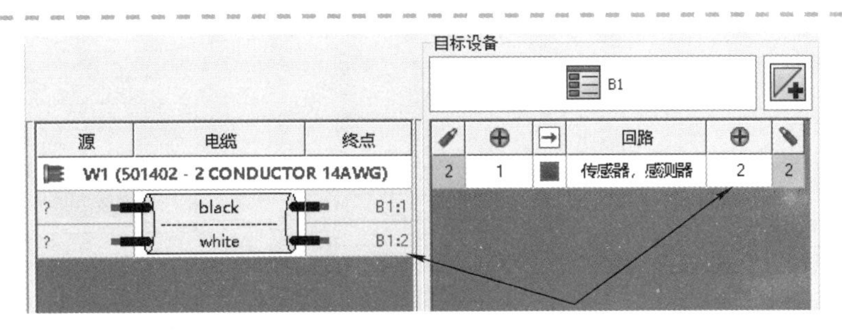

图 7-15 完成端子 2 的连接

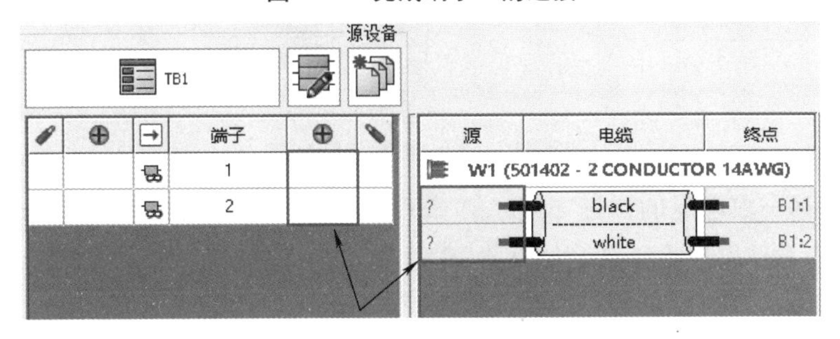

图 7-16 选择多个连接

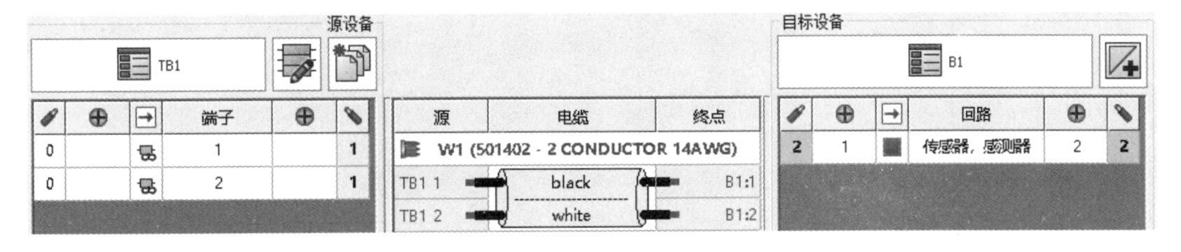

图 7-17 完成多个连接

步骤 14 更改电缆文本位置 电缆信息会自动显示在电缆上。

> **提示** 电缆的每个部分都具有电缆信息，可以通过开或关实现不同的显示效果，如图 7-18 所示。

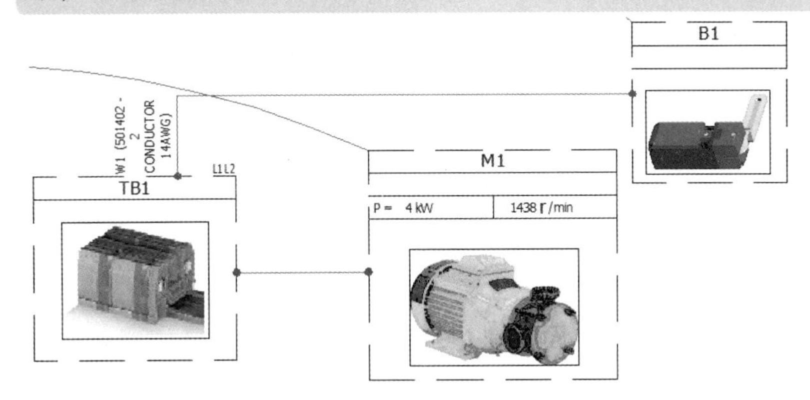

图 7-18 电缆信息

右击电缆部分显示的信息，选择【显示/隐藏电缆文本】。重复操作，在其他部分【显示/隐藏电缆文本】，然后调整电缆信息的位置，如图 7-19 所示。

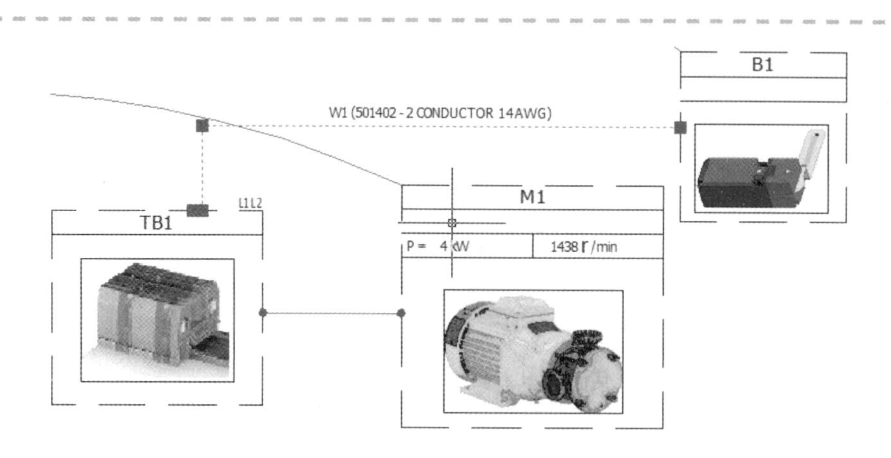

图7-19　显示/隐藏电缆文本

步骤15　另一根电缆的详细布线　右击连接TB1到M1的电缆，选择【详细布线】。马达M1在原理图中已连接，如图7-20所示。

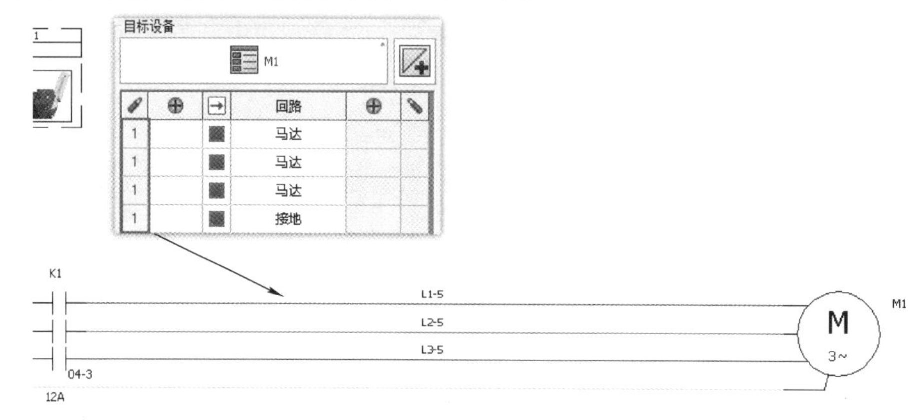

图7-20　马达M1的原理图连接

注意　源设备的【电线】列表明已经存在一个单独的连接。这些连接来自传感器B1。

7.6.3　创建新电缆

电缆可以手动创建。新电缆可以储存在工程中以备后用，如图7-21所示。

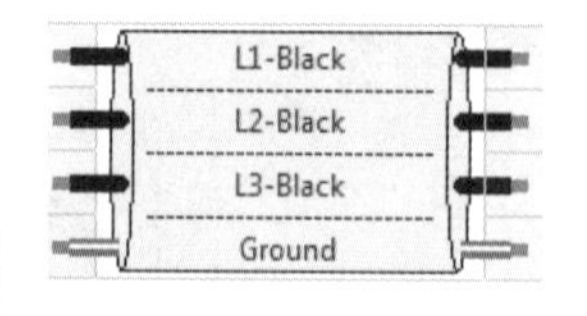

图7-21　新电缆

注意　数据库可以创建组合数据类型，用于筛选设备型号、电缆和符号，类似一个筛选器。

提示　创建多个设备型号的最优方式就是通过管理器，但也可以在不中断工作的情况下创建单个设备型号。

知识卡片	添加电缆	• 命令管理器：【数据库】/【电缆型号管理】。 • 快捷方式：在【选择电缆型号】中右击电缆，选择【添加】。

步骤 16 添加电缆 单击【添加电缆】。在【筛选】中单击【删除筛选器】。选择【相同类】，并选择分类【_AWG】，如图 7-22 所示。右击面板的右上角，选择【添加】。

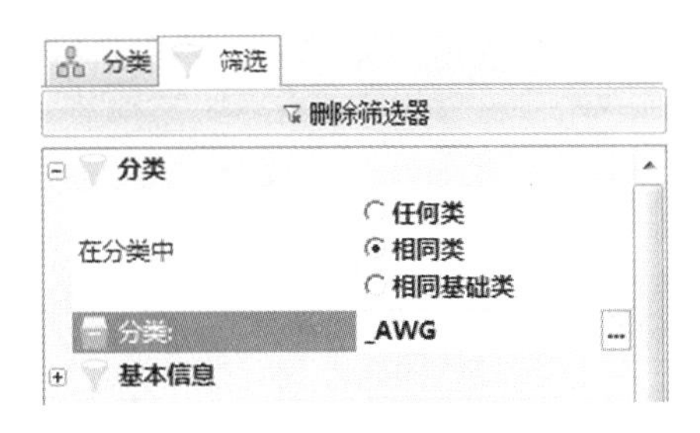

图 7-22 选择分类

提示 电缆型号的信息会继承到新添加的电缆中。

步骤 17 定义电缆属性 按图 7-23 所示定义电缆属性。在【导线直径】字段中单击右侧的【…】，系统将自动计算该值，然后单击【应用于当前导线】确认计算值。

图 7-23 定义电缆属性

步骤 18 添加电缆芯 在【电缆芯】选项卡中单击【添加】或【删除】，设定 4 个电缆芯，如图 7-24 所示。

注意

新建电缆时会复制所有数据，添加电缆时会被激活。在上面的操作中，使用不同的命令，结果会不同。

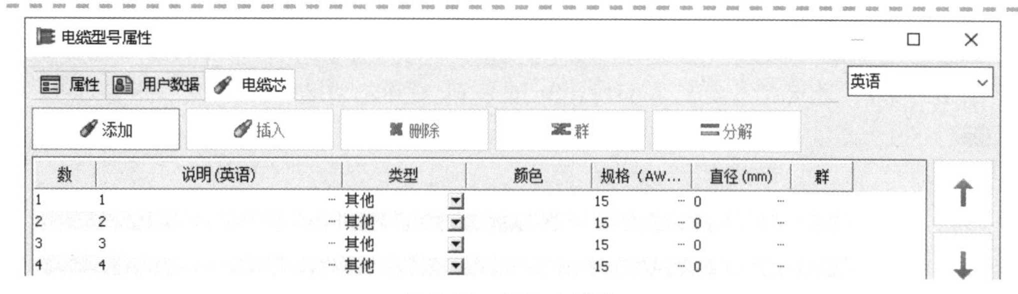

图 7-24　添加电缆芯

步骤 19　定义电缆芯　设置说明、类型及颜色等，如图 7-25 所示。单击【确定】，创建新电缆。

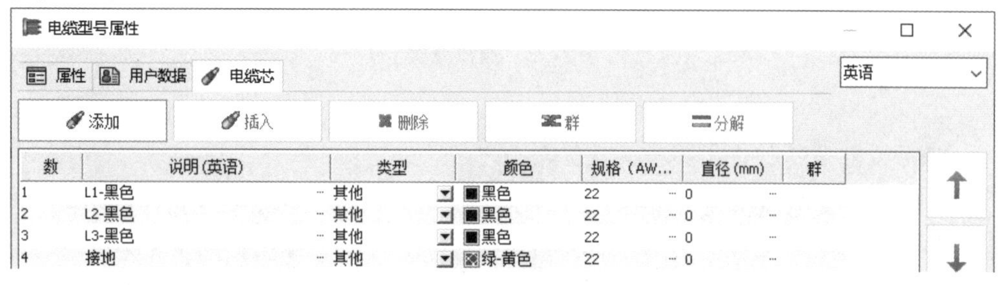

图 7-25　定义电缆芯

提示　如果选择多种颜色，颜色名称将会显示为“颜色 1 | 颜色 2 | 颜色 3”。

步骤 20　添加新的电缆型号　【制造商数据】选择“SolidWorks”。选择新创建的电缆，单击【添加】，如图 7-26 所示。单击【选择】，确认后单击【关闭】，返回页面。

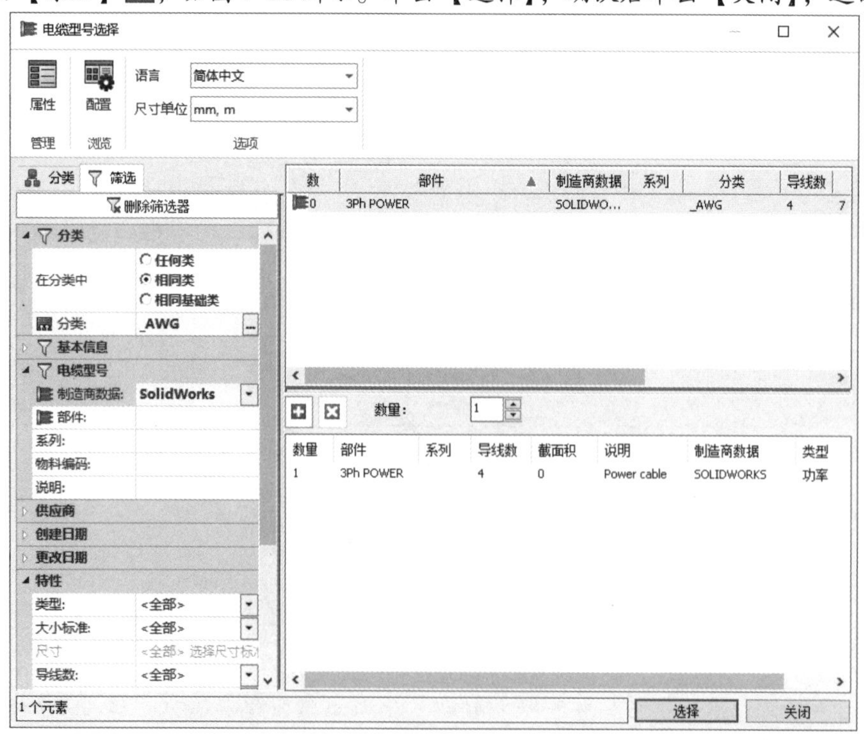

图 7-26　添加新的电缆型号

提示 此处添加的电缆将自动储存电缆、端子排和马达之间的连接件，以及电缆的上下游应用的位置信息。

7.6.4 添加端子到端子排

如果需要，可以在端子排中添加其他端子。在本章中，TB1 到 B1 之间有 2 个连接件，连接 TB1 到 M1 和 TB1 到 B2 需要另外 6 个端子。合计需要 8 个端子，但是当前只有 2 个，还需要添加 6 个端子，如图 7-27 所示。

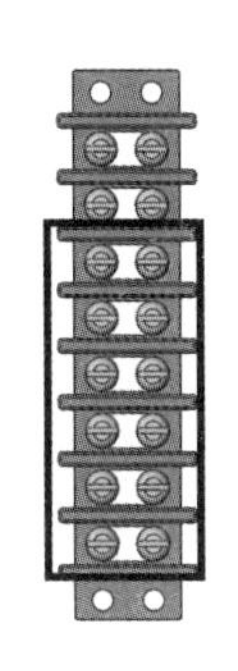

图 7-27 端子排图

步骤 21 插入多个端子 在原理图上使用【插入多个端子】。选择符号【端子】。在垂直方向绘制一条线穿过电线。移动光标，红色三角箭头指向马达时单击以插入，如图 7-28 所示。

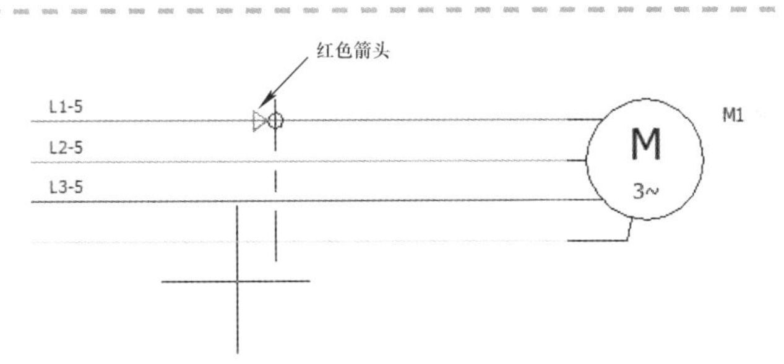

图 7-28 插入多个端子

步骤 22 端子标注 在端子属性中展开位置“L2-Chassis”，选择“=F1-TB1”，单击【确定（所有端子）】，如图 7-29 所示。

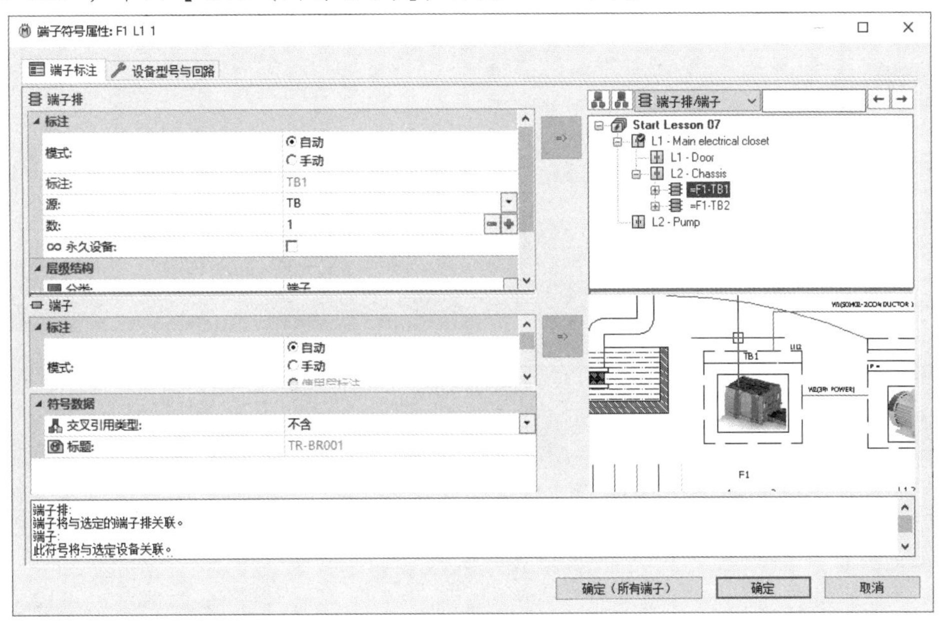

图 7-29 端子标注

7.6.5 端子编辑器

端子编辑器显示了所选端子排的内部连接（左侧）和外部数据（右侧）。对话框中间列出的是端子信息。端子的编辑工具有很多种，如端子重新编号、生成端子页面、添加电缆、应用桥接和定义端子页面配置等。

端子编辑器可以直接从原理图的端子关联菜单进入。

端子编辑器	• 命令管理器：【电气工程】/【端子排】。

步骤 23 端子排布线 打开【端子排管理器】，选择 TB1，单击【编辑】，如图 7-30 所示。多选电缆列连接 M1 的端子 03-6。在【高级】中单击【关联电缆芯】。

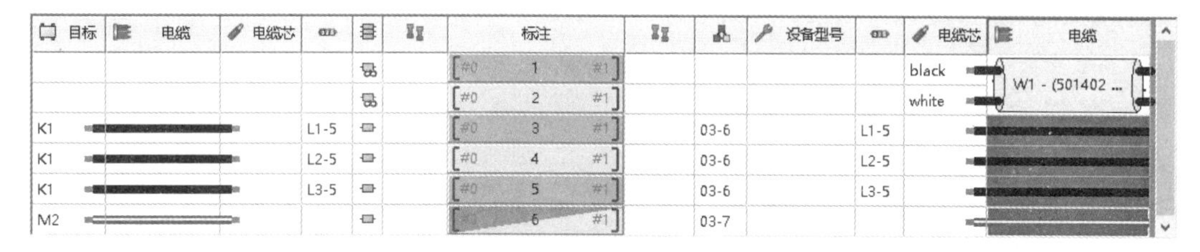

图 7-30 端子排布线

步骤 24 关联电缆芯 展开“F1-Main function”，查看之前预设的电缆“W2-Power cable”。展开“W2-Power cable”，选中所有电缆。在界面的下方单击表头对端子序号进行排序，如图 7-31 所示，选中所有电缆。单击【关联电缆芯】，单击【确定】，确认后单击【关闭】，返回页面。

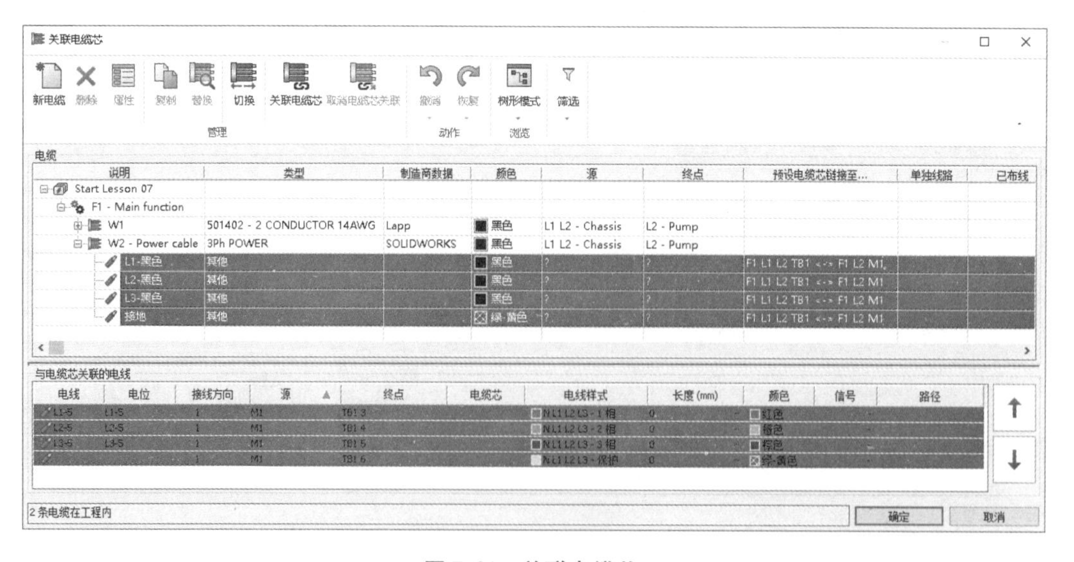

图 7-31 关联电缆芯

详细布线信息会自动应用到接线和原理图符号上，如图 7-32 所示。

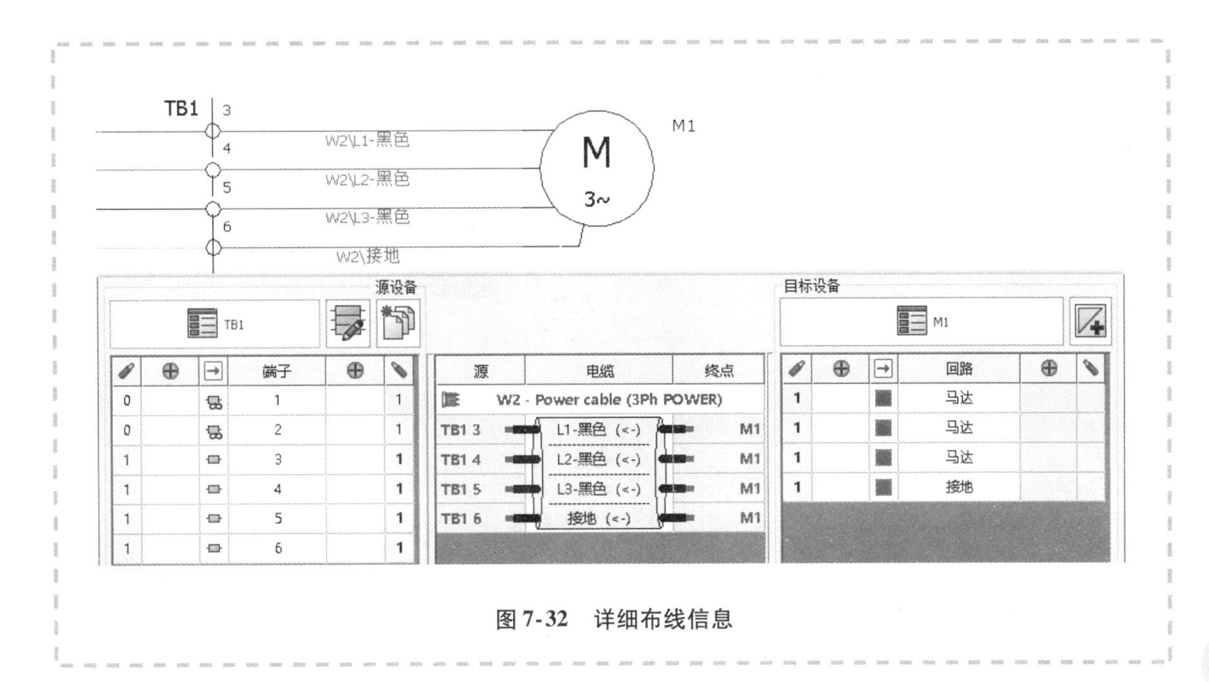

图 7-32 详细布线信息

7.7 复制和粘贴

可以使用标准的快捷键进行复制和粘贴。

知识卡片	复制/粘贴	• 命令管理器:【编辑】/【复制】和【编辑】/【粘贴】。 • 快捷方式:〈Ctrl + C〉和〈Ctrl + V〉。

步骤 25 选择传感器和电缆 选择传感器 B1 和连接的电缆，如图 7-33 所示。

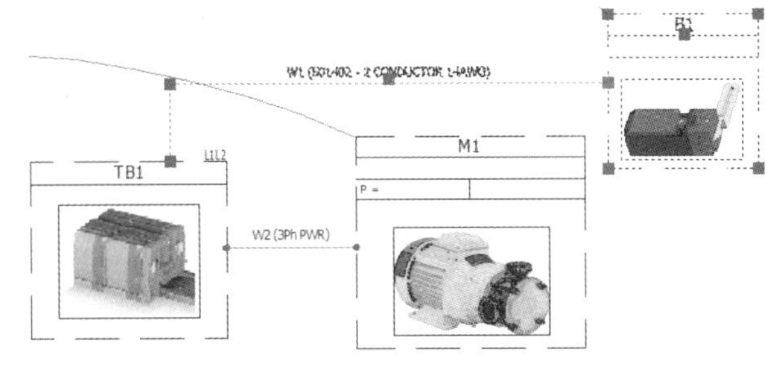

图 7-33 选择传感器和电缆

步骤 26 复制和粘贴 右击选择【复制】。在 B1 右侧右击，选择【选择性粘贴】，将内容粘贴在符号 B1 的右侧，如图 7-34 所示。

> 提示 【特定粘贴】对话框能提供更多的选项，可以保留、重设或合并信息。

在【特定粘贴】对话框中切换至【设备】选项卡，展开“L2”后选择“F3-B1”，单击【关联】。展开位置“L2-Pump”，选择“= F2-B2”，如图 7-35 所示，单击【选择】，单击【完成】。

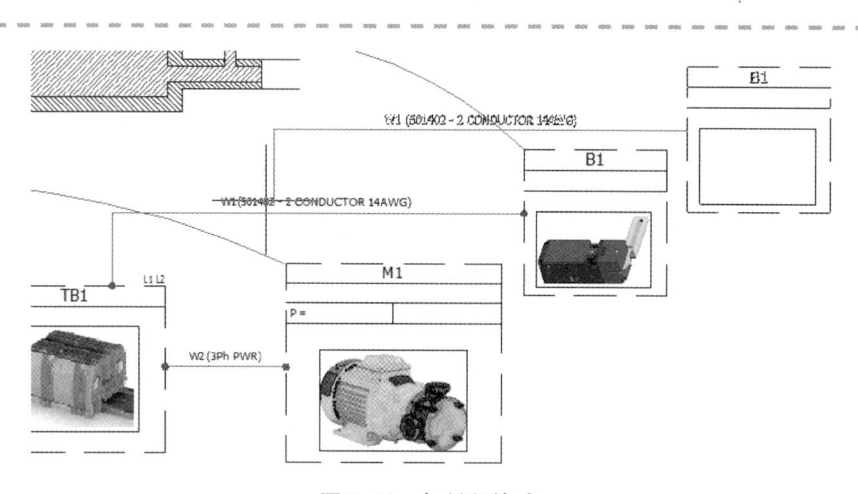

图 7-34　复制和粘贴

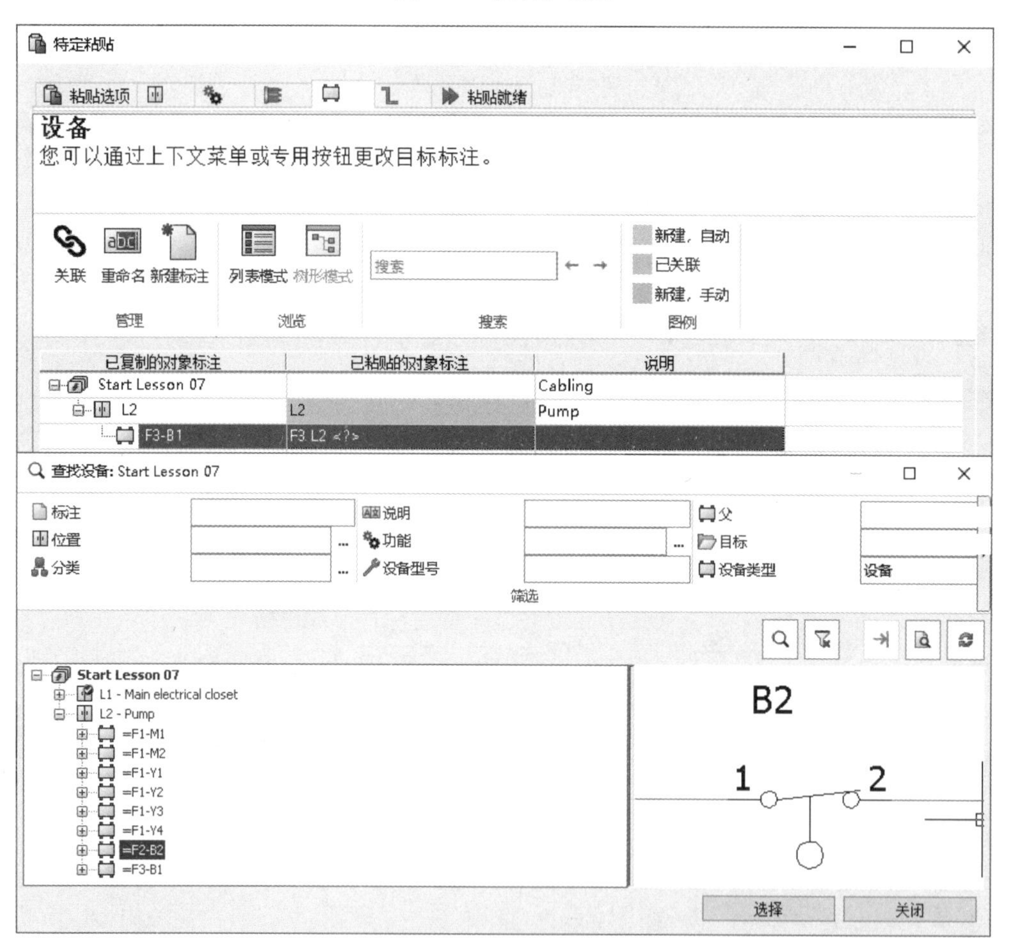

图 7-35　匹配设备

步骤 27　编辑电缆　选择未连接的电缆 W3 并其将连接到 TB1，按图 7-36 所示方式缩放。

W3 有连接了吗？如果有，其连接到什么？为什么？

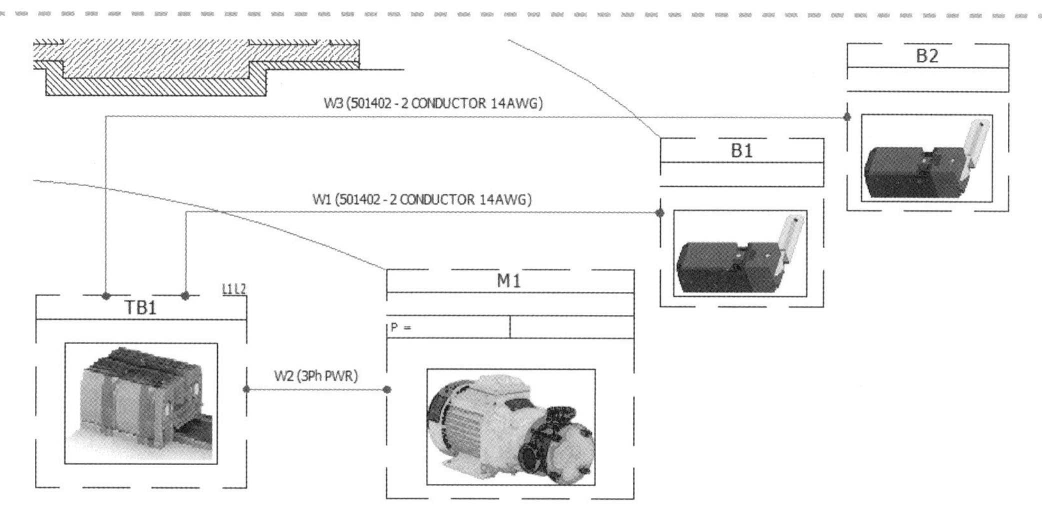

图 7-36　编辑电缆

步骤 28　电缆内连接　打开页面“04-Control”，缩放到传感器 B1。单击【插入端子】。使用端子符号，放置两个端子，指向传感器，如图 7-37 所示。关联端子到已有端子 TB1 1 和 TB1 2。单击【取消】，结束命令。

注意

在混合图中定义了接线后，电缆连接信息会自动显示在页面上。

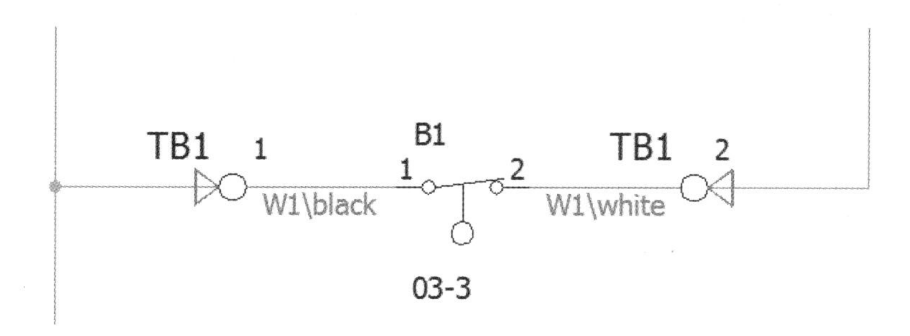

图 7-37　电缆内连接

步骤 29　设置端子方向　缩放到传感器 B2，单击【插入端子】，参照步骤 28 的方法使用相同的符号和连接方向，如图 7-38 所示。关联端子到 TB1。单击【取消】，结束命令。

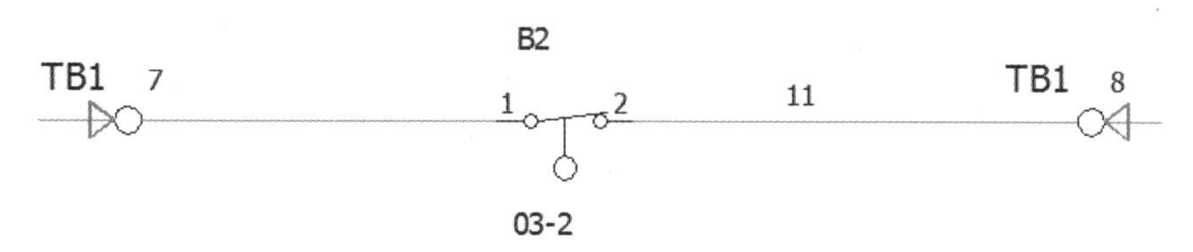

图 7-38　设置端子方向

思考

端子的接线方向真的很重要吗？设置了端子方向有什么作用？

步骤 30　电缆关联　右击端子 TB1 7 到 B2 的电缆，选择【关联电缆芯】。单击【筛选】（或展开对话框），删除位置 1 和位置 2 的内容，按〈Enter〉键显示工程中的所有电缆。

展开“F1-Main function”，选择“black”电缆，如图7-39所示，单击【取消电缆芯关联】。选择“black”电缆，单击【关联电缆芯】，如图7-40所示。单击【确定】。重复上面的操作，将B2端子2连接到TB1 8，关联电缆W3白色（white）导线。

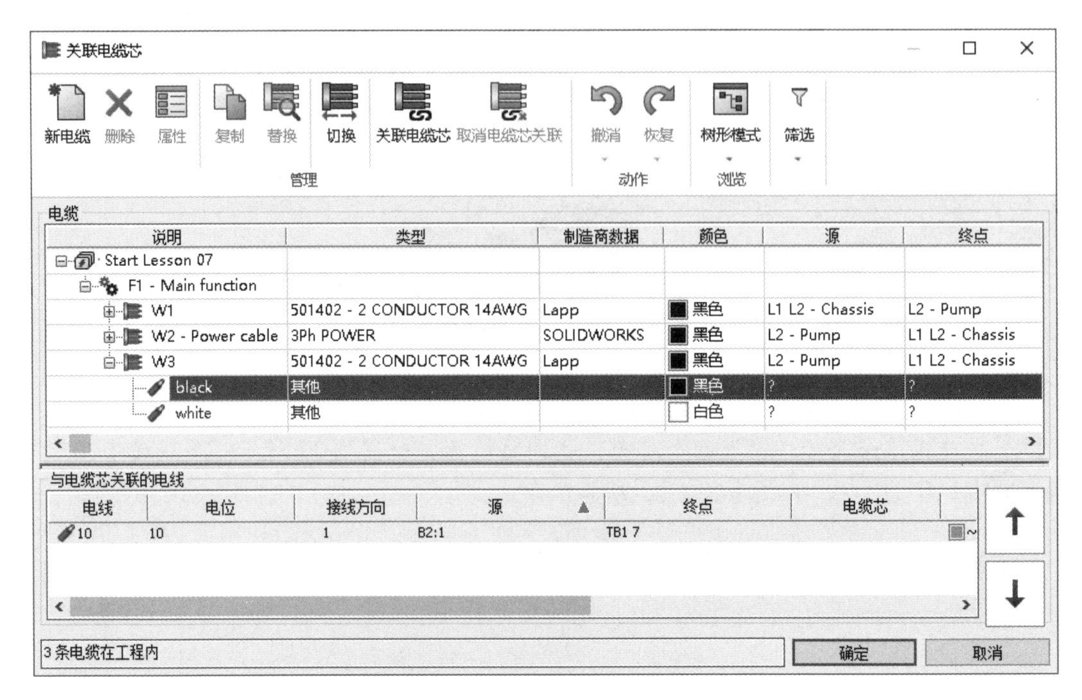

图7-39 取消电缆芯关联

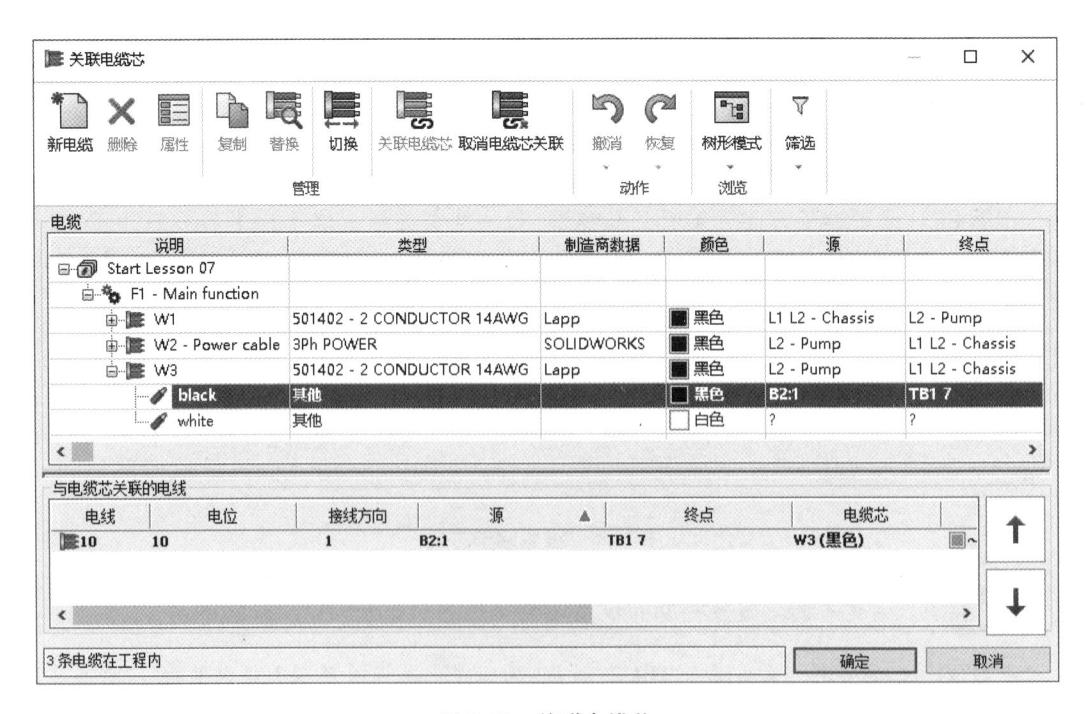

图7-40 关联电缆芯

注意

电缆信息将会传递到接线图和端子编辑器，如图7-41所示。

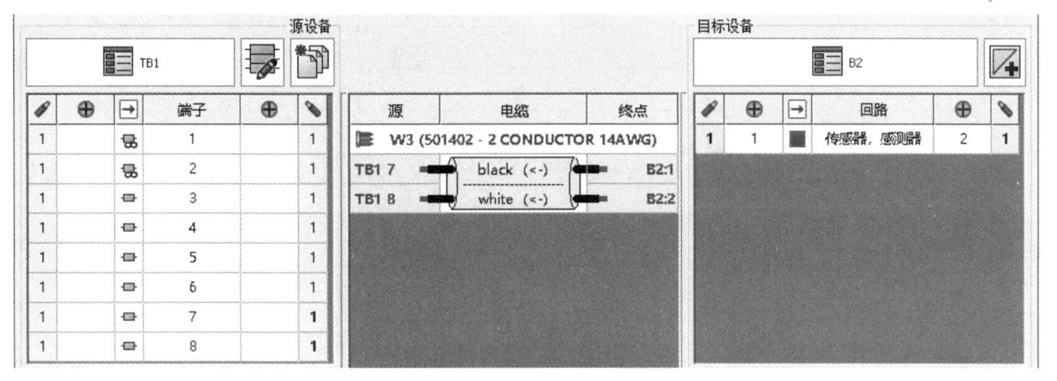

图7-41　电缆信息传递

步骤31　关闭工程　右击工程名称，选择【关闭】。

练习　布线

使用所提供的信息添加详细布线信息到布线方框图，如图7-42所示。

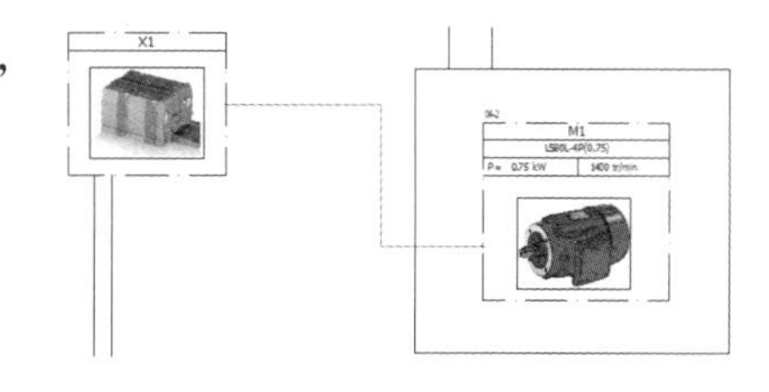

图7-42　布线方框图

本练习将应用以下技术：

- 创建新电缆。
- 详细布线。
- 点对点连接。

操作步骤

开始本练习前，解压缩并打开“Start_Exercise_07. proj”，文件位于“Lesson07 \ Exercises”文件夹内。打开工程，创建并分配电缆。

步骤1　创建电缆　创建新电缆，使用以下信息：

- 部件：USB52。
- 制造商数据：SOLIDWORKS。
- 分类：FR-N05。
- 数据库：Training Library-SOLIDWORKS Electrical Training Library。
- 说明：Cable Exercise。
- 类型：控制。
- 大小标准：截面积（mm^2）。
- 直径：1.5。
- 颜色：象牙色。

步骤2　添加电缆芯　添加电缆芯，电缆芯说明见表7-1。

表 7-1　电缆芯说明

说明	类型	颜色
1	其他	黑色
2	其他	红色
3	其他	橙色
4	其他	蓝色

步骤 3　关联电缆芯　将新建电缆芯与 MON1 和 PCB1 关联，如图 7-43 所示。

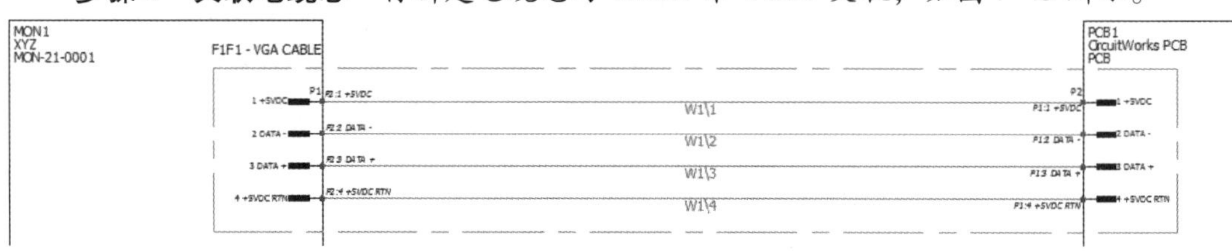

图 7-43　关联电缆芯

步骤 4　绘制电缆　绘制电缆连接 MON1 到 PCB1。

步骤 5　详细布线　使用【详细布线】的预设电缆芯关联 W2。按图 7-44 所示定义详细的内部连接。

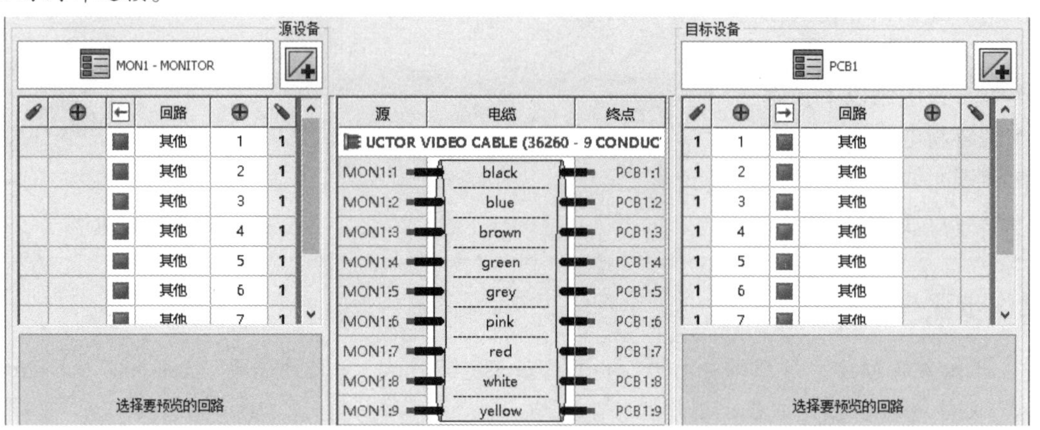

图 7-44　详细布线

步骤 6　关闭工程　右击工程名称，选择【关闭】。

第8章　创建符号

学习目标

- 使用不同的方法创建符号
- 修改符号属性
- 使用符号回路、端子和电位传递类型
- 插入属性
- 替换原理图符号
- 创建和使用多行属性

扫码看视频

8.1　符号和标准

SOLIDWORKS Electrical 原理图使用智能符号来开发电气、P&ID 和一般的图纸。所提供的符号代表各种电气、液压、气动、仪表及过程设备。符号基于 DWG 格式通过块的方式插入到图纸中，智能符号包含了初变量信息的属性，应用于设计过程中。当页面保存为符号后，属性数据写入 SQL，用于报表的提取。符号应符合不同国家、地区的标准，一些著名的标准包括：

- IEC（International Electrotechnical Commission）：国际电工委员会。
- ANSI（American National Standards Institute）：美国国家标准学会。
- JIS（Japanese Industrial Standards）：日本工业标准。
- GB：中国国家标准。

不同标准对设备采用不同的表达方式。例如不同标准中熔断器的图形符号不同，如图 8-1 所示。

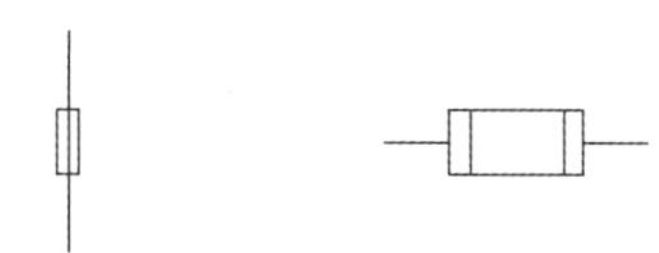

图 8-1　熔断器符号

鉴于大量的工业设计需求，SOLIDWORKS Electrical 提供了不同的符号标准，也为设计人员提供了根据本地化需求创建符号的方案。符号的创建非常快捷和方便，很容易掌握。创建符号的方法主要有三种：

- 在符号管理器中创建符号。
- 在符号管理器中基于已有符号创建符号。
- 在布线方框图、原理图及混合图中，基于已有符号创建符号。

每种方法都将会在本章中进行介绍。

8.2　设计流程

主要操作步骤如下：

1. **创建新符号**　在符号管理器中创建新符号并应用到原理图中。
2. **从原理图创建新符号**　基于原理图中已经放置的符号创建新符号。
3. **从另一个符号创建新符号**　从另一个符号创建新符号，修改图形后应用到原理图中。

操作步骤

开始本课程前，解压缩并打开文件“Start_Lesson_08. proj”，文件位于“Lesson08 \ Case Study”文件夹中。解压缩工程，创建符号，绘制图形，应用回路、端子和属性。在原理图中插入符号，将设备型号说明断开为多行属性。

步骤 1　打开页面　双击页面“03-Electrical scheme”。

步骤 2　缩放　缩放到 3 极熔断器-F1。

8.3　符号管理

假设当前的熔断器符号是正确的，但是需要添加一个图形，此时与其修改已使用的符号，不如另外创建一个新符号，以便后续使用。

知识卡片

符号管理	【符号管理】可以打开所有符号（包括原理图符号和布线方框图符号），不同的符号可以从分类或筛选定位。DXF/DWG 文件也可以导入至程序，或直接解压缩 SOLIDWORKS Electrical 已有符号。
操作方法	• 命令管理器：【数据库】/【符号管理】。

注意　数据库中拥有不同的管理器，可以创建或编辑符号、图框及 2D 布局图符号（应用在 2D 机柜布局图）等。

步骤 3　符号管理　单击【符号管理】。

步骤 4　创建符号　单击【新建】，创建新符号。

8.4　符号属性

应用于符号属性的数据会影响其使用位置、默认应用的信息及与其他符号的关联关系。一些可用的主要字段如下：

- 标题：DWG 文件的名称。
- 标注源：关联到符号的标注源（如果为空，则参考符号分类设置）。
- 说明：以缩略图形式浏览符号时的默认显示值。如果为空，则默认显示符号名称。
- 制造商数据：插入符号时，制造商设备型号将会自动应用到符号。
- 数据库：通过数据库筛选来限制符号显示的内容。
- 符号类型：定义符号的类型，例如【插入符号】时默认给出原理图符号。
- 分类：关联符号的分类，制造商设备型号也具有相同的分类。
- 图纸单位系统：公制或英制，设置符号绘制时的单位系统，这会影响符号插入时的尺寸。

注意　原理图符号插入到图中时，会自动适用不同的系统，比例因子是 1:20。

- 交叉引用类型：定义符号是否关联及如何关联到其他符号。

应用信息到符号，会让符号定位更快捷，可以节约大量时间。

步骤5 定义符号属性 按图8-2所示填写信息后，单击【确定】。

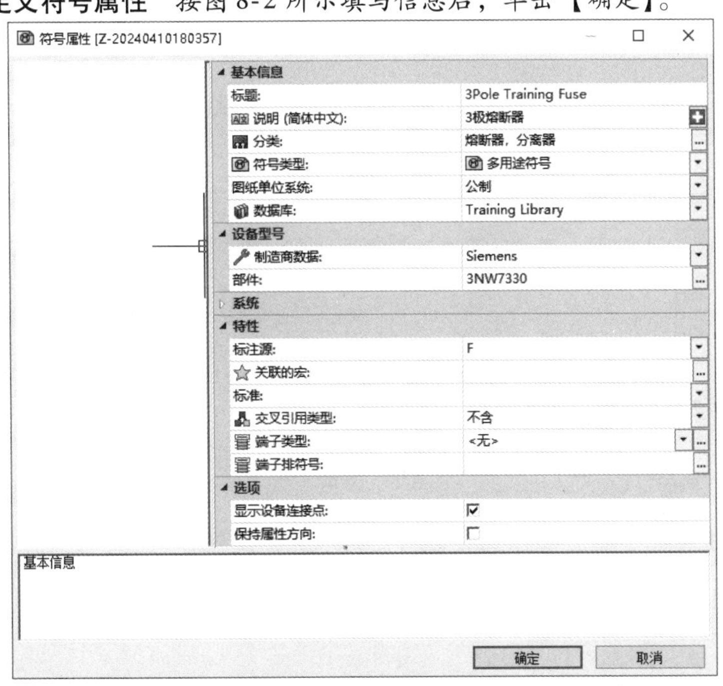

图8-2 定义符号属性

思考 有多少种方法可以设置标注源？

步骤6 查找并打开符号 单击【缩略图模式】。如图8-3所示，单击【熔断器，分离器】分类，选择“3极熔断器”，单击【打开】。

步骤7 设置绘图参数 右击【捕捉（F9）】，打开【绘图参数】，更改【捕捉间隔】为“10”。勾选【捕捉开启（F9）】和【正交开启（F8）】复选框，单击【关闭】。

步骤8 绘制线条 单击【绘图】/【线】，输入坐标（0，0），单击【确定】。向下移动光标1格（基于捕捉间隔是10），绘制线条，如图8-4所示。单击【取消】。

步骤9 更改捕捉 使用相同的操作，更改【捕捉间隔】为“0.5”。

步骤10 绘制矩形 单击【矩形】，设置坐标为（-0.5，-2.5），单击【确定】。然后再设置坐标为（0.5，-7.5），单击【确定】。

步骤11 绘制直线 单击【线】，绘制1格直线（基于捕捉间隔是0.5）。

步骤12 修剪 单击【修改】/【修剪】，选择矩形，单击【确定】。选择垂直的电线，如图8-5所示，单击【确定】。

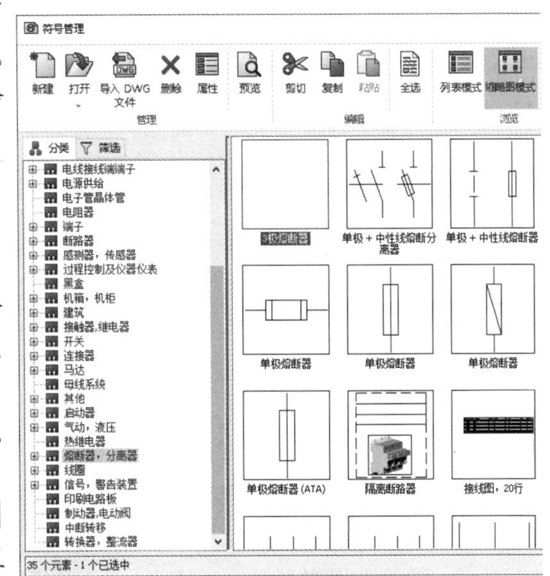

图8-3 查找并打开符号

步骤 13　复制多项　单击【复制多项】，选择整个图形，单击【确定】。单击（0，0）坐标，添加两个熔断器的图形，向右间隔 5 个捕捉间隔，如图 8-6 所示。

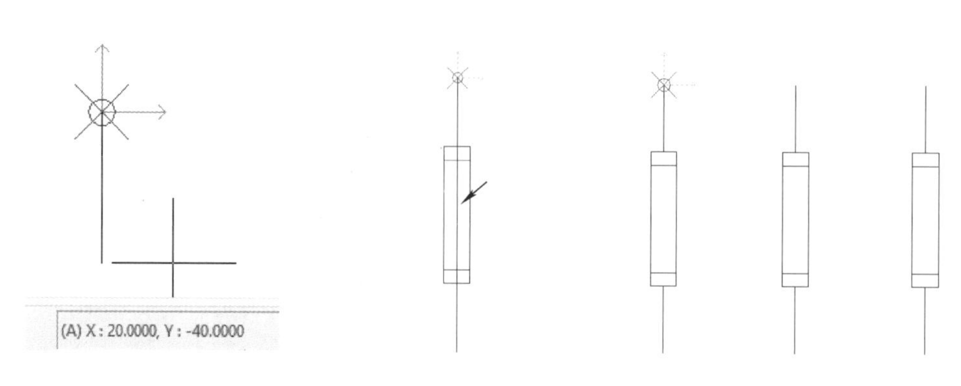

图 8-4　绘制线条　　图 8-5　修剪　　图 8-6　复制多项

步骤 14　插入点　单击【修改】/【插入点】，设置（0，0）为插入点。单击左侧熔断器垂直线条的顶部位置。

8.5　回路和端子类型

SOLIDWORKS Electrical 中的回路表示当前设备的位置及其连接的电线。熔断器拥有 6 个电线连接点，3 上 3 下，如图 8-7 所示。这就需要 3 条回路，每条回路两个端子，分别在设备的上端和下端连接电线。

图 8-7　熔断器

回路和端子用于表示原理图符号确切的连接关系，以及用于 3D 自动布线。创建回路时，类型需要与设备型号的回路类型匹配，以便于接收回路类型和端子数。在原理图中将设备型号应用到符号时，程序会检查设备型号与符号是否具备相同的回路类型、数量及端子数量。程序使用颜色来显示正确、不正确或备用，以避免选型错误。

8.5.1　回路信息传送

回路传送类型影响着程序如何创建连接，并对回路两侧的导线和等电位进行编号，如下所示：

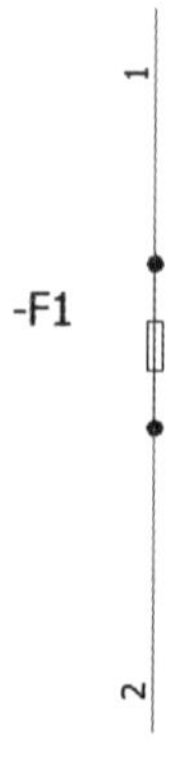

1. 可中断　回路每侧连接的电位都不同，是因为回路被设备中断。这是电气符号回路的主要应用类型，如图 8-8 所示。

-F1

图 8-8　可中断

2. 通过　电位通过回路，两侧具有相同编号。此种类型的典型应用是端子符号，如图 8-9 所示。

3. Hyper 通过　电位编号允许两个符号带有相同的标注，相同标注的连接点将自动匹配。这种回路类型可以应对多种情况，例如插头插座分开标识、风扇的输入输出。将此回路类型用于多引脚元件的单个引脚符号时，需要对符号连接点进行严格管理。

4. Hyper Hyper 通过　Hyper Hyper 通过类型用于跳转。程序忽略连接，该类型将不再出现在从到报表。源和目标或方向箭头会使用这类回路传递回路信息。

8.5.2　插入连接点

放置在符号上的连接点，可在原理图中自动切断电位或电线。切断方式跟连接点的插入方向（0°、90°、180°和270°）有关。插入点是实心圆点，连接电位或电线，如图 8-10 所示。

基于使用情况需要重新定义箭头的方向。输出→表示目标箭头，输入⊢表示源箭头。箭头的连接类型会在工程中应用起点、终点箭头时核对。例如起点、终点箭头符号类型是源箭头，则使用目标箭头就会返回错误提示。

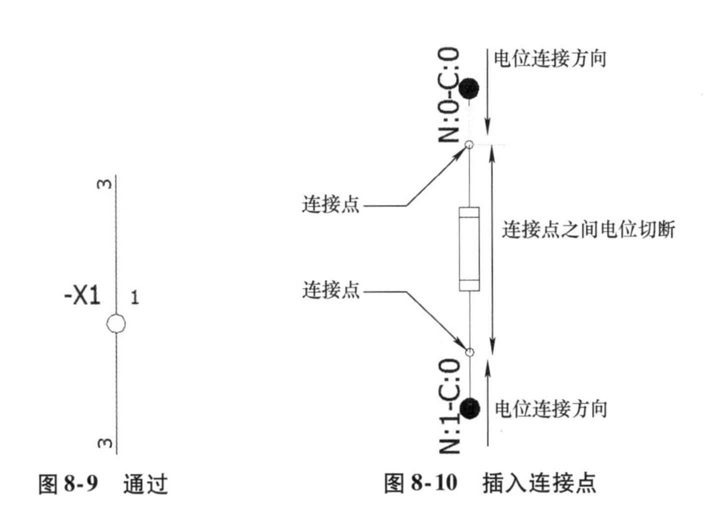

图 8-9　通过　　图 8-10　插入连接点

步骤 15　插入多个连接点　单击【编辑符号】/【多个连接点】，单击【添加】。按图 8-11 所示设置回路信息，单击【确定】。

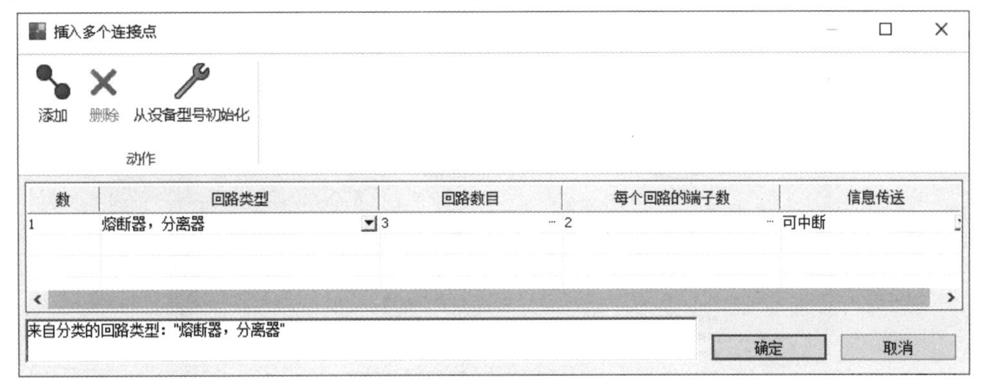

数	回路类型	回路数目	每个回路的端子数	信息传送
1	熔断器，分离器	3	2	可中断

图 8-11　插入多个连接点

右击可旋转端子连接点的方向。单击图 8-12 所示位置放置连接点。右击两次，将回路的第二个端子连接点方向旋转到 180°，单击插入连接点。重复操作，放置剩余连接点，如图 8-13 所示。

注意

SOLIDWORKS Electrical 使用 0 代表第一个回路和第一个端子。该端子连接点对应 3D 零件中的 CPoint。当 3D 零件中放置了 CPoint 后，第一个回路的第一个点名称定义为“0_0”，第一个回路的第二个点名称定义为“1_0”。

思考 回路端子的位置和名称有什么作用？

• **修改属性** 按住〈Ctrl〉键，单击属性“#P_TAG_0”“#P_TAG_2”及“#P_TAG_4”。在【属性】界面上更改相关设置，如图8-14所示。

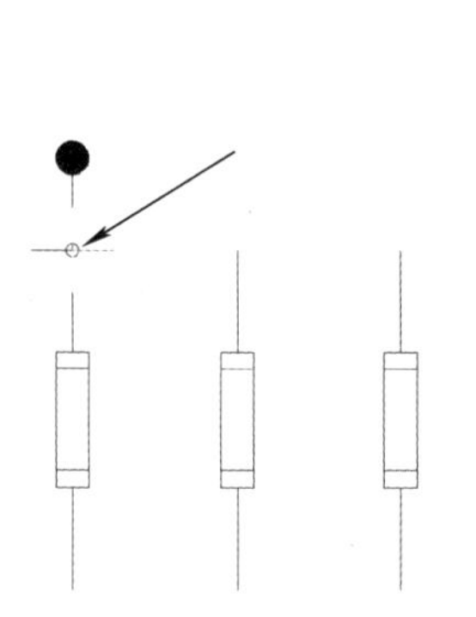

图8-12 放置连接点

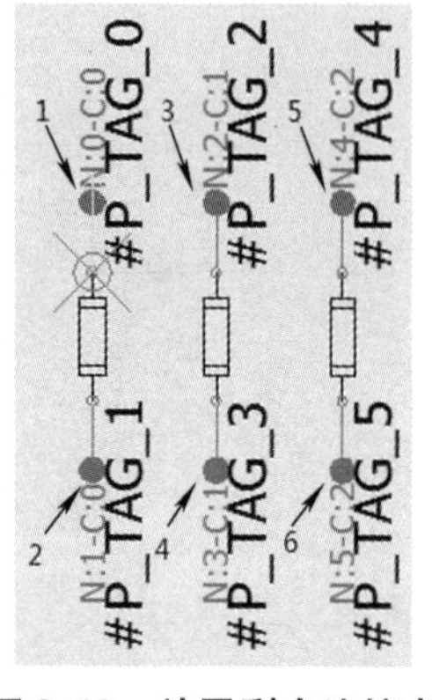

图8-13 放置剩余连接点

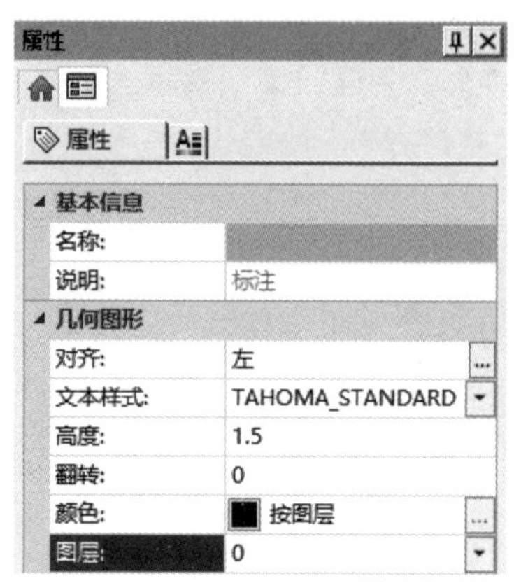

图8-14 修改属性

重复操作，选择属性“#P_TAG_1”“#P_TAG_3”及“#P_TAG_5Q”。更改【对齐】方式为【左上】，【翻转】角度为“0”。

步骤16 插入属性 单击【编辑符号】/【插入标注】，按图8-15所示选择属性，单击【确定】。在插入属性的侧面板中更改【对齐】方式为【右】。单击“#TD_1”，将其上移一个位置。单击“#TAG”，将其移至第一行。在图8-16所示位置单击，在图形的左侧放置属性。

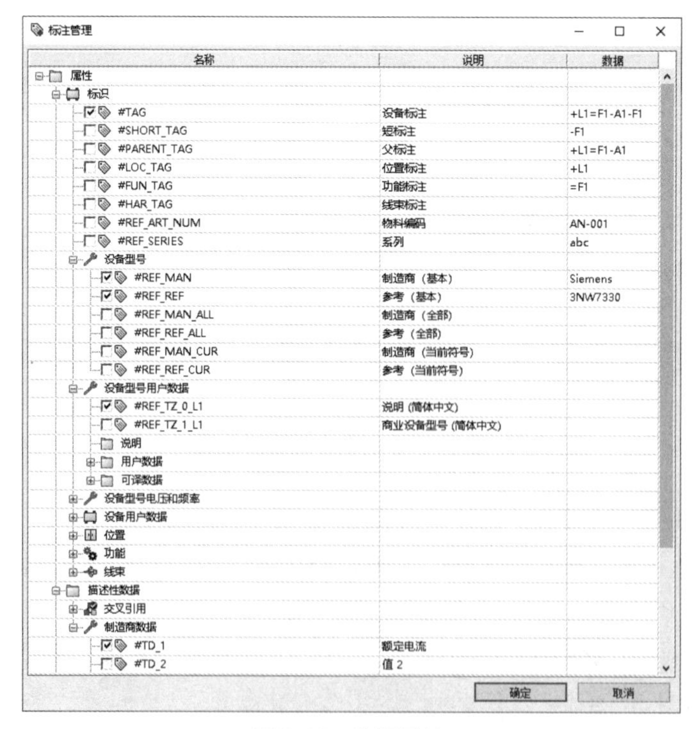

图8-15 选择属性

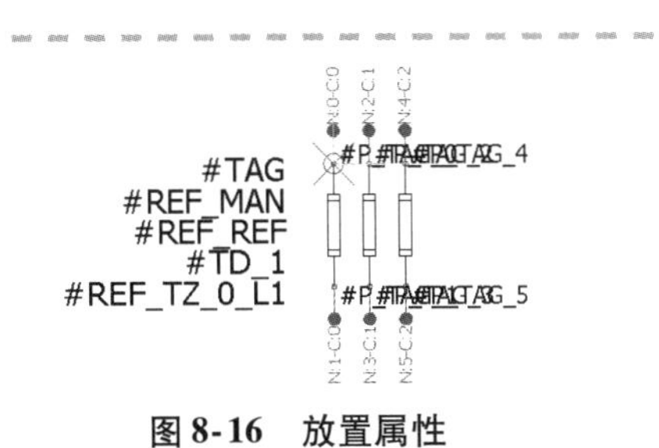

图 8-16　放置属性

8.6　多重标注

知识卡片	
多重标注	属性可能含有很长的信息，功能、位置或设备描述都可以通过多重标注拆分。软件可以将属性显示为多行而不仅是单行显示。该选项提高了数据在页面中的显示质量。
操作方法	• 命令管理器：【编辑符号】/【多重标注】。

步骤 17　多重标注　单击【多重标注】，更改【标注数】为“4”，【标注间距】为“2.4”，勾选【在屏幕上指定位置】复选框。单击“#REF_TZ_0_L1”属性，将其依次排列，单击【取消】。

思考　如何将多重标注改回到普通标注？

步骤 18　保存符号　单击【保存】，关闭页面。

思考　为什么需要选择【保存】？

步骤 19　插入熔断器　在原理图 03 中删除 -F1。单击【插入符号】，插入“3 极熔断器”，如图 8-17 所示。单击【确定】。

思考　红点是什么？

注意　制造商设备型号会应用到符号中，因为符号本身定义了该型号。

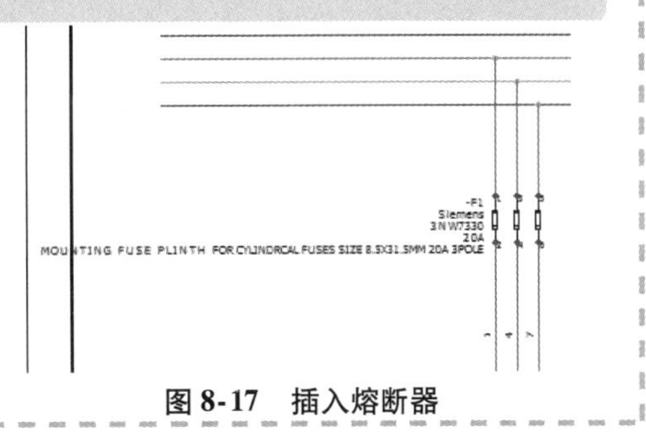

图 8-17　插入熔断器

8.7　切断属性数据

可以在属性值需要分段的地方添加“｜”符号来实现切断。

步骤 20　设置设备型号说明　右击符号-F1，选择【符号属性】。在【设备型号与回路】中选择 Siemens 3NW7330，单击【属性】。更改说明信息为“MOUNTING FUSE PLINTH ｜FOR CYLINDRCAL FUSES ｜SIZE 8.5X31.5MM 20A ｜3POLE”，单击【确定】。如果只是更改设备，单击【只修改此设备】，返回页面。设备型号说明当前被分成 4 段显示在图纸中，如图 8-18 所示。

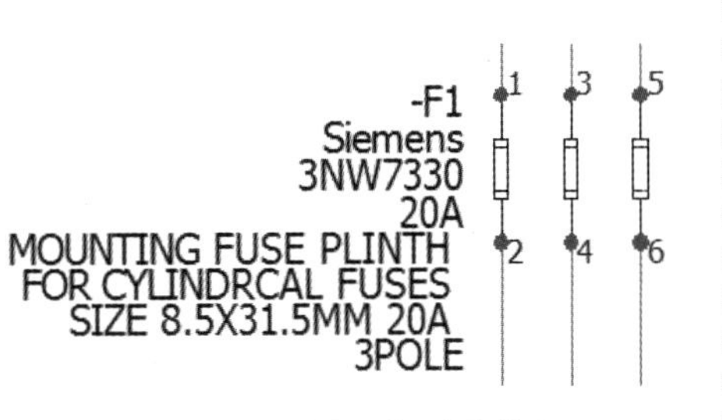

图 8-18　设置设备型号说明

8.8 添加数据库

符号也可以基于原理图或布线方框图中已有的符号创建，以便更快地创建和修改符号，以使其对设计的影响最小。

知识卡片	添加至数据库	• 快捷方式：右击符号，选择【符号】/【添加至数据库】。

步骤 21 添加至数据库 缩放到-OL1（在-F2 下方）。右击符号，选择【符号】/【添加至数据库】。在弹出的对话框中选择【创建新符号】。更改说明为“NC Thermal Contactor”，单击【确定】。

注意　新建的符号会自动打开图形区域。

步骤 22 更改符号 使用【线】，按图 8-19 所示绘制图形。单击【保存】，保存符号。单击【关闭】，打开页面“03”。

步骤 23 替换符号 右击符号-OL1，选择【符号】/【替换】。找到新建的符号，单击【选择】，结果如图 8-20 所示。

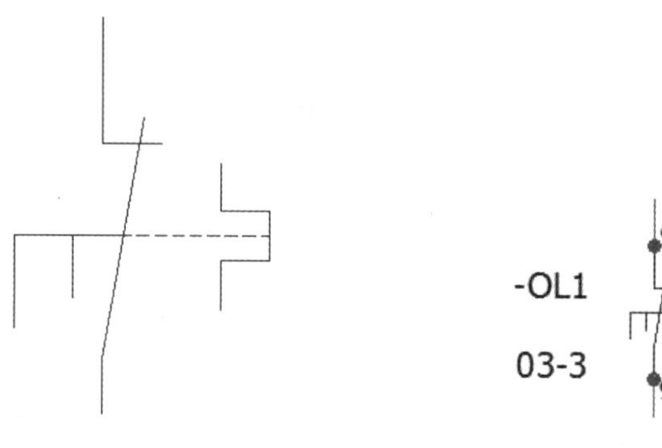

图 8-19　绘制图形　　图 8-20　替换符号

8.9 复制和粘贴符号

可以在符号管理器中通过复制和粘贴来创建与原符号特性相同的新符号。复制符号可以减少创建时间。

步骤 24 复制和粘贴符号 单击【符号管理】。右击【触点】分类下的【常开热触点】，选择【复制】。右击空白区域，选择【粘贴】。

步骤 25 识别新符号 单击【列表模式】。选择符号“TR-EL060+1”，单击【属性】。

注意　粘贴的符号采用 DWG 文件，名称是在被复制名称后面添加“+1”。

步骤 26 修改符号属性 更改说明为“NO Thermal Contactor”。在【分类】中选择【热继电器】。单击【选择】，并单击【确定】。

步骤 27 复制和粘贴图形数据 定位符号“TR-EL060 +1”，单击【打开】，打开“NC Thermal Contactor”符号。选择步骤 22 所添加的图形，右击所选内容，选择【复制】。切换到符号“TR-EL060 +1”，右击，选择【粘贴】。使用之前的方法打开绘图参数，激活对象捕捉，激活端点，并单击【关闭】。单击【移动】，使用窗口选择粘贴得到的图形，移动到图 8-21 所示位置。单击【保存】。

步骤 28 替换符号 切换到页面“03-Electrical scheme”。缩放到-OL1。右击常开触点，选择【符号】/【替换】。找到新建的符号，单击【选择】。结果如图 8-22 所示。

步骤 29 关闭工程 右击工程名称，选择【关闭】。

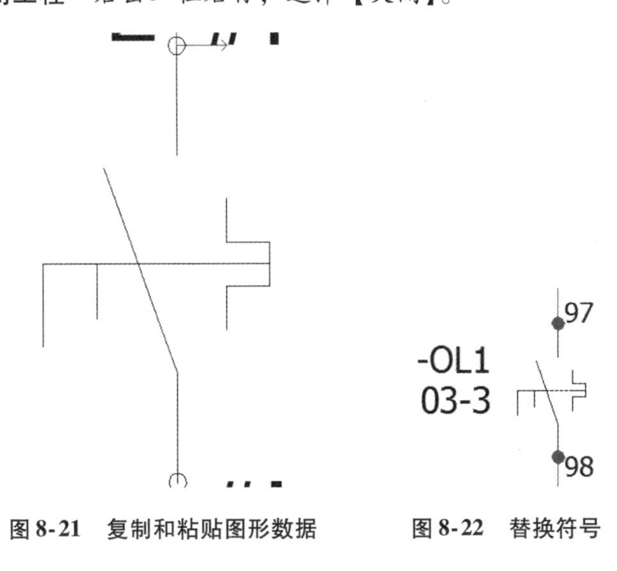

图 8-21 复制和粘贴图形数据　　**图 8-22 替换符号**

练习 创建符号

新建线圈符号，并应用到原理图。

本练习将使用以下技术：

- 创建符号。
- 符号属性。
- 绘制符号。
- 插入属性。

操作步骤

开始本练习前，解压缩并打开“Start_Exercise_08. proj”，文件位于文件夹“Lesson08 \ Exercises”中。新建线圈符号，并插入到原理图中。

步骤 1 创建新符号 在符号管理器中创建新符号并设置符号属性，如图 8-23 所示。单击【确定】，打开新建的符号。

步骤2　绘制图形　使用【矩形】和【线】命令绘制图形，如图8-24所示。

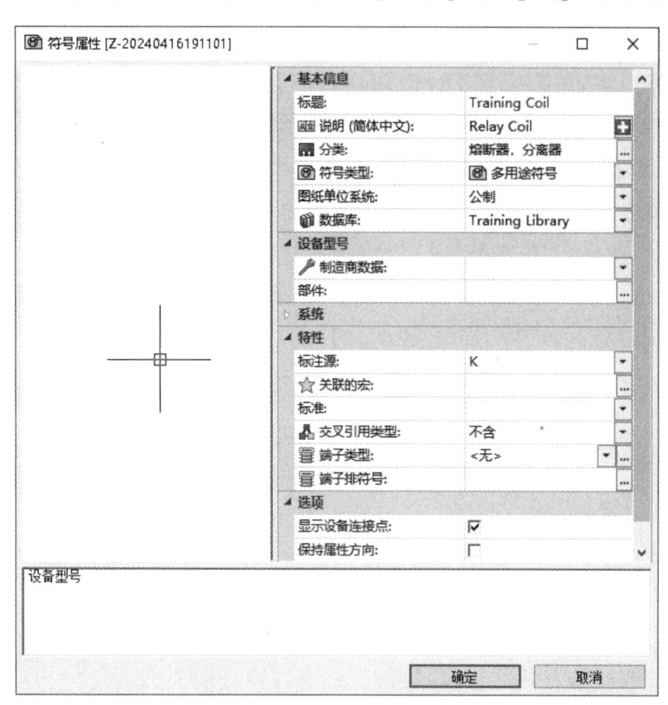

图8-23　创建新符号

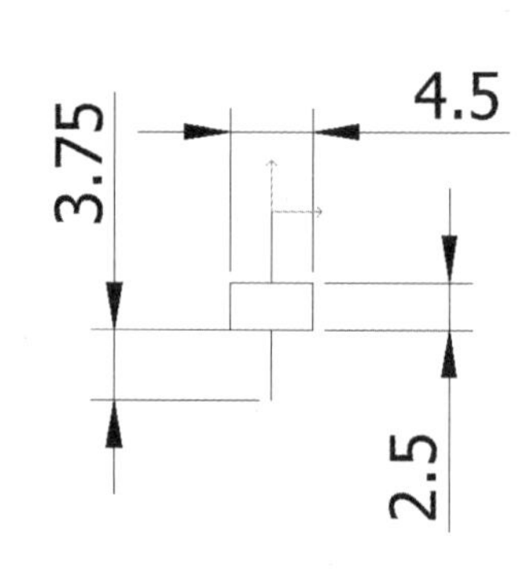

图8-24　绘制图形

步骤3　添加属性　添加可中断继电器线圈回路，放置连接点。添加符号标注属性，右对齐，在符号左侧显示，如图8-25所示。

步骤4　添加插入点　添加插入点到（0，0），并保存符号，如图8-26所示。

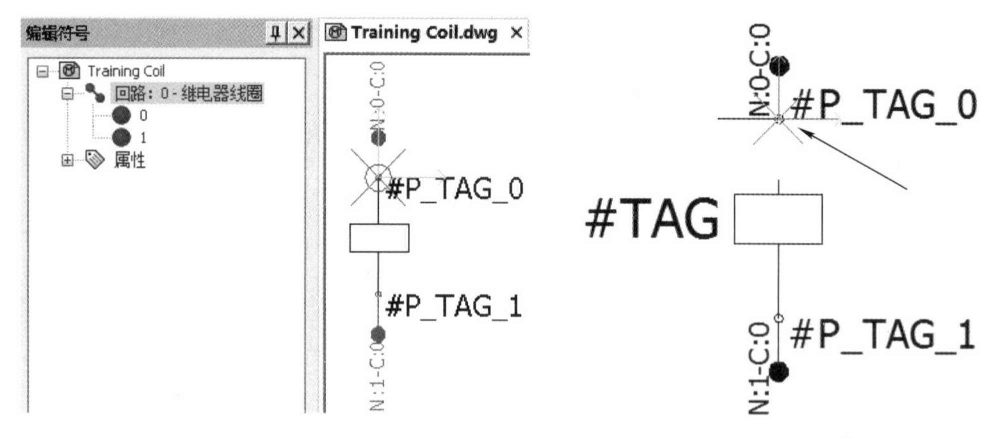

图8-25　添加属性

图8-26　添加插入点

步骤5　插入符号　打开页面“03-Electrical scheme”，插入线圈符号，与-H1和-H2对齐。关联符号到“=F1-K1”，单击【确定】，结果如图8-27所示。单击线圈的交叉引用，重新定义位置到中性线的下方。

步骤6　绘制电线　绘制单线，连接线圈-K1，如图8-28所示。

步骤7　关闭工程　右击工程名称，选择【关闭】。

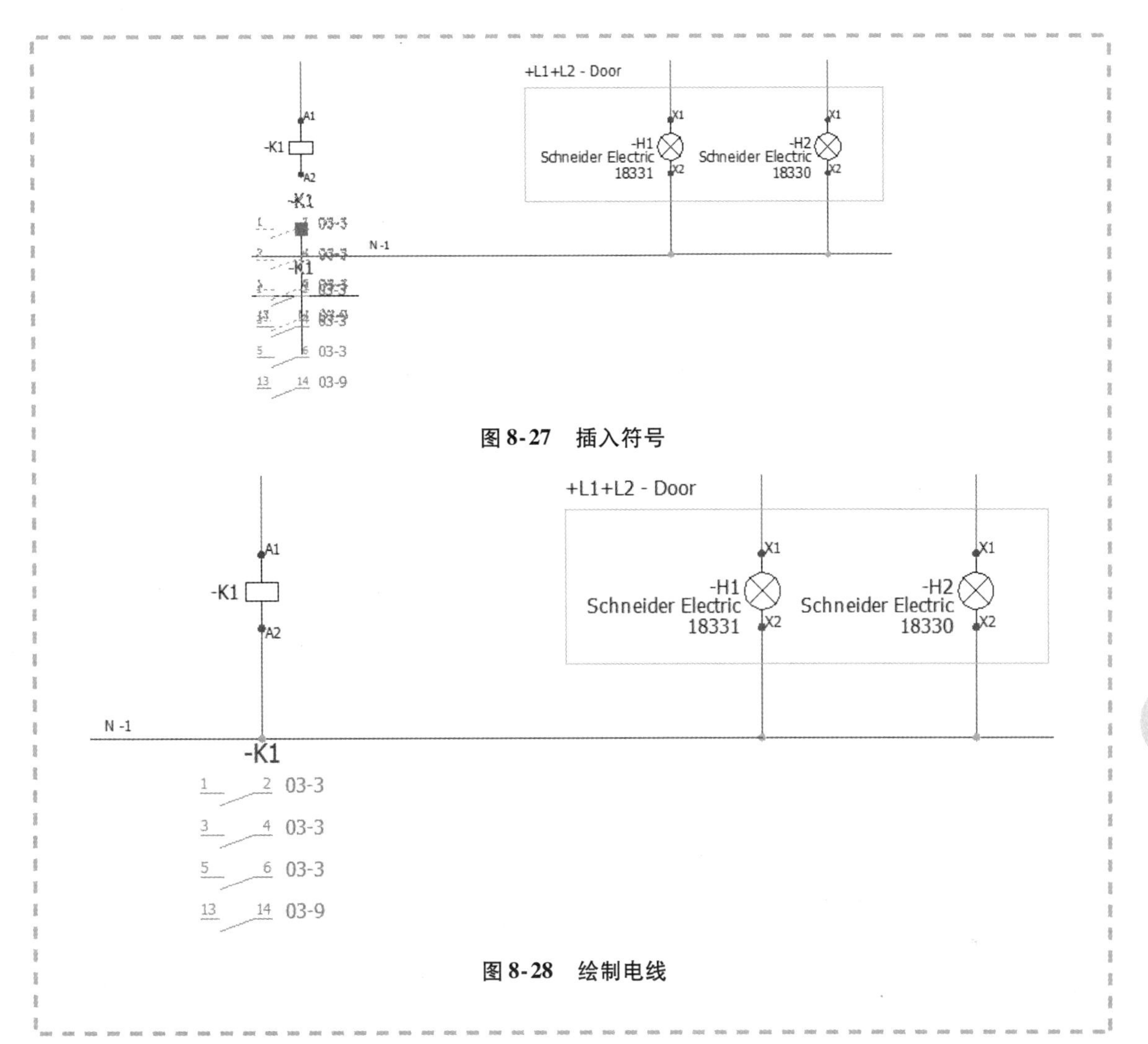

图 8-27 插入符号

图 8-28 绘制电线

第 9 章　宏

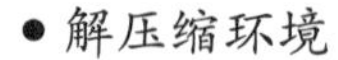

学习目标

- 解压缩环境
- 创建宏群
- 创建宏
- 创建工程宏
- 创建宏分类
- 在图纸中插入宏
- 使用特定粘贴
- 插入工程宏
- 删除工程宏群
- 页面重新排序和重新编号

扫码看视频

9.1　宏概述

宏是预定义的符号、回路或图纸，储存于数据库，可用于任意工程。宏可以添加应用层分类和数据库，也可以在工程中分组管理。预定义的内容会储存在【宏】导航器中，如图 9-1 所示。

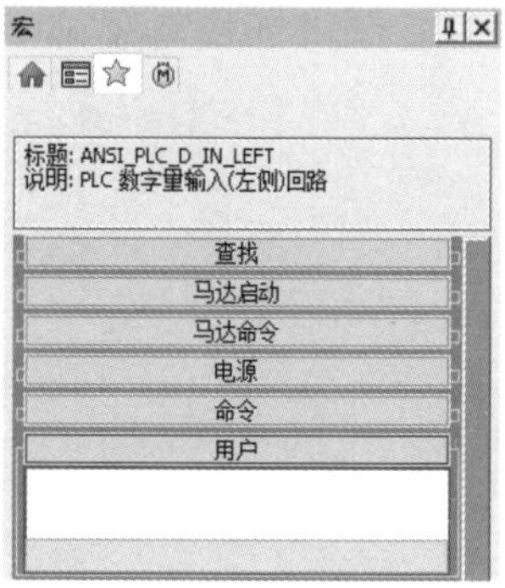

注意　宏区别于复制和粘贴的最大优点是：宏可以在任意工程中使用，也可以建立自定义的符号或设计模块。

图 9-1　【宏】导航器

9.2　设计流程

主要操作步骤如下：

1. **创建宏群**　创建新宏群。
2. **创建宏**　基于绘图内容创建宏回路。
3. **插入宏**　在页面中插入宏。
4. **整合数据**　使用特定粘贴整合新建的数据。
5. **插入工程宏**　添加工程宏，整合数据。
6. **管理页面**　移动页面并使用预定义公式对页面重新编号。

操作步骤

开始本课程前，解压缩并打开“Start_Lesson_09. proj”，文件位于文件夹“Lesson09\Case Study”内。创建并管理宏和工程宏，然后使用宏快速完成另一个工程。

步骤 1　打开工程　在工程管理器中选择工程“Lesson 09 BASE”，单击【打开】，如图 9-2 所示。双击打开页面“04-Power”。

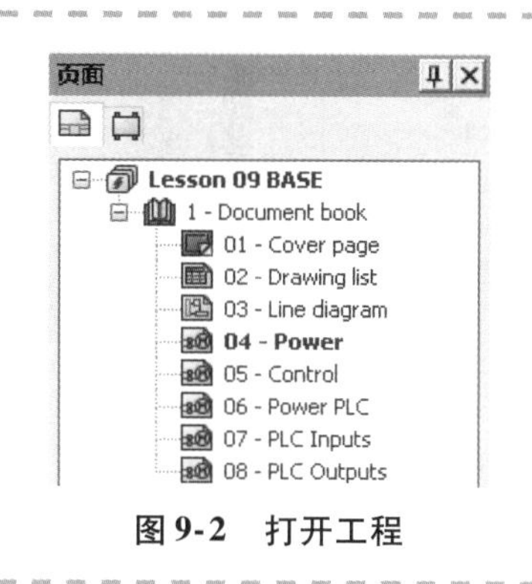

图 9-2　打开工程

9.3　创建并添加宏

宏用于将常用的图形元素储存到数据库中。操作时只需通过施放至【宏】导航器就可以完成宏的创建及命名。在宏中预定义的名称为马达启动、马达命令、电源、命令和用户。

提示：宏群和关联的宏可以创建并储存到工程模板中。

智能符号会复制到宏中。例如，如果宏中的符号包含设备型号和回路数据，则数据在使用时依然存在。

9.3.1　创建新群

右击导航器侧边栏，选择【新建群】。

9.3.2　工程宏

单个或多个页面、文件集（及内容）和文件夹都可以储存为工程宏。此宏类型允许从一个工程中保存整个文件集，并重新使用以完成或创建新工程。工程宏可以插入到文件集或文件夹中。

知识卡片	创建宏	• 资源面板：单击【宏】。 • 快捷方式：右击文件集、文件夹或页面，选择【创建工程宏】。

步骤 2　创建宏群　在【宏】导航器中右击，选择【新建群】。输入群名称“Motor Starter”，单击【确定】。

步骤 3　创建回路宏　选择宏回路，如图 9-3 所示，拖放到“Motor Starter”群中。按图 9-4 所示填写宏信息。单击【确定】，创建宏并添加到导航器中。重复操作，创建变压器回路宏，如图 9-5 所示。

步骤 4　创建工程宏　在页面导航器中右击“05-Control”，选择【创建工程宏】。定义宏属性，如图 9-6 所示。单击【确定】，创建宏。

注意：与回路宏不同，工程宏不会自动显示在导航器中，而是直接储存在工程级的宏管理器中。

步骤 5　关闭工程　右击工程名称，选择【关闭】。

步骤 6　宏管理　单击【数据库】/【宏管理】。

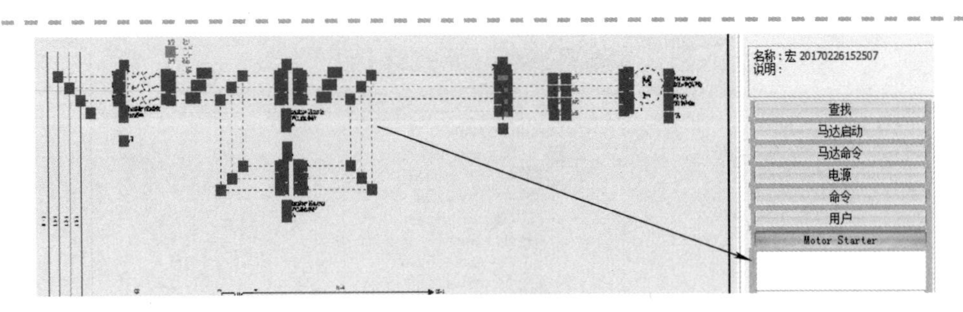

图 9-3　选择宏回路

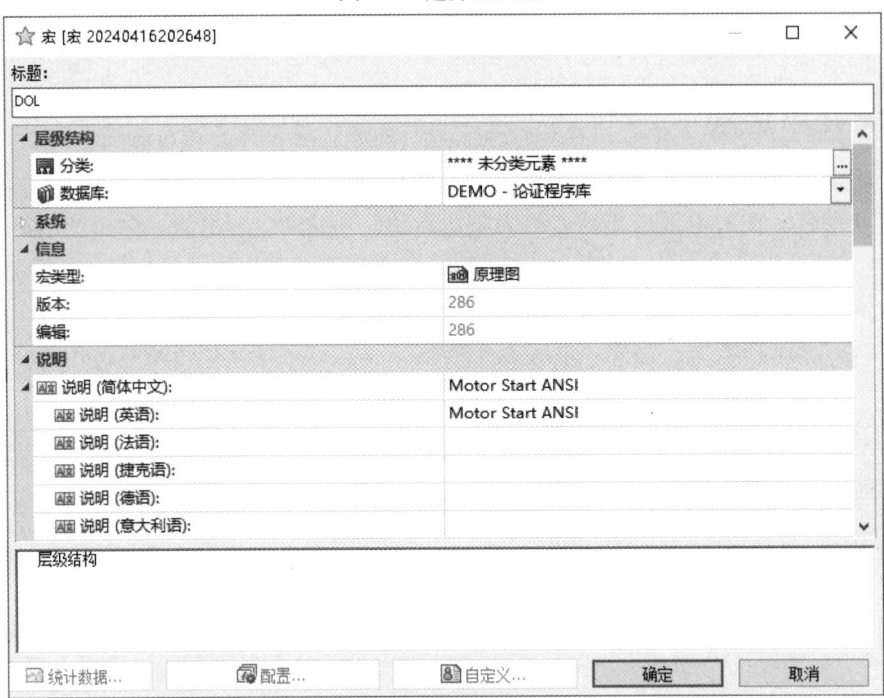

图 9-4　填写宏信息

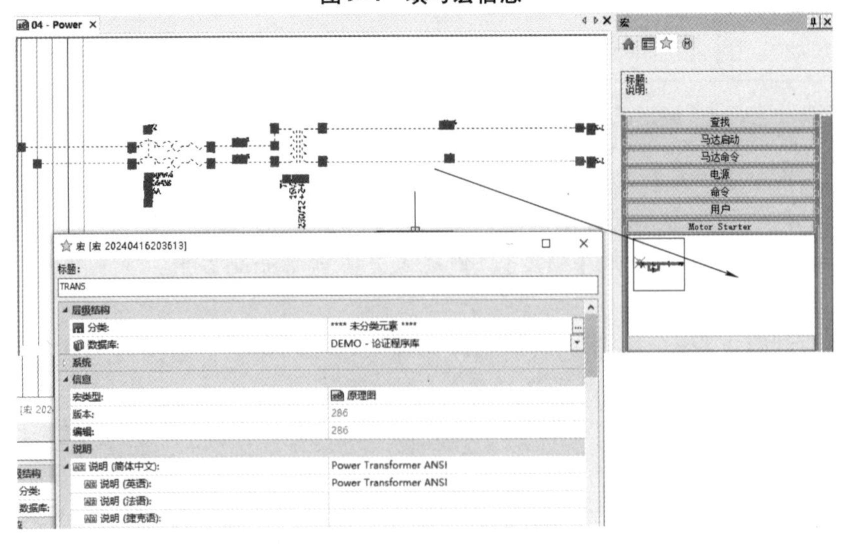

图 9-5　创建变压器回路宏

图 9-6　定义宏属性

步骤7　新建分类　单击【分类管理】中的【新建分类】。填写说明“ANSI Industrial”，单击【确定】，创建新分类。

提示　如果选择已有分类，则新建分类将会作为子分类创建。右击空白区域可以避免创建子分类。

步骤8　更改宏分类　选择【＊＊＊＊未分类元素＊＊＊＊】分类，查看新建的宏。右击“Control Circuit ANSI”宏，选择【属性】。将【分类】设置为“ANSI Industrial”，如图 9-7 所示，单击【确定】。重复操作，添加其他新建宏“Power Transformer ANSI”“Motor Start ANSI”至分类“ANSI Industrial”中，单击【关闭】。

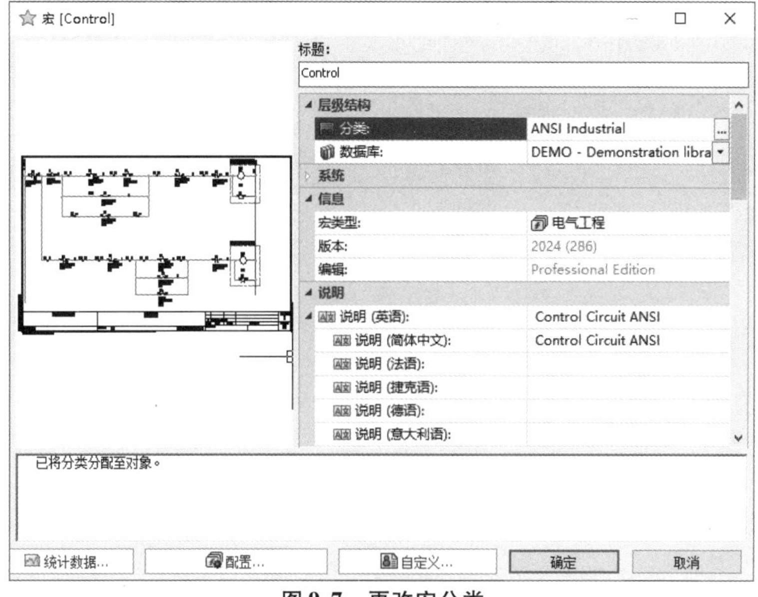

图 9-7　更改宏分类

步骤 9　打开工程　打开工程“Start Lesson 09”，选择页面“04-Power”，单击【打开】。

步骤 10　使用宏　将“Motor Start ANSI”拖放到页面，连接电线，如图 9-8 所示。

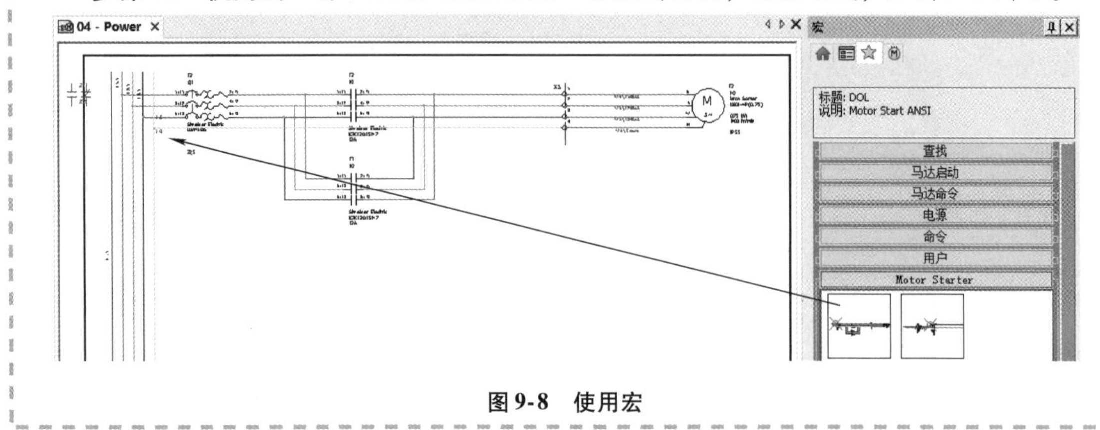

图 9-8　使用宏

9.3.3　特定粘贴

宏在插入到页面中时都会出现【特定粘贴】对话框，可以整合数据到已有的工程数据中，如图 9-9 所示。此处可定义选项和数据类型，每部分都会提供添加数据的管理工具，例如电缆、设备及位置等。主要用到 3 个命令：

1. 关联　该命令可以将粘贴对象关联到工程已有对象。

2. 重命名　显示当前的标注，可以为其更改标注名称。

3. 新建标注　该命令使用目标工程的编号系统为元素生成新标注。一旦改变，【粘贴就绪】会列出所有内容，显示数据的添加或合并，如图 9-10 所示。

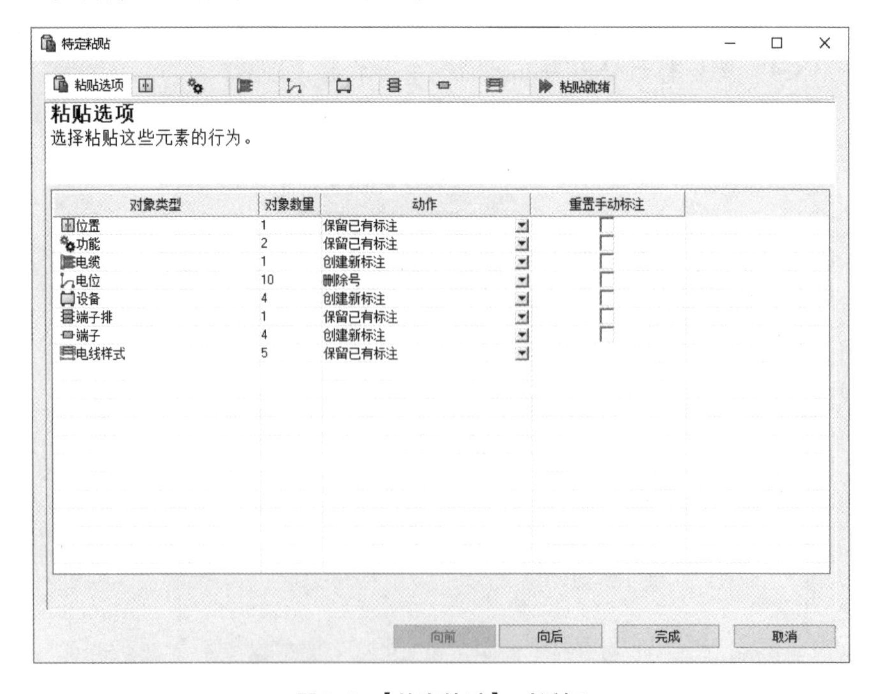

图 9-9　【特定粘贴】对话框

特定粘贴

粘贴选项　粘贴就绪

粘贴就绪

您现在已准备好粘贴；下方是要执行的操作摘要。

对象类型	已添加	已合并
位置	1	0
功能	0	2
电缆	1	0
电位	10	0
设备	0	0
端子排	0	0
端子	0	0
电线样式	0	5

图 9-10　新建标注

步骤 11　设置特定粘贴选项　按图 9-11 所示设置特定粘贴选项。

对象类型	对象数量	动作	重置手动标注
位置	1	保留已有标注	□
功能	2	保留已有标注	□
电缆	1	创建新标注	□
电位	10	删除号	□
设备	4	创建新标注	□
端子排	1	保留已有标注	□
端子	4	创建新标注	□
电线样式	5	保留已有标注	

图 9-11　设置特定粘贴选项

步骤 12　电缆的特定粘贴　在【电缆】中选择 W1，单击【关联】。展开电缆列表，选择 W1，单击【选择】。

步骤 13　端子排的特定粘贴　在【端子排】中展开 L1，选择-X1，单击【关联】。展开“L1-Main electrical closet”位置，选择“=F10-X1”，单击【选择】。

步骤 14　端子的特定粘贴　在【端子】中展开 L1 和端子排-X1，选择端子 1，单击【关联】。展开位置“L1-Main electrical closet”和端子排“=F10-X1”，选择端子 1，单击【选择】，如图 9-12 所示。重复操作，将端子 2、3、4 完成关联，如图 9-13 所示。在【粘贴就绪】上单击【完成】。

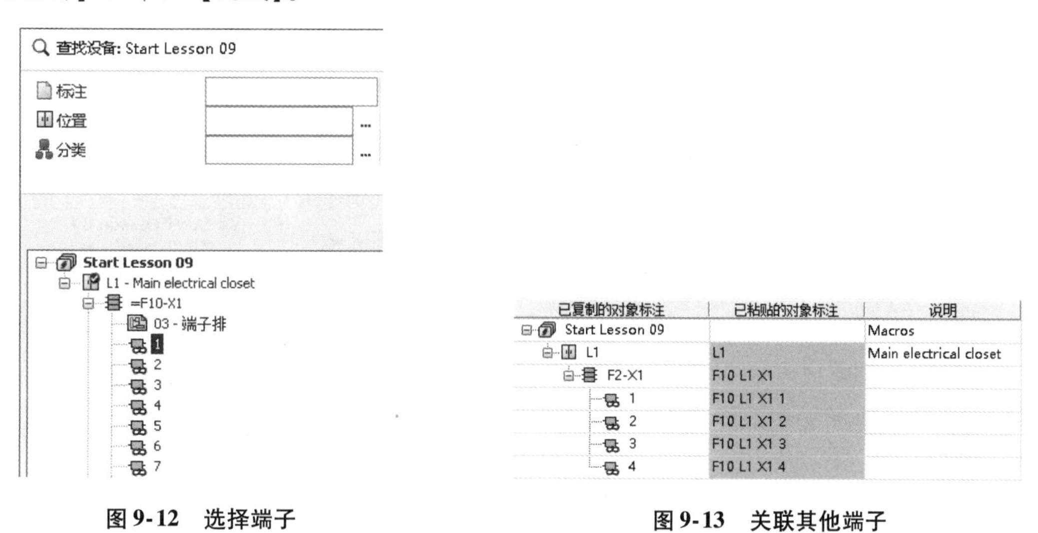

图 9-12　选择端子　　**图 9-13　关联其他端子**

步骤15　插入变压器宏　拖动“Power transformer ANSI”宏放置在页面中，连接电线，如图9-14所示。

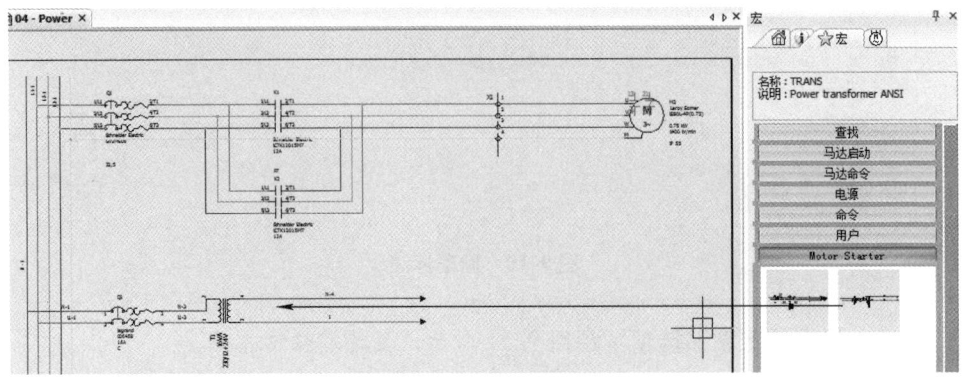

图9-14　插入变压器宏

步骤16　设置特定粘贴　在【粘贴选项】中，【电位】设置为【删除号】，【设备】设置为【创建新标注】，其他选项设置为【保留已有标注】，单击【完成】。

步骤17　删除宏群　在【宏】导航器中右击宏群“Motor Starter”，选择【删除群】✖。单击【是】，执行删除。

步骤18　插入工程宏　右击工程文件集，选择【插入工程宏】☆。选择“ANSI Industrial”分类，选择“Control Circuit ANSI”工程宏，单击【选择】。按图9-15所示设置。单击【完成】，添加页面。

对象类型	对象数量	动作	重置手动标注
图纸	1	创建新标注	
位置	2	保留已有标注	
功能	3	保留已有标注	
电位	12	删除号	
设备	13	创建新标注	
端子排	1	保留已有标注	
端子	12	创建新标注	
电线样式	6	保留已有标注	

图9-15　插入工程宏

步骤19　拖放页面　拖放页面“07-Control”，放在“04-Power”的下方，如图9-16所示。

步骤20　页面重新编号　右击文件集，选择【重新编号文档】。

步骤21　编号公式　设置图9-17所示的编号公式。单击【确定】，重新编号。

⚠ 注意

FILE_ORDERNO是变量区域，公式返回数字增量1、2、3，实现页面编号。该信息默认为文本格式，如果需要从100开始编号，则在公式FILE_ORDERNO中增加“+99”。转变结果为“STRZ((VAL(FILE_ORDERNO)+99),2,0)”，输出数据如图9-18所示。

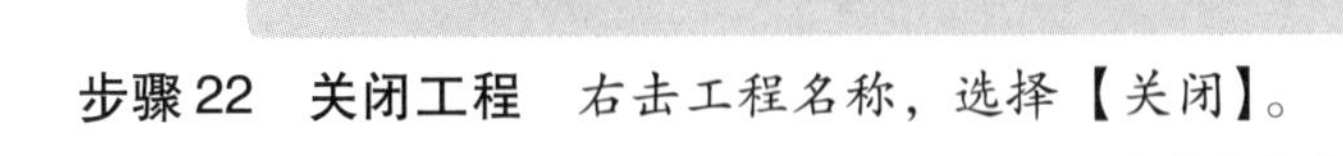

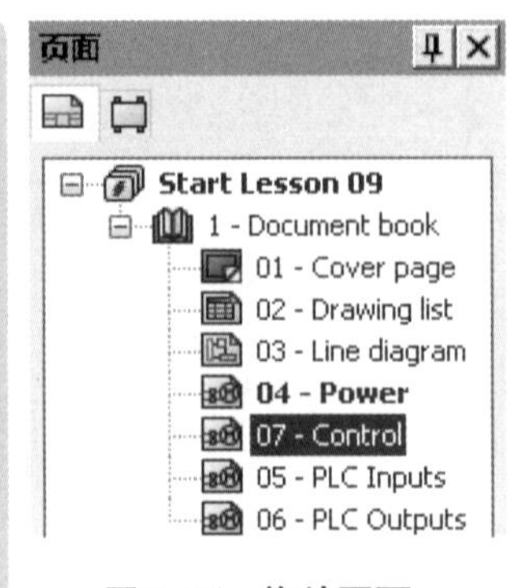

图9-16　拖放页面

步骤22　关闭工程　右击工程名称，选择【关闭】。

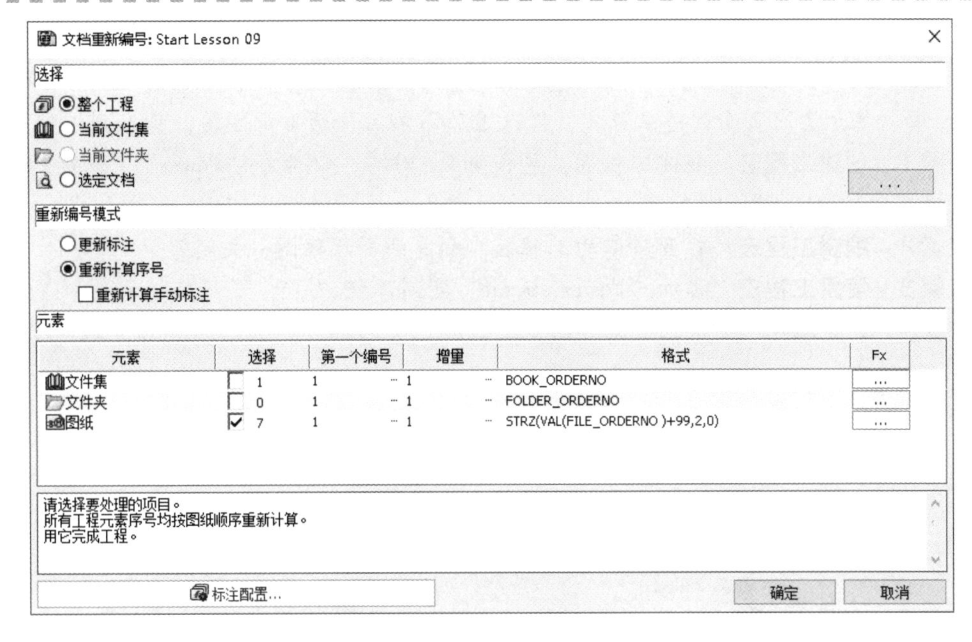

图 9-17　编号公式

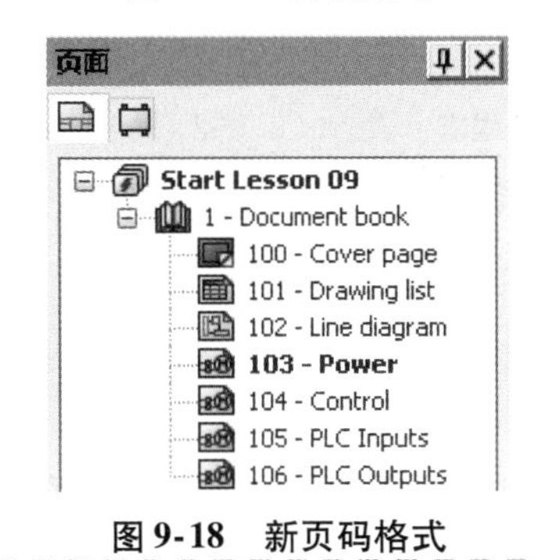

图 9-18　新页码格式

练习　宏

使用提供的信息创建和添加工程宏，如图 9-19 所示。

本练习将使用以下技术：

- 创建并添加工程宏。
- 宏管理器。
- 特定粘贴。
- 插入工程宏。

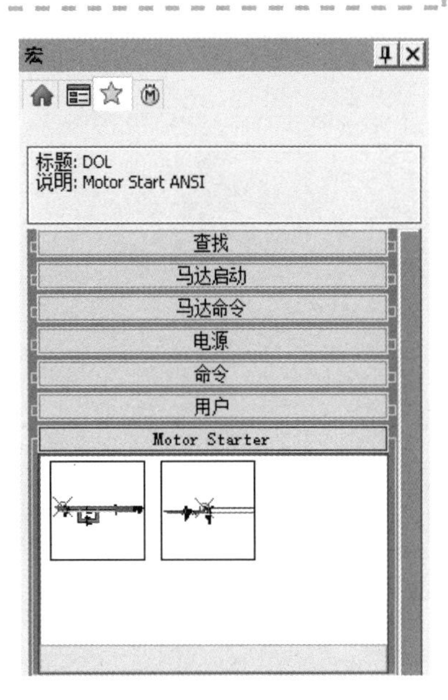

图 9-19　宏

操作步骤

开始本练习前，解压缩并打开“Start_Exercise_09. proj”，文件位于文件夹“Lesson09 \ Exercises”中。基于已有页面创建工程宏，修改宏，添加另外两页原理图，插入到工程中。

步骤 1　创建工程宏　创建工程宏，包含页面“04”，命名为“Power”，如图 9-20 所示。数据库为“SOLIDWORKS Electrical Training Library”，说明为“Power circuit”。

步骤 2　编辑工程宏　打开新建的工程宏，创建两页原理图，关闭宏。

步骤 3　使用工程宏　添加“Power circuit”宏到工程。

步骤 4　特定粘贴　关联宏位置和功能到工程已有的位置和功能，如图 9-21 所示。

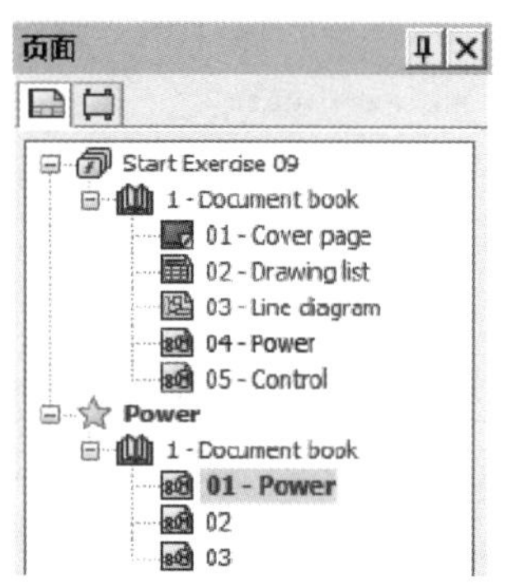

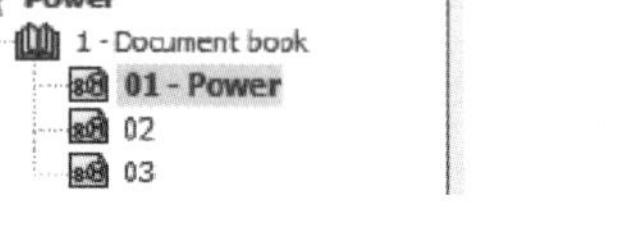

图 9-20　创建工程宏

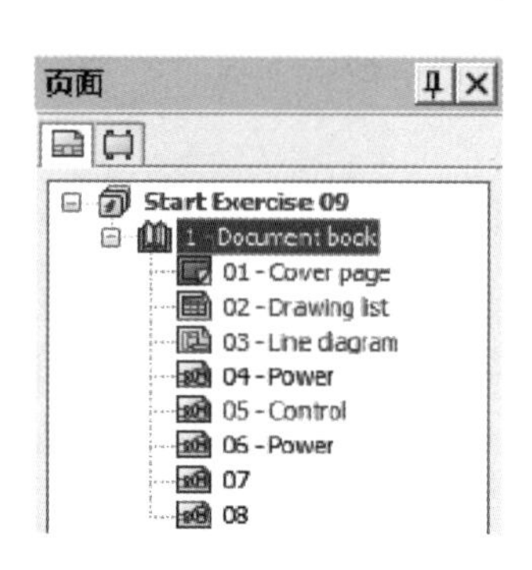

图 9-21　特定粘贴

步骤 5　关闭工程　右击工程名称，选择【关闭】。

第10章 交叉引用

学习目标

- 关联符号到设备
- 关联符号之间的导航
- 修改交叉引用类型
- 修改交叉引用配置
- 解决交叉引用错误

扫码看视频

10.1 交叉引用概述

交叉引用用于表明符号和图纸之间的关联。交叉引用仅发生在多个符号关联相同设备的情况下。

交叉引用内容的设定通过【电气工程】/【配置】/【标注】/【交叉引用】编辑器完成，每个工程具有独立的交叉引用配置。

交叉引用的显示方式可以通过【电气工程】/【配置】/【交叉引用】进行配置，包括文本、颜色及所用符号。

10.1.1 交叉引用列表

交叉引用列表显示在父级符号上，以表或行的方式显示。一般应用在线圈上显示与多个页面中触点之间的关系。列表是根据父关系插入的，包含的颜色代码图形代表不同的子符号。列表也显示了备用数据、不正确的设备型号、交叉引用错误及无效连接等信息。

10.1.2 交叉引用状态颜色

每个回路的颜色代表关联的设备型号，默认的颜色也可以通过【电气工程】/【配置】/【交叉引用】更改，或通过在任意交叉引用信息上右击后选择【编辑交叉引用样式】。

10.1.3 交叉引用文本代码

触点上的文本，例如 1/L1 和 2/T1，源于设备型号的端子编号，如图 10-1 所示。根据设备型号，代码可能包含斜杠、破折号或者数字。常开、常闭及反向，这些都可以通过交叉引用方式在工程级定义。

1/L1 2/T1 102-4-7
3/L2 4/T2 102-4-7
5/L3 6/T3 102-4-7
13 14 103-4-1
53 54 103-8-1
61 62

图 10-1 交叉引用文本代码

10.1.4 交叉引用类型

交叉引用类型可以通过多种方式定义。默认的表达方式可以在工程的交叉引用配置的【样式】选项卡中定义，如图 10-2 所示。这些设置将被属性设置为【使用默认配置】的库符号采用，如图 10-3 所示。

基本信息 | 样式 | 父表格 | 父行 | 符号

基本信息	
回路已用且有关联的设备型号。:	92
回路已用，但无关联的设备型号。:	10
回路可用且有关联的设备型号。:	150
回路可用，但无关联的设备型号。:	40
回路类型可见:	所有回路
默认图示:	父行图示
总使用默认图示:	
交叉引用间文本:	/

图 10-2 【样式】选项卡

一旦插入到图纸中，就可以通过符号属性调整交叉引用类型，如图 10-4 所示。

图 10-3 使用默认配置

图 10-4 符号交叉引用属性

交叉引用图例说明见表 10-1。

表 10-1 交叉引用图例说明

图　示	说　明
—	不含：不显示任何交叉引用
1/L1 2/T1 102-4-7　5/L3 6/T3 102-4-7 3/L2 4/T2 102-4-7　13 14 103-4-1	父表格：交叉引用显示成矩形模式
1/L1 2/T1 102-4-7 3/L2 4/T2 102-4-7 5/L3 6/T3 102-4-7 13 14 103-4-1 103-8-1	父行：交叉引用显示成线性模式
—	子：用于子符号
—	同层：符号在相同的分类时使用
1/L1 2/T1 102-4-7 3/L2 4/T2 102-4-7 5/L3 6/T3 102-4-7 13 14 103-4-1 103-8-1	使用默认配置：使用工程配置中定义的配置

10.1.5 同层交叉引用

同层交叉引用可以用于不同的设计场景。当方框图符号关联到原理图符号时，同层交叉引用将会显示对应页面的位置，如图 10-5 所示。

机械联锁按钮可以使用这样的交叉引用，如图 10-6 所示。

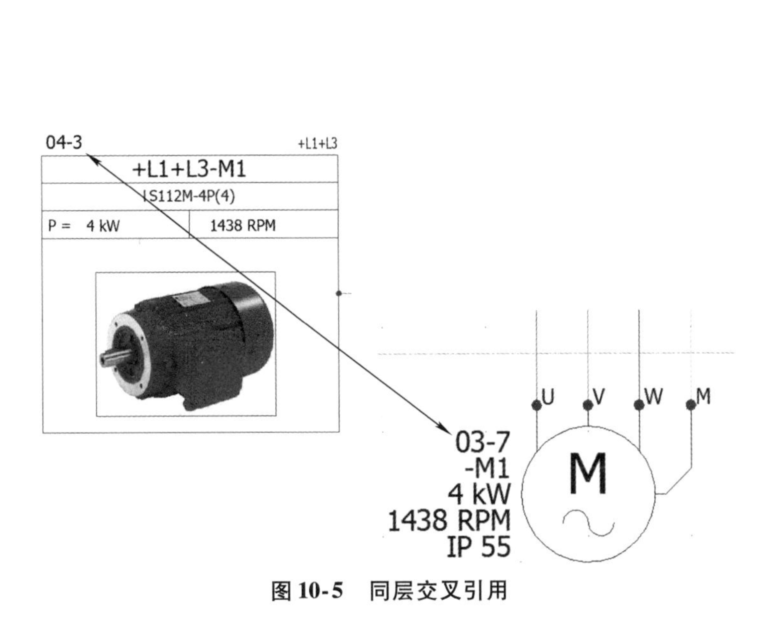

图 10-5　同层交叉引用

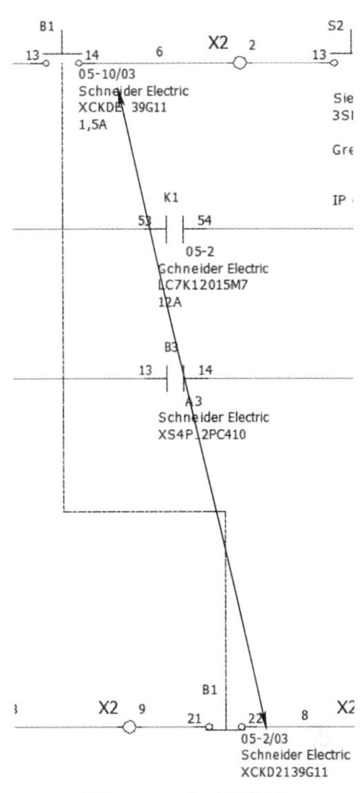

图 10-6　机械联锁

10.1.6　交叉引用位置列表

交叉引用位置列表中右边的红色数字表示图纸上的网格位置。例如，103-8-1 代表相关符号在页面 103 的第 8 列第 1 行，如图 10-7 所示。

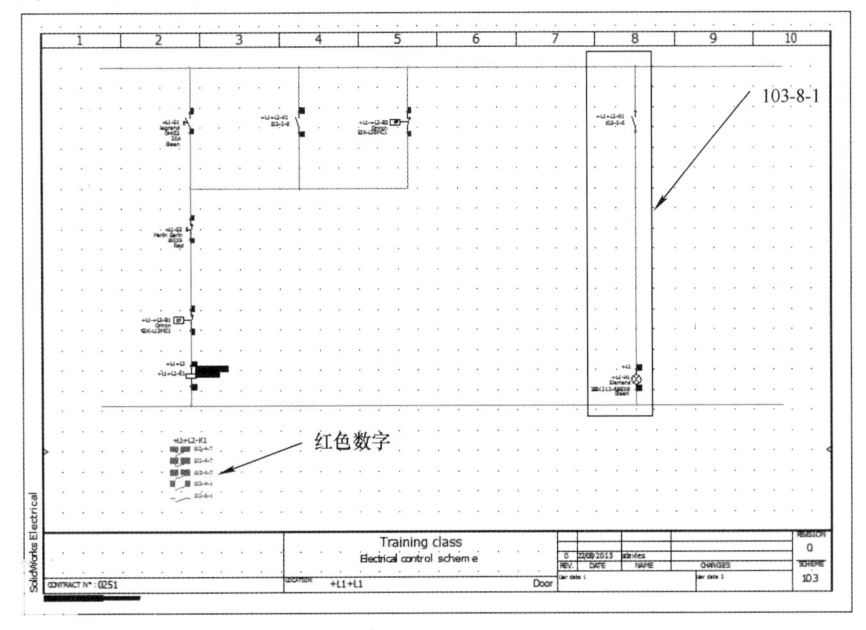

图 10-7　交叉引用位置列表

10.2　设计流程

主要操作步骤如下：

1. **交叉引用符号** 在不同页面类型中，对相同设备关联不同的符号。
2. **转至** 使用交叉引用直接跳转到关联符号所在的页面。
3. **更改交叉引用类型** 针对不同方案设定不同的符号，提高信息显示的页面效果。
4. **交叉引用配置** 修改工程交叉引用配置文件。
5. **交叉引用错误** 找到并解决各种交叉引用错误，正确关联符号，确认设备型号的分配。

操作步骤

开始本课程前，解压缩并打开“Start_Lesson_10. proj”，文件位于文件夹“Lesson10 \ Case Study”内。对设备关联不同的符号，在不同页面之间传递数据，识别并解决错误。

步骤 1 打开页面 打开页面“03- Line diagram”和页面“05- Control”。单击【垂直平铺】显示页面，如图 10-8 所示。

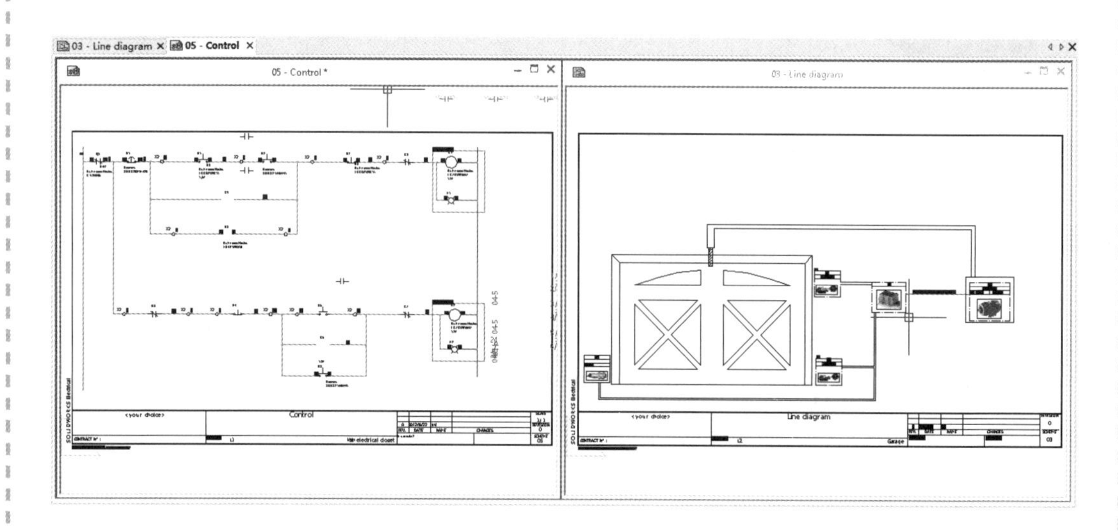

图 10-8 打开页面

步骤 2 关联符号 单击页面“03- Line diagram”图形区域激活页面。右击传感器 B7，选择【符号属性】。在设备列表中单击【相同基础分类】，选择“= F1- B3”，单击【确定】，如图 10-9 所示。

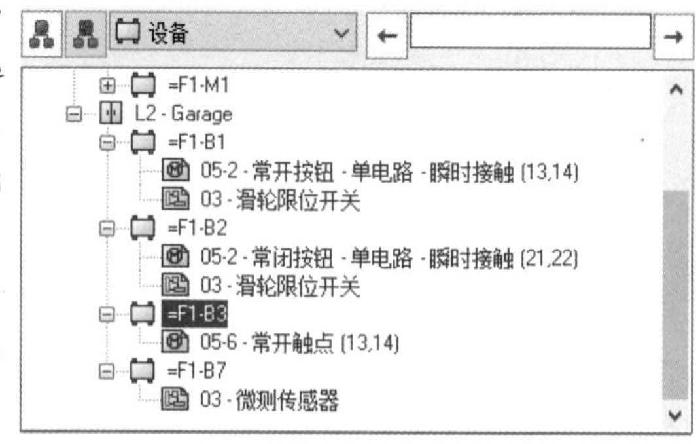

图 10-9 关联符号

步骤 3 转至关联符号 右击传感器 B3，选择【转至】/【05-6- 常开触点（13，14）】。将页面“05- Control”缩放并右击常闭触点，选择【符号属性】。单击【相同分类】，减少所列出的设备，选择“= F1- B3”，单击【确定】。

使用同样的方法将 NC 触点 B8 关联至“= F1 – B3”。

注意

这三个符号都设置了同层交叉引用，每个符号都可以转至关联符号，如图 10-10 所示。

源设备 B3 分配的设备型号关联到该设备的其他符号时，也会自动获取设备型号数据。

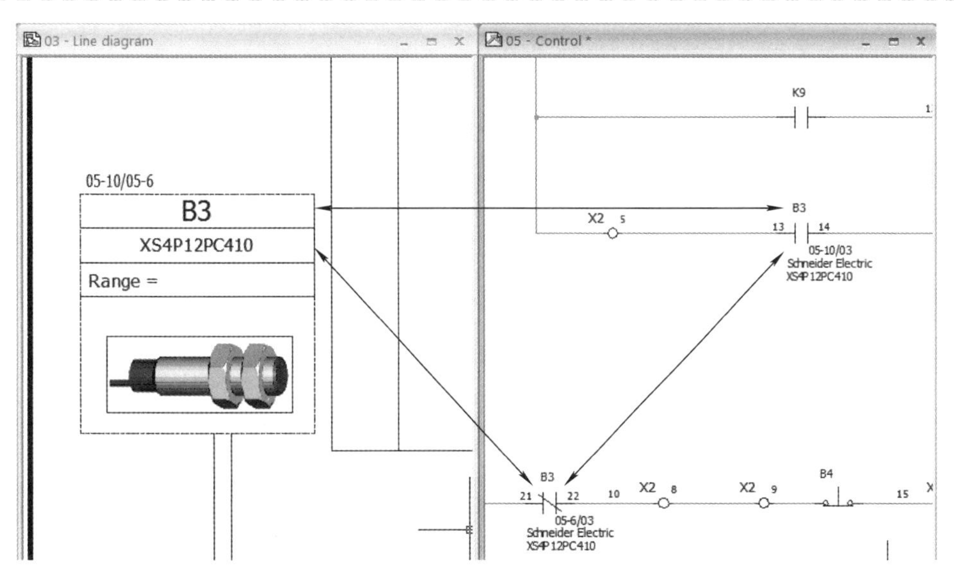

图 10-10　转至关联符号

步骤 4　交叉引用配置　打开页面“07-PLC Inputs”和“08-PLC Outputs”。右击页面“07-PLC Inputs”中的 PLC N1，选择【符号属性】，按图 10-11 所示更改符号属性。单击【确定】。

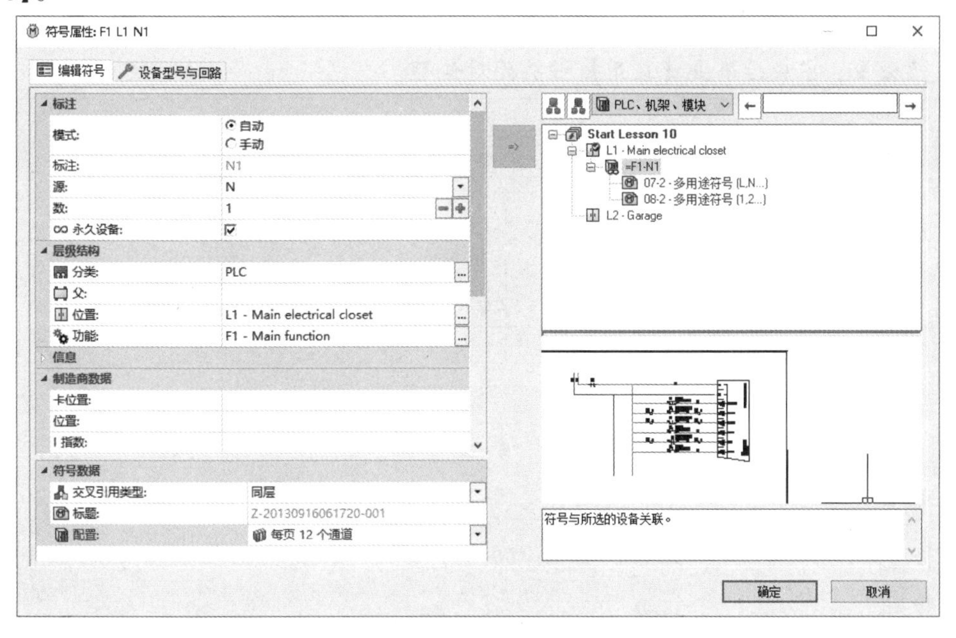

图 10-11　更改符号属性

步骤 5　更新符号　右击页面“07-PLC Inputs”中的 PLC N1，选择【转至】/【08-2-多用途符号（1，2…）】，自动切换至页面“08-PLC Outputs”的对应位置。右击页面“07-PLC Inputs”中的 PLC N1，选择【符号】/【更新】，结果如图 10-12 所示。

步骤 6　交叉引用配置　切换至页面“08-PLC Outputs”，通过缩放查看继电器线圈位置，如图 10-13 所示，此处的继电器线圈交叉引用配置需要修改。

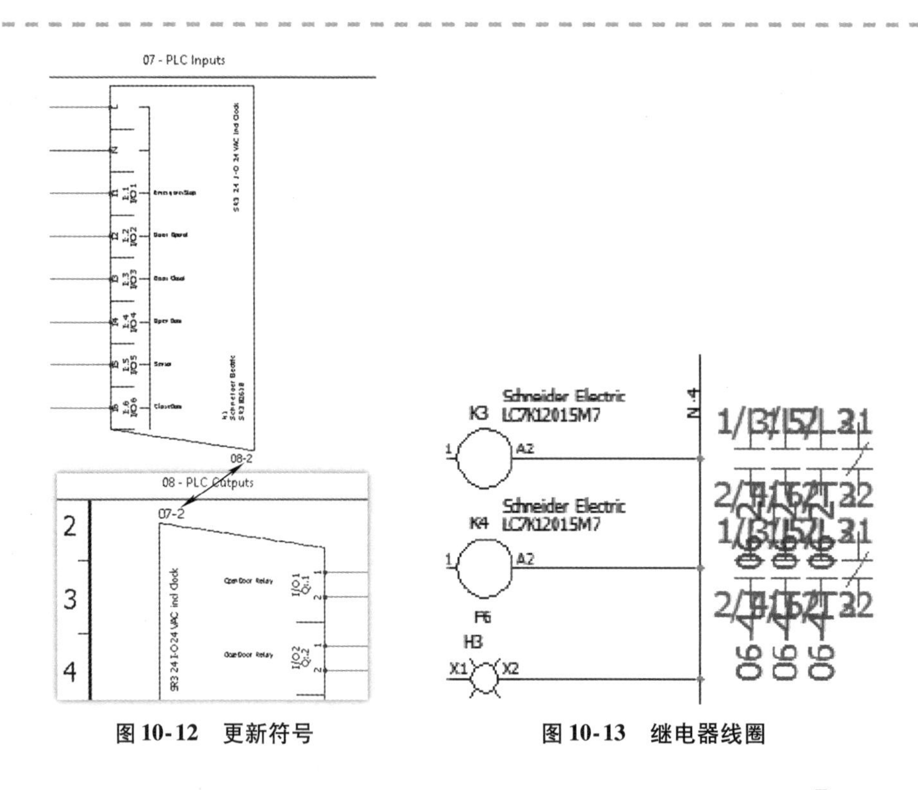

图 10-12　更新符号　　　　图 10-13　继电器线圈

右击图10-13所示的交叉引用配置符号，选择【编辑交叉引用样式】，按图10-14所示更改设置，完成后单击【应用】并关闭对话框。

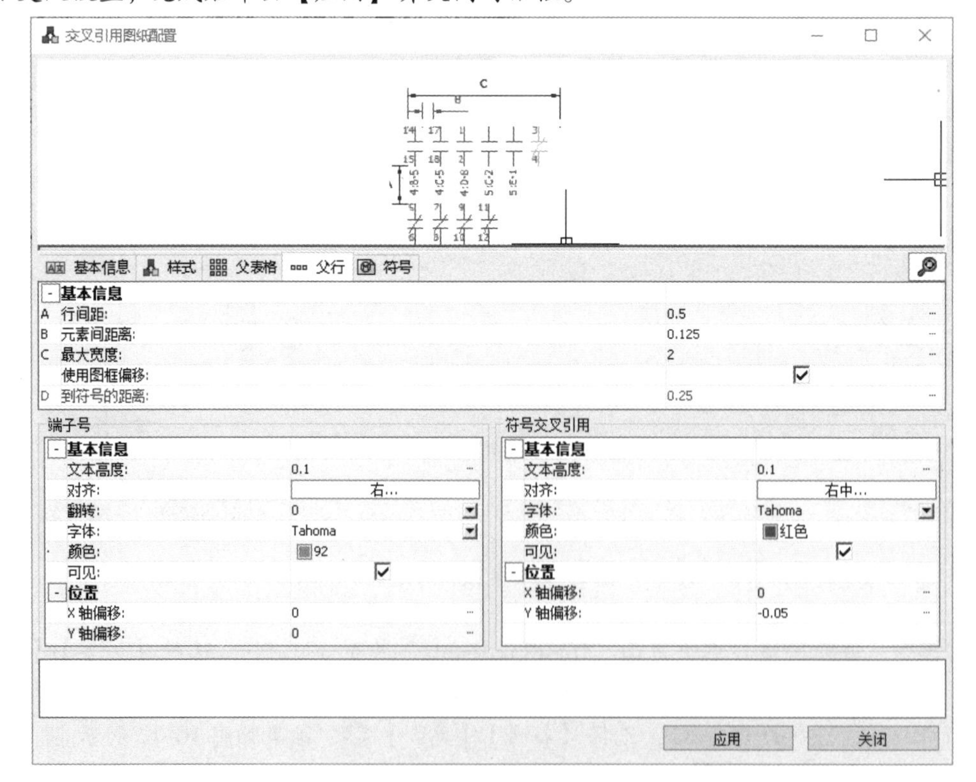

图 10-14　编辑交叉引用样式

拖动放置交叉引用配置标注，如图10-15所示。

步骤7 识别默认配置 打开页面“05-Control”，缩放到线圈K1，如图10-16所示。

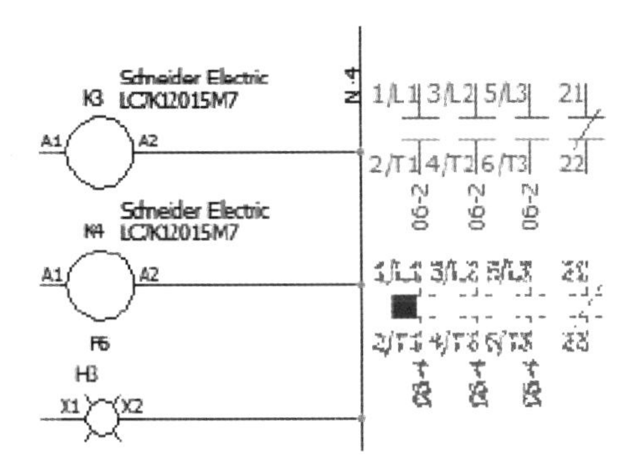

图10-15 拖动放置交叉引用配置标注

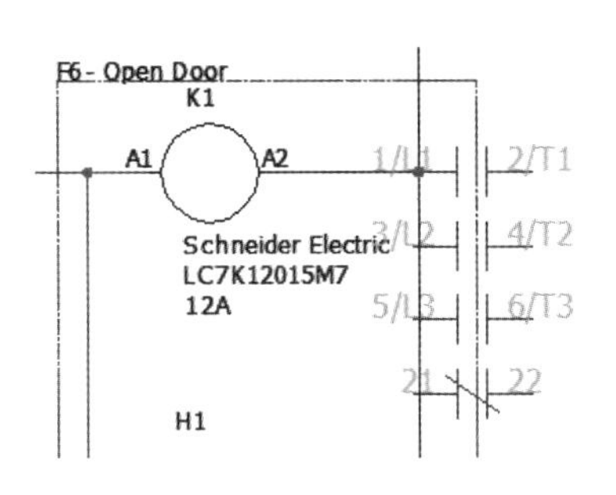

图10-16 线圈K1

右击K1，选择【符号属性】。

> **注意** 符号数据使用的是工程默认配置。当前显示的交叉引用信息使用父表格，需要改成父行。

单击【取消】。单击【电气工程】/【配置】/【交叉引用】。

步骤8 配置管理器 选择配置文件“XRefConfig”，如图10-17所示，单击【属性】。

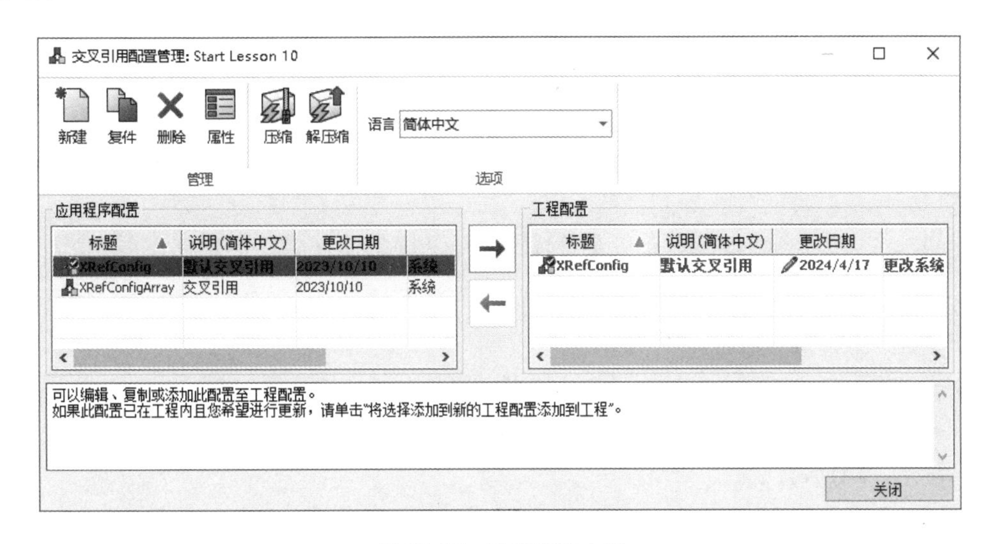

图10-17 选择配置文件

> **提示** 粗体显示的配置文件表示在工程中使用，棕色文字表示该文件为应用级文件，绿色文字表示该文件为工程级文件。

步骤9 更改配置类型 在【样式】中将【默认图示】改为【父行图示】，如图10-18所示。

单击【应用】和【关闭】，返回页面并查看改变，如图10-19所示。

步骤10　分配触点到父设备　右击触点K6和K8，选择【分配设备】，如图10-20所示。

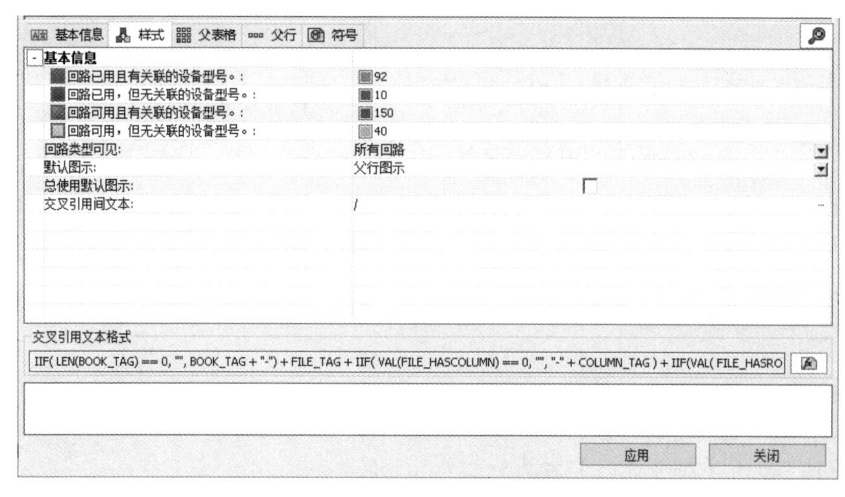

图10-18　父行图示配置方式

在【设备】中单击【相同分类】，在查找区域中，设置类型为“2”，单击【向后】→，找到“=F1-K2”，单击【确定】，如图10-21所示。单击【取消】，结束命令。

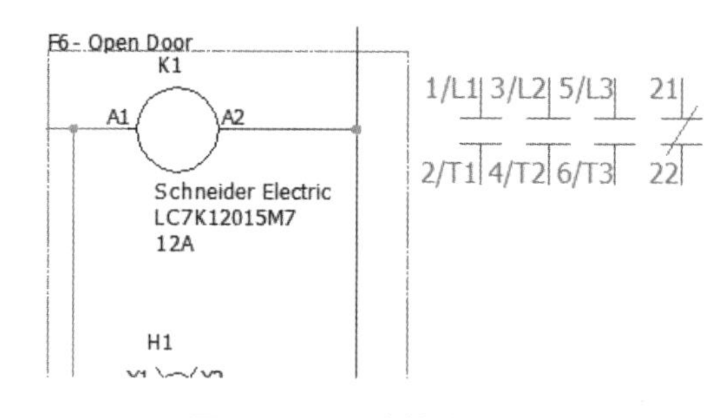

图10-19　正确的交叉引用

步骤11　解决交叉引用错误　右击线圈K2，选择【设备属性】。查看【设备型号与回路】，如图10-22所示。

> **注意**　红色回路表示该设备并没有足够的回路关联到设备的符号。

步骤12　添加辅助触点　单击【搜索】，使用以下信息选择设备型号。

- 分类：接触器，继电器。
- 制造商数据：Schneider Electric。
- 类型：辅助。
- 部件：LADN。

选择设备型号“LADN11TQ”，单击【添加】，单击【选择】，返回设备。

> **注意**　新添加的设备分配到线圈上，带有两个触点，解决了之前的错误，另一个常闭触点作为备用。

步骤13　编辑端子数量　右击常闭触点“21，22”，单击【编辑端子】。更改【标注】的值为“11”和“12”，如图10-23所示。单击【确定】。重复操作，修改常开触点，如图10-24所示。单击【确定】，返回页面，查看改变，如图10-25所示。

步骤14　关闭工程　右击工程名称，单击【关闭】。

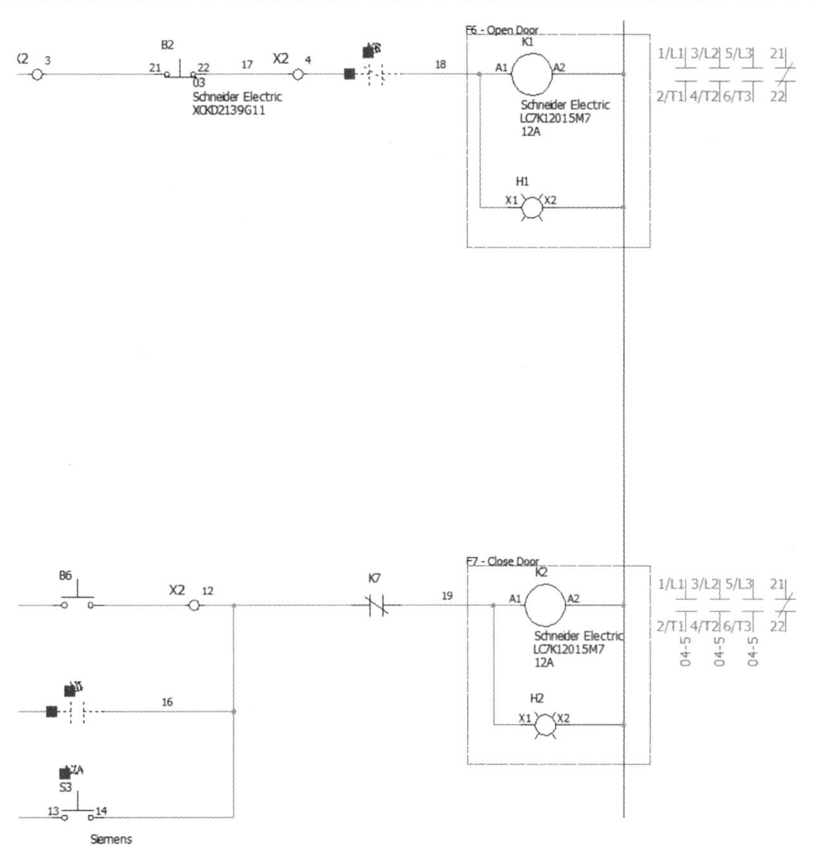

图 10-20　分配触点到父设备

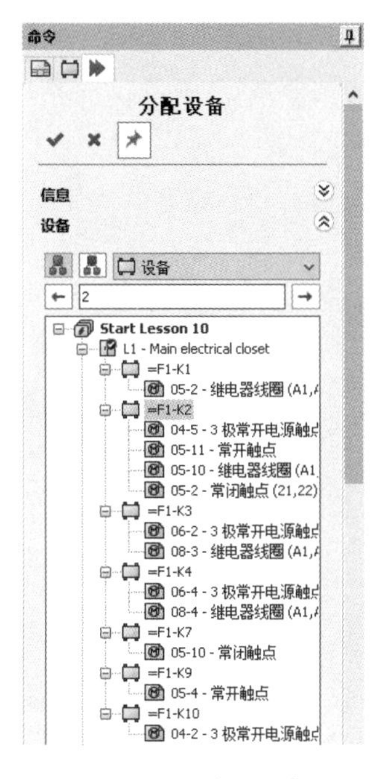

图 10-21　分配设备

红色

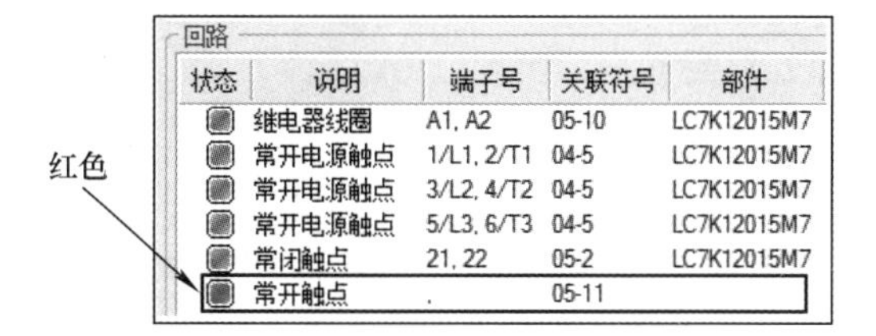
回路

状态	说明	端子号	关联符号	部件
	继电器线圈	A1, A2	05-10	LC7K12015M7
	常开电源触点	1/L1, 2/T1	04-5	LC7K12015M7
	常开电源触点	3/L2, 4/T2	04-5	LC7K12015M7
	常开电源触点	5/L3, 6/T3	04-5	LC7K12015M7
	常闭触点	21, 22	05-2	LC7K12015M7
	常开触点	.	05-11	

图 10-22　查看【设备型号与回路】

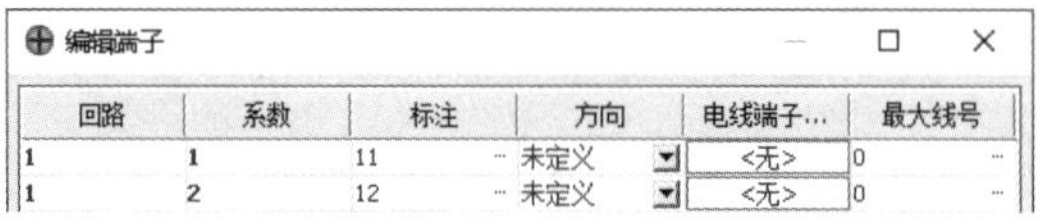

编辑端子
回路 系数 标注 方向 电线端子… 最大线号
1 1 11 未定义 <无> 0
1 2 12 未定义 <无> 0

图 10-23　编辑端子数量

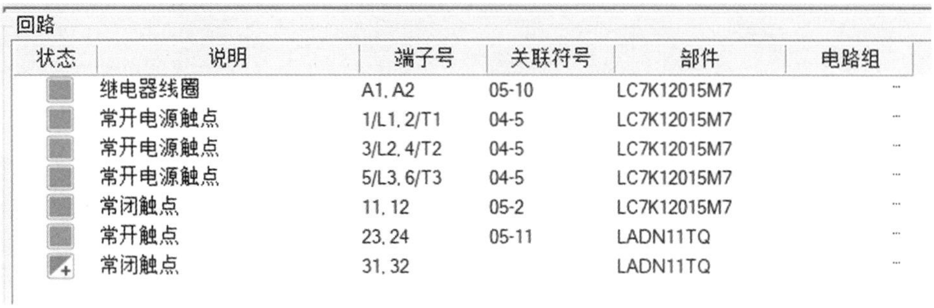

回路
状态 说明 端子号 关联符号 部件 电路组
继电器线圈 A1, A2 05-10 LC7K12015M7
常开电源触点 1/L1, 2/T1 04-5 LC7K12015M7
常开电源触点 3/L2, 4/T2 04-5 LC7K12015M7
常开电源触点 5/L3, 6/T3 04-5 LC7K12015M7
常闭触点 11, 12 05-2 LC7K12015M7
常开触点 23, 24 05-11 LADN11TQ
常闭触点 31, 32 LADN11TQ

图 10-24　修改常开触点

Close Door
K2
A1
A2
Schneider Electric
LC7K12015M7
12A
H2
1/L1 3/L2 5/L3 11 23 31
2/T1 4/T2 6/T3 12 24 32
04-5 04-5 04-5 05-2 05-11

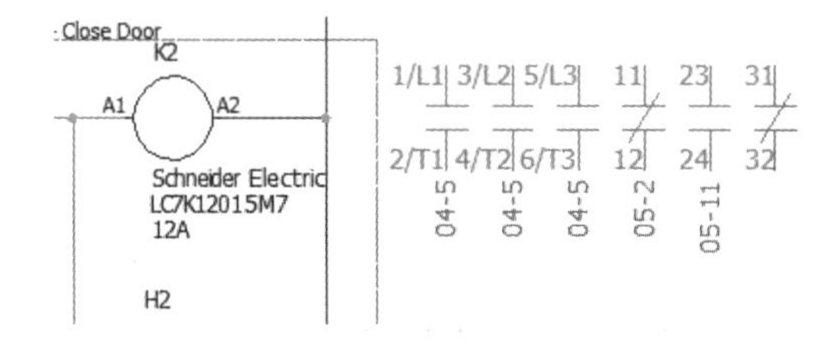

图 10-25　查看交叉引用结果

练习　交叉引用

在图纸之间创建符号的交叉引用，修改交叉引用公式，更改符号类型。

本练习将使用以下技术：

- 交叉引用。
- 关联符号。
- 交叉引用类型。
- 编辑工程配置。

操作步骤

开始本练习前，解压缩并打开“Start_Exercise_10. proj”，文件位于文件夹“Lesson10 \ Exercises”内。在符号之间创建交叉引用，修改交叉引用公式。

步骤 1　关联　在连接器 J11 的方框图和原理图符号之间创建交叉引用，如图 10-26 所示。

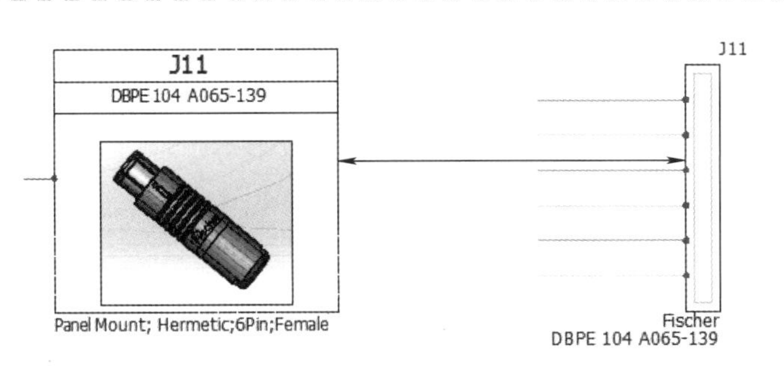

图 10-26 关联方框图和原理图

步骤2 交叉引用类型 设置原理图符号 J11 的交叉引用类型为同层。

步骤3 关联符号 关联原理图连接器 TE 到 DB9，方框图符号为 J2，如图 10-27 所示。

步骤4 修改设备交叉引用公式 修改设备交叉引用公式，使用页面加斜线和行标注，如图 10-28 所示。

步骤5 关闭工程 右击工程名称，单击【关闭】。

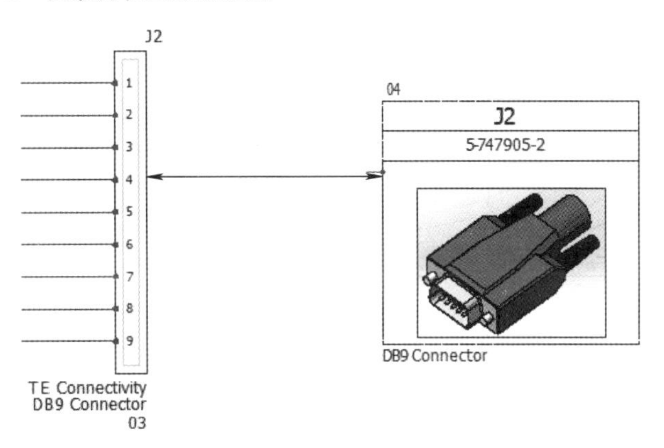

图 10-27 关联符号

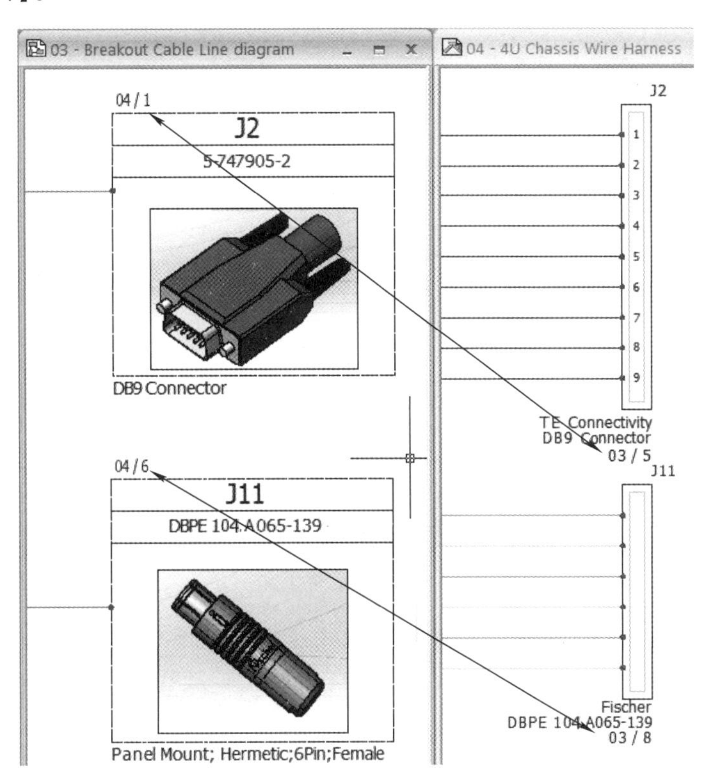

图 10-28 修改设备交叉引用公式

第 11 章　起点终点箭头

学习目标

- 替换电线
- 编辑电线标注
- 为电线添加起点终点箭头

扫码看视频

11.1　起点终点箭头概述

起点终点箭头可以将不同图纸中相同的电线相连接。起点终点箭头就如同带有定义目标图纸和位置文本的超链接。

箭头不会出现在 BOM、设备列表中，因为符号使用特有的“源-目标”符号类型，在程序中会自动忽略。箭头在电线清单中也不会出现，因为它们使用的是【Hyper Hyper 通过】回路类型。

注意　只有相同类型的电线才能连接。

11.2　设计流程

主要操作步骤如下：

1. 替换电线　替换连接线比删除重画简单得多。

2. 添加起点终点箭头　添加起点终点箭头，将不同图纸中的对应电线相连接。

操作步骤

开始本课程前，解压缩并打开“Start_Lesson_11. proj”，文件位于文件夹“Lesson11\Case Study”内。在图纸之间替换电线并添加起点终点箭头。

步骤 1　替换电线　打开页面“103-Electrical control scheme”。右击继电器和灯下方的电线，选择【电线样式】/【替换】。设置【替换范围】为【延伸到等电位处】，单击【确定】。找到线型，如图 11-1 所示，单击【选择】。

注意　替换后电线的颜色将改变，并传递到远离选择点的位置，如图 11-2 所示。

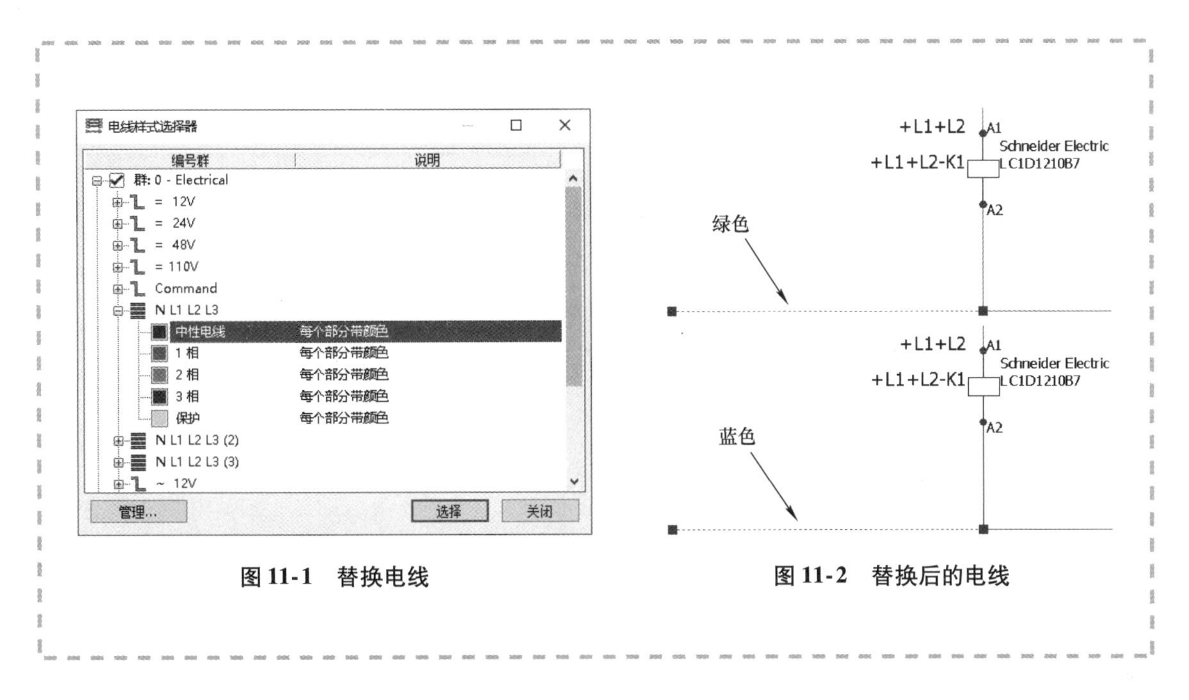

图 11-1　替换电线

图 11-2　替换后的电线

11.3　使用起点终点箭头

使用【起点终点箭头】添加智能交叉引用信息，如图 11-3 所示。双击箭头将会切换到连接箭头的另一侧并缩放到箭头处，如图 11-4 所示。

05-1

图 11-3　电线终点

由于箭头表示电线或电位的连接，所以在不同页面中的分隔应该具有相同的标注，否则电线或电位将会出现冲突。电线或电位的标注可通过连接自动传输到另一侧。

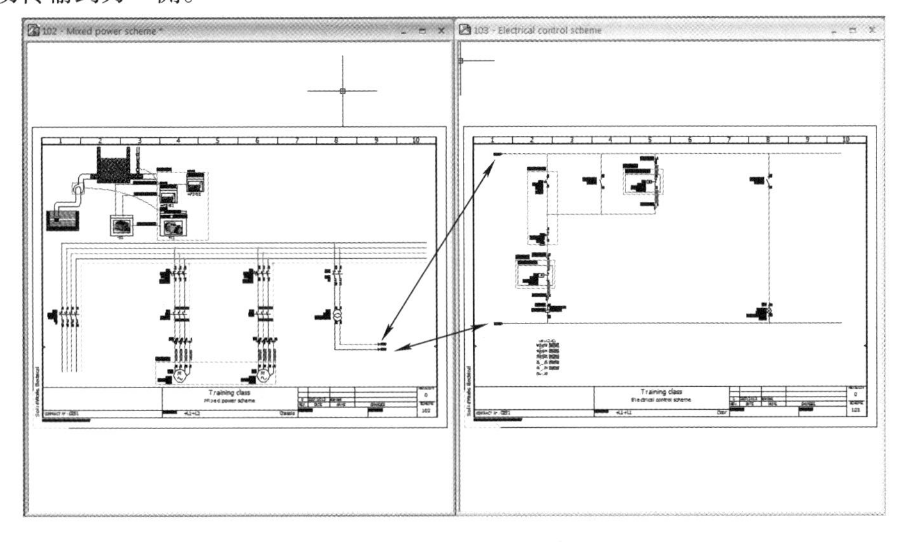

图 11-4　起点终点箭头

使用【自动插入】命令，相同的电线或电位标注可以自动连接。起点终点箭头的表达方式也可以调整，可通过起点终点箭头管理器更改箭头符号，如图 11-5 所示。

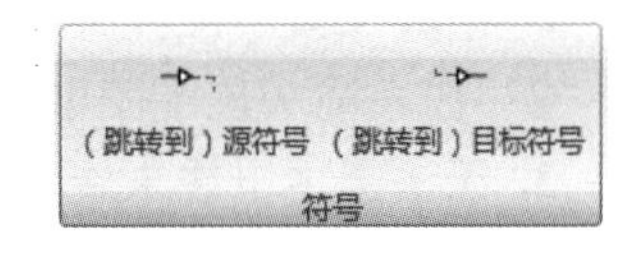

图 11-5　更改箭头符号

知识卡片 **起点终点箭头** • 命令管理器：【电气工程】/【起点终点箭头】。

步骤2　添加箭头　单击【电气工程】/【起点终点箭头】，缩放到将要连接的电线处。单击【插入单个】，在每个页面上选择电线的终点，如图11-6所示。

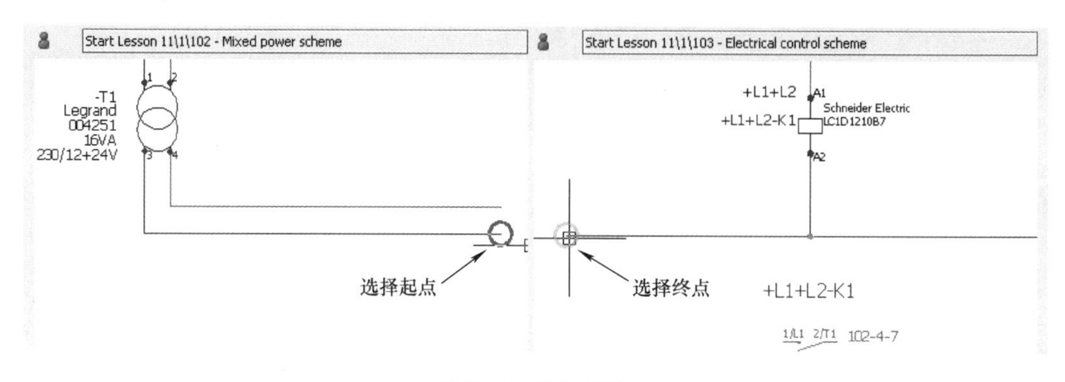

图11-6　添加箭头

⚠ 注意　单击电线的末端，其颜色从绿色变为红色，表明它已经被选中。

【起点终点箭头】命令会产生带有注释文本的箭头。注释文本中包含了连接页面以及箭头位置。

1. 连接页面　注释文本的前半部分是页面的编号。本例中，页面“102”的注释文本为“103-1”，说明与之连接的回路来自页面“103”；页面“103”的注释文本为“102-9”，说明与之连接的回路来自页面“102”，如图11-7所示。

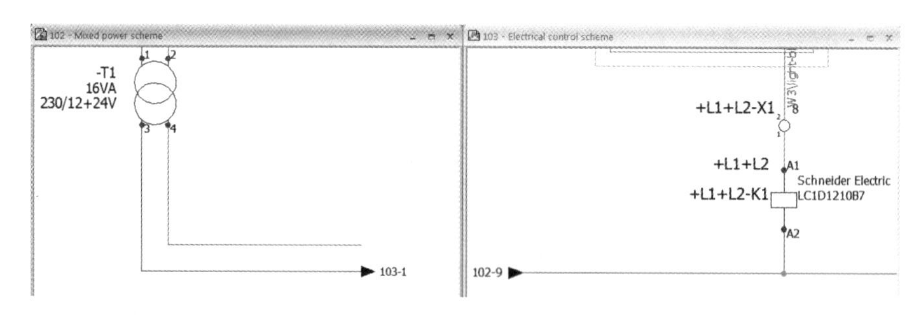

图11-7　注释文本

注意　多个起点终点箭头同样可以应用于相同的电线末端。

2. 箭头位置　注释文本的后半部分代表的是箭头在页面中的位置。例如，注释“102-9”中的“9”代表箭头位于图框的第9列，如图11-8所示。

3. 无法选中电线末端　如果不能选中电线末端，说明所选电线不匹配。只有电线具有相同线型才能连接。这样可避免工程中的设计失误。

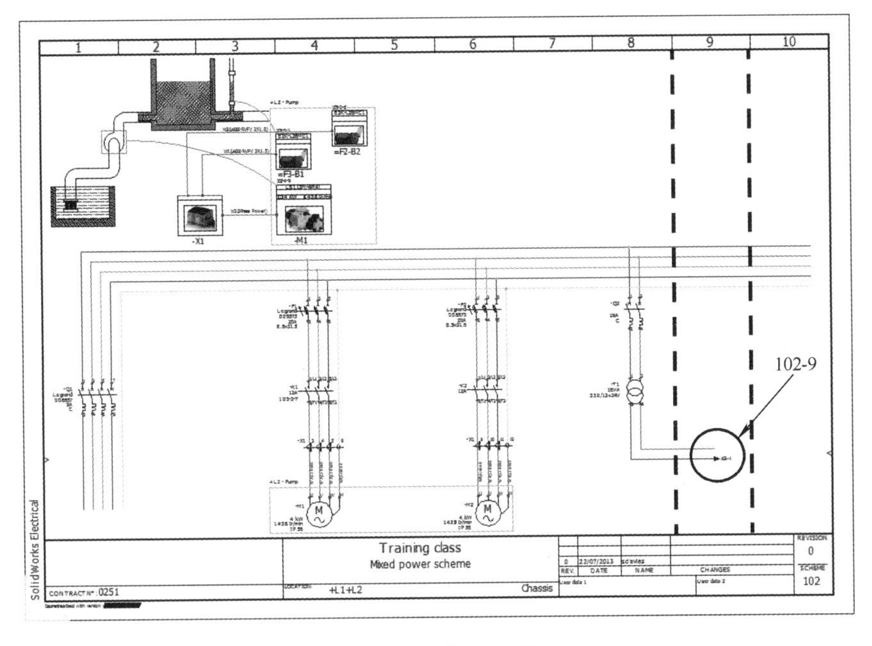

图 11-8　箭头位置

步骤 3　选中电线　缩放到图 11-9 所示区域。单击【插入单个】，选中电线。发现仅能选中起点，单击【关闭】。

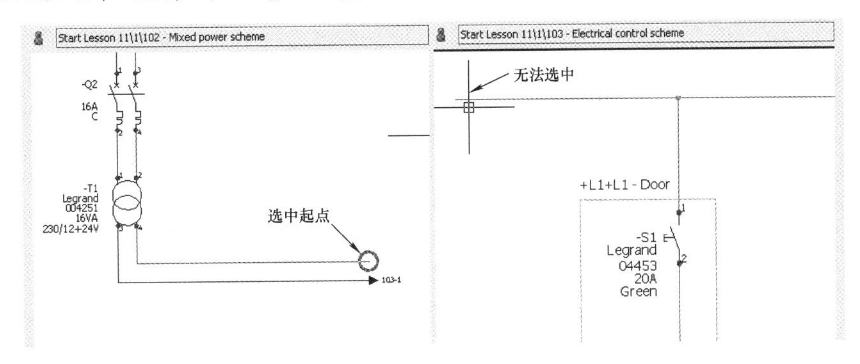

图 11-9　选中电线

步骤 4　编辑电线样式属性　右击图 11-10 所示电线，单击【电线样式】/【属性】。该电线说明为“24V AC”。单击【确定】。

步骤 5　替换电线　打开页面“102”，在【窗口】工具栏中单击【垂直平铺】。右击连接-T1 和端子 4 的电线，单击【电线样式】/【替换】。设置【替换范围】为【延伸到等电位处】，单击【确定】。找到线型“24V AC”，单击【选择】，替换电线，如图 11-11 所示。

步骤 6　创建箭头　单击【起点终点箭头】/【插入单个】，选中电线末端，如图 11-12所示，单击【关闭】。

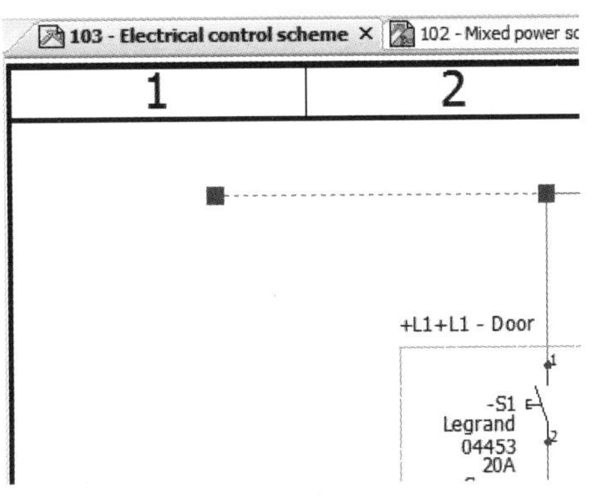

图 11-10　编辑电线样式属性

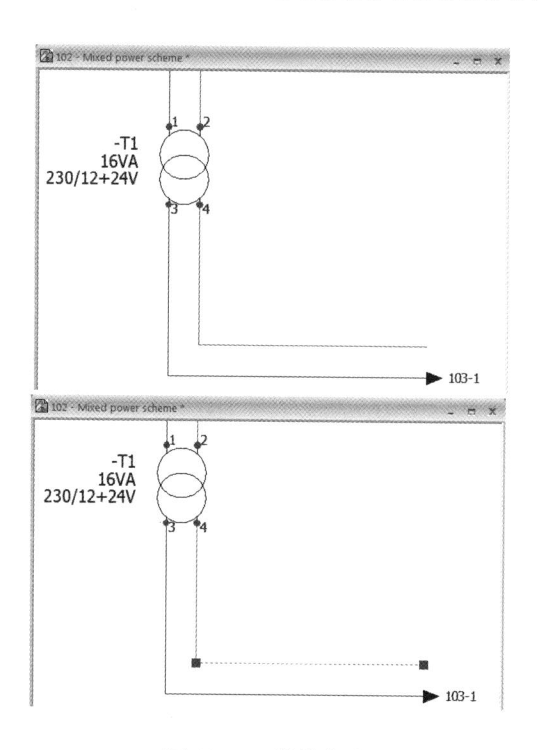

图 11-11　替换电线

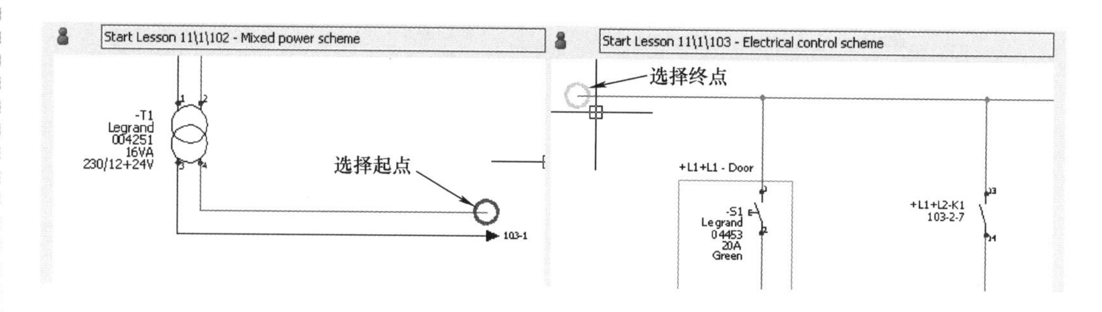

图 11-12　创建箭头

步骤 7　编辑电线标注　将页面“102”缩放到变压器-T1。右击中性电线并选择【编辑电线标注】。设置电位标注，输入“N-2”，单击【确定】。

步骤 8　显示/隐藏电线标注　右击中性电线并选择【显示/隐藏电线标注】，显示电线标注。

思考　为什么使用【显示/隐藏电线标注】选项？

步骤 9　编辑电线标注　打开页面“105”，缩放到继电器+L1+L2-K2。右击中性电线并选择【编辑电线标注】。设置电位标注，输入“N-2”，单击【确定】。单击【是】，返回页面。

步骤 10　自动插入箭头　单击【起点终点箭头】/【自动插入】。按图 11-13 所示设置。单击【确定】，在中性电线末端自动插入箭头。

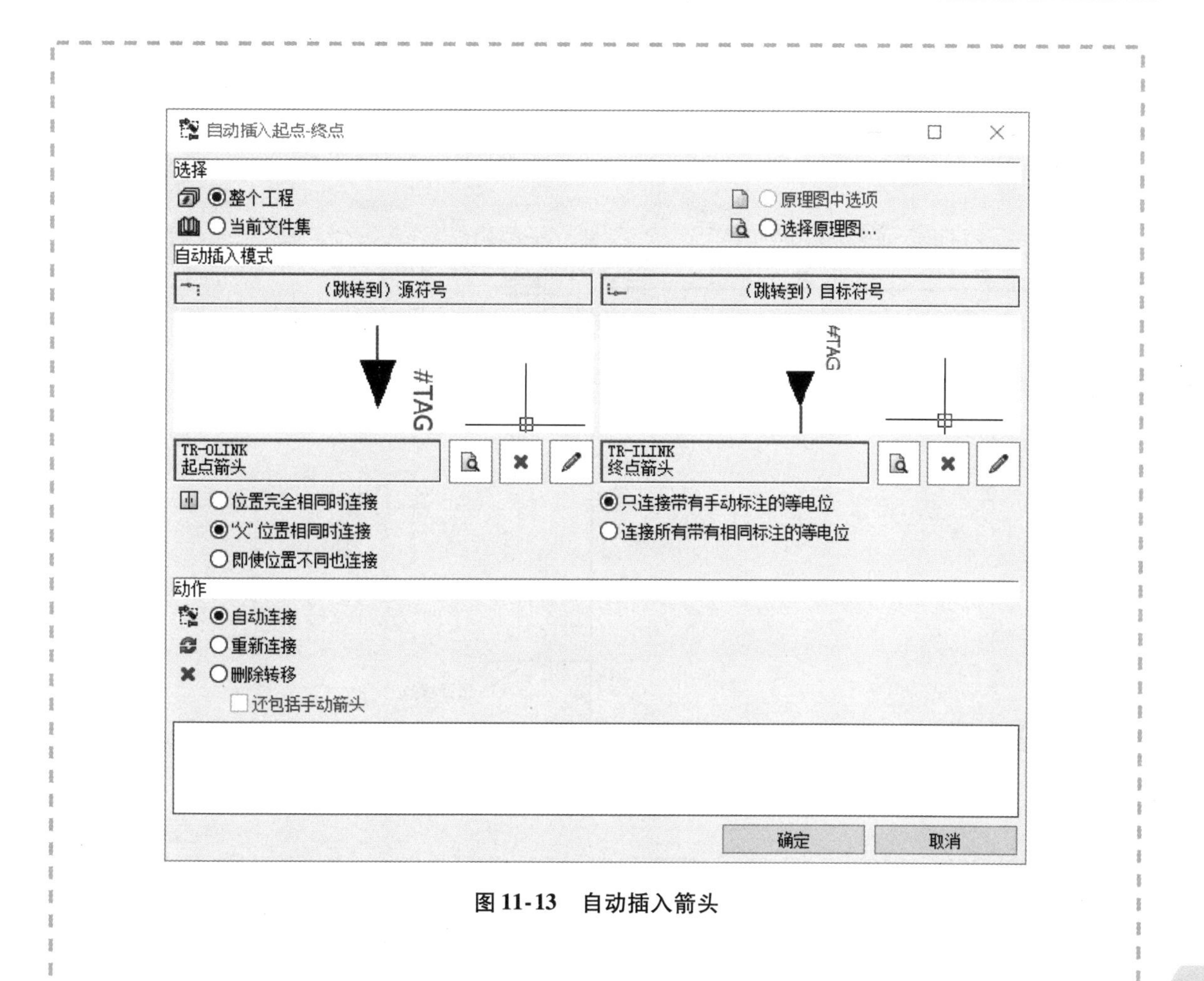

图 11-13　自动插入箭头

4. 操作起点终点箭头管理图纸　向前和向后选项可以让起点终点箭头的添加变得容易。

（1）切换 2 个图纸　使用【前一页图纸】和【后一页图纸】选项，可以切换图纸到前一页或者后一页。

（2）更换图纸　【向前】和【向后】选项可以用于【更换图纸 1】或【更换图纸 2】，切换每个页面向前或向后。【选择器】选项可以直接选择页面名称。

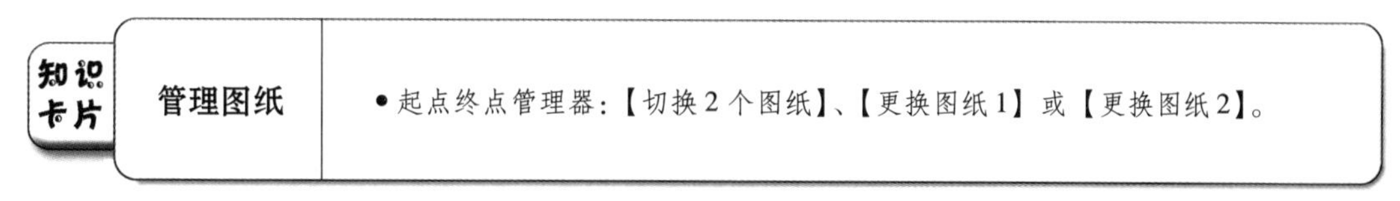

知识卡片 管理图纸	• 起点终点管理器：【切换 2 个图纸】、【更换图纸 1】或【更换图纸 2】。

步骤 11　添加箭头　单击【起点终点箭头】，调整到页面“103”和页面“104”。单击【插入单个】，选择箭头起点与终点，如图 11-14 所示。

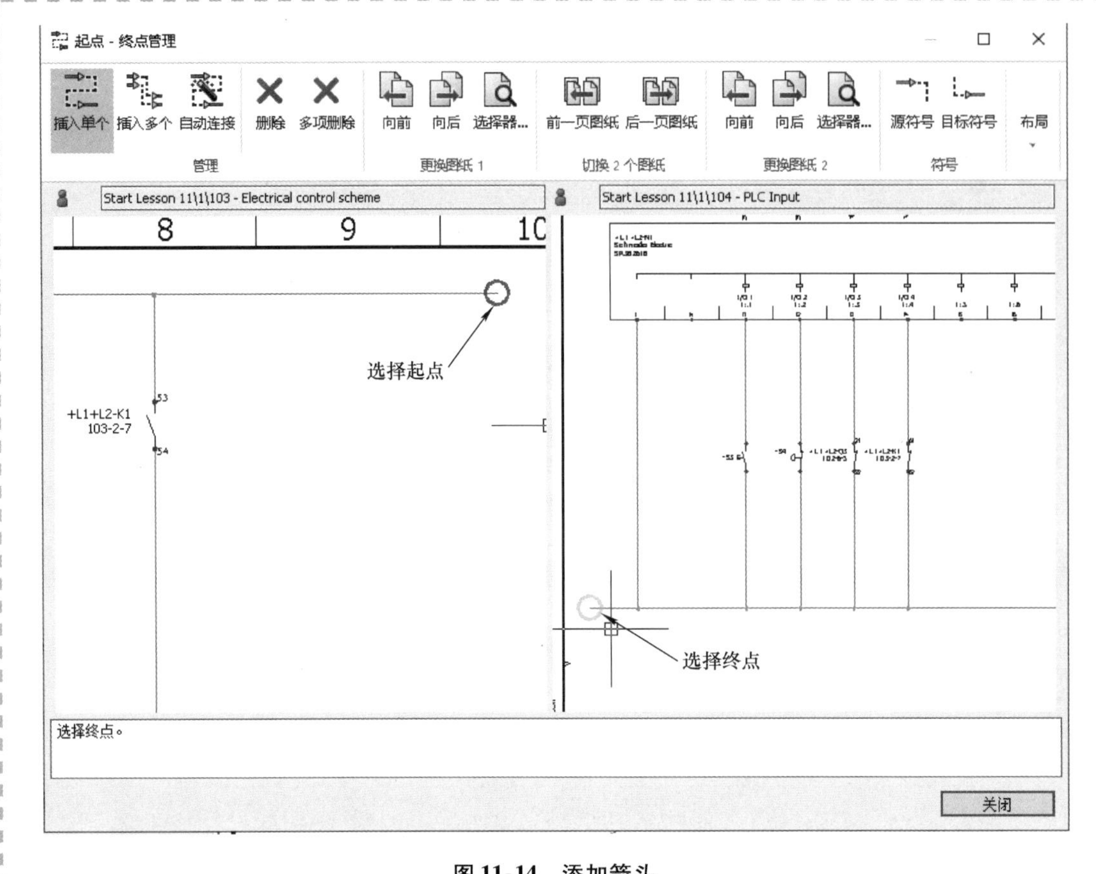

图 11-14　添加箭头

5. 插入单个源　通过将箭头与可定义的组进行匹配，可以插入箭头并相互关联。以这种方式连接的等电位和导线将具有相同的值或产生短路。【命令】侧面板提供工具以选择首选的起点和终点符号。单击导线或等电位，根据活动命令图标添加符号、原点或终点。

放置箭头时会提示创建新组或选择现有组，如图 11-15 所示。如果两个或多个箭头属于同一组，则它们将相互引用。

图 11-15　创建箭头提示

知识卡片	操作方法	• 命令管理器：【原理图】/【起点终点箭头】/【插入单个源】。

步骤 12　排列图纸　关闭页面“102”与“103”，然后打开页面“104”，在【窗口】工具栏中单击【垂直平铺】，并列显示页面“104”与“105”。

步骤 13　选择起点箭头　单击【原理图】/【起点终点箭头】/【插入单个源】，在

【命令】侧面板上单击【其他符号】，在源符号选项中选择“TR-OLINK”符号，然后单击【选择】。

步骤 14　放置起点箭头　在页面“104”的控制线右端单击插入起点箭头，如图 11-16所示。

步骤 15　创建新组　在弹出的对话框中选择【创建新组】。如图 11-17 所示，输入名称“CNTRL”，单击【确定】。

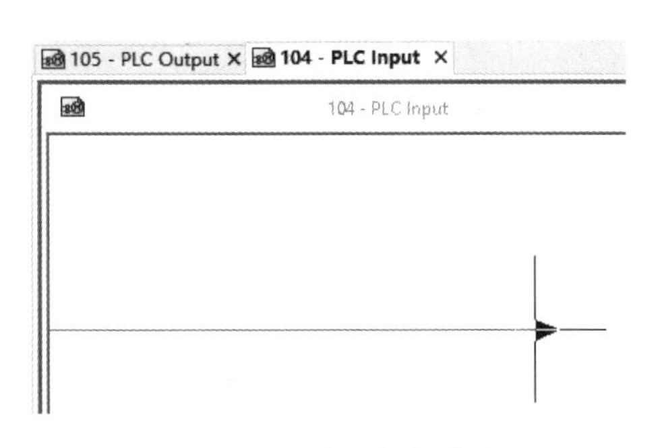

图 11-16　放置起点箭头

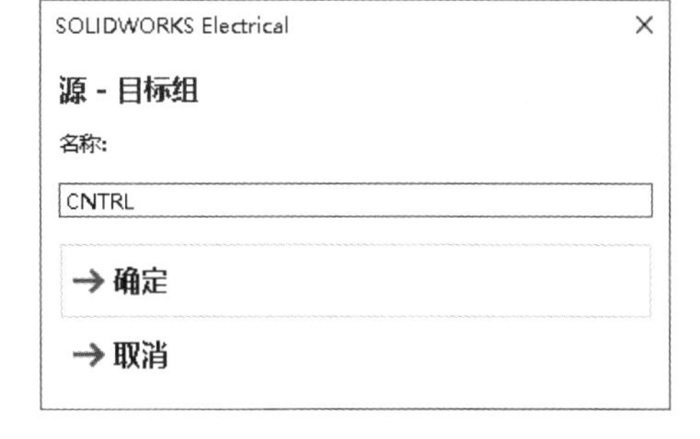

图 11-17　创建新组

步骤 16　选择终点箭头　单击激活页面“105”，单击【原理图】/【起点终点箭头】/【插入单个源】，在【命令】侧面板上选择【目标符号】，再单击【其他符号】，如图 11-18 所示。在源符号选项中选择“TR-ILINK”符号，然后单击【选择】。

步骤 17　放置终点箭头　在页面“105”的控制线左端单击插入终点箭头，如图 11-19所示。

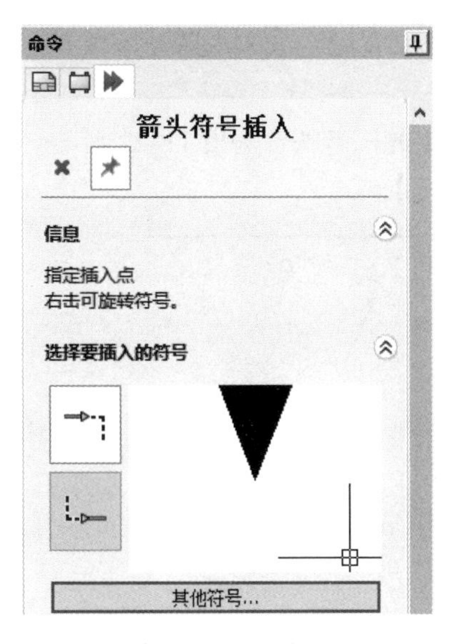

图 11-18　选择目标符号

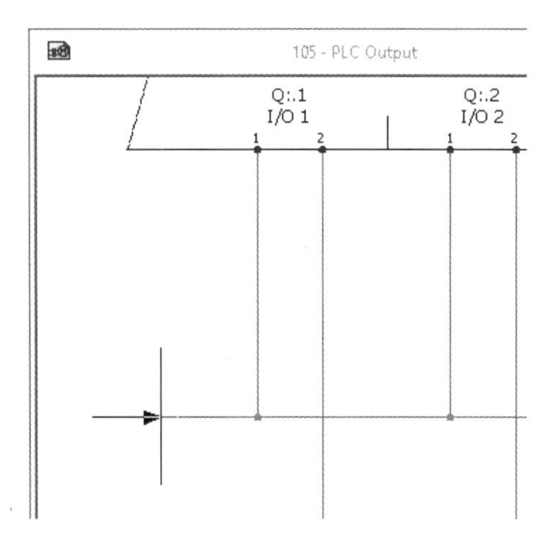

图 11-19　放置终点箭头

步骤 18　选择现有组　在弹出的对话框中选择【选择现有组】，如图 11-20 所示，选择已有的组。

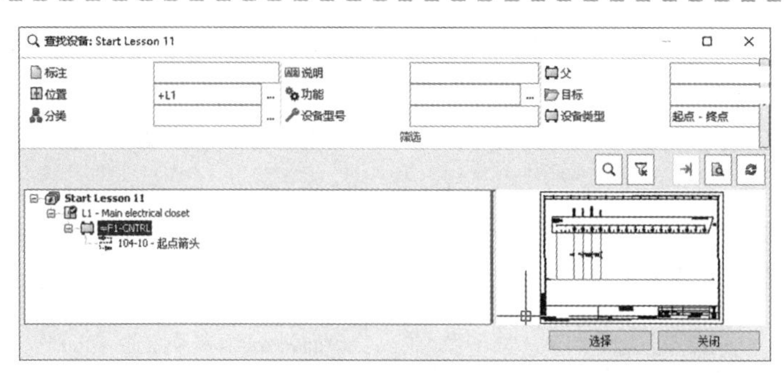

图 11-20　选择现有组

单击【选择】返回页面，两个箭头位置实现了相互关联。

步骤 19　关闭工程　右击工程名称，选择【关闭】。

练习　起点终点箭头

使用提供的信息添加起点终点箭头，如图 11-21 所示。

本练习将使用以下技术：

- 起点终点箭头。
- 添加箭头。

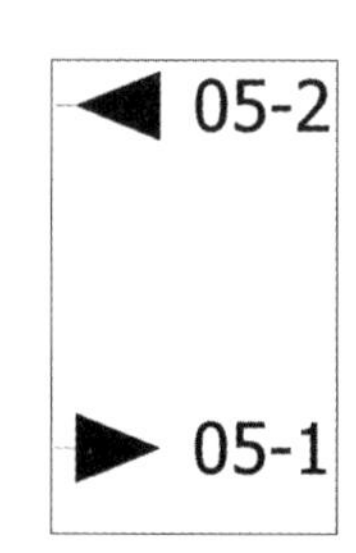

图 11-21　添加起点终点箭头

操作步骤

开始本练习前，解压缩并打开“Start_Exercise_11. proj”，文件位于文件夹“Lesson11\Exercises”内。创建起点终点箭头。

步骤 1　添加箭头　在电源和控制图中添加起点终点箭头，如图 11-22 所示。

步骤 2　关闭工程　右击工程名称，单击【关闭】。

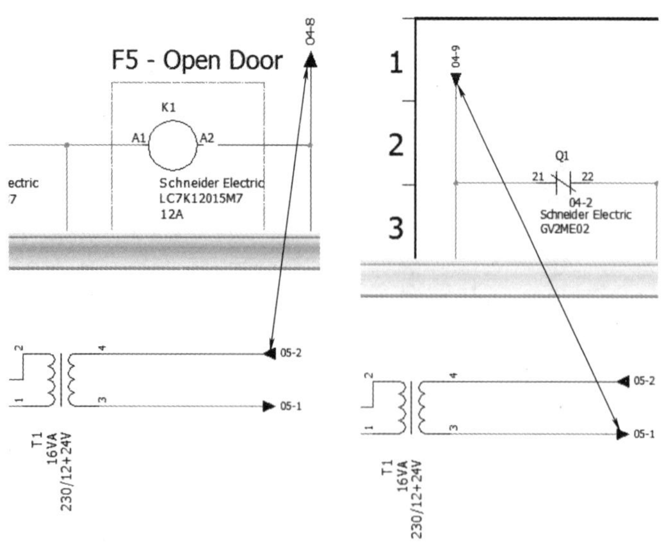

图 11-22　添加箭头

第12章　动　态　PLC

学习目标

- 创建 PLC 设备
- 在页面中添加 PLC 符号
- 创建和修改 PLC 配置
- 添加新原理图
- 编辑已有 PLC

扫码看视频

12.1　PLC 概述

PLC（可编程控制器）是一种能够持续监控输入设备运行状态的工业计算机控制系统。通过编程，自动控制电气控制回路中输出设备的状态，确保系统正常运行。

PLC 包含多个输入及输出口，使用专用的程序执行特定任务，如图 12-1 所示。

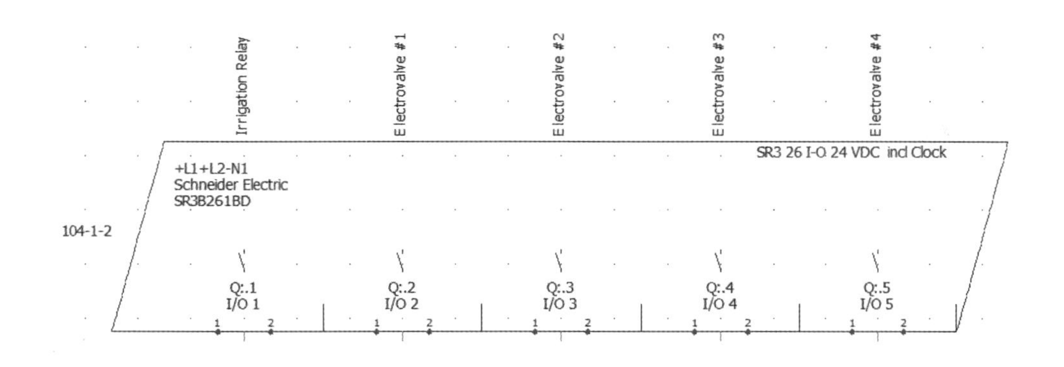

图 12-1　PLC

基于模块化系统，PLC 可以轻松地交换匹配不同类型的输入及输出信号，处理大量的应用需求。引入 PLC 可以提高生产线或设备控制系统的灵活性，能够更改和复制过程，并将收集到的信息转到人机界面上。PLC 模块如图 12-2 所示。

在 SOLIDWORKS Electrical 中，有两种管理 PLC 数据的方式：第一种方式是独立地创建及管理 PLC；第二种方式允许创建带有插槽的 PLC 机架，可以组合各种不同 I/O 类型的 PLC 插拔模块，如图 12-3 所示。

一个项目可以有多种绘制 PLC 图纸的方式，本章主要讲解动态插入方式。这种方式允许工程师在多个图纸中快速创建及插入 PLC，同时还能控制 I/O 数据。

图 12-2　PLC 模块

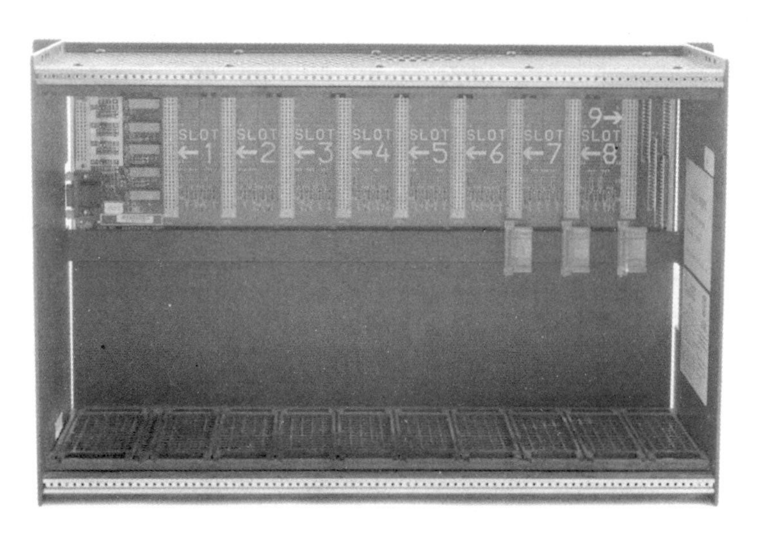

图 12-3　PLC 机架

12.2　设计流程

主要操作步骤如下：

1. **添加 PLC 标注**　创建 PLC 标注，创建 PLC 设备。
2. **插入 PLC**　使用【插入 PLC】在需要 I/O 数据的图纸中插入 PLC。
3. **PLC 配置**　创建一个工程级 PLC 配置文件，修改配置以便更改 PLC 图形。
4. **添加新原理图**　新建原理图或新建图纸，以便容纳 PLC。
5. **编辑 PLC**　编辑输入/输出信息。

操作步骤

开始本课程前，解压缩并打开文件“Start_Lesson_12. tewzip”，文件位于文件夹“Lesson12 \ Case Study”内。通过特殊配置，添加 PLC 符号到图纸。编辑 PLC，更改描述信息。

12.3　添加新原理图

新的原理图或图纸可以添加到当前文件集中。新文件夹、首页、布线方框图和数据文件可以用相同方法添加。

知识卡片	原理图	• 快捷方式：右击文件集，选择【新建】/【原理图】。

步骤 1　查找并打开工程　在【电气工程管理】中单击【筛选】，选择语言为【英语】，在【说明 1（英语）】中填写“Dynamic”，这样可以减少工程选项，快速匹配，如图 12-4 所示。选择工程并单击【打开】。

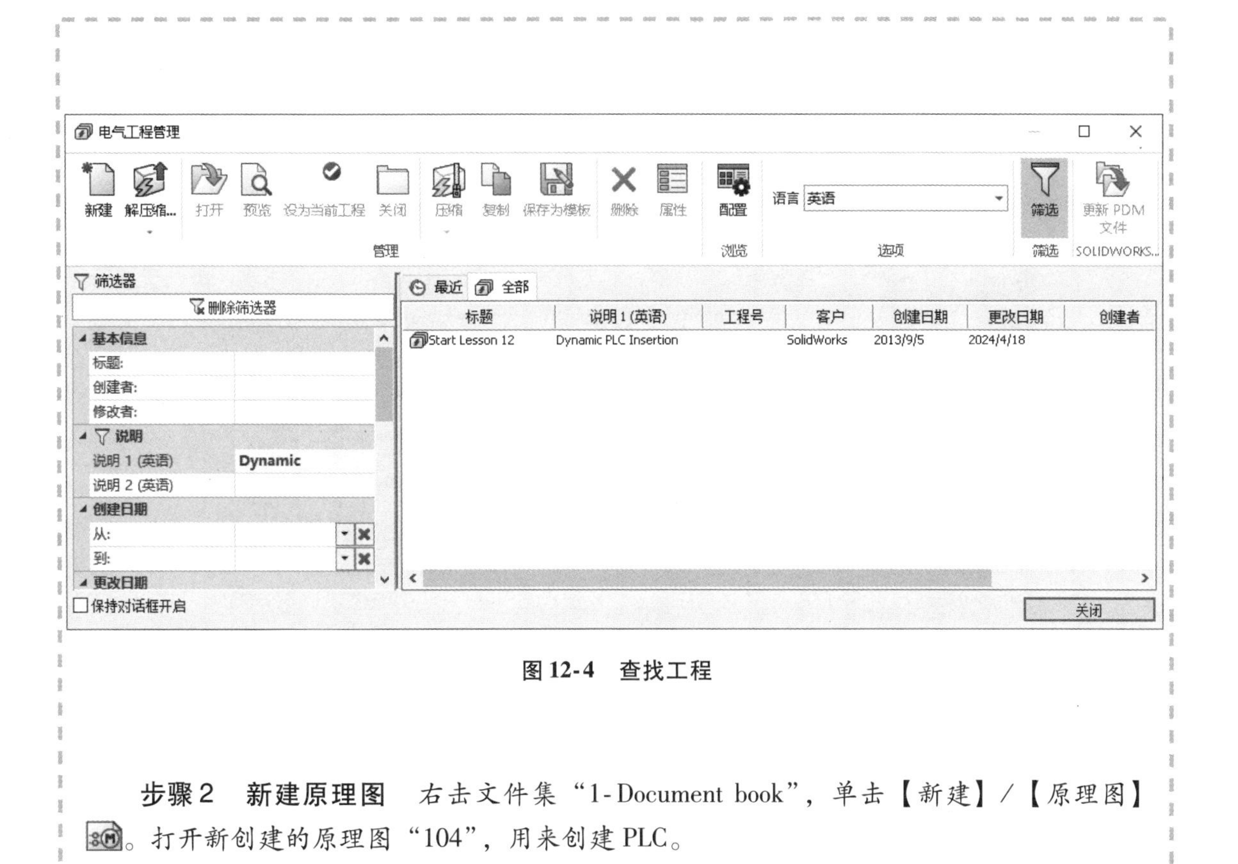

图 12-4　查找工程

步骤 2　新建原理图　右击文件集“1-Document book”，单击【新建】/【原理图】。打开新创建的原理图“104”，用来创建 PLC。

12.4　添加 PLC 标注

在 PLC 标注中添加 PLC 设备，新加的属性会应用于设备清单或物料清单中。

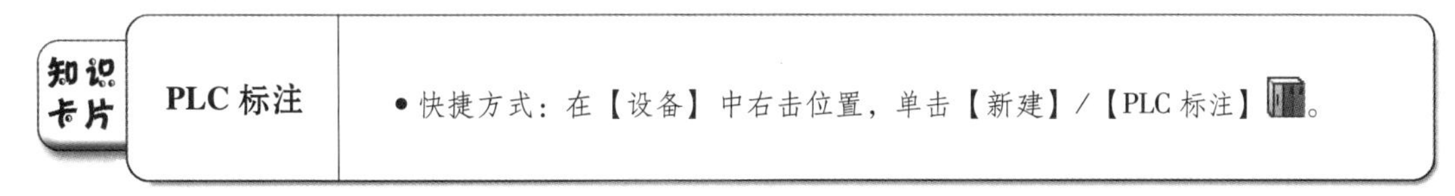

步骤 3　新建 PLC 标注　在【设备】中展开“L1-Main electrical closet”，右击位置“L2-Chassis”，单击【新建】/【PLC 标注】。在【设备属性】中设置源为“N”。

步骤 4　查找 PLC　在【设备型号与回路】中单击【搜索】，设置【制造商数据】和【部件】，如图 12-5 所示。选择型号“SR3B261B”，单击【添加】，单击【选择】完成设备的型号分配。单击【确定】，返回页面，创建设备。

步骤 5　查看 PLC 图标　展开“L2-Chassis”，查看 PLC 图标“=F1-N1”，如图 12-6 所示。

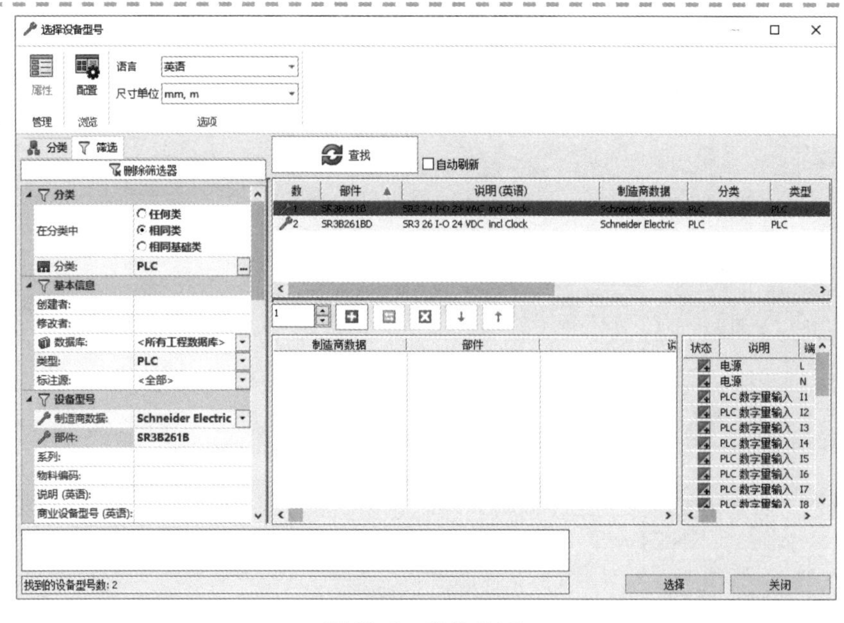

图 12-5　查找 PLC

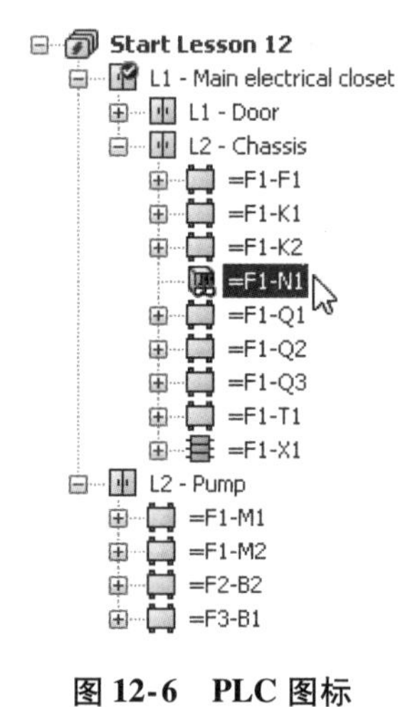

图 12-6　PLC 图标

12.5　插入 PLC

使用【插入 PLC】添加 PLC 符号和数据至页面中。插入时可以手动添加输入和输出数据。

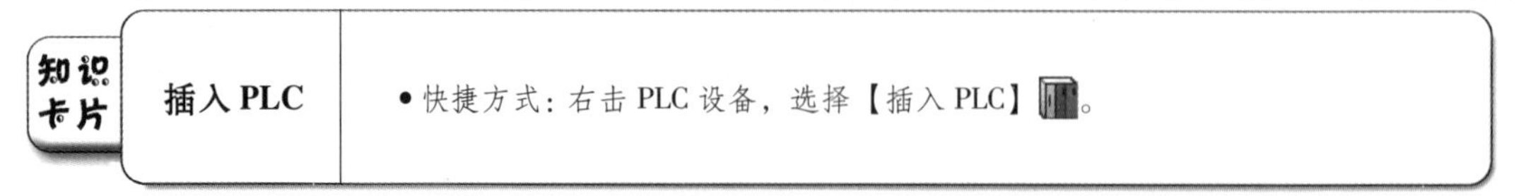

步骤 6　插入 PLC　右击 PLC 设备，选择【插入 PLC】。在【命令】侧面板中会列出已有的回路和通道。

步骤 7　添加输入/输出　选择“L”～“I4”行，右击后选择【添加新的输入/输出】，激活【插入宏】选项，如图 12-7 所示。

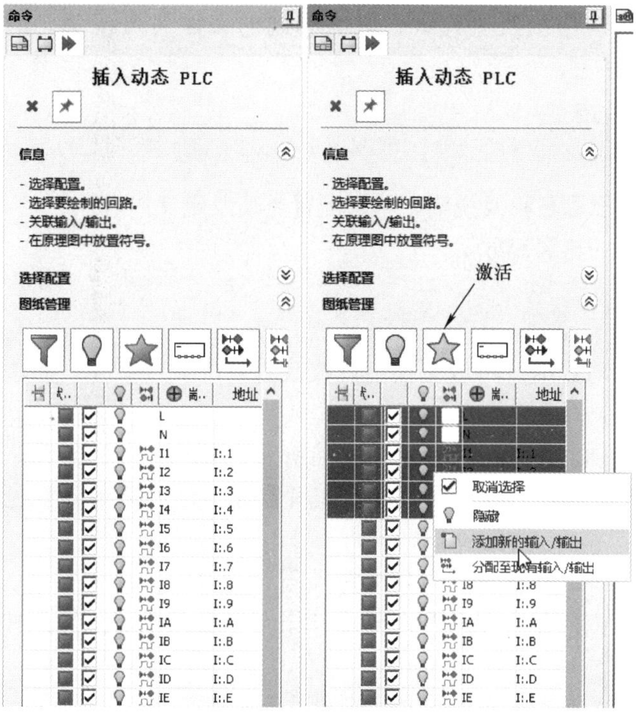

图 12-7　添加输入/输出

步骤 8　通道方向　拖拽 PLC 到图纸中，单击【通道方向】，反转 PLC 图形，插入 PLC，如图 12-8 所示。

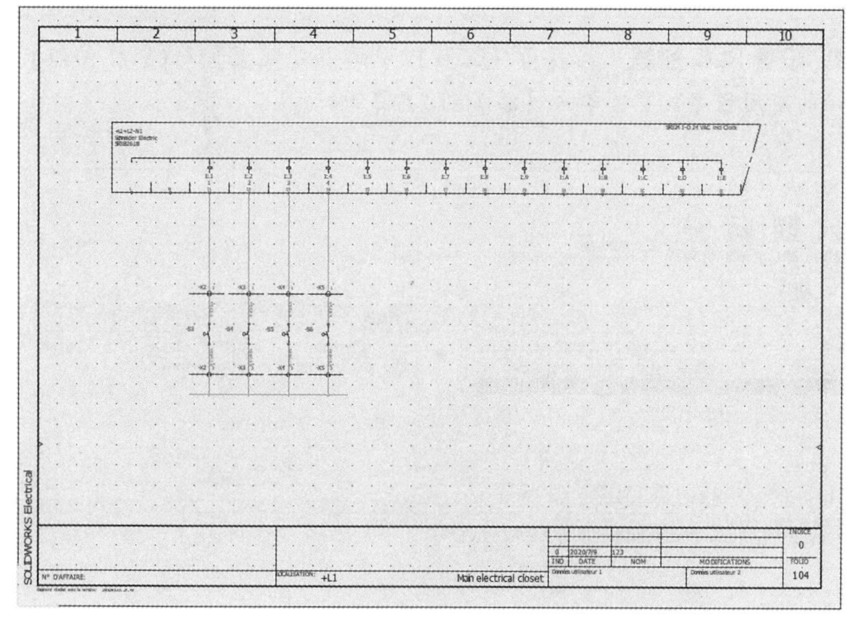

图 12-8　插入 PLC

12.5.1　PLC 配置

PLC 配置能够定义 PLC 外形及显示信息。可以在应用级或工程级创建多个配置。默认配置在工程【配置】中定义。

若两个配置文件（应用级及工程级）具有相同的文件名及说明，则工程级配置将被优先使用。

12.5.2　PLC 配置选项

PLC 的配置选项如下：

- 基本信息：用于设置名称及说明，填写配置类型及定义内容。
- 尺寸：定义 PLC 的轮廓尺寸。

提示　对话框上方有预览，通过预览可查看 PLC 的修改情况。

- 属性：能够定义 PLC 卡，可以更换、修改或者删除属性变量。可以通过定义属性变量的位置参数将其放置在相关位置。
- 布局：定义 PLC 插入图纸时的位置，此选项卡专用于自动生成 PLC 图纸。
- 连接点：其中有两个块可以替换、修改或者删除，这些属性变量包含每个 PLC 端子连接点的参数。
- 回路：包含各种回路类型下的 PLC 通道图案符号及宏，能够替换、修改或者删除。可以通过 PLC 图纸中的通道方向分别定义 PLC 通道图案符号及关联宏，每一种 PLC 回路类型的设置是唯一的。
- 附件：定义的内容将填充到自动生成的 PLC 图纸中。

PLC 图纸	• 命令管理器：【电气工程】/【配置】/【PLC 图纸】。

步骤 9　设置 PLC 配置　在【电气工程】中单击【配置】/【PLC 图纸】，选择图 12-9 所示的应用程序配置，单击【添加到工程】。

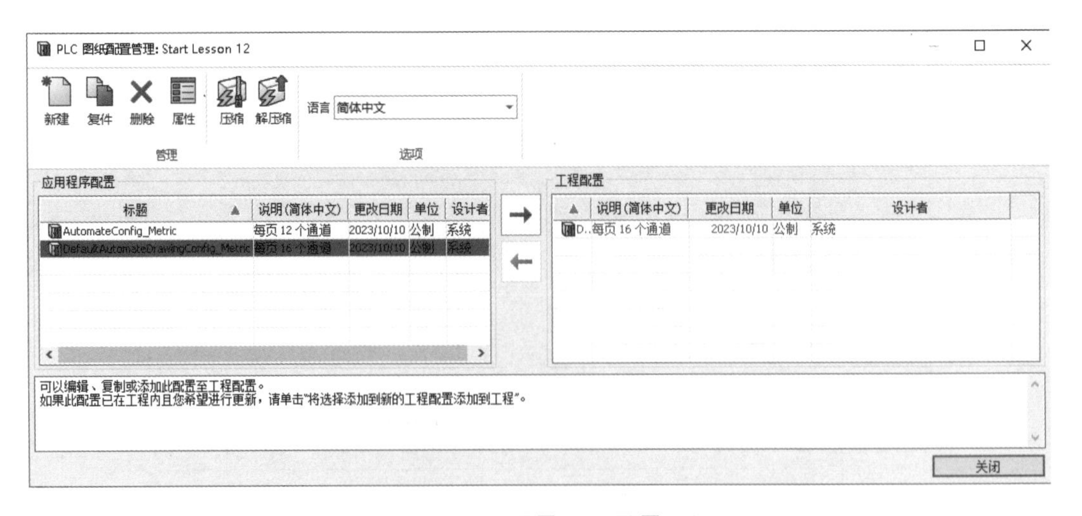

图 12-9　设置 PLC 配置

这时哪种配置将被应用在工程中？

步骤 10　配置属性　选择新创建的工程级 PLC 配置，单击【属性】。在【基本信息】的【名称】中填写“Tutorial_Example”，在【说明】中填写“Dynamic PLC”。在【回路】的【回路类型】中选择【PLC 数字量输入】，【方向】设置为【图纸上方】。

步骤 11　编辑通道图案符号　在下半部分对话框的【符号在顶部】中，单击【编辑】，如图 12-10 所示。

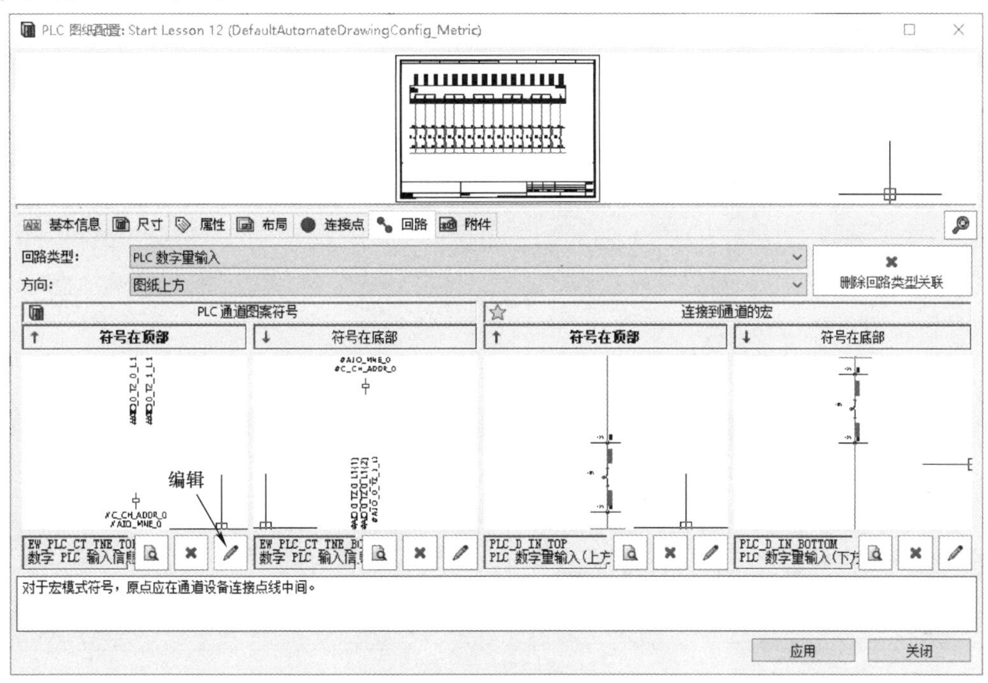

图 12-10　编辑通道图案符号

单击【应用】，单击【关闭】两次，退出管理器。按图 12-11所示向下拖动属性位置。单击【关闭】，单击【是】保存更改。

图 12-11　拖动属性位置

步骤 12　更新 PLC 符号　在原理图中右击 PLC，选择【符号】/【更新】，在提示中单击【重新绘制 PLC 符号】，更新 PLC 符号，如图 12-12 所示。

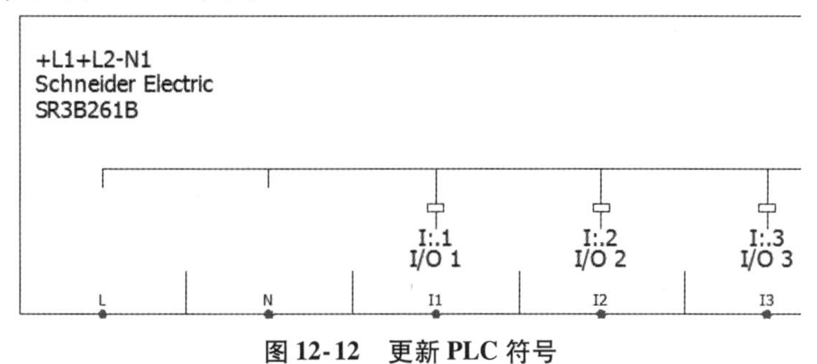

图 12-12　更新 PLC 符号

思考 在更新中你学到了什么？

步骤13 新建原理图 在【浏览】中单击【下一张图纸】。单击【是】，创建新原理图。

步骤14 PLC管理器 在【电气工程】中单击【PLC】，在【当前工程中的PLC列表】中选择“N1”，查看回路，如图12-13所示。

图12-13 查看回路

步骤15 输入和输出 选择“Q:.1”~“Q:.5”行，右击，选择【添加新的PLC输入/输出】。

步骤16 插入PLC 单击【插入PLC】。

注意 该操作会自动关闭管理器，返回到当前打开的图纸中，开始动态插入PLC。

单击【通道方向】，使PLC与图纸上部边缘对齐。

步骤17 选择插入端子 清空所有选项，只留下“Q:.1”~“Q:.5”，如图12-14所示。

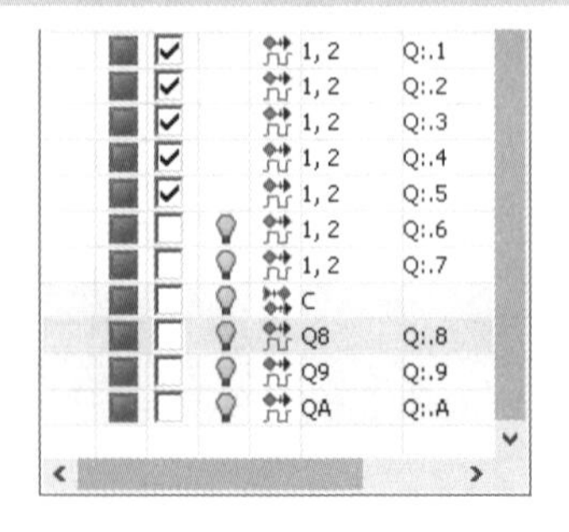

图12-14 选择插入端子

步骤18 插入PLC宏 单击【插入宏】。

注意 默认的宏配置可以在PLC配置中定义。

插入 PLC 宏，如图 12-15 所示。

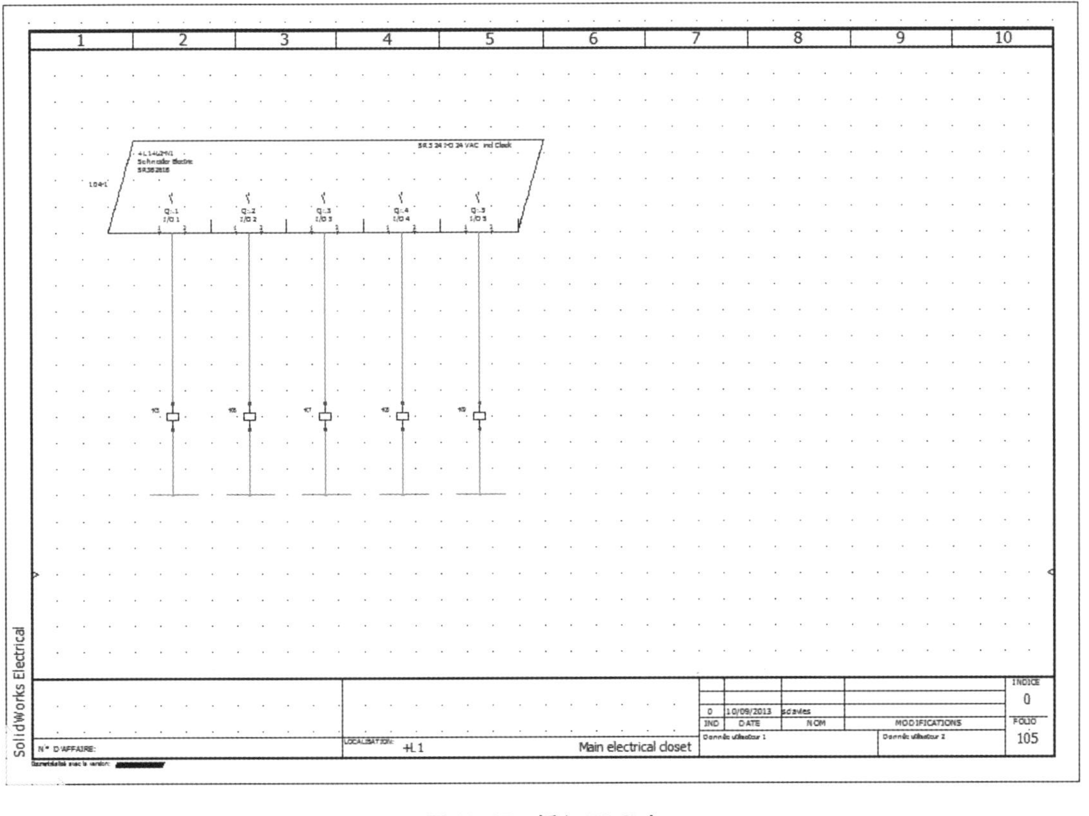

图 12-15 插入 PLC 宏

12.5.3 编辑电线

可以对电线进行编辑、移动端头位置或定义截面积。

在添加新电线时，连接点之间的电线将会自动断开，如图 12-16 所示。

在绘制、移动电线过程中，当与其他电线同方向相交或重叠时，两根电线会自动合并为一根电线。

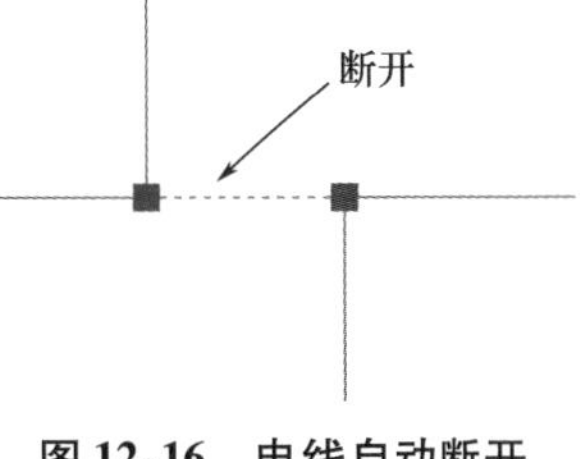

图 12-16 电线自动断开

步骤 19 延伸电线 单击页面左下方的电线，单击线圈下方的手柄，将其拖动到右侧，如图 12-17 所示。再次选择电线，现在变成完整的电线。

此操作会自动删除电线的重叠，在连接点处分断。

步骤 20 删除符号 选择图形，如图 12-18 所示，删除符号。

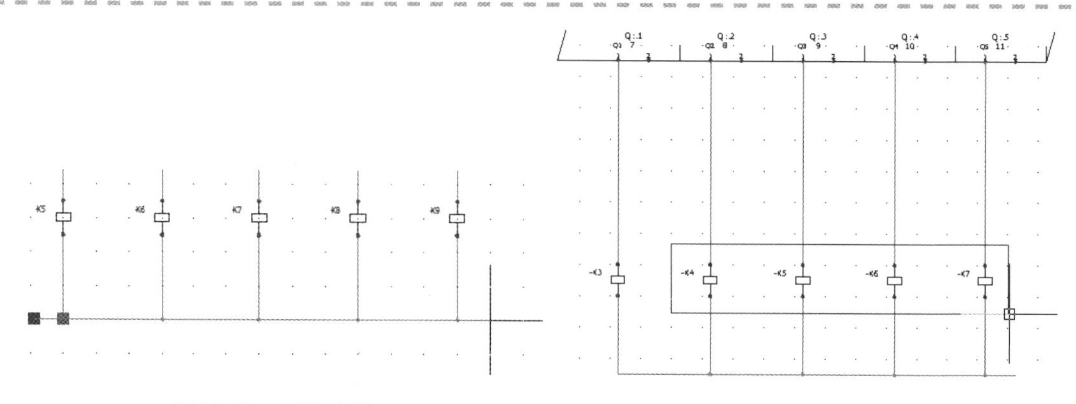

图12-17　延伸电线　　　　图12-18　选择图形

步骤21　添加新符号　单击【插入符号】，在【制动器，电动阀】分类中选择【电动阀命令】符号，单击【选择】。在【命令】侧面板中，单击【图钉】，重复插入符号，如图12-19所示。

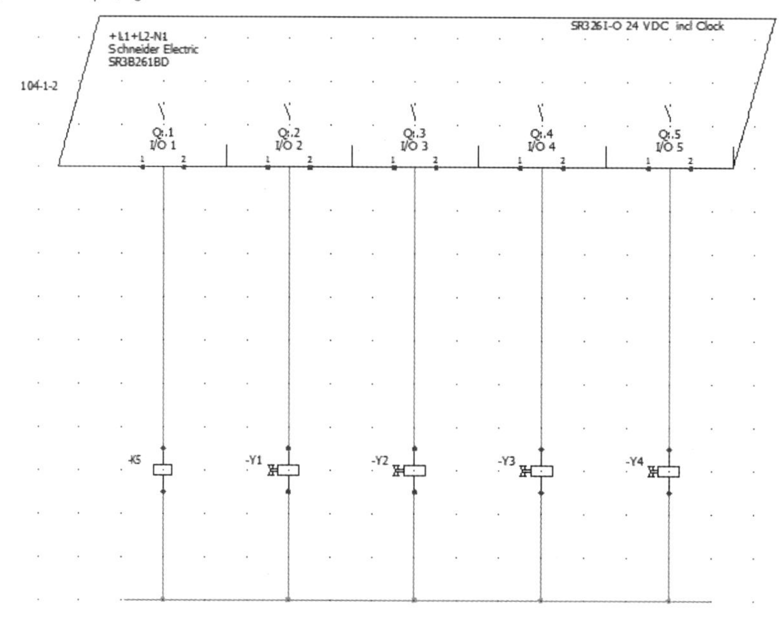

图12-19　添加新符号

步骤22　替换电线　右击电线，选择【电线样式】/【替换】，如图12-20所示。

设置【替换范围】为【延伸到等电位处】，单击【确定】。找到电线样式“N L1 L2 L3”，选择“中性电线”，单击【选择】。单击【取消】，结束命令。

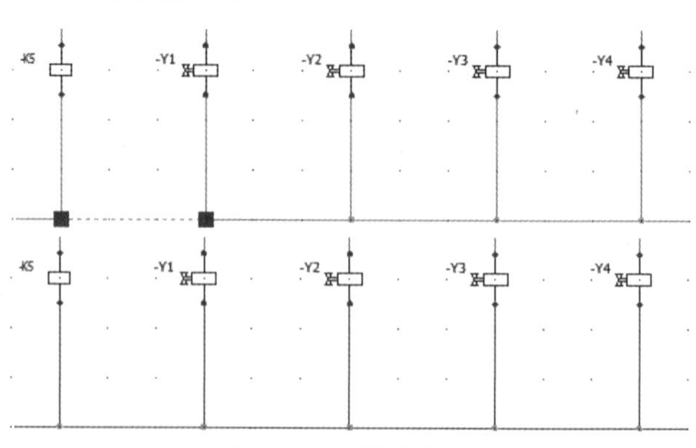

图12-20　替换电线

12.6　编辑 PLC

使用【编辑 PLC】编辑输入、输出或说明文本。

注意　输入输出管理器可以用于编辑通道属性。

知识卡片	编辑 PLC	• 快捷方式：右击 PLC，选择【编辑 PLC】。

步骤 23　输入/输出说明　切换到页面“104”，右击 PLC 并选择【编辑 PLC】。双击【地址】列的“I:.1”，输入【说明（英语）】为“Start Irrigation”，如图 12-21 所示。

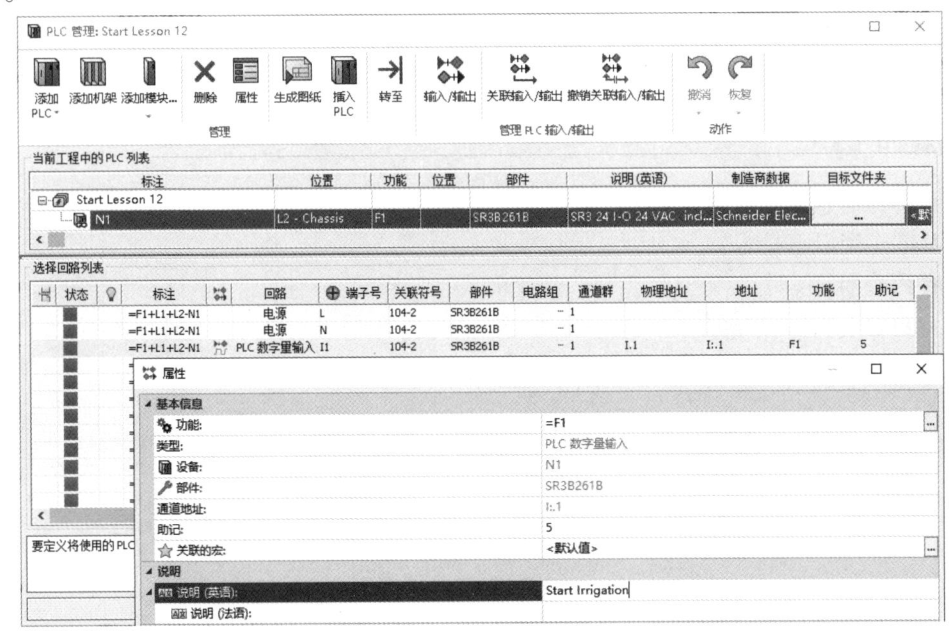

图 12-21　输入/输出说明

步骤 24　其他说明　使用相同的操作，按图 12-22 所示填写和应用说明。单击【关闭】。

步骤 25　编辑 PLC　切换到原理图“105”，使用相同的操作编辑 PLC，如图 12-23 所示。

单击【关闭】。

步骤 26　关闭工程　右击工程名称，选择【关闭】。

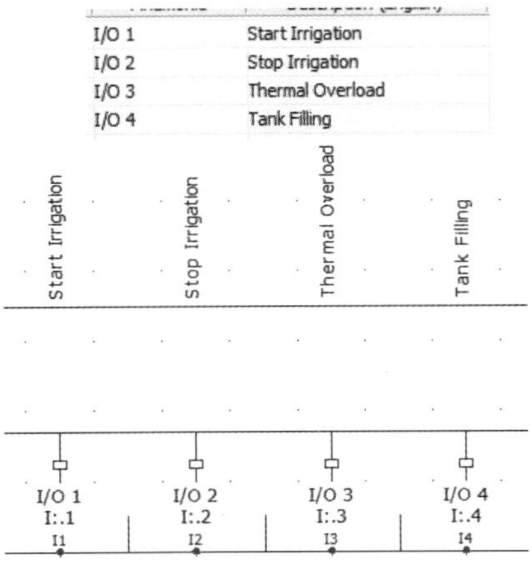

I/O 1	Start Irrigation
I/O 2	Stop Irrigation
I/O 3	Thermal Overload
I/O 4	Tank Filling

Start Irrigation　Stop Irrigation　Thermal Overload　Tank Filling

I/O 1 I:.1 I1　I/O 2 I:.2 I2　I/O 3 I:.3 I3　I/O 4 I:.4 I4

图 12-22　其他说明

SR3B261BD	...	Q.1	Q:.1	I/O 1	Irrigation Relay	<Defa
SR3B261BD	...	Q.2	Q:.2	I/O 2	Electrovalve #1	<Defa
SR3B261BD	...	Q.3	Q:.3	I/O 3	Electrovalve #2	<Defa
SR3B261BD	...	Q.4	Q:.4	I/O 4	Electrovalve #3	<Defa
SR3B261BD	...	Q.5	Q:.5	I/O 5	Electrovalve #4	<Defa

Irrigation Relay
Electrovalve #1
Electrovalve #2
Electrovalve #3
Electrovalve #4
SR3 26 I-O 24 VDC incl Clock
+L1+L2-N1
Schneider Electric
SR3B261BD
104-1-2
Q:.1 I/O 1
Q:.2 I/O 2
Q:.3 I/O 3
Q:.4 I/O 4
Q:.5 I/O 5

图 12-23　编辑 PLC

练习　添加 PLC

使用提供的信息创建并插入 PLC，如图 12-24 所示。

本练习将使用以下技术：

- 添加 PLC 标注。
- 插入 PLC。
- 输入/输出说明。

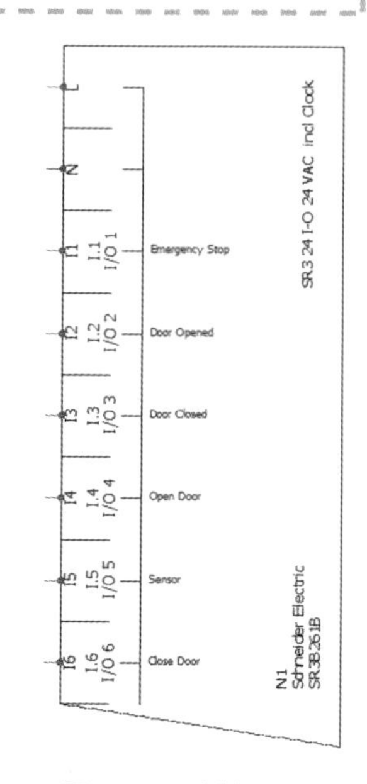

图 12-24　插入 PLC

操作步骤

开始本练习前，解压缩并打开“Start_Exercise_12. tewzip”，文件位于文件夹“Lesson12\Exercises”内。创建 PLC 图纸。

步骤 1　PLC 标注　将 PLC 标注添加到位置“L1-Main electrical closet”，如图 12-25 所示。分配下面的设备型号：

- 分类：PLC。
- 制造商数据：Schneider Electric。
- 类型：PLC。
- 部件：SR3B261B。

步骤2　PLC 输入　打开页面“07”，将 PLC 插入到页面“07”，从“L”~“I：.6”添加输入端子。反转方向，放置 PLC，在页面右上角插入输入端子“L”～“I：.6”，如图 12-26 所示。

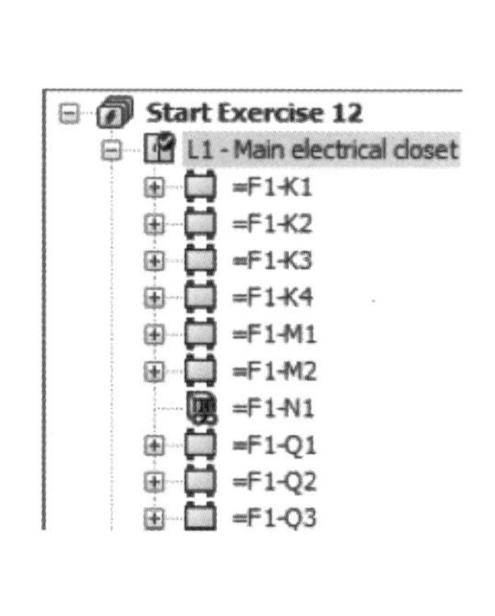

图 12-25　PLC 标注

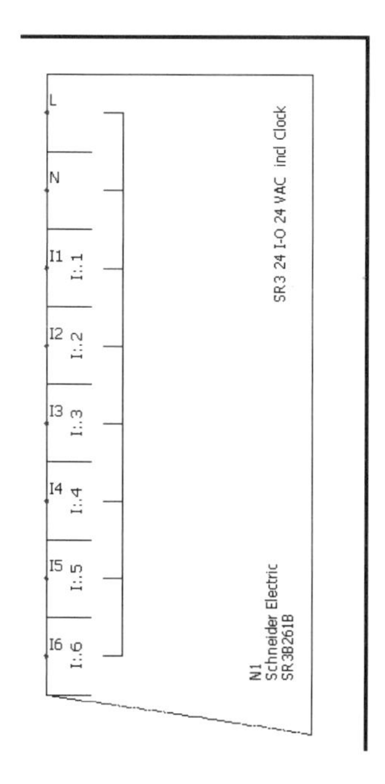

图 12-26　PLC 输入

步骤3　PLC 输出　在页面“08”的左上角插入输出端子“Q:.1”~“Q:.4”，如图 12-27所示。

步骤4　编辑 PLC　编辑 PLC，给每个地址添加说明信息，内容见表 12-1，结果如图 12-28所示。

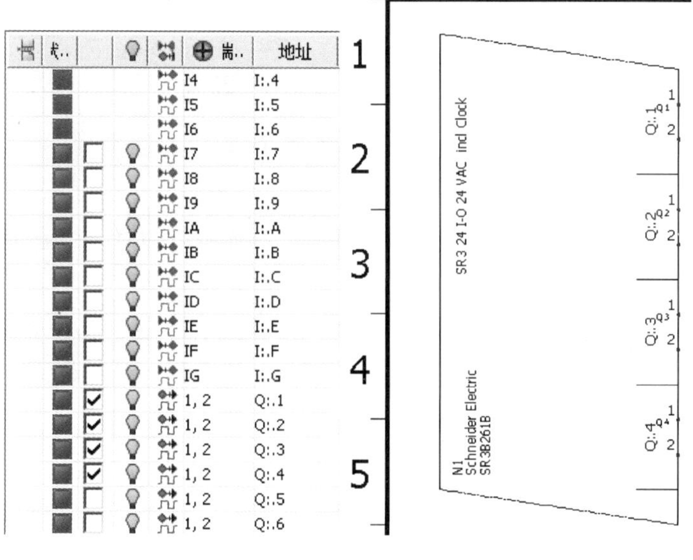

图 12-27　PLC 输出

表 12-1　PLC 地址说明

地址	说　明
I：.1	Emergency Stop
I：.2	Door Opened
I：.3	Door Closed
I：.4	Open Door
I：.5	Sensor
I：.6	Close Door
Q：.1	Open Door Relay
Q：.2	Close Door Relay
Q：.3	Open Door Pilot
Q：.4	Close Door Pilot

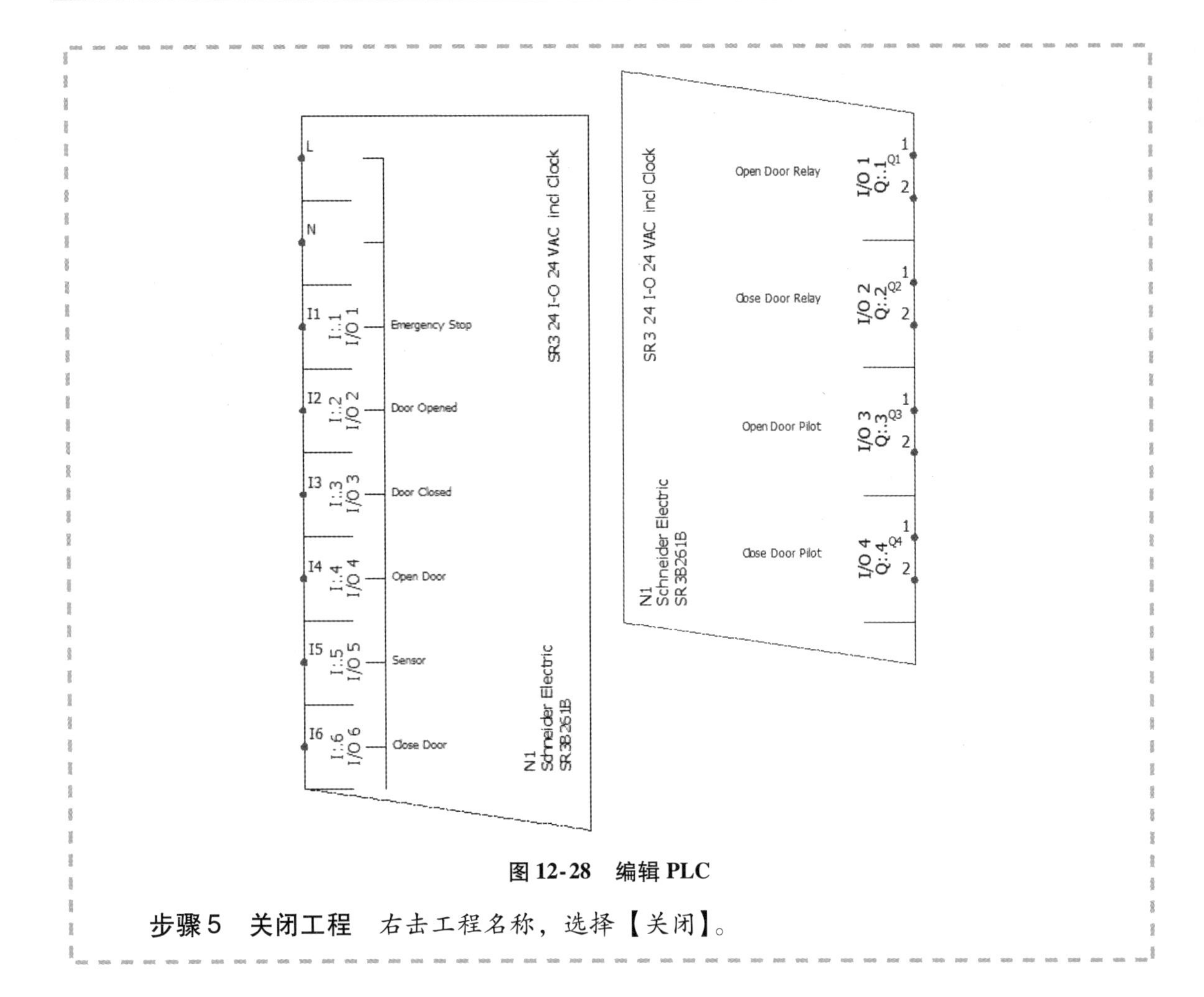

图 12-28 编辑 PLC

步骤 5 关闭工程 右击工程名称，选择【关闭】。

第 13 章　PLC 自动化

学习目标

- 基于型号或标注创建 PLC
- 创建 I/O 回路
- 保存 I/O 回路到宏
- 应用 I/O 回路说明
- 使用数据表格添加外部数据
- 创建并修改工程级 PLC 配置
- 管理 PLC I/O 回路页面宏
- 自动创建 PLC 图纸

扫码看视频

13.1　PLC 自动化概述

通过将信息应用于 PLC 和相关的配置文件，可以自动生成多个 PLC 图纸。PLC 创建的原理图包含详细的 I/O 回路信息，可以以宏的形式连接回路数据。

PLC 的输入/输出配置生效后，所有的相关数据都会在 PLC 管理器中进行汇总管理，也可以自动生成图纸（使用工程级 PLC 配置）。对于 PLC 配置文件的数量，程序没有限制。因此，工程师可以根据需要为每个 PLC 创建不同的配置。

提示　配合使用【Excel 导入/导出】功能，工程师可以使用多种方法处理 PLC 数据、I/O 数据及图纸数据。

13.2　设计流程

主要操作步骤如下：

1. **创建 PLC**　基于型号创建 PLC。
2. **创建 I/O 回路**　自动创建 I/O 回路。
3. **保存 I/O 回路到宏**　设置 I/O 回路位置。
4. **添加 I/O 回路说明**　使用 XLS 文件添加 I/O 回路说明。
5. **修改 PLC 配置**　创建并修改工程级 PLC 配置。
6. **关联回路宏**　应用宏到回路。
7. **生成 PLC 图纸**　自动生成 PLC 图纸，查看结果。

操作步骤

开始本课程前，解压缩并打开文件“Strat_Lesson_13. tewzip”，文件位于文件夹“Lesson13 \ Case Study”内。创建 PLC，应用并修改 I/O 回路，复制并修改配置，自动生成 PLC 图纸。

步骤 1　打开工程　在电气工程管理器中选择“Start Lesson 13”，单击【打开】。

13.3　PLC标注及型号

可以通过标注或设备型号创建PLC。两种方式只是创建的方法不同，结果是一样的。

- 添加PLC标注：创建并显示PLC设备属性、应用设备型号、位置、功能和定义说明。
- 添加PLC型号：基于设备型号创建PLC，后期也可以修改型号。

13.3.1　制造商数据

使用制造商数据会简化数据应用到PLC设备的过程，因为数据可以从分配的型号中提取。图13-1所示的制造商数据会接收型号参数，这将会覆盖设备数据，即便型号参数为空。因此，更好的方式是直接修改型号数据，或先更改型号数据，再更改设备数据。

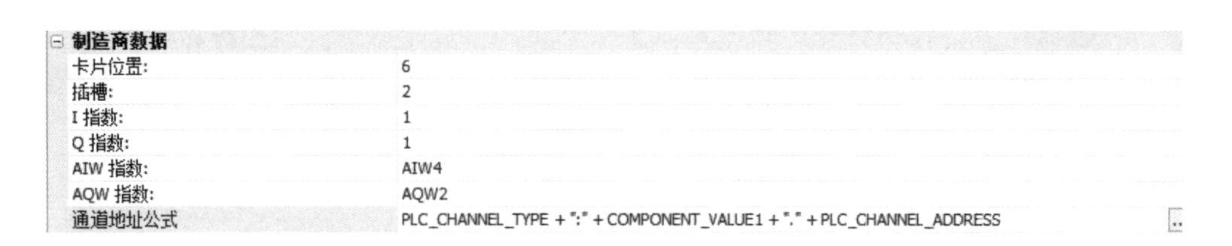

制造商数据	
卡片位置:	6
插槽:	2
I 指数:	1
Q 指数:	1
AIW 指数:	AIW4
AQW 指数:	AQW2
通道地址公式	PLC_CHANNEL_TYPE + ":" + COMPONENT_VALUE1 + "." + PLC_CHANNEL_ADDRESS

图13-1　制造商数据

13.3.2　通道地址公式

通道地址的公式选项可以在多个位置打开：

- 工程属性：包含所有PLC默认使用的配置。
- PLC设备属性：可以更改默认设置。
- 设备型号属性：将会优先替换PLC设备的设置。如果设备中定义了公式，则型号中的公式会覆盖它。

知识卡片	添加PLC	•命令管理器：【电气工程】/【PLC】/【添加PLC】。

步骤2　创建PLC　在【电气工程】中单击【PLC】/【添加PLC】/【PLC设备型号】。

步骤3　搜索PLC型号　在【筛选】的【设备型号】中，设置【制造商数据】为“Schneider Electric”，【部件】为“SR3B261B”。单击【添加】，单击【选择】。

步骤4　修改PLC属性　选择新创建的PLC，单击【属性】，修改PLC属性，如图13-2所示。单击【确定】。

步骤5　创建I/O回路　选择物理地址“I.1”～“I.4”，如图13-3所示。右击后选择【添加新的PLC输入/输出】。

> **注意**　填写到【助记】中的信息，可以用于连接符号的说明，用以协助后期PLC的梯形图编程。AND、OR、NOT和LOAD并不是专门用于编程的助记符。

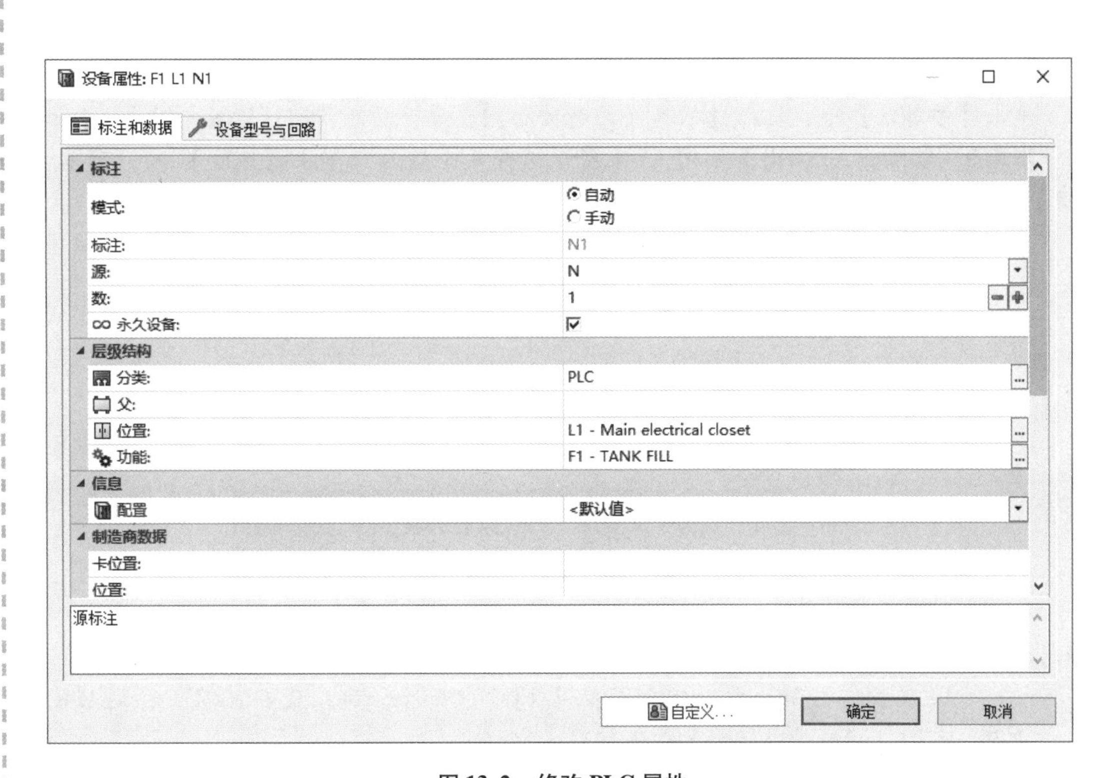

图 13-2　修改 PLC 属性

选择回路列表

	状态		标注		回路	端子号	关联符号	部件	电路组	通道群	物理地址	地址	功能	助记
			F1 L1 N1		电源	L		SR3B261B	···	1				
			F1 L1 N1		电源	N		SR3B261B	···	1				
			F1 L1 N1		PLC 数字量输入	I1		SR3B261B	···	1	I.1	I:.1		1
			F1 L1 N1		PLC 数字量输入	I2		SR3B261B	···	1	I.2	I:.2		2
			F1 L1 N1		PLC 数字量输入	I3		SR3B261B	···	1	I.3	I:.3		3
			F1 L1 N1		PLC 数字量输入	I4		SR3B261B	···	1	I.4	I:.4		4
			F1 L1 N1		PLC 数字量输入	I5		SR3B261B	···	1	I.5	I:.5		
			F1 L1 N1		PLC 数字量输入	I6		SR3B261B	···	1	I.6	I:.6		
			F1 L1 N1		PLC 数字量输入	I7		SR3B261B	···	1	I.7	I:.7		
			F1 L1 N1		PLC 数字量输入	I8		SR3B261B	···	1	I.8	I:.8		

图 13-3　创建 I/O 回路

13.4　输入/输出管理器

通过管理器可以创建、删除或保存输入和输出回路，以备将来使用。I/O 信息可以根据功能组合，以便提供补充数据。例如，当前创建的输入回路将用于控制水槽液位，可以用于已有的 TANK FILL 功能。生产灌溉泵的公司可以将输入数据储存为一个宏，用于未来的工程。

步骤 6　输入/输出管理器　单击【输入/输出】，选择 4 个【PLC 数字量输入】，激活宏群【用户输入/输出】，单击【保存到宏】。选择【插入（无新功能）】。

步骤 7　所有功能　单击【树形模式】，选择【所有功能】，列出工程中所有的功能。

步骤 8　添加宏　单击功能“F1-TANK FILL”，从【用户输入/输出】中选择 4 个输入，单击【添加宏】。选择【插入（无新功能）】。展开功能“F1-TANK FILL”。

步骤 9　删除输入/输出　如图 13-4 所示选择 4 个输入后单击【删除】✕，再单击【是】后删除输入。单击【关闭】。

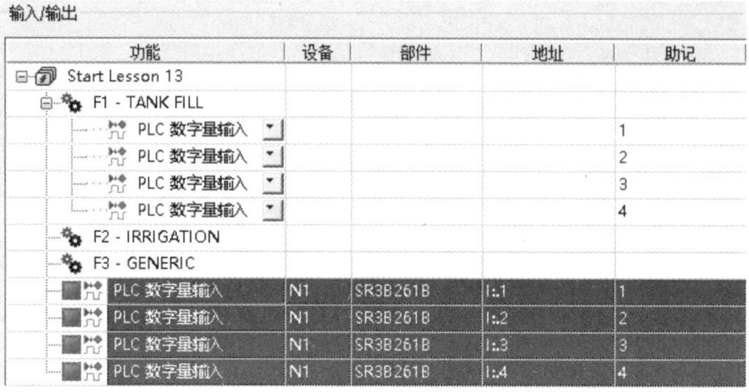

输入/输出

功能	设备	部件	地址	助记
Start Lesson 13				
F1 - TANK FILL				
PLC 数字量输入				1
PLC 数字量输入				2
PLC 数字量输入				3
PLC 数字量输入				4
F2 - IRRIGATION				
F3 - GENERIC				
PLC 数字量输入	N1	SR3B261B	I:.1	1
PLC 数字量输入	N1	SR3B261B	I:.2	2
PLC 数字量输入	N1	SR3B261B	I:.3	3
PLC 数字量输入	N1	SR3B261B	I:.4	4

图 13-4　删除输入/输出

> ⚠ 注意　之前分配的输入回路已经从 PLC 中删除，因此现在可以关联到功能“F1-TANK FILL”新的输入回路。

步骤 10　分配已有输入/输出　选择“I. 1”，单击【关联输入/输出】。展开功能“F1-TANK FILL”，选择第一个 PLC 数字量输入，单击【选择】和【确定】。重复操作，分配输入 I. 2、I. 3 和 I. 4，如图 13-5 所示。

选择回路列表

状态	标注	回路	端子号	关联符号	部件	电路组	通道群	物理地址	地址	功能	助记
	F1 L1 N1	电源	L		SR3B261B	···	1				
	F1 L1 N1	电源	N		SR3B261B	···	1				
	F1 L1 N1	PLC 数字量输入	I1		SR3B261B	···	1	I.1	I:.1	F1 - TANK FILL	1
	F1 L1 N1	PLC 数字量输入	I2		SR3B261B	···	1	I.2	I:.2	F1 - TANK FILL	2
	F1 L1 N1	PLC 数字量输入	I3		SR3B261B	···	1	I.3	I:.3	F1 - TANK FILL	3
	F1 L1 N1	PLC 数字量输入	I4		SR3B261B	···	1	I.4	I:.4	F1 - TANK FILL	4
	F1 L1 N1	PLC 数字量输入	I5		SR3B261B	···	1	I.5	I:.5		
	F1 L1 N1	PLC 数字量输入	I6		SR3B261B	···	1	I.6	I:.6		
	F1 L1 N1	PLC 数字量输入	I7		SR3B261B	···	1	I.7	I:.7		
	F1 L1 N1	PLC 数字量输入	I8		SR3B261B	···	1	I.8	I:.8		

图 13-5　分配已有输入/输出

> ⚠ 注意　I/O 需要匹配 PLC 回路，PLC 数字量输出回路不能关联到 PLC 数字量输入回路。

步骤 11　添加新输出　单击【输入/输出】，选择功能“F2-IRRIGATION”，单击【添加多个输入/输出】/【PLC 数字量输出】，输入数字“5”后单击【确定】。

步骤 12　分配输出　单击【关闭】，选择输出“Q. 1”~“Q. 5”并单击【关联输入/输出】，选择 5 个新建的输出，单击【选择】和【确定】，关联到 PLC，如图 13-6 所示。

步骤 13　添加 I/O 说明　单击【输入/输出】，展开功能“F1-TANK FILL”，选择 4 个输入后单击【数据网格】。

使用 Windows 浏览器查看“Lesson13\Case Study”，打开“PLC_info. xls”文件。在页面的结尾处复制 196 ~ 199 行的说明，如图 13-7 所示。

选择回路列表

	状态		标注		回路	端子号	关联符号	部件	电路组	通道群	物理地址	地址	功能	助记
			F1 L1 N1		PLC 数字量输入	IF		SR3B261B	···	1	I.F	I:.F		
			F1 L1 N1		PLC 数字量输入	IG		SR3B261B	···	1	I.G	I:.G		
			F1 L1 N1		PLC 数字量输出	1, 2		SR3B261B	···		Q.1	Q:.1	F2 - IRRIGATION	5
			F1 L1 N1		PLC 数字量输出	1, 2		SR3B261B	···		Q.2	Q:.2	F2 - IRRIGATION	6
			F1 L1 N1		PLC 数字量输出	1, 2		SR3B261B	···		Q.3	Q:.3	F2 - IRRIGATION	7
			F1 L1 N1		PLC 数字量输出	1, 2		SR3B261B	···		Q.4	Q:.4	F2 - IRRIGATION	8
			F1 L1 N1		PLC 数字量输出	1, 2		SR3B261B	···		Q.5	Q:.5	F2 - IRRIGATION	9
			F1 L1 N1		PLC 数字量输出	1, 2		SR3B261B	···		Q.6	Q:.6		
			F1 L1 N1		PLC 数字量输出	1, 2		SR3B261B	···		Q.7	Q:.7		
			F1 L1 N1		其他 PLC	C		SR3B261B	···	2				

图 13-6 分配输出

196	I.1	I.1	BOOL	Start Irrigation
197	I.2	I.2	BOOL	Stop Irrigation
198	I.3	I.3	BOOL	Thermal Overload
199	I.4	I.4	BOOL	Tank Filling

图 13-7 复制说明

在【输入/输出】的【说明(英语)】列中，使用〈Ctrl + V〉组合键粘贴说明，单击【确定】。重复过程，对5个输出回路进行操作，复制200～204行的说明，单击【确定】，如图13-8所示。

输入/输出

功能	设备	部件	地址	助记	说明(英语)
Start Lesson 13					
F1 - TANK FILL					
PLC 数字量输入	N1	SR3B261B	I:.1	1	Start Irrigation
PLC 数字量输入	N1	SR3B261B	I:.2	2	Stop Irrigation
PLC 数字量输入	N1	SR3B261B	I:.3	3	Thermal Overload
PLC 数字量输入	N1	SR3B261B	I:.4	4	Tank Filling
F2 - IRRIGATION					
PLC 数字量输出	N1	SR3B261B	Q:.1	5	Irrigation Relay
PLC 数字量输出	N1	SR3B261B	Q:.2	6	Electrovalve #1
PLC 数字量输出	N1	SR3B261B	Q:.3	7	Electrovalve #2
PLC 数字量输出	N1	SR3B261B	Q:.4	8	Electrovalve #3
PLC 数字量输出	N1	SR3B261B	Q:.5	9	Electrovalve #4

图 13-8 添加 I/O 说明

步骤14 关联宏 在“I.1 Start Irrigation”的【属性】中单击【关联的宏】，并单击【选择宏】。在【宏选择器】中，从分类【* * * * 未分类元素 * * * *】中选择宏“[Start]”，单击【选择】。重复操作，执行以下内容：

- I.2 Stop Irrigation：[Stop]。
- I.3 Thermal Overload：[Alarm]。
- I.4 Tank Filling：[Alarm]。

单击【关闭】两次。

步骤15 PLC配置 在【电气工程】中单击【配置】/【PLC图纸】。选择【应用程序配置】中的配置“DefaultAutomateDrawingConfig_Imperial”，单击【添加到工程】→。

步骤16 配置属性 选择新创建的配置文件，单击【属性】，更改名称和说明为“Tutorial_Example”。注意说明更改时包括英语与简体中文两项。

步骤17 设置PLC方向 在【回路】选项卡中，设置【回路类型】为【电源】，方向为【右】。

注意

生成PLC图纸时，每一个回路类型的方向决定了同一个图纸中其他所有回路的方向。若第一个回路为电源，且方向为右，则其他回路的方向也是右。

步骤18 设置PLC数字量输入宏 设置PLC数字量输入宏，如图13-9所示。

步骤19 设置PLC数字量输出宏 设置PLC数字量输出宏，如图13-10所示。单击【应用】，单击两次【关闭】，退出配置和管理器。

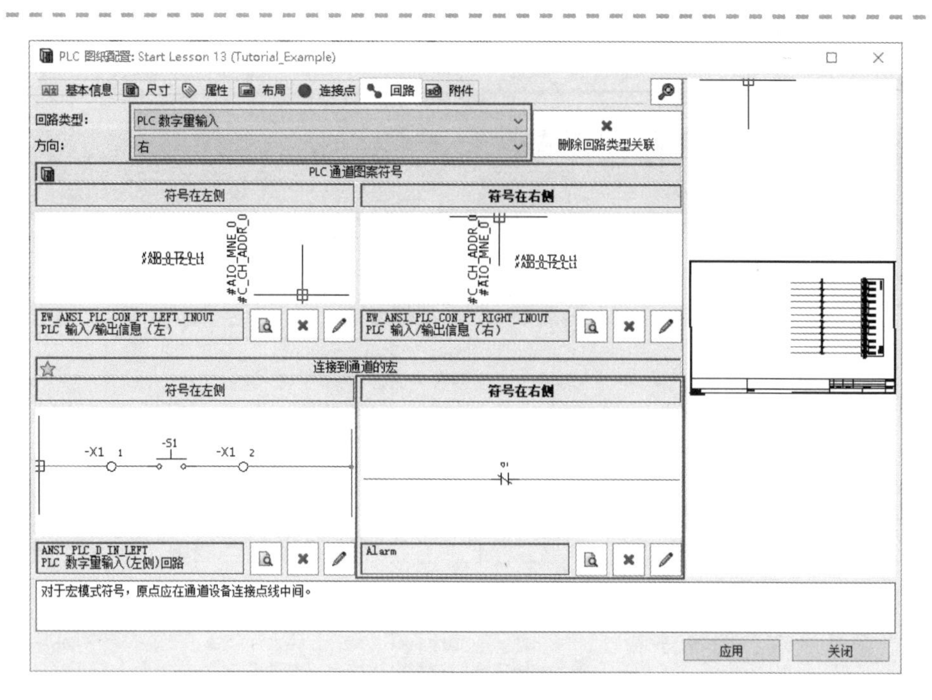

图 13-9 设置 PLC 数字量输入宏

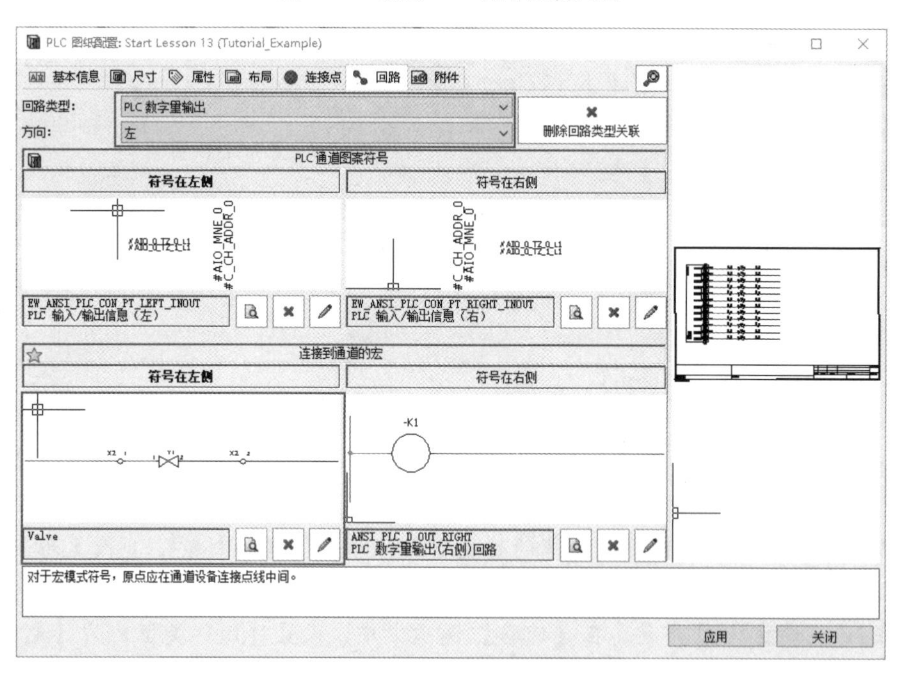

图 13-10 设置 PLC 数字量输出宏

步骤 20 图纸包含的数据 单击【PLC】，选择“N1”。选择输入“I. 9”~“I. G”，右击，选择【为 PLC 符号插入隐藏】。右击数字量输入“I. 8”，单击【添加分页符】。

选择输出“Q. 8”“Q. 9”及“Q. A”，重复以上操作，使电灯泡关闭，如图 13-11 所示。

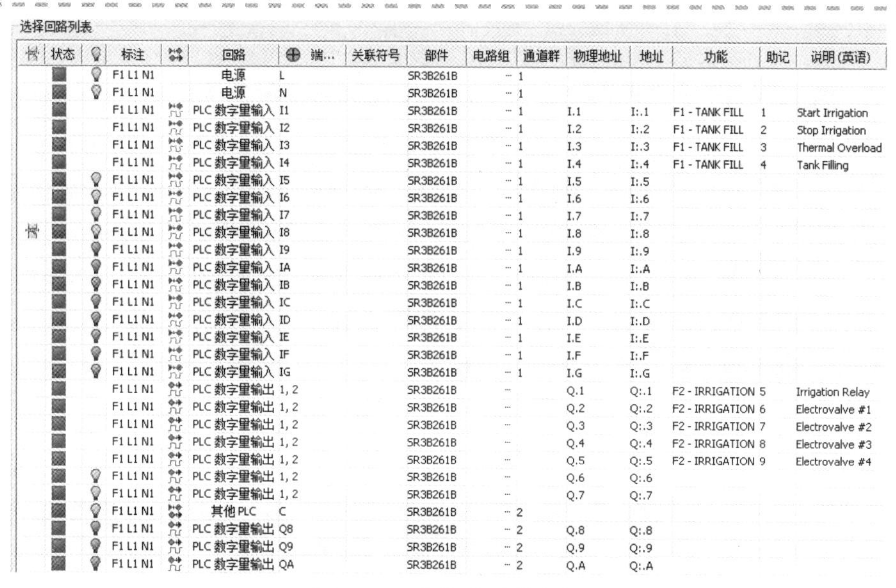

选择回路列表

状态	标注	回路	端...	关联符号	部件	电路组	通道群	物理地址	地址	功能	助记	说明(英语)
	F1 L1 N1	电源 L			SR3B261B	-	1					
	F1 L1 N1	电源 N			SR3B261B	-	1					
	F1 L1 N1	PLC 数字量输入 I1			SR3B261B	-	1	I.1	I:.1	F1 - TANK FILL	1	Start Irrigation
	F1 L1 N1	PLC 数字量输入 I2			SR3B261B	-	1	I.2	I:.2	F1 - TANK FILL	2	Stop Irrigation
	F1 L1 N1	PLC 数字量输入 I3			SR3B261B	-	1	I.3	I:.3	F1 - TANK FILL	3	Thermal Overload
	F1 L1 N1	PLC 数字量输入 I4			SR3B261B	-	1	I.4	I:.4	F1 - TANK FILL	4	Tank Filling
	F1 L1 N1	PLC 数字量输入 I5			SR3B261B	-	1	I.5	I:.5			
	F1 L1 N1	PLC 数字量输入 I6			SR3B261B	-	1	I.6	I:.6			
	F1 L1 N1	PLC 数字量输入 I7			SR3B261B	-	1	I.7	I:.7			
	F1 L1 N1	PLC 数字量输入 I8			SR3B261B	-	1	I.8	I:.8			
	F1 L1 N1	PLC 数字量输入 I9			SR3B261B	-	1	I.9	I:.9			
	F1 L1 N1	PLC 数字量输入 IA			SR3B261B	-	1	I.A	I:.A			
	F1 L1 N1	PLC 数字量输入 IB			SR3B261B	-	1	I.B	I:.B			
	F1 L1 N1	PLC 数字量输入 IC			SR3B261B	-	1	I.C	I:.C			
	F1 L1 N1	PLC 数字量输入 ID			SR3B261B	-	1	I.D	I:.D			
	F1 L1 N1	PLC 数字量输入 IE			SR3B261B	-	1	I.E	I:.E			
	F1 L1 N1	PLC 数字量输入 IF			SR3B261B	-	1	I.F	I:.F			
	F1 L1 N1	PLC 数字量输入 IG			SR3B261B	-	1	I.G	I:.G			
	F1 L1 N1	PLC 数字量输出 1, 2			SR3B261B	-		Q.1	Q:.1	F2 - IRRIGATION	5	Irrigation Relay
	F1 L1 N1	PLC 数字量输出 1, 2			SR3B261B	-		Q.2	Q:.2	F2 - IRRIGATION	6	Electrovalve #1
	F1 L1 N1	PLC 数字量输出 1, 2			SR3B261B	-		Q.3	Q:.3	F2 - IRRIGATION	7	Electrovalve #2
	F1 L1 N1	PLC 数字量输出 1, 2			SR3B261B	-		Q.4	Q:.4	F2 - IRRIGATION	8	Electrovalve #3
	F1 L1 N1	PLC 数字量输出 1, 2			SR3B261B	-		Q.5	Q:.5	F2 - IRRIGATION	9	Electrovalve #4
	F1 L1 N1	PLC 数字量输出 1, 2			SR3B261B	-		Q.6	Q:.6			
	F1 L1 N1	PLC 数字量输出 1, 2			SR3B261B	-		Q.7	Q:.7			
	F1 L1 N1	其他 PLC C			SR3B261B	-	2					
	F1 L1 N1	PLC 数字量输出 Q8			SR3B261B	-	2	Q.8	Q:.8			
	F1 L1 N1	PLC 数字量输出 Q9			SR3B261B	-	2	Q.9	Q:.9			
	F1 L1 N1	PLC 数字量输出 QA			SR3B261B	-	2	Q.A	Q:.A			

图 13-11　图纸包含的数据

注意

任何回路关联了 I/O，将会强制包含在图纸中，电灯泡未开启的回路为备用回路。

步骤 21　生成图纸　单击【属性】，在【信息】中选择配置“Tutorial_Example”，如图 13-12 所示。

单击【生成图纸】，单击【确定】，在默认的图纸中创建 PLC。使用选定的配置和图 13-13 所示的状态报表，将自动创建图纸并填充已定义的 PLC 信息。

图 13-12　选择配置

状态	名称	说明
✔	F1 L1 N1	此设备图纸已经生成。

创建报表

图 13-13　状态报表

单击【关闭】退出报表，再次单击【关闭】退出 PLC 管理器。

步骤 22　检查结果　打开两个新页面“06-PLC drawing”和“07-PLC drawing”，单击【垂直平铺】，结果如图 13-14 所示。

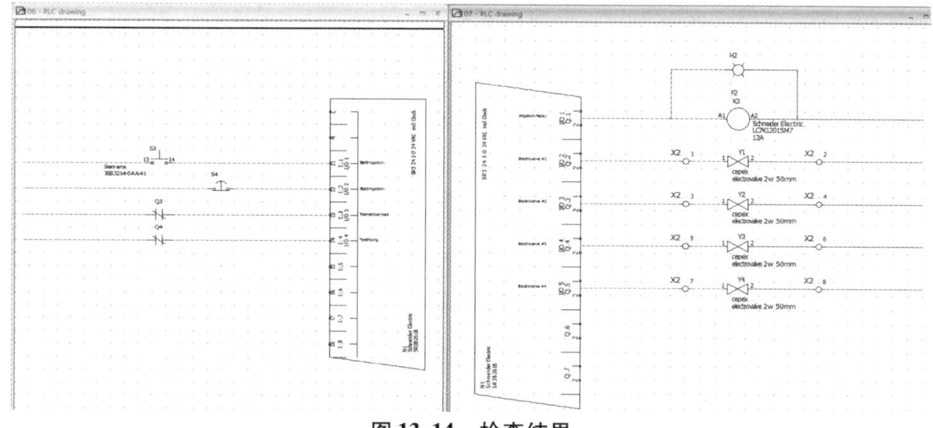

图 13-14　检查结果

大部分设计信息以宏的形式自动创建到 PLC 中，添加电缆完善信息，完成工程。

步骤 23　关闭工程　右击工程名称，选择【关闭】。

练习　PLC 自动化

创建 PLC，应用 I/O 回路说明、宏，自动生成 PLC 图纸。

本练习将使用以下技术：

- PLC 配置。
- 配置属性。
- PLC 的创建。
- 创建 I/O 回路。
- 添加 I/O 回路说明。
- 生成图纸。

操作步骤

开始本练习前，解压缩并打开文件“Start_Exercise_13. tewzip”，文件位于文件夹“Lesson13 \ Exercises”内。使用配置自动生成 PLC 图纸。

步骤 1　打开工程　找到并打开工程“Start Exercise 13”。

步骤 2　PLC 配置　复制 PLC 配置“DefaultAutomateDrawingConfig_Imperial”，创建工程级配置，如图 13-15 所示。

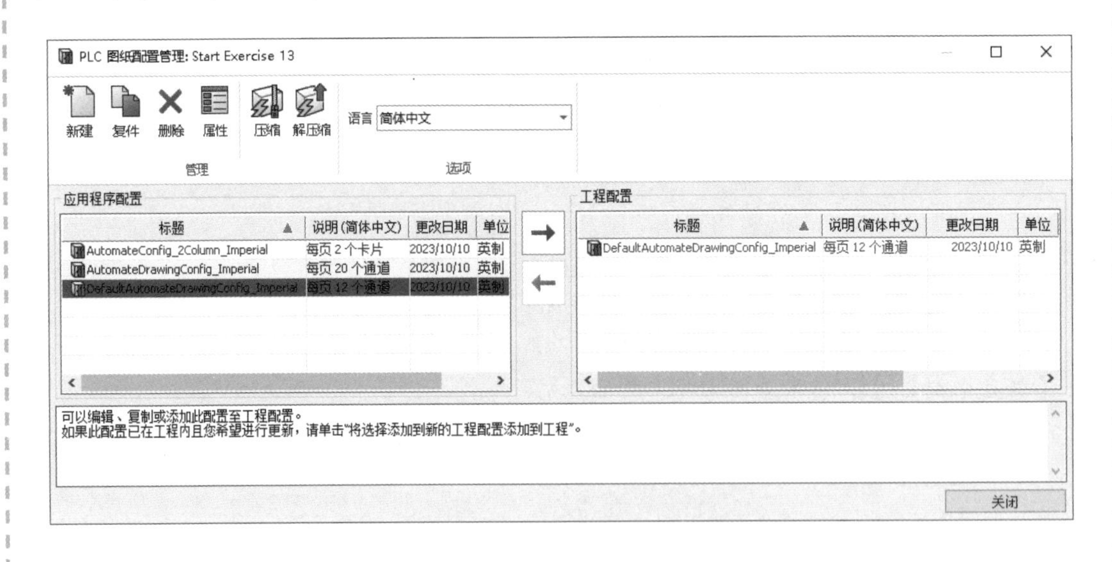

图 13-15　PLC 配置

步骤 3　修改 PLC 配置　修改 PLC 配置，设置数字量输入方向为【右】，数字量输出方向为【左】，如图 13-16 所示。

步骤 4　创建 PLC　通过【PLC 设备型号】创建 PLC，应用型号为“SR3B261B”。

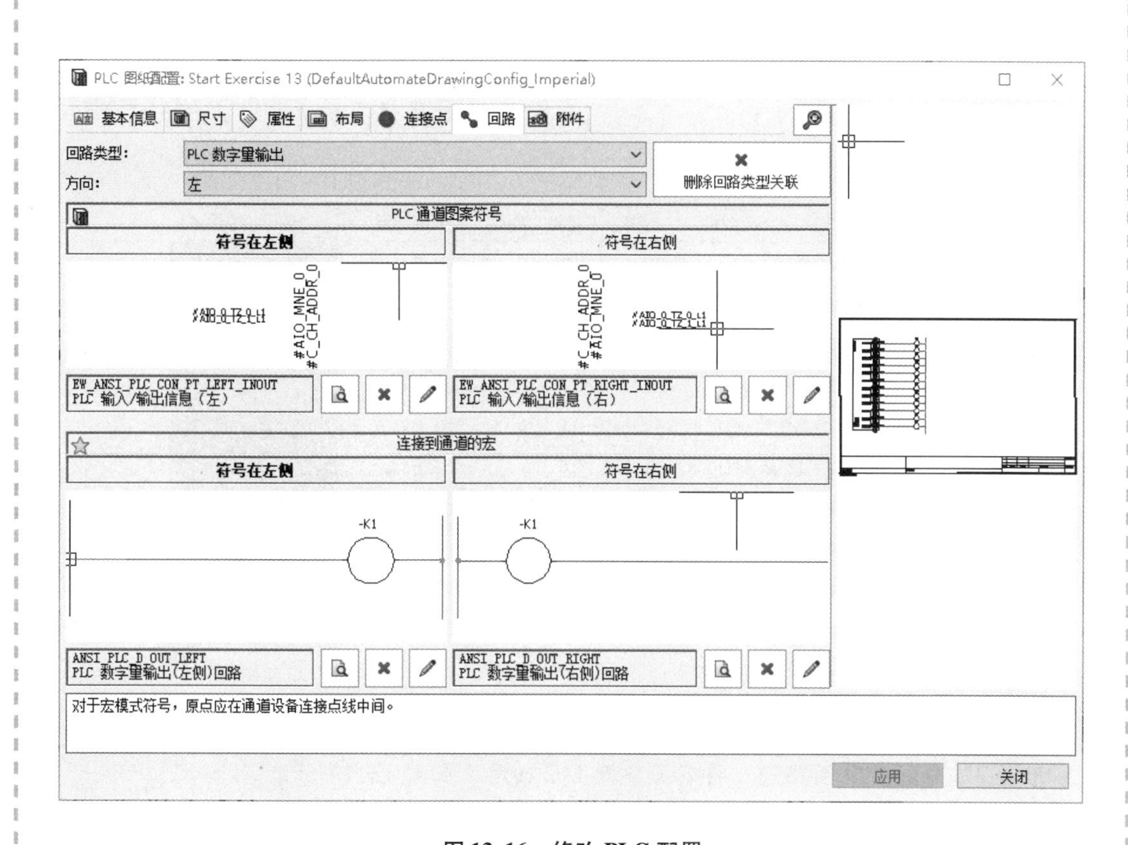

图 13-16　修改 PLC 配置

步骤 5　添加 PLC I/O 回路　添加 PLC I/O 回路，输入为 “I. 1” ~ “I. 6”，输出为 “Q. 1” ~ “Q. 4”，如图 13-17 所示。

选择回路列表

	状态		标注		回路	端...	关联符号	部件	电路组	通道群	物理地址	地址	功能	助记	说明(英语)	关联的宏
			F1 L1 N1		电源	L		SR3B261B	···	1						
			F1 L1 N1		电源	N		SR3B261B	···	1						
			F1 L1 N1		PLC 数字量输入	I1		SR3B261B	···	1	I.1	I:.1		1		<默认值>...
			F1 L1 N1		PLC 数字量输入	I2		SR3B261B	···	1	I.2	I:.2		2		<默认值>...
			F1 L1 N1		PLC 数字量输入	I3		SR3B261B	···	1	I.3	I:.3		3		<默认值>...
			F1 L1 N1		PLC 数字量输入	I4		SR3B261B	···	1	I.4	I:.4		4		<默认值>...
			F1 L1 N1		PLC 数字量输入	I5		SR3B261B	···	1	I.5	I:.5		5		<默认值>...
			F1 L1 N1		PLC 数字量输入	I6		SR3B261B	···	1	I.6	I:.6		6		<默认值>...
			F1 L1 N1		PLC 数字量输入	I7		SR3B261B	···	1	I.7	I:.7				
			F1 L1 N1		PLC 数字量输入	I8		SR3B261B	···	1	I.8	I:.8				
			F1 L1 N1		PLC 数字量输入	I9		SR3B261B	···	1	I.9	I:.9				
			F1 L1 N1		PLC 数字量输入	IA		SR3B261B	···	1	I.A	I:.A				
			F1 L1 N1		PLC 数字量输入	IB		SR3B261B	···	1	I.B	I:.B				
			F1 L1 N1		PLC 数字量输入	IC		SR3B261B	···	1	I.C	I:.C				
			F1 L1 N1		PLC 数字量输入	ID		SR3B261B	···	1	I.D	I:.D				
			F1 L1 N1		PLC 数字量输入	IE		SR3B261B	···	1	I.E	I:.E				
			F1 L1 N1		PLC 数字量输入	IF		SR3B261B	···	1	I.F	I:.F				
			F1 L1 N1		PLC 数字量输入	IG		SR3B261B	···	1	I.G	I:.G				
			F1 L1 N1		PLC 数字量输出	1, 2		SR3B261B	···		Q.1	Q:.1		7		<默认值>...
			F1 L1 N1		PLC 数字量输出	1, 2		SR3B261B	···		Q.2	Q:.2		8		<默认值>...
			F1 L1 N1		PLC 数字量输出	1, 2		SR3B261B	···		Q.3	Q:.3		9		<默认值>...
			F1 L1 N1		PLC 数字量输出	1, 2		SR3B261B	···		Q.4	Q:.4		10		<默认值>...

图 13-17　添加 PLC I/O 回路

步骤 6　I/O 回路表格　在输入/输出管理器中选择新建的 I/O 回路并打开表格。更改所有 I/O 回路的【功能】为“Main function”。打开“I/O. xls”，文件默认位于“Lesson13\Exercises”文件夹内。按【地址】对 I/O 回路排序，复制说明并粘贴到【说明（英语）】列，如图 13-18 所示。

功能	类型	设备	部件	地址	助记	关联的宏	说明 (英语)
...	PLC 数字量输入	N1	SR3B261B	I:.1	1	<默认值>...	Emergency Stop
...	PLC 数字量输入	N1	SR3B261B	I:.2	2	<默认值>...	Door Opened
...	PLC 数字量输入	N1	SR3B261B	I:.3	3	<默认值>...	Door Closed
...	PLC 数字量输入	N1	SR3B261B	I:.4	4	<默认值>...	Open Door
...	PLC 数字量输入	N1	SR3B261B	I:.5	5	<默认值>...	Sensor
...	PLC 数字量输入	N1	SR3B261B	I:.6	6	<默认值>...	Close Door
...	PLC 数字量输出	N1	SR3B261B	Q:.1	7	<默认值>...	Open Door Relay
...	PLC 数字量输出	N1	SR3B261B	Q:.2	8	<默认值>...	Close Door Relay
...	PLC 数字量输出	N1	SR3B261B	Q:.3	9	<默认值>...	Open Door Pilot
...	PLC 数字量输出	N1	SR3B261B	Q:.4	10	<默认值>...	Close Door Pilot

图 13-18　I/O 回路表格

步骤 7　分配 I/O 回路宏　将宏关联到 I/O 回路，如图 13-19 所示。

选择回路列表

状态	标注	回路	端...	关联符号	部件	电路组	通道群	物理地址	地址	功能	助记	说明 (英语)	关联的宏
	F1 L1 N1	电源	L		SR3B261B	...	1						
	F1 L1 N1	电源	N		SR3B261B	...	1						
	F1 L1 N1	PLC 数字量输入	I1		SR3B261B	...	1	I.1	I:.1		1	Emergency Stop	<默认值>...
	F1 L1 N1	PLC 数字量输入	I2		SR3B261B	...	1	I.2	I:.2		2	Door Opened	<默认值>...
	F1 L1 N1	PLC 数字量输入	I3		SR3B261B	...	1	I.3	I:.3		3	Door Closed	<默认值>...
	F1 L1 N1	PLC 数字量输入	I4		SR3B261B	...	1	I.4	I:.4		4	Open Door	<默认值>...
	F1 L1 N1	PLC 数字量输入	I5		SR3B261B	...	1	I.5	I:.5		5	Sensor	<默认值>...
	F1 L1 N1	PLC 数字量输入	I6		SR3B261B	...	1	I.6	I:.6		6	Close Door	<默认值>...
	F1 L1 N1	PLC 数字量输入	I7		SR3B261B	...	1	I.7	I:.7				
	F1 L1 N1	PLC 数字量输入	I8		SR3B261B	...	1	I.8	I:.8				
	F1 L1 N1	PLC 数字量输入	I9		SR3B261B	...	1	I.9	I:.9				
	F1 L1 N1	PLC 数字量输入	IA		SR3B261B	...	1	I.A	I:.A				
	F1 L1 N1	PLC 数字量输入	IB		SR3B261B	...	1	I.B	I:.B				
	F1 L1 N1	PLC 数字量输入	IC		SR3B261B	...	1	I.C	I:.C				
	F1 L1 N1	PLC 数字量输入	ID		SR3B261B	...	1	I.D	I:.D				
	F1 L1 N1	PLC 数字量输入	IE		SR3B261B	...	1	I.E	I:.E				
	F1 L1 N1	PLC 数字量输入	IF		SR3B261B	...	1	I.F	I:.F				
	F1 L1 N1	PLC 数字量输入	IG		SR3B261B	...	1	I.G	I:.G				
	F1 L1 N1	PLC 数字量输出	1, 2		SR3B261B	...		Q.1	Q:.1		7	Open Door Relay	<默认值>...
	F1 L1 N1	PLC 数字量输出	1, 2		SR3B261B	...		Q.2	Q:.2		8	Close Door Relay	<默认值>...
	F1 L1 N1	PLC 数字量输出	1, 2		SR3B261B	...		Q.3	Q:.3		9	Open Door Pilot	<默认值>...
	F1 L1 N1	PLC 数字量输出	1, 2		SR3B261B	...		Q.4	Q:.4		10	Close Door Pilot	<默认值>...
	F1 L1 N1	PLC 数字量输出	1, 2		SR3B261B	...		Q.5	Q:.5				
	F1 L1 N1	PLC 数字量输出	1, 2		SR3B261B	...		Q.6	Q:.6				
	F1 L1 N1	PLC 数字量输出	1, 2		SR3B261B	...		Q.7	Q:.7				

图 13-19　分配 I/O 回路宏

步骤 8　分页　在输入“I. 6”之后添加页面分隔符，排除输入“I. 7”~“I. G”和输出“Q. 5”~“Q. A”，如图 13-20 所示。

步骤 9　生成图纸　单击【生成图纸】，打开页面“07-PLC drawing”和页面“08-PLC drawing”，如图 13-21 所示。

步骤 10　关闭工程　右击工程名称，选择【关闭】。

选择回路列表

	状态		标注		回路	端...	关联符号	部件	电路组	通道群	物理地址	地址	功能	助记	说明(英语)	关联的宏
			F1 L1 N1		电源	L		SR3B261B	···	1						
			F1 L1 N1		电源	N		SR3B261B	···	1						
			F1 L1 N1		PLC 数字量输入	I1		SR3B261B	···	1	I.1	I:.1		1	Emergency Stop	Em.Stop...
			F1 L1 N1		PLC 数字量输入	I2		SR3B261B	···	1	I.2	I:.2		2	Door Opened	No PB...
			F1 L1 N1		PLC 数字量输入	I3		SR3B261B	···	1	I.3	I:.3		3	Door Closed	NC PB...
			F1 L1 N1		PLC 数字量输入	I4		SR3B261B	···	1	I.4	I:.4		4	Open Door	No PB...
			F1 L1 N1		PLC 数字量输入	I5		SR3B261B	···	1	I.5	I:.5		5	Sensor	NC Contact...
			F1 L1 N1		PLC 数字量输入	I6		SR3B261B	···	1	I.6	I:.6		6	Close Door	No PB...
			F1 L1 N1		PLC 数字量输入	I7		SR3B261B	···	1	I.7	I:.7				
			F1 L1 N1		PLC 数字量输入	I8		SR3B261B	···	1	I.8	I:.8				
			F1 L1 N1		PLC 数字量输入	I9		SR3B261B	···	1	I.9	I:.9				
			F1 L1 N1		PLC 数字量输入	IA		SR3B261B	···	1	I.A	I:.A				
			F1 L1 N1		PLC 数字量输入	IB		SR3B261B	···	1	I.B	I:.B				
			F1 L1 N1		PLC 数字量输入	IC		SR3B261B	···	1	I.C	I:.C				
			F1 L1 N1		PLC 数字量输入	ID		SR3B261B	···	1	I.D	I:.D				
			F1 L1 N1		PLC 数字量输入	IE		SR3B261B	···	1	I.E	I:.E				
			F1 L1 N1		PLC 数字量输入	IF		SR3B261B	···	1	I.F	I:.F				
			F1 L1 N1		PLC 数字量输入	IG		SR3B261B	···	1	I.G	I:.G				
			F1 L1 N1		PLC 数字量输出	1, 2		SR3B261B	···		Q.1	Q:.1		7	Open Door Relay	Coil...
			F1 L1 N1		PLC 数字量输出	1, 2		SR3B261B	···		Q.2	Q:.2		8	Close Door Relay	Coil...
			F1 L1 N1		PLC 数字量输出	1, 2		SR3B261B	···		Q.3	Q:.3		9	Open Door Pilot	Lamp...
			F1 L1 N1		PLC 数字量输出	1, 2		SR3B261B	···		Q.4	Q:.4		10	Close Door Pilot	Lamp...
			F1 L1 N1		PLC 数字量输出	1, 2		SR3B261B	···		Q.5	Q:.5				
			F1 L1 N1		PLC 数字量输出	1, 2		SR3B261B	···		Q.6	Q:.6				
			F1 L1 N1		PLC 数字量输出	1, 2		SR3B261B	···		Q.7	Q:.7				
			F1 L1 N1		其他 PLC	C		SR3B261B	···	2						
			F1 L1 N1		PLC 数字量输出	Q8		SR3B261B	···	2	Q.8	Q:.8				
			F1 L1 N1		PLC 数字量输出	Q9		SR3B261B	···	2	Q.9	Q:.9				
			F1 L1 N1		PLC 数字量输出	QA		SR3B261B	···	2	Q.A	Q:.A				

图 13-20　分页

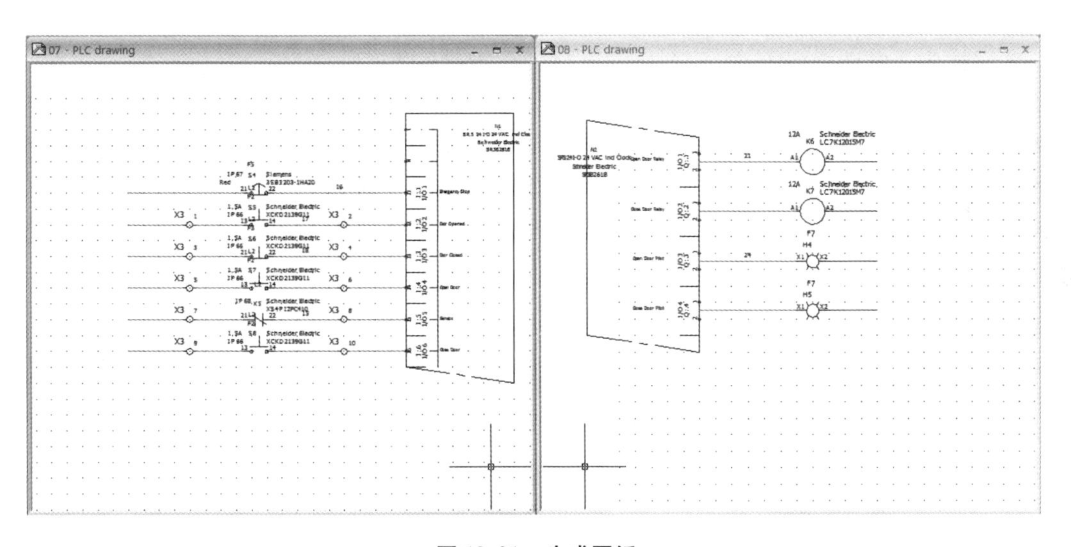

图 13-21　生成图纸

第 14 章　连　接　器

学习目标

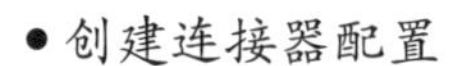

- 创建连接器配置
- 以符号方式插入连接器
- 以动态模块方式插入连接器
- 以单个针脚方式插入连接器

扫码看视频

14.1　连接器概述

连接器是一种用于不同电路之间的接口装置，如图 14-1 所示。连接器的类型很多，主要包括插头和插座。插座一般用 J 或 X 表示，插头用 P 表示。

插头又叫接头，通常用于连接电线、电缆或可移动的电气装配。接头在工业中被大量使用，例如以太网接头、电话接头等。

连接器可以在电线或设备中做永久或临时的连接，通常电气连接器会附有电气图纸，提供制作、大小、针脚之间的电阻和绝缘等信息。连接器可以在接线图和原理图中以不同的方式显示：整个连接器显示在一张图纸中，或在多张图纸中使用针脚分别显示。

图 14-2 所示是用于表示针脚类型的不同图形符号（基于不同的符号标准），当在分线盒中使用时，其表示不同的连接类型。

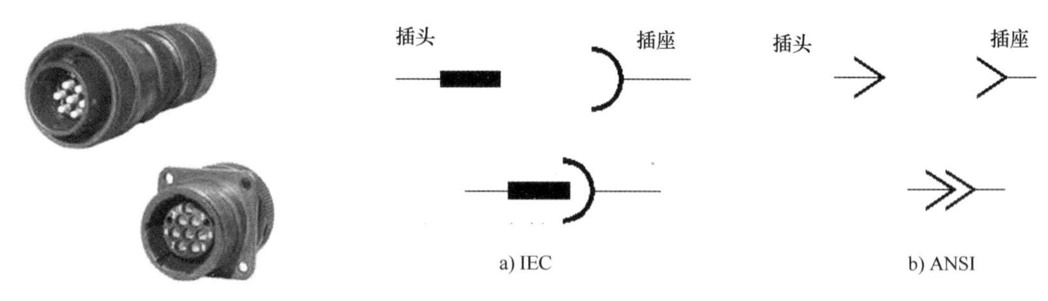

图 14-1　连接器

图 14-2　针脚类型

SOLIDWORKS Electrical 中主要有三种方式管理和插入连接器：

1）单独的连接器符号，表达整个连接器。

2）多个动态连接器符号，用于图纸不同区域或工程的不同图纸中。

3）使用单个或多个针脚符号，用于图纸不同区域或工程的不同图纸中。

单独和多个动态连接器具有唯一的配置，每种配置具有特定的连接器表达工具。

通过动态连接器配置文件和动态连接器的插入，可以在插入时调换针脚，混合使用回路类型，避免已分配的针脚重复使用，也可使用视觉销钉标识。

在本章中，会讲解图 14-3 所示的针脚图。

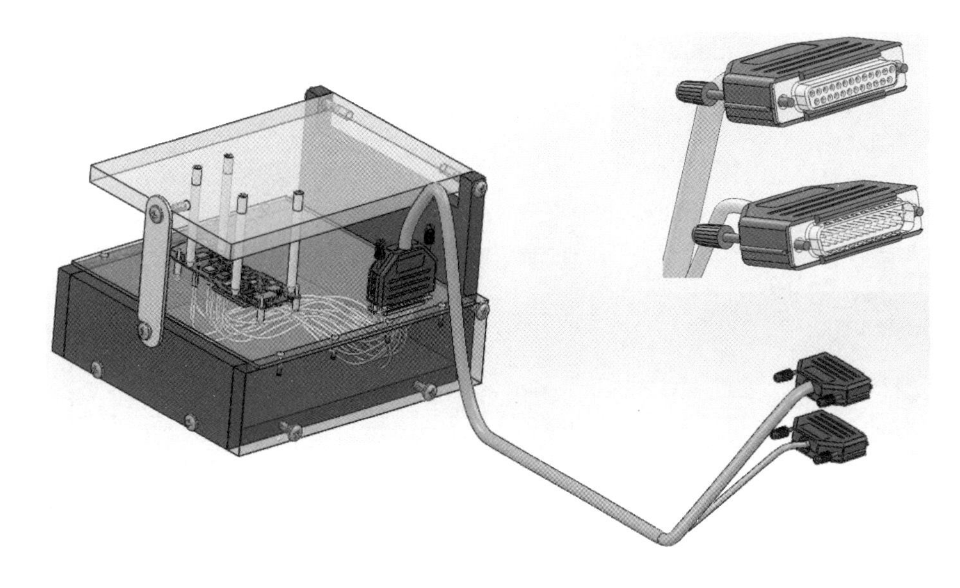

图 14-3 针脚图

14.2 设计流程

主要操作步骤如下：

1. **创建连接器配置** 创建工程级配置文件。
2. **插入单独连接器符号** 创建新连接器，插入符号。
3. **插入动态连接器带针脚指示器** 创建并插入带独立的针脚指示器的动态连接器。
4. **插入动态单个针脚指示器** 创建并插入带针脚指示器的连接器。

操作步骤

开始本课程前，解压缩并打开文件“Start_Lesson_14. tewzip”，文件位于文件夹“Lesson14 \ Case Study” 内。创建连接器配置文件，创建并插入连接器，使用三种方法连接针脚和电线。

步骤 1 打开工程和图纸 打开工程 “Start Lesson 14”。打开混合图 “03-Fixture > Harness connectors”。

步骤 2 创建连接器配置 在【电气工程】中单击【配置】/【连接器】，单击【新建】。选择【动态符号】配置类型。

步骤 3 生成连接器配置 输入配置名称为 “Training”，说明为 “Female D connector”，在【形状】选项卡中的定义如图 14-4 所示。

步骤 4 连接器配置属性 切换至【属性】选项卡，在【信息在上】栏中单击【选择】。选择符号 “EW_ANSI_CONNECTOR_INFO_TOP + 1”，单击【选择】。重复操作，对【信息在下】选择符号 “EW_ANSI_CONNECTOR_INFO_BOTTOM + 1”，单击【选择】。

步骤 5 连接器配置回路 切换至【回路】选项卡，设置【附件插座】的【方向】为 “270”，如图 14-5 所示。单击【选择】，选择符号 “TR-PIN_F_03”，单击【选择】。

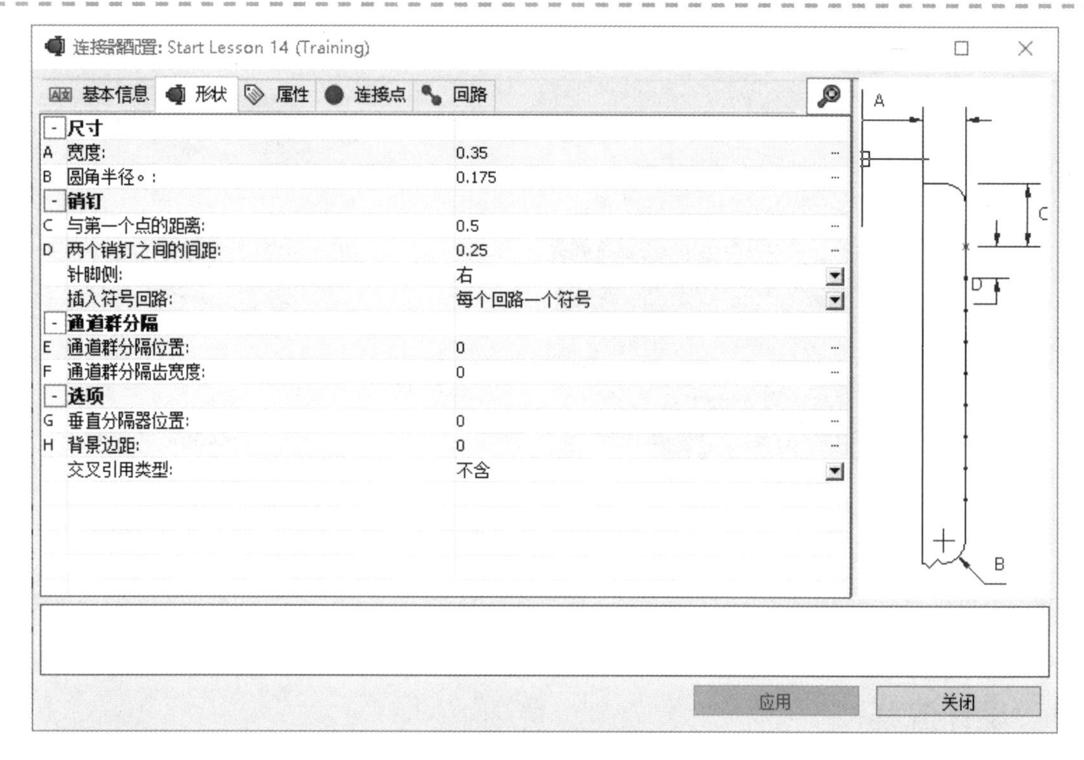

图 14-4　连接器配置（形状）

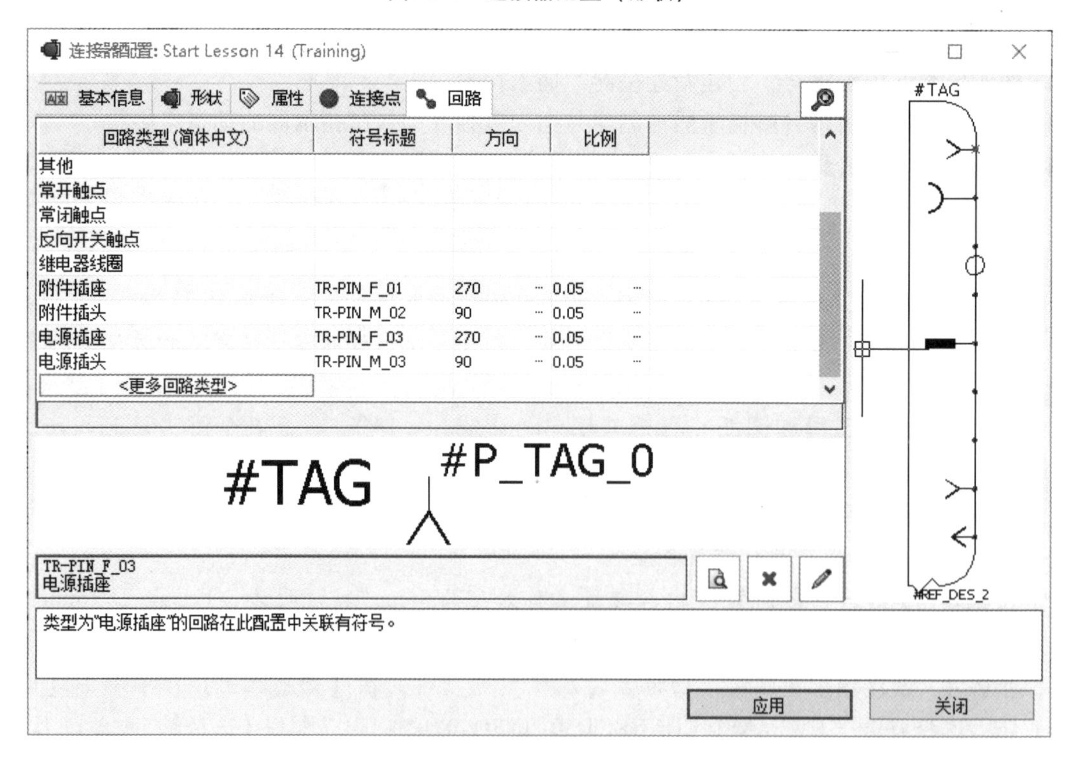

图 14-5　连接器配置（回路）

单击【应用】和【关闭】退出配置，再次单击【关闭】退出管理器。

14.3 插入连接器的方法

【插入连接器】命令是通过一定的逻辑过程来获得所需的结果。激活命令后，首先会要求用户选择设备型号，只有编辑设备属性后，连接器才能被插入到图纸中。

插入连接器是通过【命令】侧面板手动完成的，如图14-6所示。设计者可以定义连接器的插入规则。插入连接器时，可以是独立的符号，也可以在符号选择器中选择符号，或者通过配置文件使用动态方式创建唯一的符号。

部分选项可以让针脚移动到不同位置以便于分组。如果连接器较多，可以通过筛选的方式排除一些插入的针脚，也可以设定插入针脚的最大数量。

【助记】和【使用】命令也可以设定到每个针脚或端子，用于揭示更多的设备信息。

图14-6 插入连接器

知识卡片	插入连接器	● 命令管理器：【原理图】/【插入连接器】。

步骤6 插入连接器 在【原理图】中单击【插入连接器】，查找以下信息：

- 分类：连接器。
- 类型：基。
- 制造商数据：FCI。
- 部件：DB25P064TLF。

选择设备型号后单击【添加】，单击【选择】，进入【设备属性】对话框，将【源】更改为“J”。单击【确定】返回页面。

注意 如果这是第一次使用此命令，则会自动弹出符号选择器。

步骤7 连接器符号 在【命令】侧面板中，【选择配置】选择“〈选择要插入的符号〉”，单击【其他符号】。找到符号“Z-20140123214847-001”后单击【选择】，在图纸中央竖直放置连接器。

注意 如果在图纸中没有出现内容，确认【命令】侧面板中勾选了前16个针脚回路。

14.4 插入连接器选项

当创建连接器后，下一次插入连接器时会有不同的选项。

- 创建新接头：自动启动标准流程，选择设备型号、设备属性及插入点设置等。
- 选择现有连接器：启动【查找设备】对话框，如图14-7所示。所有可用的工程连接器设备将会根据位置列出。选择列表中的设备，继续完成连接器的其他针脚的放置。
- 继续插入之前添加的连接器：SOLIDWORKS Electrical 会记录最后一次插入的连接器，自

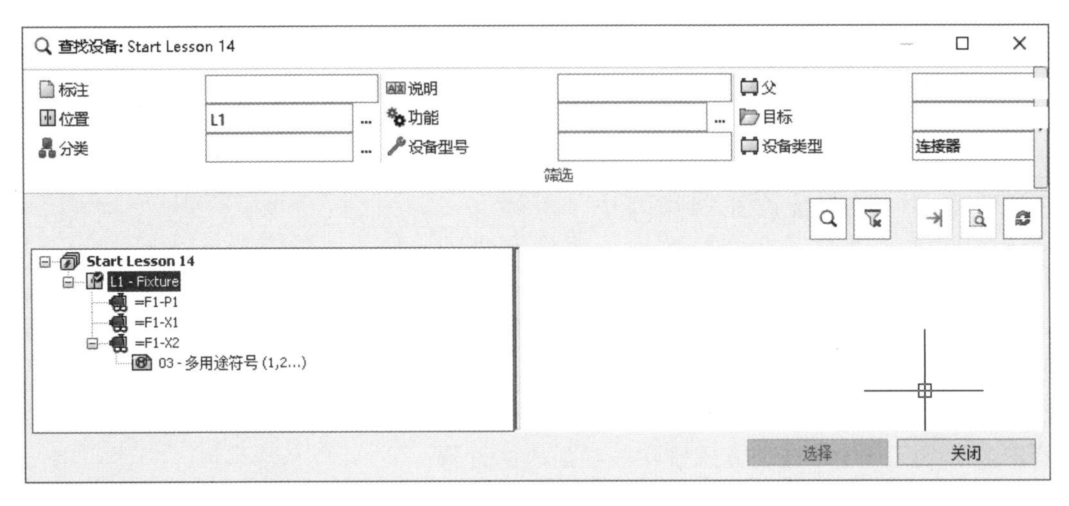

图 14-7 【查找设备】对话框

动列出剩余可用的针脚。

- 不操作：取消命令。

步骤 8 创建连接器 单击【插入连接器】，选择【创建新接头】。选择以下信息：

- 分类：连接器。
- 类型：基。
- 制造商数据：FCI。
- 部件：DB25S064TLF。

选择设备，单击【添加】，单击【选择】进入【设备属性】。更改【源】为“P”，【数】为“1”，单击【确定】，返回页面。

步骤 9 带针脚符号的动态连接器 在【命令】中的【选择配置】中选择［Training］。单击【限制回路数】，输入“16”，如图 14-8 所示。

注意：限制回路数并不会激活针脚，但是可以约束针脚插入的数量。

提示：第一次插入连接器时，默认激活所有针脚，更改限制数量将会取消上面的针脚选择。

右击状态栏，设置捕捉间隔为“0.025”，单击【关闭】，将连接器插入在 J1 右侧，如图 14-9所示。

注意：配置文件包含了回路类型的图形表达，在此例中，附件插头回路合并到回路中。符号 J1 具有固定的图形，不能调整已经应用的回路。

注意：当两个连接器的长度尺寸不匹配时，可右击后选择【符号】/【打开符号】，在符号编辑器中进行编辑，再回到图纸中对符号进行更新。

步骤 10 连接器的动态针脚 单击【插入连接器】，选择【创建新接头】。选择以下信息：

- 分类：连接器。

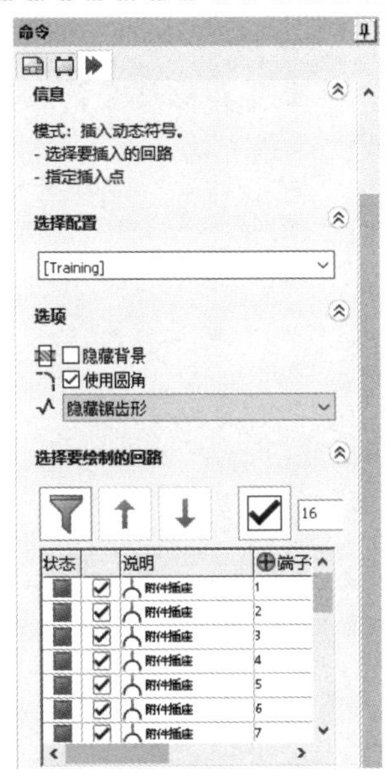

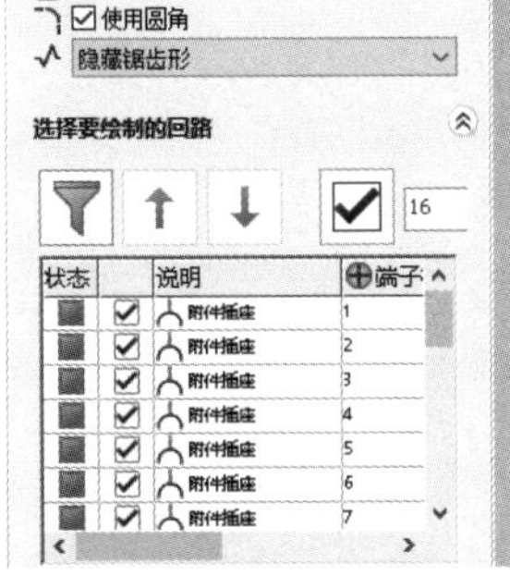

图 14-8 限制回路数

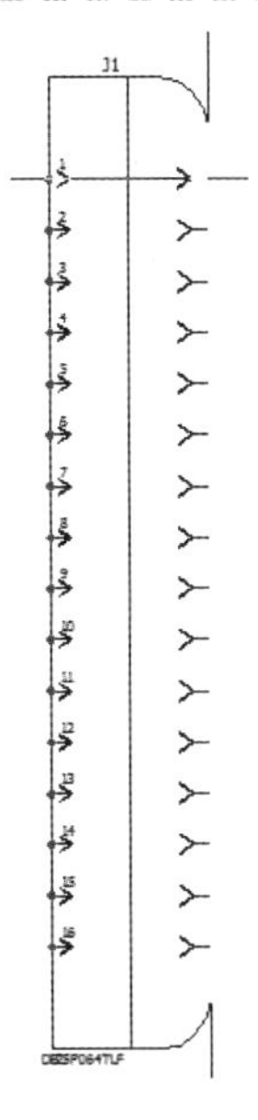

图 14-9 放置连接器

- 类型：基。
- 制造商数据：FCI。
- 部件：DB25S064TLF。

选择设备，单击【添加】，单击【选择】进入【设备属性】。更改【源】为“P”，单击【确定】返回页面。

在【选择配置】中选择“每个引脚一个符号”，设置【限制回路数】为“10”。单击【旋转90°】设置符号方向。在位于P1的1号针脚右侧插入连接器针脚，如图14-10所示。

思考 为什么连接器编号为“.1”?

注意 中文版本中【选择配置】中有两个“每个引脚一个符号”选项，选择后一个符号是半圆形的。

步骤 11 筛选 单击【筛选】并设置【限制回路数】为“3”。停用针脚12和针脚13，激活针脚16和针脚19，在P2.1下方插入连接器针脚。

步骤 12 创建连接器 单击【插入连接器】，选择【创建新接头】。

选择以下信息：

- 分类：连接器。
- 类型：基。
- 制造商数据：FCI。
- 部件：DB25P064TLF。

选择设备，单击【添加】，单击【选择】进入【设备属性】。更改【源】为“P”，【数】为“3”，单击【确定】，返回页面。设置【限制回路数】为“3”，符号方向为【旋转270°】，放置在P2.1针脚19下方，并与针脚16对齐，如图14-11所示。

步骤 13 绘制电线 单击【绘制单线类型】，使用“30 AWG”线型连接连接器，

如图 14-12 所示。

步骤 14　插入其他装置　单击【插入符号】Ⓜ，单击【其他符号】，找到并选择以下符号：

- 分类：测量设备。

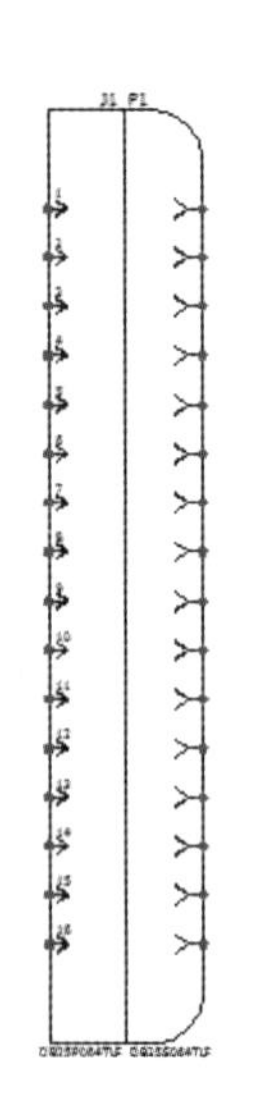

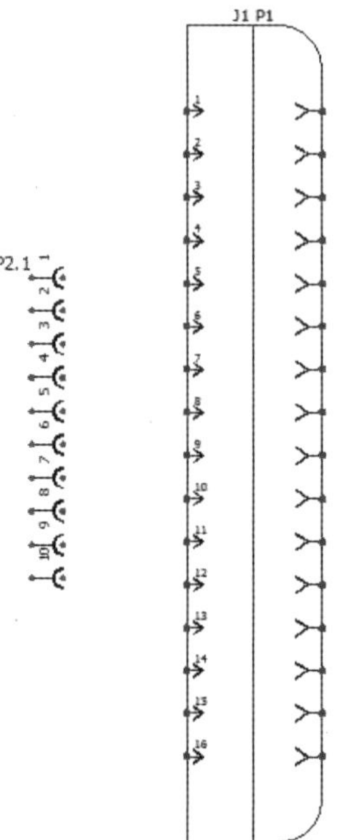

图 14-10　插入连接器针脚　　**图 14-11　放置其他针脚**

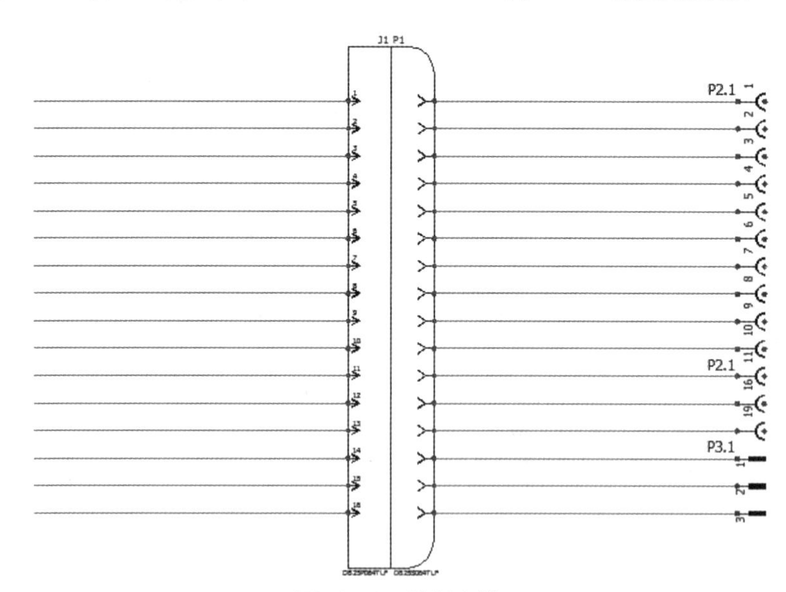

图 14-12　绘制电线

- 标题：Test Probe。

单击【选择】，将符号放置在电线末端，连接 J1：1。

在【符号属性】/【设备型号与回路】中查找型号。选择以下信息：

- 分类：测量设备。
- 类型：基。
- 制造商数据：Harwin。

- 部件：S25-022。

选择型号并单击【添加】，单击【选择】，进入【设备属性】。

步骤 15　关联回路　选择红色回路，拖放到端子回路，如图 14-13 所示。单击【是】，关联回路，单击【确定】。

步骤 16　阵列　在【修改】中单击【阵列】，按图 14-14 所示设置。

图 14-13　关联回路

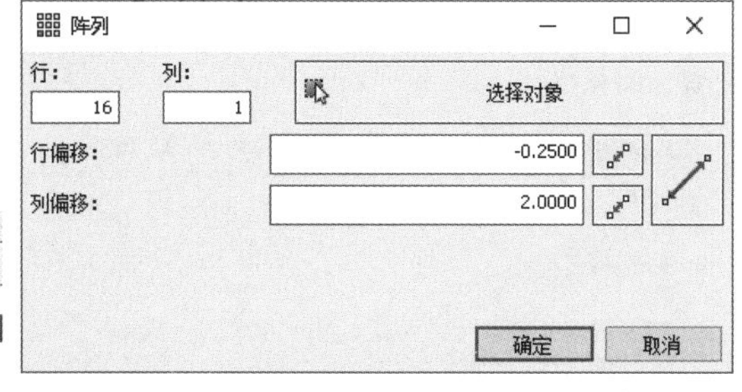

图 14-14　阵列

单击【选择对象】，选择符号 TP1，单击【确定】完成阵列，如图 14-15 所示。

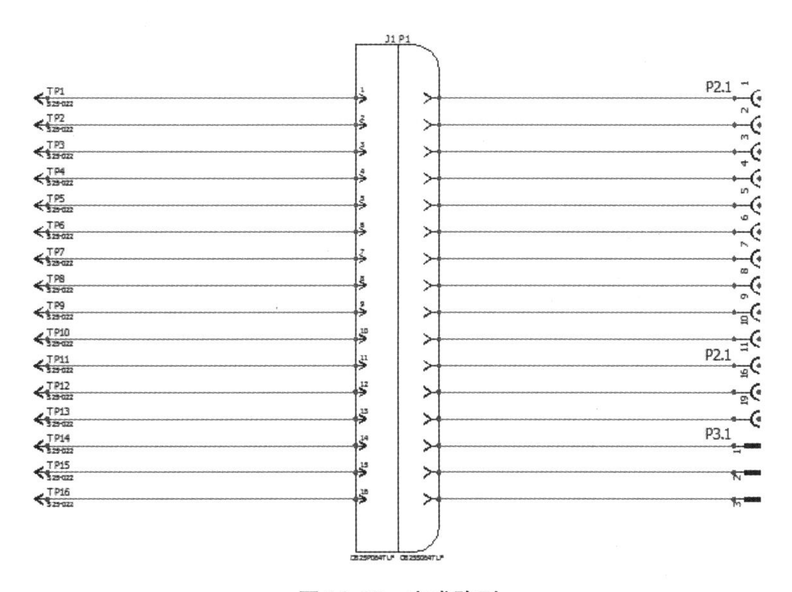

图 14-15　完成阵列

步骤 17　关闭工程　右击工程名称，选择【关闭】。

练习　连接器

创建连接器配置，带针脚插入动态连接器，并插入另一个单独符号连接器，关联到接线图。

本练习将使用以下技术：

- 创建连接器配置。
- 插入连接器针脚。

操作步骤

开始本练习前，解压缩并打开文件“Start_Exercise_14. proj”，文件位于文件夹“Lesson14 \ Exercises”内。创建新配置文件，更改设置，插入不同连接器时应用新配置。

步骤 1　连接器配置　复制并编辑应用配置“dynamicconnectorwithsymbols_metric”。【名称】和【说明】改为“Connector Lab”，其他设置如图 14-16 所示。

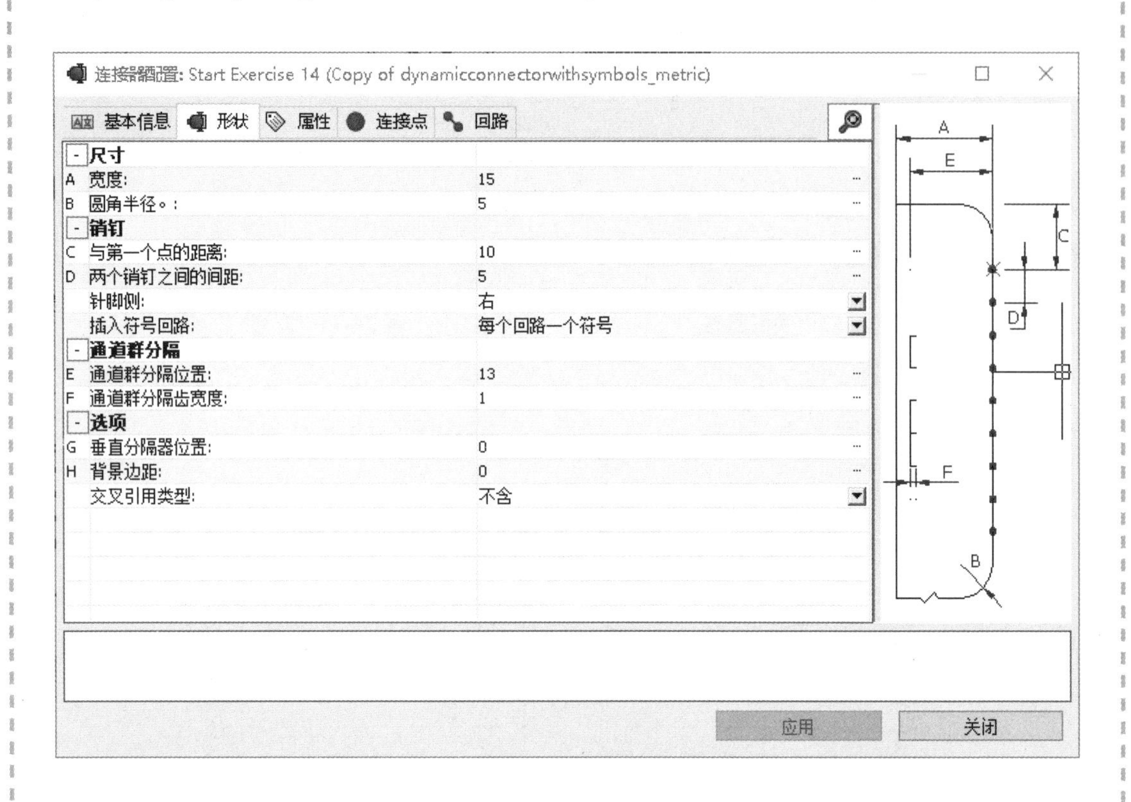

图 14-16　连接器配置

在【属性】选项卡中单击【删除】✕，删除【信息在下】的信息。更改插座的符号为“TR-PIN_F_02”，角度为“270”，比例为“1”。

步骤 2　创建连接器　打开工程图纸，插入新连接器，应用以下设备信息：

- 分类：连接器。
- 类型：基。
- 制造商数据：Fischer。
- 部件：DBPE 104 A065-139。

步骤 3　动态连接器　使用新的配置文件插入连接器。在【命令】中选择新的配置文件“Dynamic connector with pin symbol (Connector Training Labs)”。确认所有针脚已经选中，设置方向为“180”，单击插入到-D1 电线的位置上，如图 14-17 所示。

步骤 4　插入连接器针脚　创建新连接器，应用以下设备信息：

- 分类：连接器。

- 类型：基。
- 制造商数据：Fischer。
- 部件：DBPE 104 A065-139。

使用配置文件插入连接器，选中“每个引脚一个符号”。确认所有针脚已经被选中，设置方向为初始方向，单击插入至-J1下方的电线上。

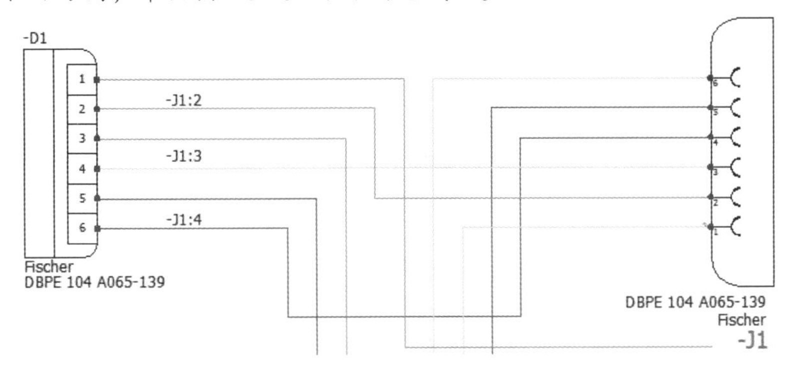

图 14-17 动态连接器

步骤5 关联接线图 关联-D2到“=F1-J1”，-D3到“=F1-J3”，结果如图14-18所示。

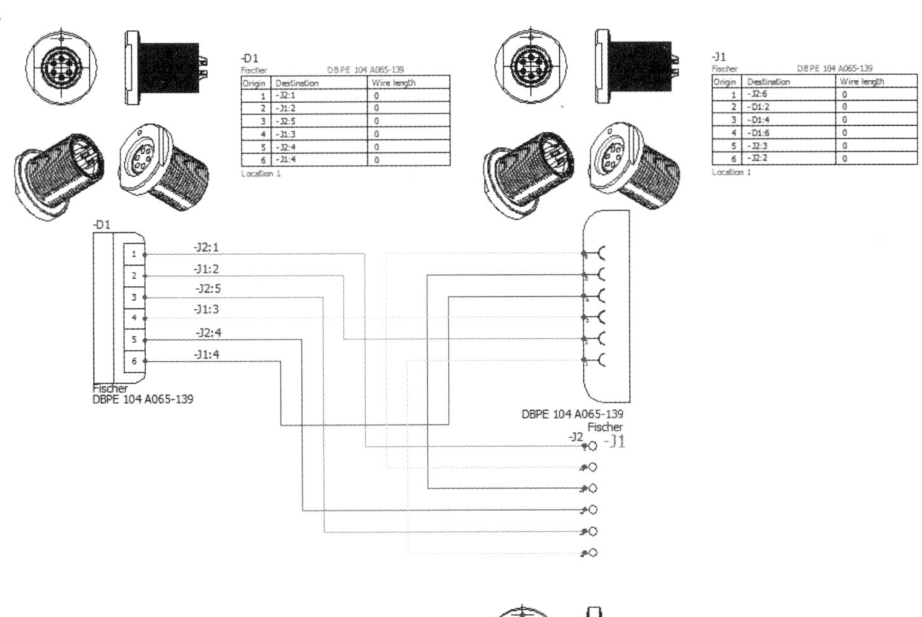

-D1 Fischer DBPE 104 A065-139

Origin	Destination	Wire length
1	-J2:1	0
2	-J1:2	0
3	-J2:5	0
4	-J1:3	0
5	-J2:4	0
6	-J1:4	0

Location 1

-J1 Fischer DBPE 104 A065-139

Origin	Destination	Wire length
1	-J2:6	0
2	-D1:2	0
3	-D1:4	0
4	-D1:6	0
5	-J2:3	0
6	-J2:2	0

Location 1

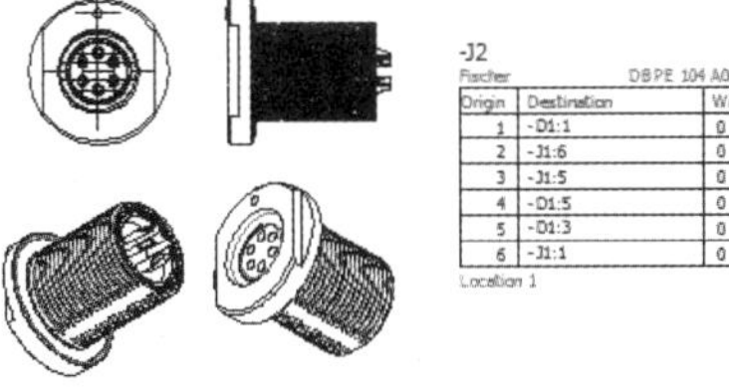

-J2 Fischer DBPE 104 A065-139

Origin	Destination	Wire length
1	-D1:1	0
2	-J1:6	0
3	-J1:5	0
4	-D1:5	0
5	-D1:3	0
6	-J1:1	0

Location 1

图 14-18 关联接线图

步骤6 关闭工程 右击工程名称，选择【关闭】。

第 15 章　2D 机柜布局图纸

学习目标

- 管理与位置相关的 2D 机柜布局图纸
- 创建 2D 机柜布局图纸
- 插入机柜、线槽和导轨
- 修改线槽和导轨长度
- 插入设备
- 优化接线

扫码看视频

15.1　2D 机柜布局图纸概述

【2D 机柜布局】命令可以创建电气配电柜、机器或装置的一般布局图纸，如图 15-1 所示。基于工程的位置定义，分别创建布局图纸，便于充分定义设备在复杂设计中的安装位置。

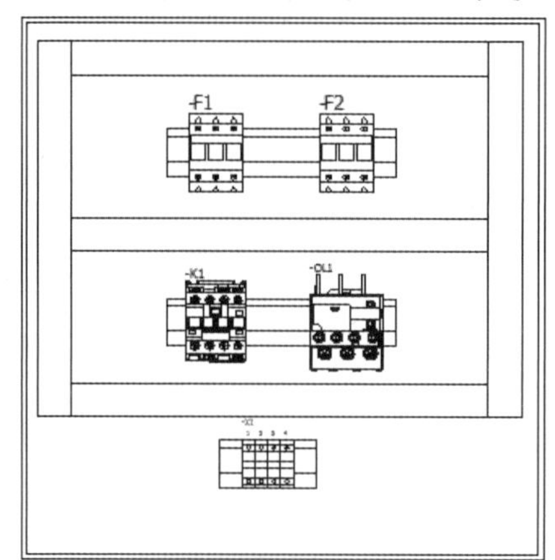

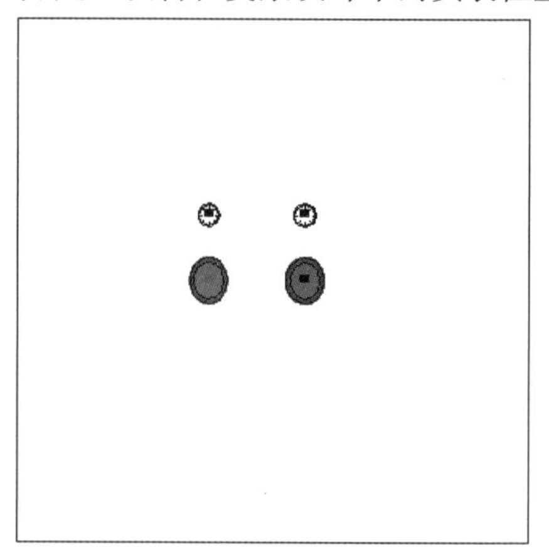

图 15-1　2D 机柜布局图纸

基于设备的安装位置，可以优化接线方向，基于设备排布的物理距离提供接线的从到报表信息。

15.2　设计流程

主要操作步骤如下：

1. 创建和修改位置　工程中的位置可以设定多个位置属性，且基于安装位置划分设备。

2. 创建布局图纸　布局图纸可以生成并添加到工程文档中。

3. 添加机柜　机柜设备可以添加到工程并插入布局图纸中。

4. 添加导轨和线槽　导轨和线槽可以添加到工程并插入布局图纸中。

5. 插入设备　将设备插入布局图纸中，排布在导轨上。

6. 优化接线　基于设备在布局图纸中的位置优化接线。

操作步骤

开始本课程前，解压缩并打开文件“Start_Lesson_15. tewzip”，文件位于文件夹“Lesson15 \ Case Study”内。创建位置和 2D 机柜布局图纸，插入设备，优化接线。

步骤 1　打开图纸　展开文件集，双击页面“03-Electrical scheme”。

步骤 2　管理位置　在【电气工程】中单击【位置】。选择“L1”，单击【属性】。更改说明为“Electrical Enclosure”，单击【确定】。单击【创建多个位置】，输入数字“2”后单击【确定】。

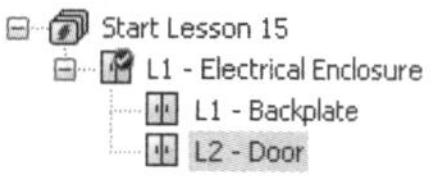

Start Lesson 15
L1 - Electrical Enclosure
L1 - Backplate
L2 - Door

图 15-2　管理位置

使用相同的操作，如图 15-2 所示更改位置说明后单击【关闭】。

步骤 3　更改页面位置　右击页面“03-Electrical scheme”，选择【修改位置】。选择位置“L1-Backplate”，单击【选择】，在随后的提示中选择【更改设备位置】。

步骤 4　绘制位置轮廓线　在【原理图】中单击【位置轮廓线】，绘制包含按钮-S1和-S2的矩形框。选择位置“L2-Door”，出现提示“是否要更改包含在位置轮廓线中的符号位置?”时，选择【修改设备位置】。

重复以上操作，绘制包含-H1 和-H2 的位置轮廓线，如图 15-3 所示。

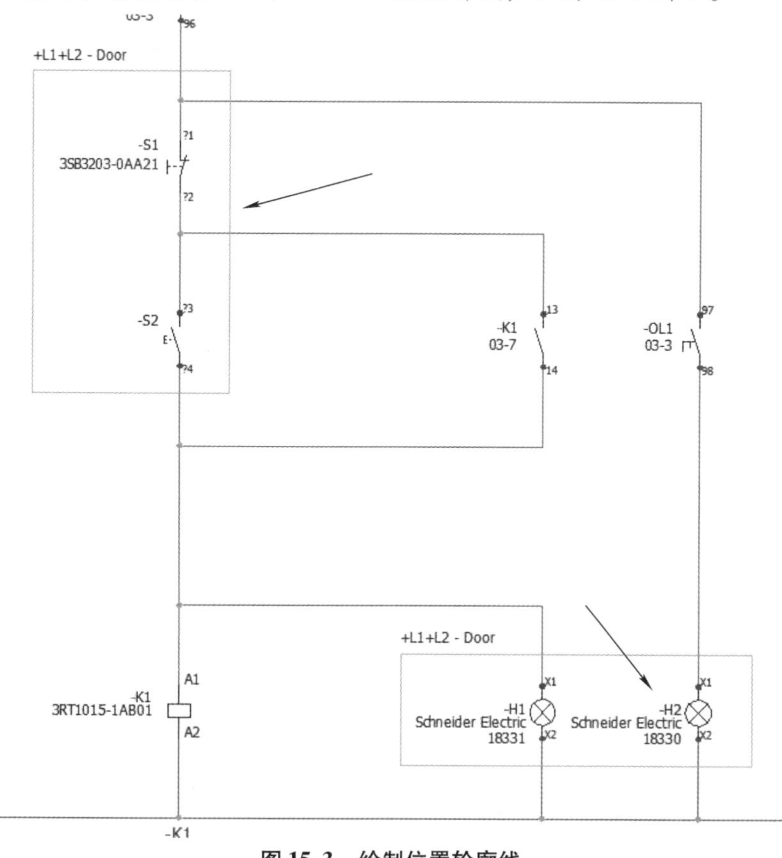

图 15-3　绘制位置轮廓线

步骤 5　创建位置　绘制另一个包含-M1 的位置轮廓线。选择工程名称，单击【新位置】，将【说明】定义为“Motor Room”，单击【确定】。选择创建的新位置，单击【选择】，在随后的提示中选择【修改设备位置】，结果如图 15-4 所示。

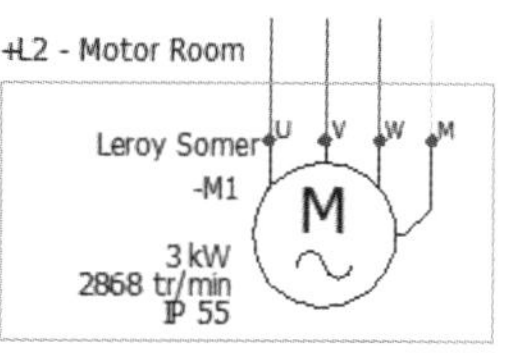

图 15-4　创建位置

15.2.1　创建 2D 机柜布局图纸

可以为工程中的所有位置创建 2D 机柜布局图纸，此外还可以为整个工程创建 2D 机柜布局图纸。在插入设备时会匹配相应的位置。在工程布局图纸中，页面关联一个带有子位置的位置，工程中所有设备都可以插入布局图纸中，如图 15-5 所示。

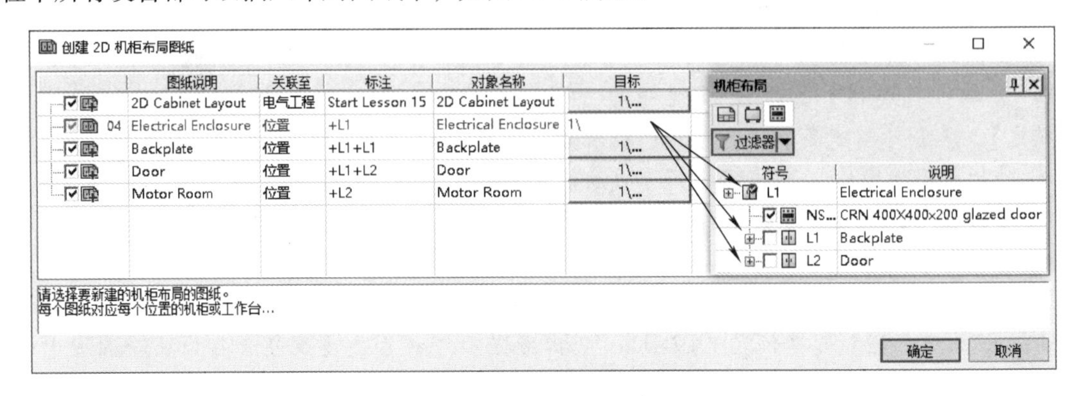

图 15-5　创建 2D 机柜布局图纸

知识卡片	2D 机柜布局	• 命令管理器：【处理】/【2D 机柜布局】。

步骤 6　创建 2D 机柜布局图纸　单击【2D 机柜布局】，只勾选“Electrical Enclosure”复选框，单击【确定】。双击打开页面“04-Electrical Enclosure”。

步骤 7　设置图纸比例　在布局图纸【属性】中的【比例】处输入“1:3”。

步骤 8　添加机柜　选择位置后单击【添加机柜】，查找 Schneider Electric 型号“NSYCRN44200T”，单击【添加】，然后单击【选择】。将机柜插入至图纸的左侧。

步骤 9　显示门　在【绘图】中单击【矩形】，绘制一个矩形覆盖机柜，匹配外形。选择矩形，在【修改】中使用【移动】工具，将其调整到机柜右侧，如图 15-6 所示。

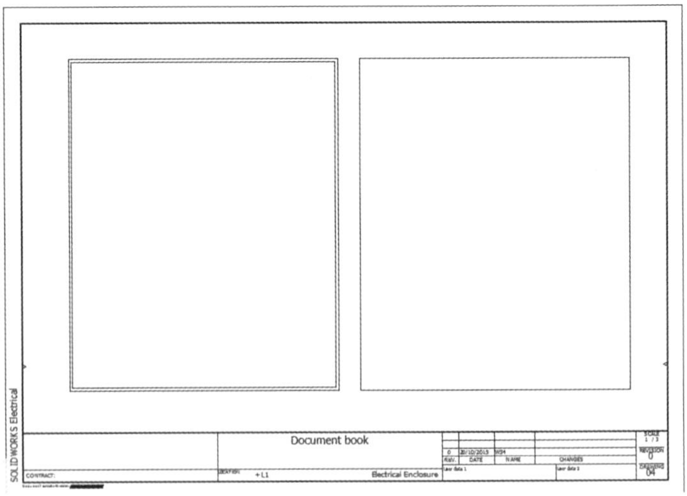

图 15-6　显示门

15.2.2　插入导轨和线槽

将导轨和线槽添加到布局图纸中，完善设计，提高 BOM 和设备列表的质量，因为在插入之前需要进行选型。

插入后可以调整导轨和线槽的长度以便达到更佳的效果，然后将设备放在导轨上，再放置线槽指示走线路径。布局图纸中的导轨和线槽用于图示和排列，表示设备安装指示和布线路径，数据将会出现在材料清单中。

步骤 10　添加导轨　选择位置后单击【添加导轨】，找到并选择型号为“034480”的导轨，设置数量为“3”，如图 15-7 所示，单击【添加】。单击【选择】。

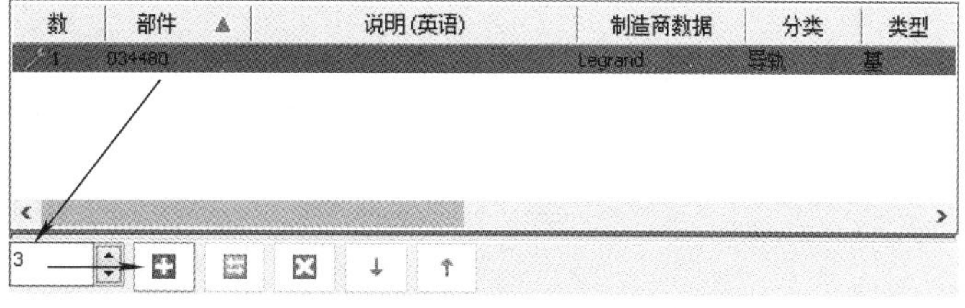

图 15-7　添加导轨

步骤 11　插入导轨　单击放置第一根导轨，插入位置如图 15-8 所示。

拖动光标到右侧，调整导轨长度为“285mm”。

> 注意　【命令】侧面板中的导轨长度会实时更新。也可输入长度值后按 < Enter > 键直接确定长度。

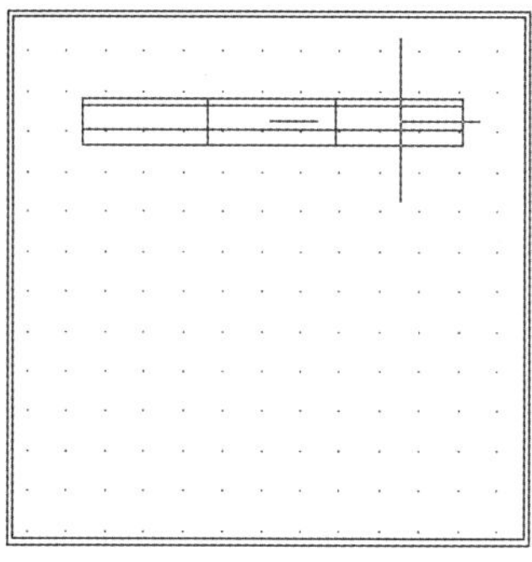
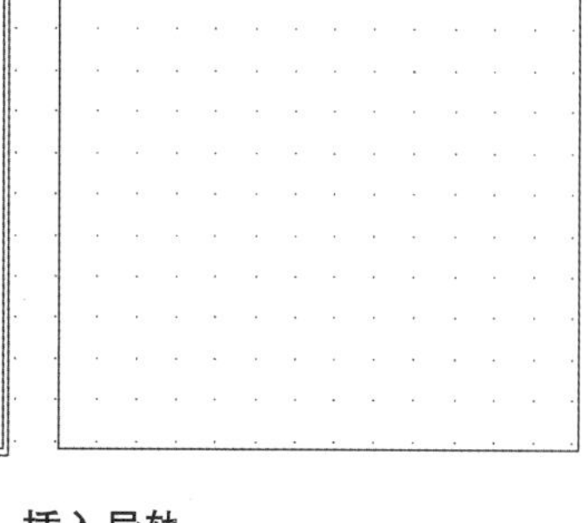

图 15-8　插入导轨

在机柜布局导航器中右击第二根型号为“034480”的导轨，在关联菜单中单击【插入为导轨】，如图 15-9 所示。单击第一根导轨的下方位置，放置导轨并设置长度为“285mm”。

重复以上操作，设置最后一根导轨的长度为“120mm”，如图 15-10 所示。

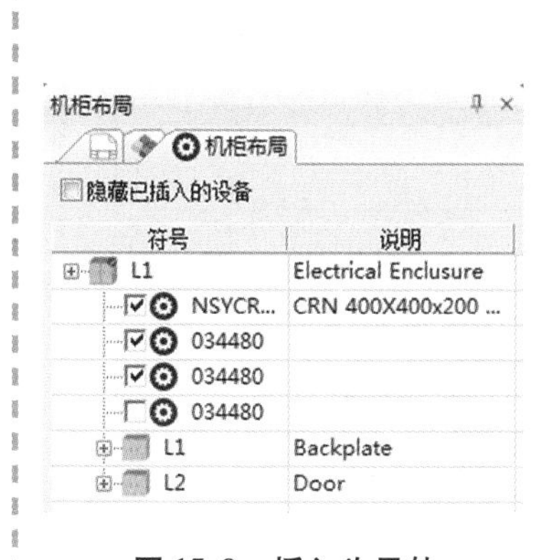

图 15-9　插入为导轨

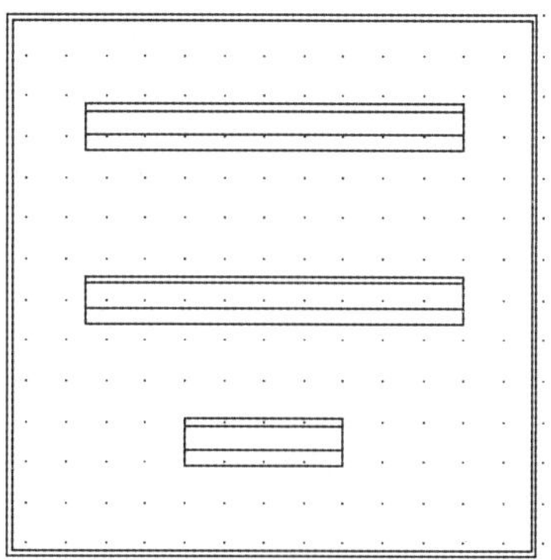

图 15-10　放置导轨效果

步骤 12　添加线槽　选择位置后单击【添加线槽】，使用与前面添加导轨相同的操作添加 5 根型号为“036612”的线槽。使用相同的操作方法如图 15-11 所示插入 3 根线槽。

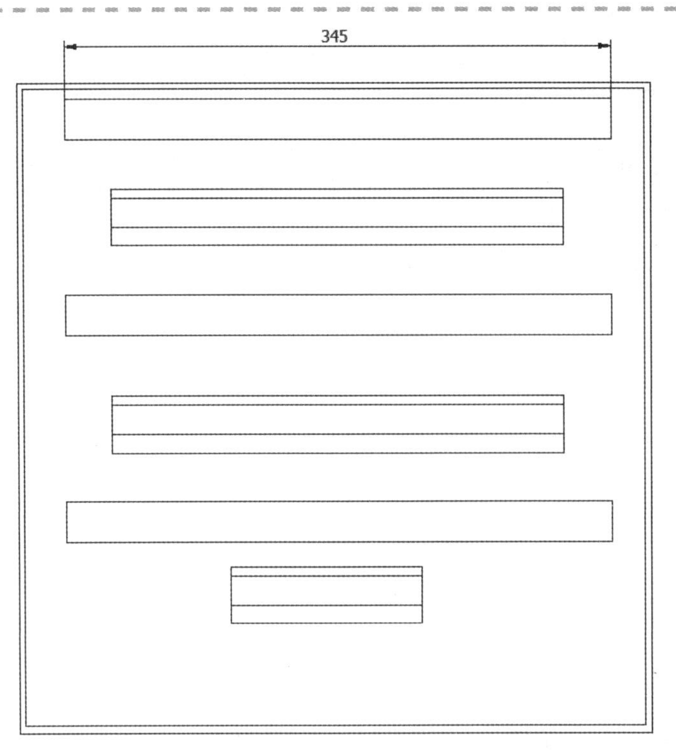

图 15-11　添加线槽

步骤 13　添加垂直线槽　右击线槽型号，选择【插入为线槽】。在插入 2D 布局图导航器中更改【符号方向】为【旋转 270°】。将线槽放置在机柜右侧，设置长度为“300mm”。重复以上操作，在左侧放置最后一根线槽。

注意　导轨和线槽的位置不需要精确，可以在插入后使用修改工具移动和调整长度。

步骤 14　更新线槽长度　单击【更新导轨或线槽】，选择机柜最上面的水平线槽。输入长度为“315mm”后单击【确定】。

重复以上操作，设置两根垂直线槽，如图 15-12 所示。

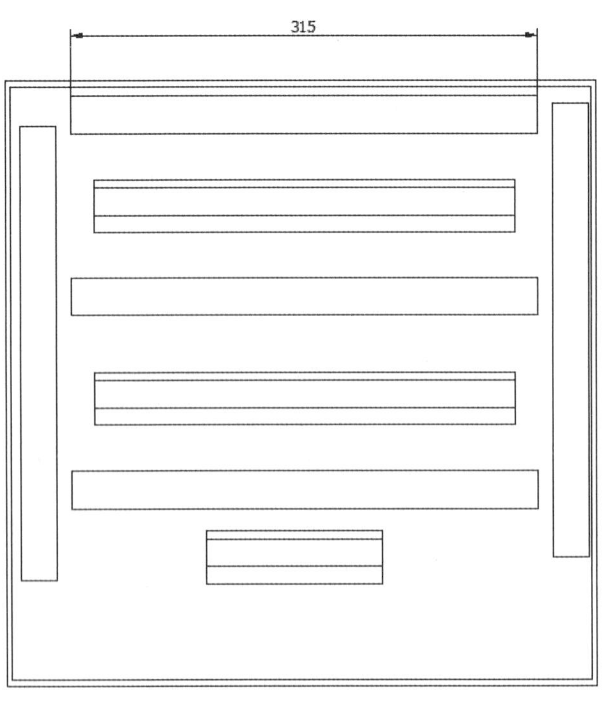

图 15-12　更新线槽长度

步骤 15　重新定位导轨和线槽　右击状态栏打开【绘图参数】。选择【激活对象捕捉】，勾选【端点】复选框后单击【关闭】。单击【移动】，选择左边的垂直线槽，确认后移动光标到线槽的右上角。单击确认基准点，移动垂直线槽连接到水平线槽，如图 15-13 所示。

重复以上操作，调整另一根线槽及其他导轨位置，如图 15-14 所示。

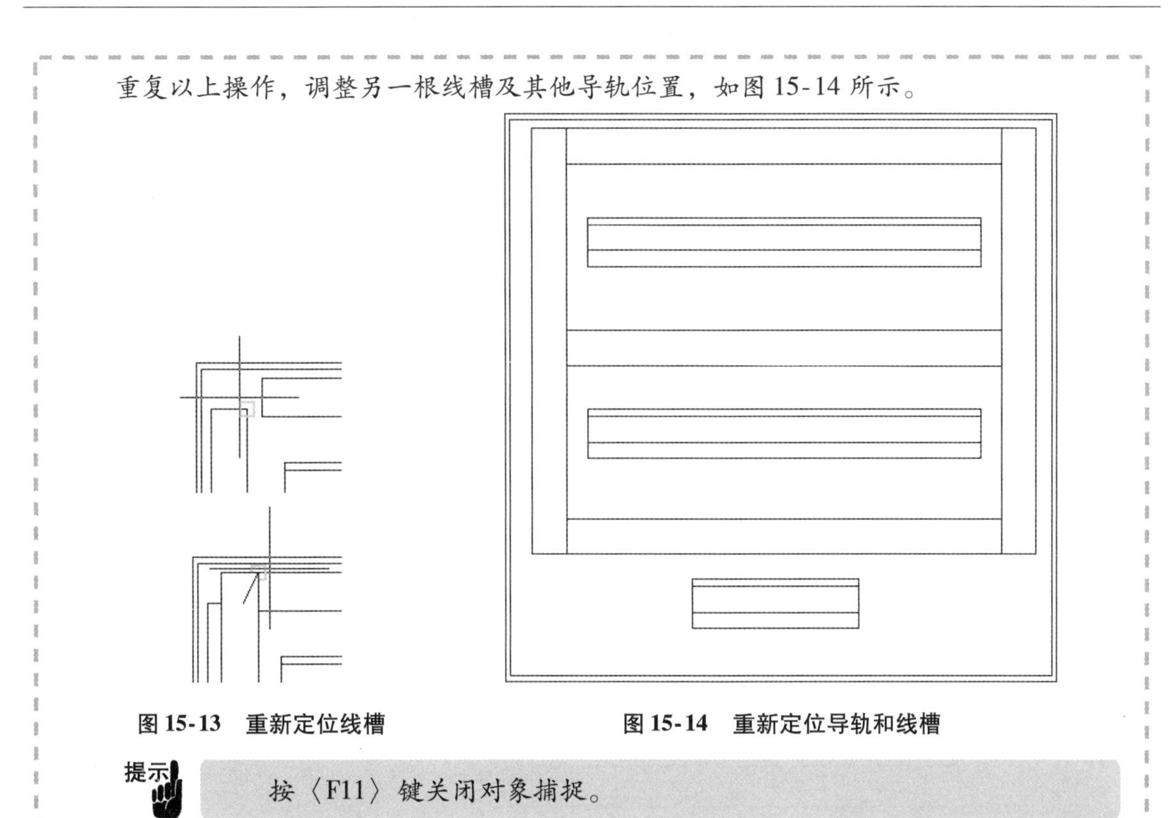

图 15-13　重新定位线槽　　　　图 15-14　重新定位导轨和线槽

提示 按〈F11〉键关闭对象捕捉。

15.2.3　插入设备

设备可以从机柜布局导航器中插入，列出的设备按位置分组，并显示了标注和设备型号，如图 15-15 所示。

它们代表真实的设备，可以添加到机柜布局图纸中，也可以代表机柜中设备的实际安装位置。在插入时，可以选择【其他符号】来代表不同的设备。列出的设备会从 SQL 数据库中自动更新，插入设备后图 15-15 中左侧的复选框将会被勾选，代表设备已经完成放置，避免设备的重复插入。

机柜布局导航器可以显示工程中所有的设备。

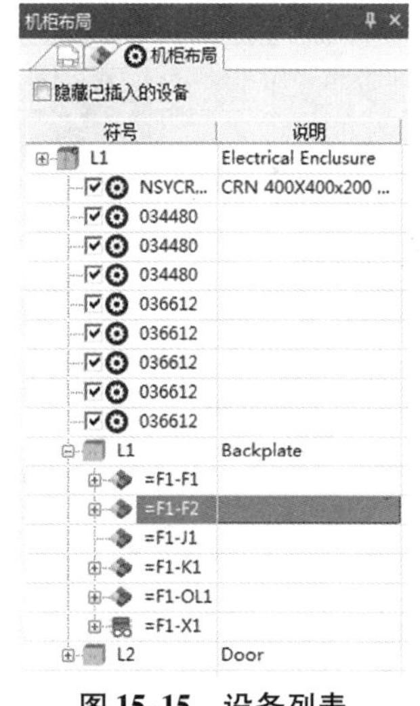

图 15-15　设备列表

步骤 16　插入设备　展开位置“L1-Backplate”，右击“=F1-F2”后选择【插入】，更改【符号方向】为【初始方向】。单击【其他符号】，选择【熔断器，分离器】分类，选择符号“[21504LA]”，单击【选择】。在最上面的导轨上放置符号，如图 15-16 所示。

图 15-16　插入设备

注意

显示在熔断器上的标注是基于 IEC 规则的编号，包含了位置“+L1 Electrical Enclosure”和“+L1 Backplate”。因为设备的位置属性与当前图纸不同，所以要显示位置前缀。如果熔断器和图纸具有相同的位置属性，则此标注是多余的，就会变成“=F1-F2”。

重复以上操作，按图 15-17 所示放置以下设备：

- 设备：=F1-F1。
- 符号：[21504LA]。

- 设备：=F1-K1。
- 符号：[LC1D18F]。
- 分类：接触器，继电器。

- 设备：=F1-OL1。
- 符号：[RTD32-2400]。
- 分类：热继电器。

步骤 17　插入端子排　单击【插入端子排】，选择“X1”，单击【选择】。放置在最下面导轨的左侧，单击进行插入，如图 15-18 所示。

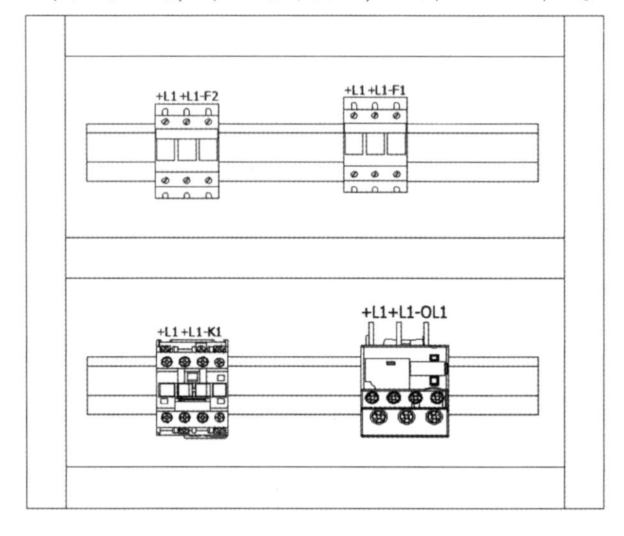

图 15-17　放置设备

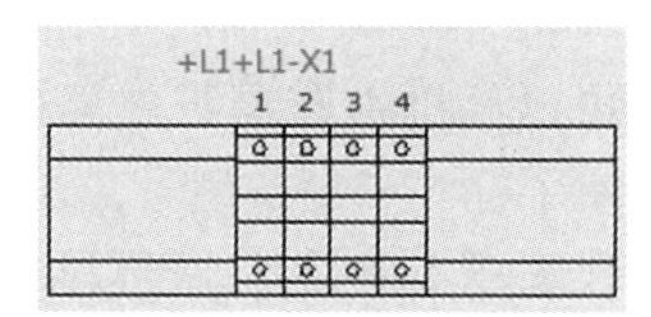

图 15-18　插入端子排

步骤 18　插入门上设备　使用上述操作方法，按图 15-19 所示在门上插入灯和按钮。设置以下信息：

- 设备：=F1-H1。
- 分类：信号，警报装置。
- 符号：绿色指示灯。

- 设备：=F1-H2。
- 分类：信号，警报装置。
- 符号：红色指示灯。

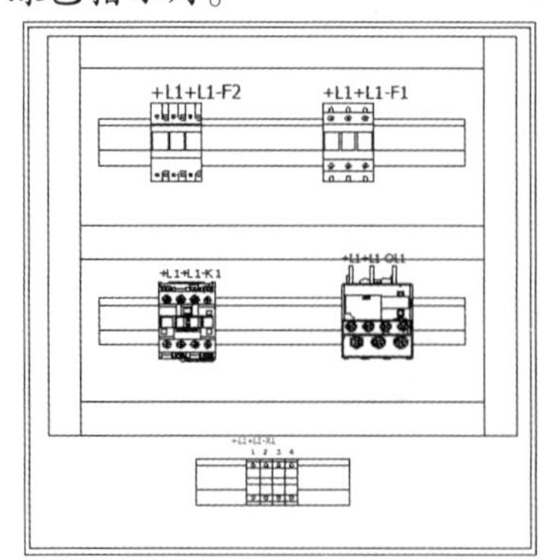

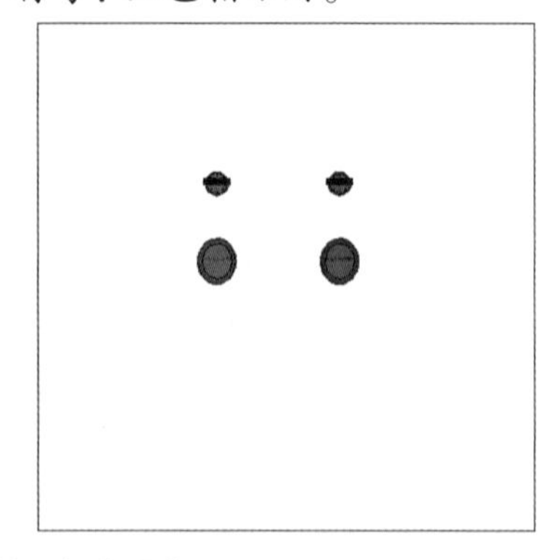

图 15-19　插入门上设备

- 设备：=F1-S1。
- 分类：按钮，开关。
- 符号：红色按钮。

- 设备：=F1-S2。
- 分类：按钮，开关。
- 符号：绿色按钮。

15.2.4　接线方向

可以通过手动方式调整设备连接的接线方向，对应的更改将会影响接线的从到清单信息。对于维护工作来说，源（从）和终点（到）指出了用于外部接线的电线编号和类型。

【接线方向】对话框如图 15-20 所示，列于左侧的【电位】显示栏，当选定某个电位后会显示等电位的连接点，在右侧会显示设备的页面预览。界面下半部分显示的是从到数据，包含源和终点的符号、连接电线的属性等。

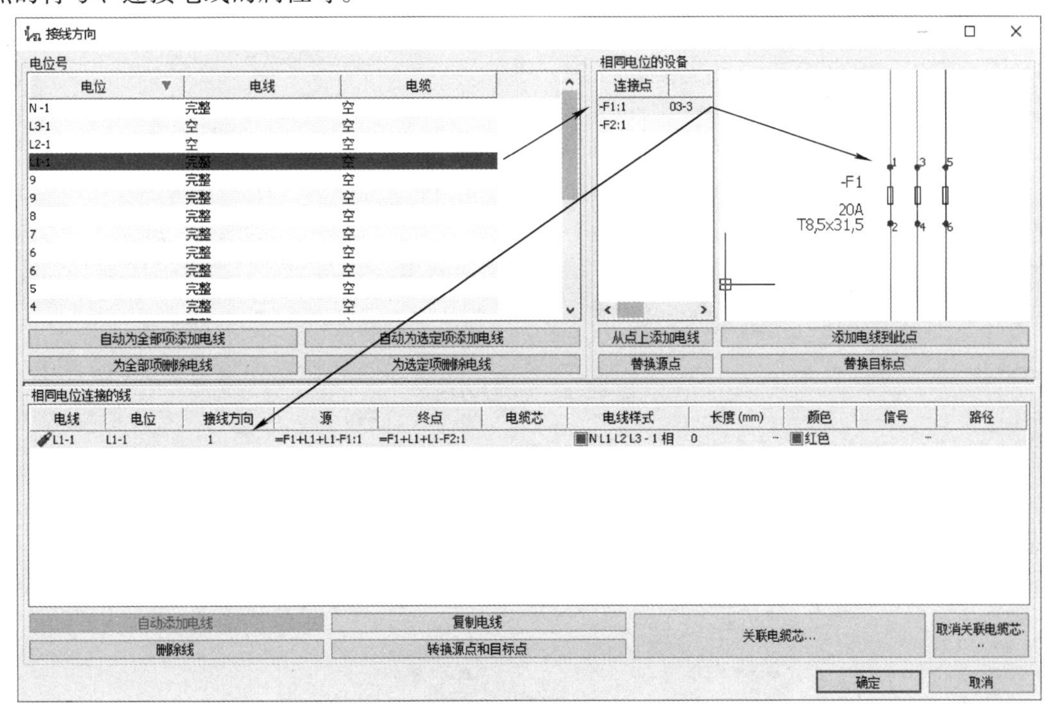

图 15-20　【接线方向】对话框

源和终点可以通过拖放设备列表中的设备实现更改，方法是在【相同电位的设备】组框中拖放设备至图 15-20 界面下半部分的【源】或【终点】。

15.2.5　优化接线方向

接线方向可以基于两个标准进行优化：原理图中的接线及 2D 布局图纸摆放的设备位置。布局图纸中设备的物理间距满足菊花链式从到关系。依靠 2D 布局图纸分析接线方向的方法是可自定义的，但会影响设备查找和连接的顺序。

知识卡片	优化接线方向	命令管理器：【电气工程】/【接线方向】/【优化接线方向】。

步骤19　电线编号　在【处理】中单击【为新电线编号】，当提示“确定为新电线编号，而不更改现有的编号吗?”时，单击【是】。

步骤20　接线方向　选择电位“L1-1”，右击后选择【接线方向】，查看连接。

> **注意**　当前F1：1连接到F2：2，接线方向如图15-21所示。

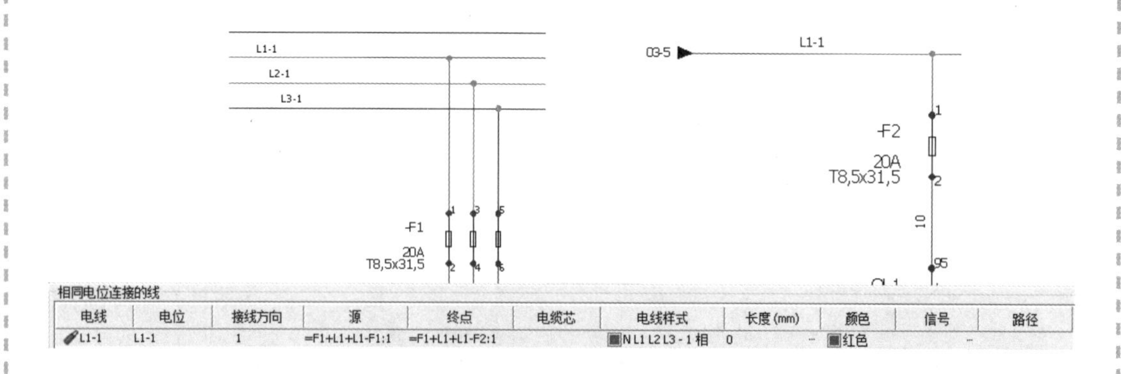

电线	电位	接线方向	源	终点	电缆芯	电线样式	长度(mm)	颜色	信号	路径
L1-1	L1-1	1	=F1+L1+L1-F1:1	=F1+L1+L1-F2:1		N L1 L2 L3 - 1 相	0 -	红色	-	

图15-21　接线方向

单击【确定】，关闭【接线方向】对话框。

步骤21　优化接线方向　单击【接线方向】/【优化接线方向】，按图15-22所示进行设置。

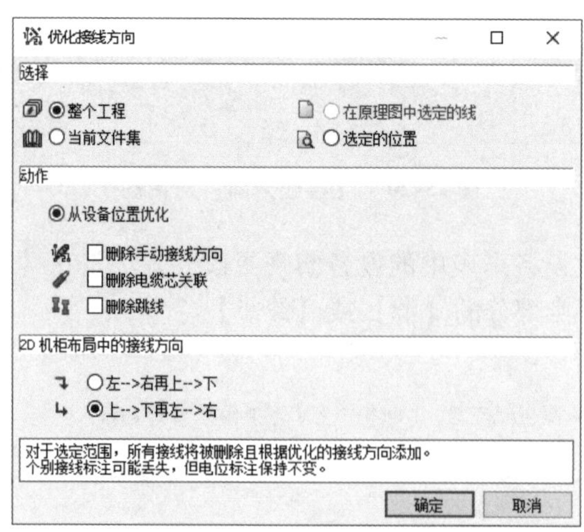

图15-22　优化接线方向

单击【确定】。

步骤22　查看优化结果　单击【接线方向】，选择电位“L1-1”预览连接结果。

注意

优化会基于设备在2D布局图纸中的位置更新源和终点，使F2：2连接到F1：1，如图15-23所示。

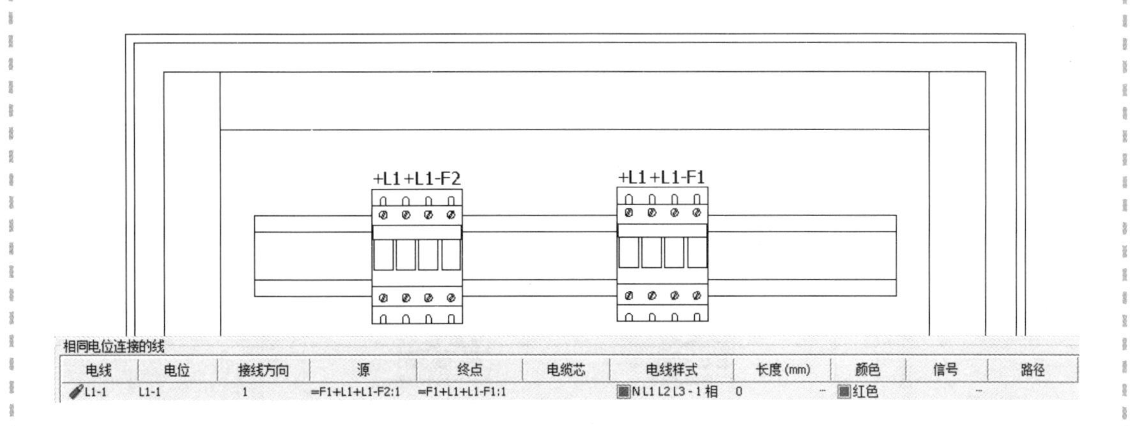

图15-23 优化结果

步骤23 关闭工程 右击工程名称，选择【关闭】。

练习 2D机柜布局图纸

添加导轨和线槽到2D机柜布局图纸。

本练习将使用以下技术：

- 添加导轨。
- 添加线槽。
- 插入设备。
- 插入端子排。

操作步骤

开始本练习前，解压缩并打开文件“Start_Exercise_15. proj”，文件位于文件夹“Lesson15 \ Exercises”内。添加线槽、导轨、设备和端子排。

步骤1 打开机柜 打开页面“04-Electrical Enclosure”。

步骤2 插入线槽 插入型号为“036612”的线槽，放在机柜顶部，如图15-24所示。定义线槽的长度为“315mm”，放置在两个垂直线槽中间。

步骤3 插入导轨 插入型号为“034480”的导轨，如图15-25所示，设置长度为“285mm”。

步骤4 插入熔断器 在“L1 Backplate”中插入设备F1和F2，放在顶部的导轨上，如图15-26所示。

步骤5 插入端子排 插入端子排X1，放在最下面的导轨上，如图15-27所示。

步骤6 关闭工程 右击工程名称，选择【关闭】。

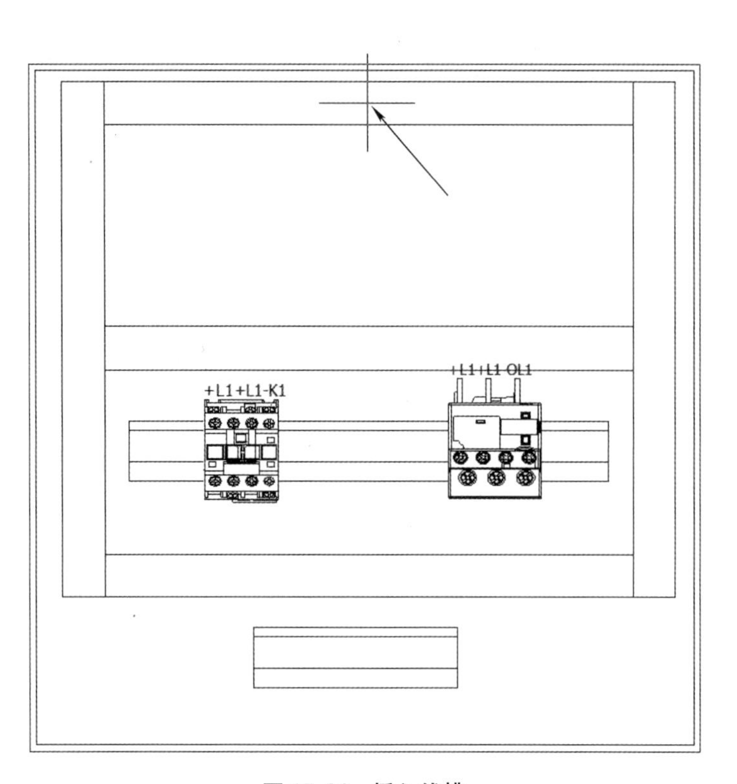

图 15-24　插入线槽

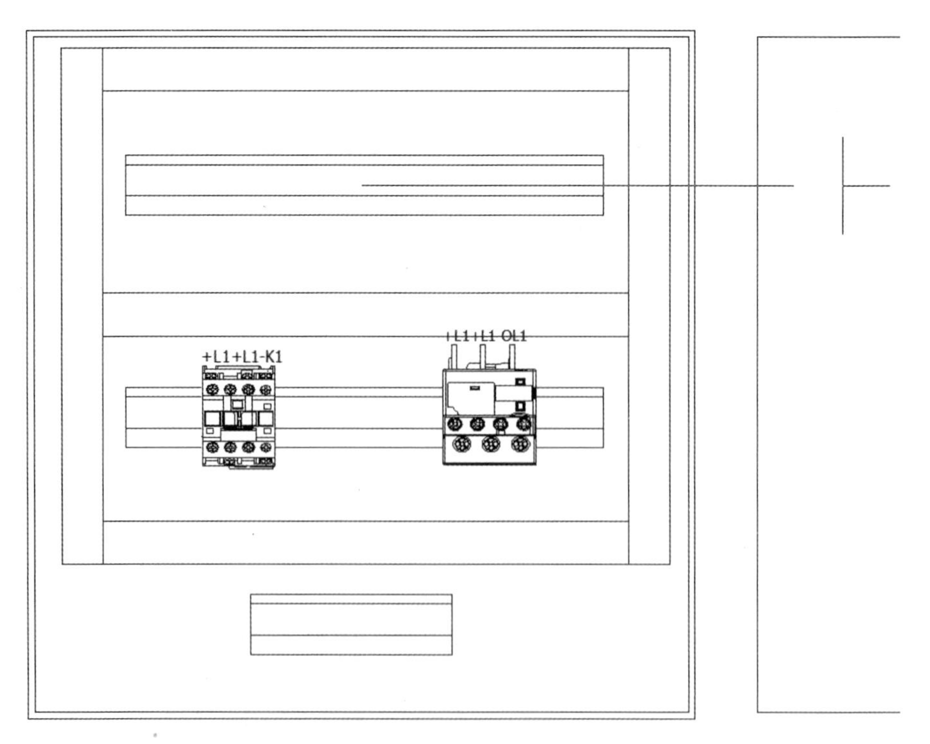

图 15-25　插入导轨

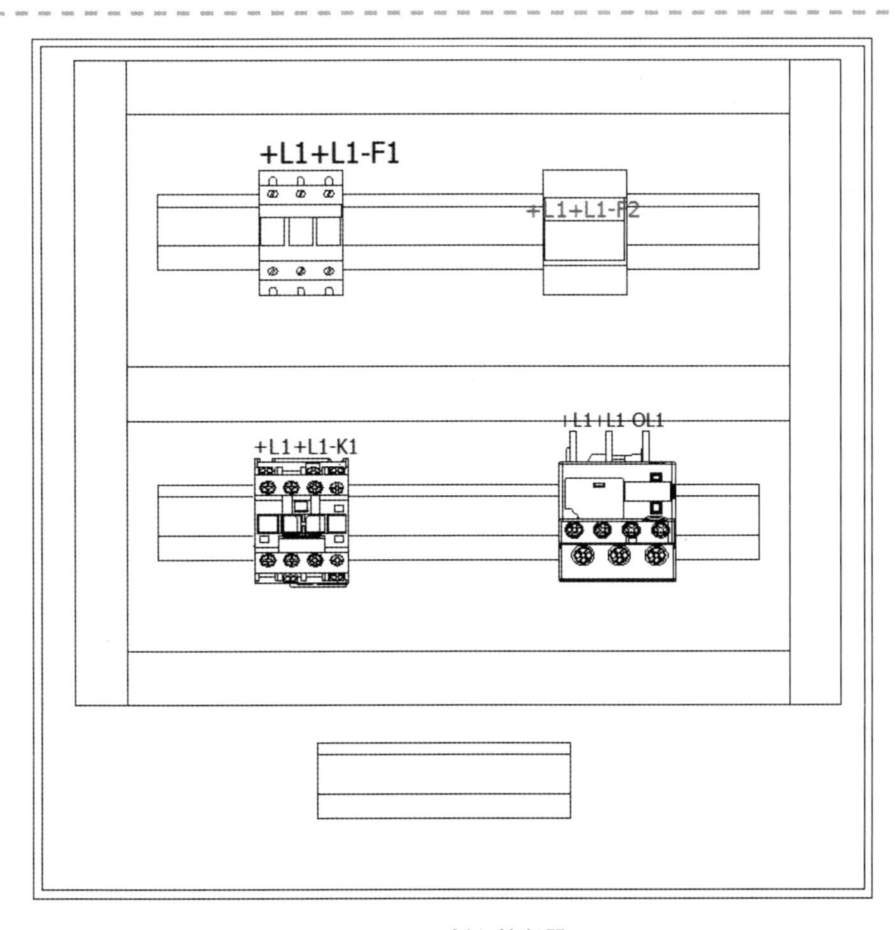

图 15-26　插入熔断器

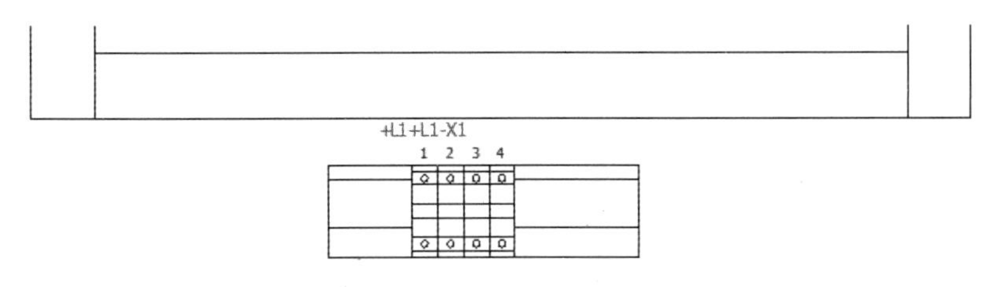

图 15-27　插入端子排

第 16 章　绘图规则检查

学习目标

- 使用绘图规则检查（DRC）
- 识别并解决一般的电气设计问题

扫码看视频

16.1　绘图规则检查概述

在电气设计过程中会遇到一些错误，不同的错误类型可以通过【绘图规则检查】来识别。

16.2　设计流程

主要操作步骤如下：

1. **使用 DRC 定位错误**　使用 DRC 定位工程中的错误。
2. **在工程中定位错误**　找到工程中不同错误类型的报告。
3. **解决问题**　使用 SOLIDWORKS Electrical 设计工具解决不同的问题。
4. **确认问题已解决**　检查更改，确认问题已经解决。

操作步骤

开始本课程前，解压缩并打开“Start_Lesson_16. proj”，文件位于文件夹“Lesson16 \ Case Study”内。找出工程中错误的位置，并解决错误。

步骤 1　打开 DRC　选择并打开工程，在【电气工程】中单击【绘图规则检查】。如图 16-1 所示，单击 DRC 左侧列表中的【设备端子未连接】，在右侧可以预览所有设备未连接的电线。

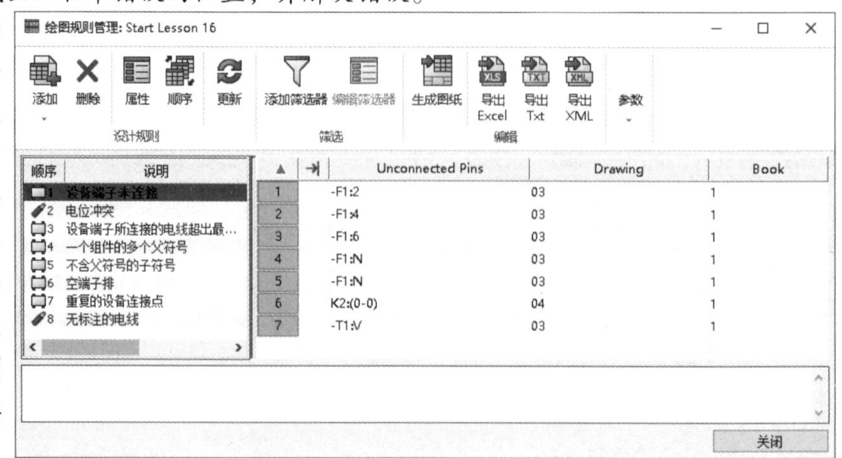

图 16-1　打开 DRC

16.3　未连接的连接点

未连接的连接点可能是设计错误，也可能不是。当 PLC 有不需要连接的备用 I/O 回路或设计不完整等待反馈时，这可能不是错误。

对未连接端子的识别有利于进行设计完成前的检查。如果遗漏了设备端子的接线，将会影响接线和系统功能的设计。

图 16-1 中列出的错误与三个设备相关，两个在页面“03”的-F1 和-T1，另一个显示在页面“04”的 K2。

注意　熔断器是系统进线的保护装置，中性电线不应该连接到熔断器。

提示　不是必须退出 DRC 才能解决这些问题，可以在 DRC 打开的状态下进行编辑修改。

步骤 2　转至熔断器　单击【关闭】，退出 DRC。在设备导航器中，展开位置“L2-Main electrical closet”，找到“=F1-T1-Power Supply”，右击“03-6-多用途符号（L，N...）”，选择【转至】，如图 16-2 所示。

步骤 3　发现错误　端子 V 没有连接电线。在【原理图】中单击【绘制单线类型】，选择线型“=24V”，绘制电线，如图 16-3 所示。

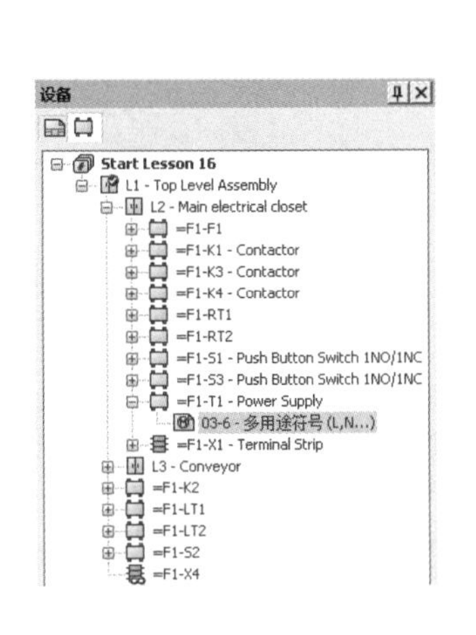

图 16-2　转至熔断器

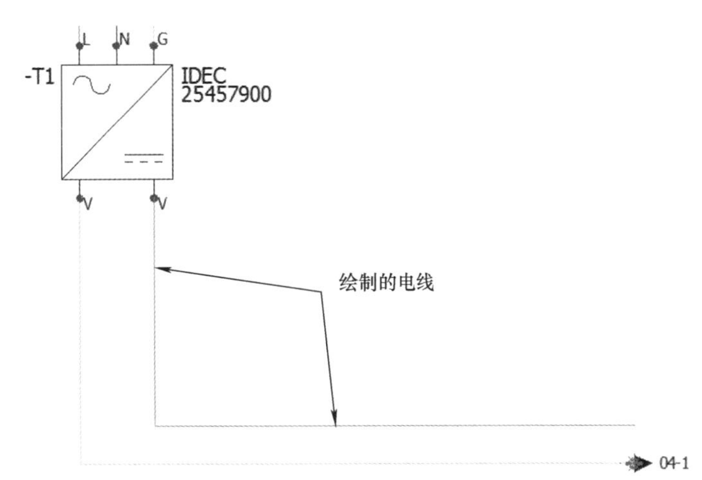

图 16-3　绘制电线

步骤 4　检查错误　单击【绘图规则检查】，查看【设备端子未连接】。

思考　为什么当电线连接后错误仍然存在？

单击【关闭】，退出 DRC。

步骤 5　起点终点箭头　单击【起点终点箭头】，单击【插入单个】，选择如图 16-4 所示电线。单击【关闭】，退出管理器。

单击【绘图规则检查】，查看【设备端子未连接】，如图 16-5 所示。

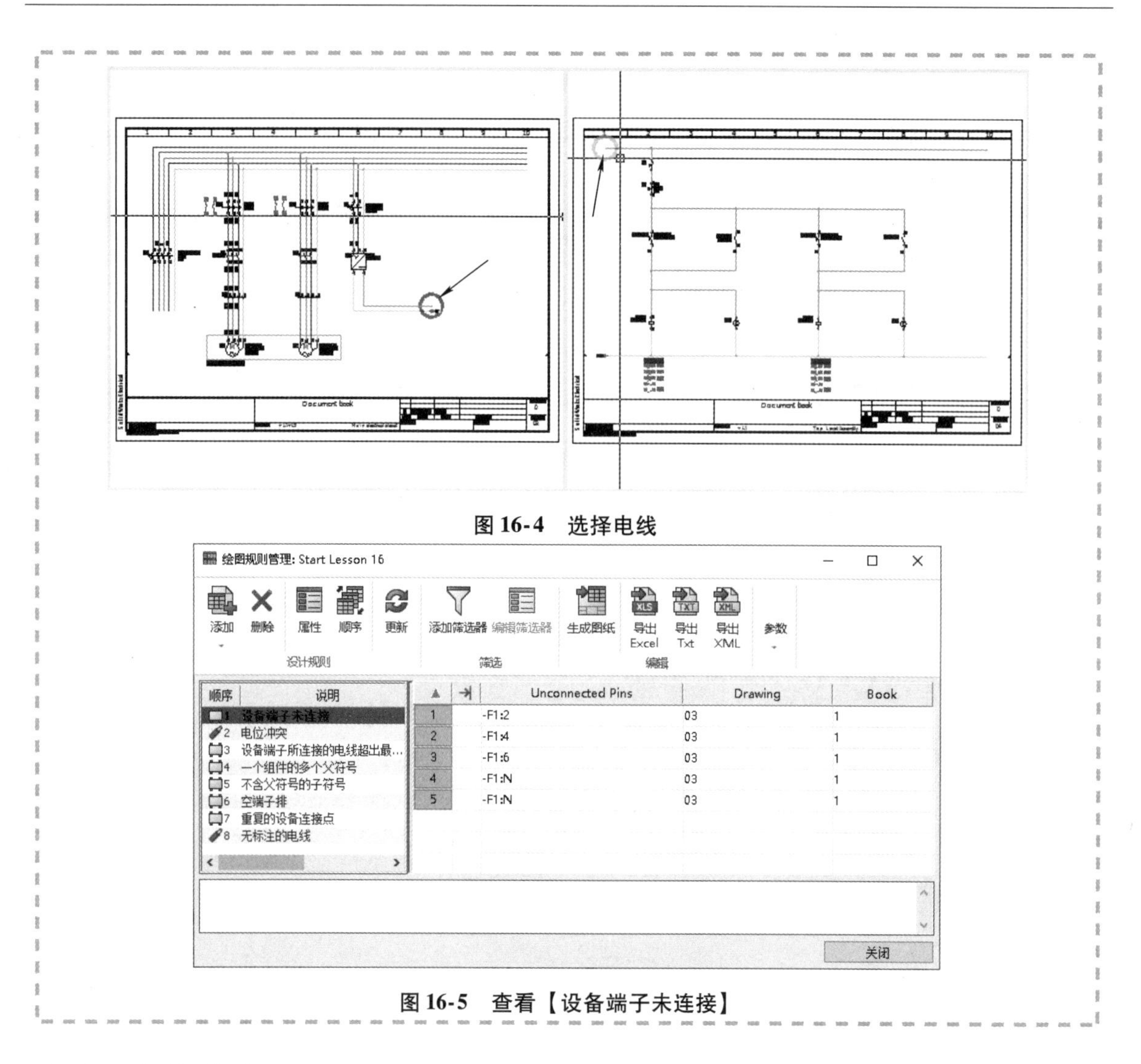

图 16-4 选择电线

图 16-5 查看【设备端子未连接】

16.4 电位冲突

电位冲突发生在单个或多个电位连接的地方，并且会有不同的标注。这些冲突可以通过图形的方式来识别，方法是单击【电气工程】/【配置】/【工程】/【图表】/【电位冲突】，如图 16-6 所示。

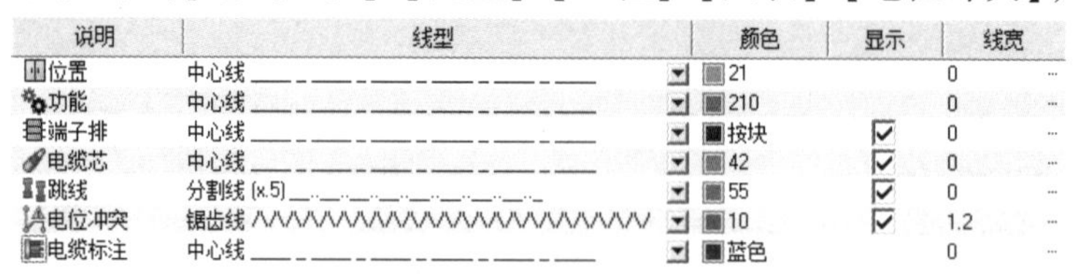

图 16-6 激活电位冲突

步骤 6 解决电位冲突 选择【电位冲突】，此时显示两个电位“-3-”和“-2-”形成了冲突；对于等电位，需要有相同的编号。单击【关闭】。

打开页面“04-Control”，缩放到页面左下方有电位冲突的位置，如图 16-7 所示。

右击电位，选择【解决电位冲突】。选择“-2-”号电位解决问题，如图 16-8 所示。

单击【绘图规则检查】，选择【电位冲突】，查看问题是否已解决。

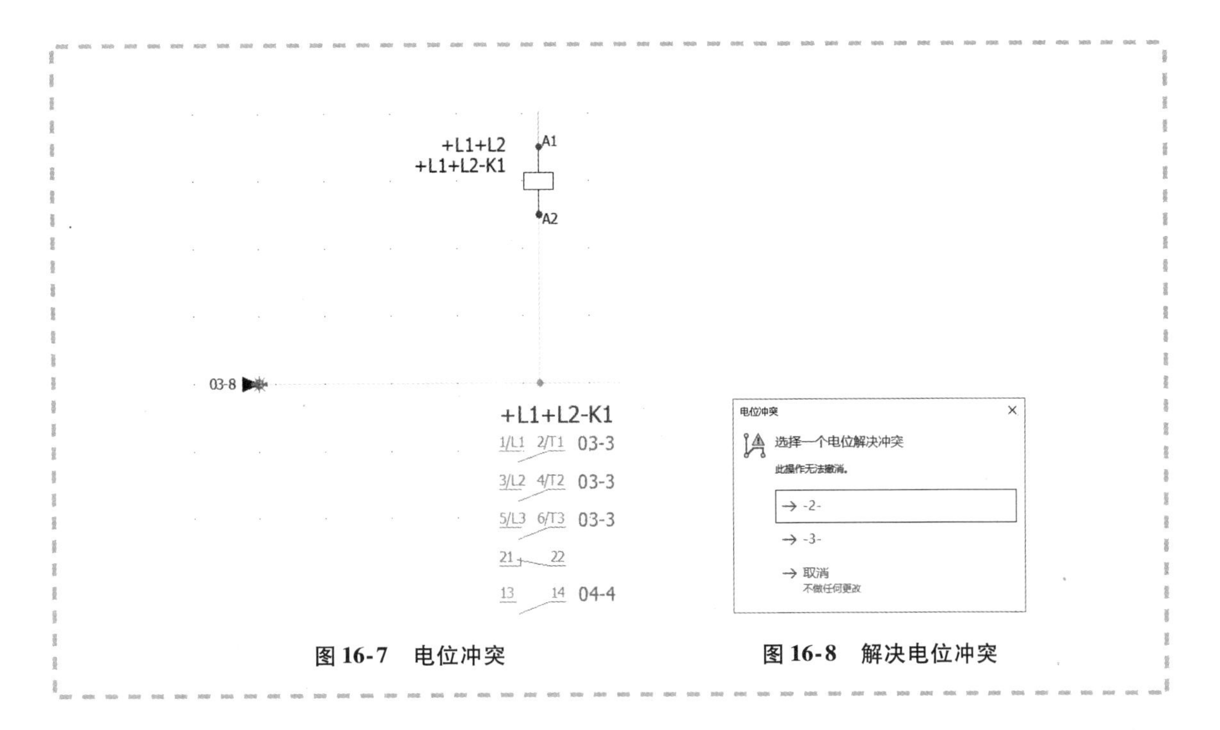

图 16-7　电位冲突　　图 16-8　解决电位冲突

16.5　最大接线数量

可以通过【编辑符号端子】命令设置连接到任意符号端子的最大接线数量，也可以基于选型对符号逐个定义。最大接线数量（即【最大线号】）的设置是在设备型号属性中完成的，该属性数据将会覆盖符号的端子属性，如图 16-9 所示。

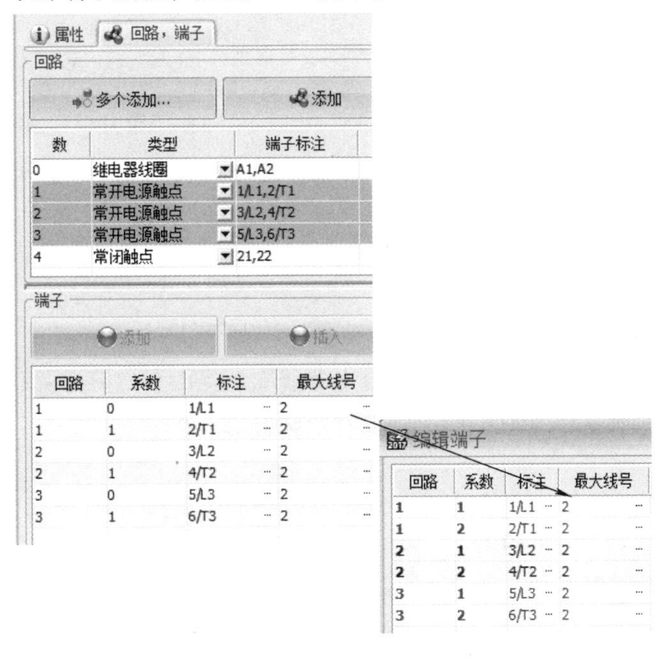

图 16-9　最大接线数量

步骤 7　端子接线数量　选择【设备端子所连接的电线超出最大定义数量】。

预览中显示设备RT1的3号端子有3根连接的电线，但其设置的最大接线数量为2。RT2也超出了最大接线数量为1根电线的设置。单击【关闭】，退出DRC。

步骤8　转至热继电器　在设备导航器中展开位置“L2-Main electrical closet”和“=F1-RT1”。右击“03-3-多用途符号（1，2）”，单击【转至】。

步骤9　显示接线方向　右击连接到“-RT1：3”的电线，选择【接线方向】。在【接线方向】的下方有3个连接，其中一个被手动调整过，如图16-10所示。

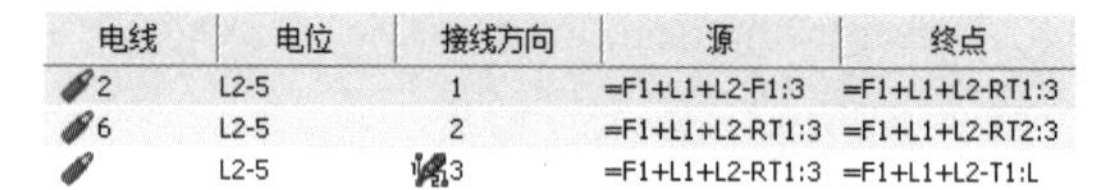

电线	电位	接线方向	源	终点
2	L2-5	1	=F1+L1+L2-F1:3	=F1+L1+L2-RT1:3
6	L2-5	2	=F1+L1+L2-RT1:3	=F1+L1+L2-RT2:3
	L2-5	3	=F1+L1+L2-RT1:3	=F1+L1+L2-T1:L

图16-10　显示接线方向

选择所有3根电线，选择【删除线】，然后单击【自动添加电线】，系统会重新接线。

注意　这个过程将连接重设回默认值，如图16-11所示。

单击【确定】，返回页面。单击【绘图规则检查】，选择【设备端子所连接的电线超出最大定义数量】。发现第一个问题已经解决，但是问题“-RT2:3”“-RT2:5”还未解决。

步骤10　编辑端子　单击【关闭】，退出DRC。使用前面的操作方式转至设备“=F-RT2”。右击符号，选择【编辑符号端子】，更改【最大线号】为“2”，单击【确定】，如图16-12所示。

电线	电位	接线方向	源	终点
	L2-5	1	=F1+L1+L2-F1:3	=F1+L1+L2-RT1:3
	L2-5	2	=F1+L1+L2-RT1:3	=F1+L1+L2-RT2:3
	L2-5	3	=F1+L1+L2-RT2:3	=F1+L1+L2-T1:L

图16-11　重设连接

编辑端子

回路	系数	标注	方向	电线端子...	最大线号
1	1	1	未定义	<无>	2
1	2	2	未定义	<无>	2
2	1	3	未定义	<无>	2
2	2	4	未定义	<无>	2
3	1	5	未定义	<无>	2
3	2	6	未定义	<无>	2

确定　取消

图16-12　编辑端子

单击【绘图规则检查】，选择【设备端子所连接的电线超出最大定义数量】，问题已经解决。

16.6　重复的父符号

父符号的一个典型例子是具有子触点的继电器线圈。当两个父符号关联到同一个设备时会发生错误，关联的子符号无法识别它们所关联的特定父符号。

步骤11　复制父符号　选择【一个组件的多个父符号】，预览中显示2个符号关联到了-K1。单击【关闭】，退出DRC。

步骤12　转至瞬时线圈　展开“L2-Main electrical closet”和“=F1-K1-Contactor”。右击“04-6-瞬时继电器线圈”，选择【转至】。

步骤13　符号属性　右击线圈符号“+L1+L2-K1”，选择【符号属性】。更改标注模式为【手动】，标注改为“K2”。单击【确定】，创建重复的标注。单击【绘图规则检查】，选择【一个组件的多个父符号】，查看问题是否已经解决。

16.7　不含父符号的子符号

子符号一般表示内部的连接，例如触点用于表示继电器线圈的内部连接。因此，触点是含在线圈中的子符号，线圈是父符号。当子符号没有关联父符号时，被认为是“孤儿”，必须删除、替换或关联到父符号的某个回路。

步骤 14　不含父符号的子符号　选择【不含父符号的子符号】，预览中显示有 4 个子符号没有父符号。单击【关闭】，退出 DRC。

步骤 15　关联触点　在页面“04- Control”中选择触点，如图 16-13 所示。

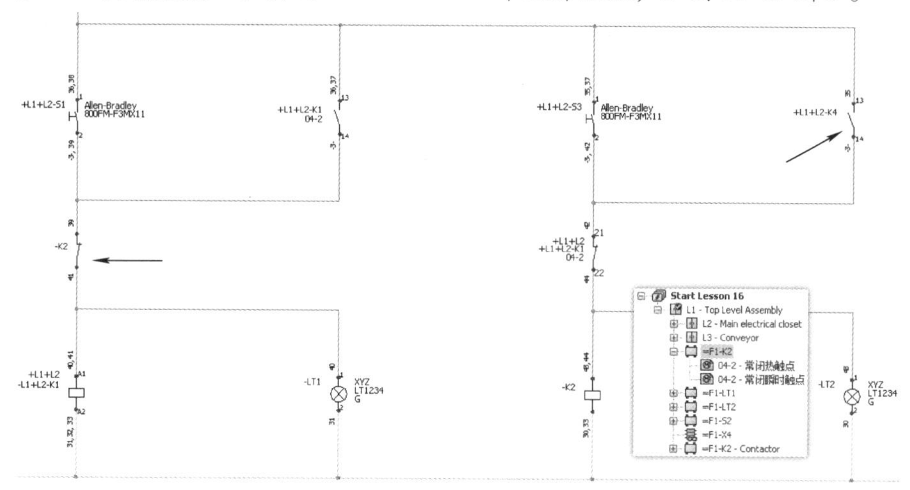

图 16-13　选择触点

右击触点，选择【分配设备】。在列表中选择“＝F1-K2-Contactor”，单击【确定】。在页面的左上方，关联-K2 到“＝F1-RT1”，如图 16-14 所示。

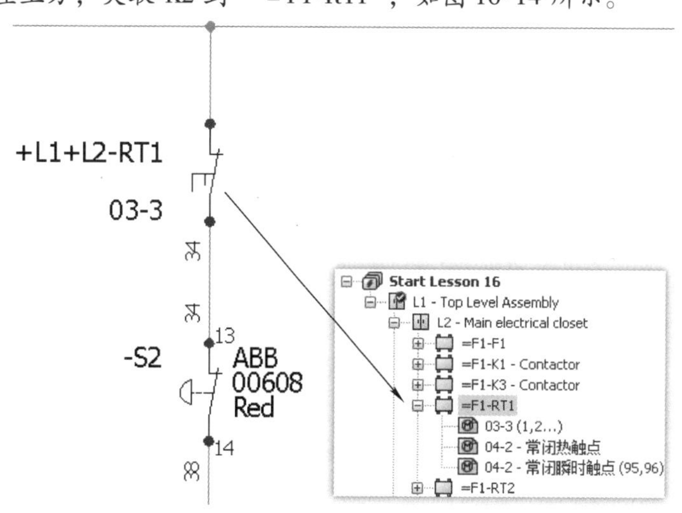

图 16-14　关联-K2 到“＝F1-RT1”

打开页面“03- Power”，关联 3 极电源主触点-K3 到“＝F1-K2”。单击【绘图规则检查】，选择【不含父符号的子符号】，查看问题是否已经解决。

16.8　空端子排

插入的端子与端子排相关联，删除端子后，端子排仍保留，即端子排图纸仍然可以创建，但是内容为空。

步骤 16　空端子排　选择【空端子排】，预览中显示端子排-X4 不含端子。单击【关闭】，退出 DRC。

步骤 17　端子排　单击【端子排】，选择“-X4”，单击【编辑端子排】。端子排编辑器为空，单击【关闭】，退出编辑器。选择“-X4”后单击【删除】，移除端子排。

思考　端子排会被误删除吗？

单击【关闭】，退出管理器。单击【绘图规则检查】，选择【空端子排】，检查问题是否已经解决。

16.9　重复的设备连接点

通常设备的端子都是唯一的，这样便于接线和维护。确定设备端子唯一后，就能很容易查找到与其连接的电线。

步骤 18　编辑端子　选择【重复的设备连接点】，预览显示 2 个符号有重复的连接点。单击【关闭】，退出 DRC。打开页面“03-Power”，缩放到-T1。右击符号，选择【编辑符号端子】。按图 16-15 所示更改端子。

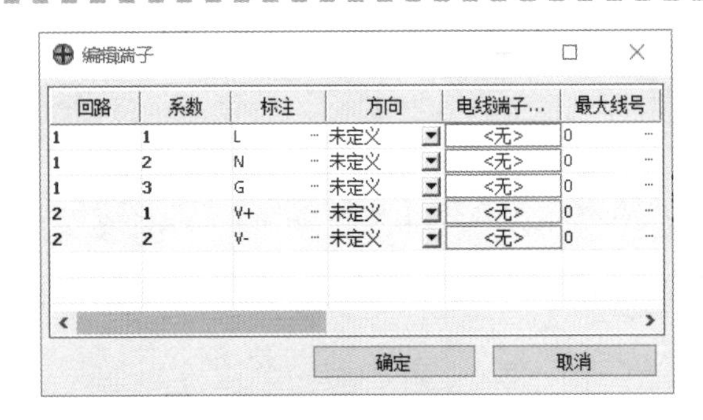

图 16-15　编辑端子

单击【确定】，返回页面。单击【绘图规则检查】，选择【重复的设备连接点】，查看问题是否已经解决。

思考　另一个问题怎么办？

步骤 19　电线重新编号　选择【无标注的电线】，单击【关闭】，退出 DRC。单击【为新电线编号】，单击【是】。单击【绘图规则检查】，选择【无标注的电线】，查看问题是否已经解决。

步骤 20　关闭工程　右击工程名称，选择【关闭】。

练习　绘图规则检查

识别并解决设计中的问题。

本练习将使用以下技术：

- 绘图规则检查。

- 发现错误。
- 检查错误。

操作步骤

开始本练习前，解压缩并打开文件“Start_Exercise_16. tewzip”，文件位于文件夹“Lesson16 \ Exercises”内。使用【绘图规则检查】识别问题并解决问题。

步骤 1　绘图规则检查　打开【绘图规则检查】。

步骤 2　未使用的电缆　单击列表中的第一个报表，如图 16-16 所示。

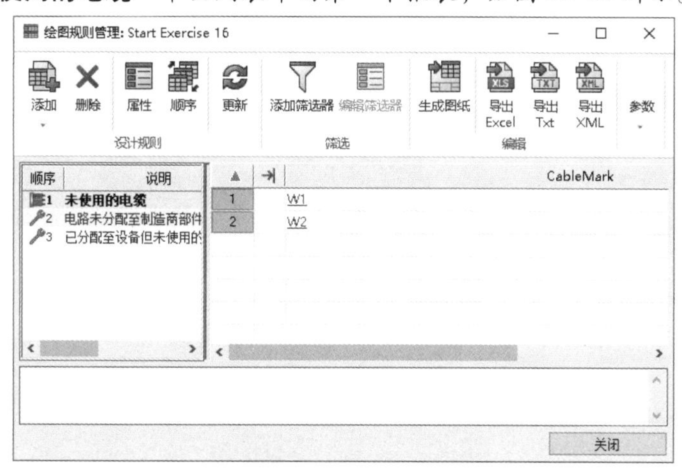

图 16-16　未使用的电缆

最小化 DRC，打开页面“03-Power”。

步骤 3　为端子和马达分配电缆　选择连接到“-M1/-M2”和端子“X1 1/X1 8”的电线。右击选定的电线，选择【关联电缆芯】。展开电缆 W1，选择导线。在界面中选择源“=F1+L1+L3-M1：U”到“=F1+L1+L3-M1：M”，单击【关联电缆芯】。重复以上操作，设置 W2 连接-M2。

步骤 4　检查未使用的电缆　单击【确定】，最大化【绘图规则管理】，更新报表。

步骤 5　电路未分配至制造商部件的设备　单击【电路未分配至制造商部件的设备】，最小化【绘图规则管理】，打开页面“04-Control”。

步骤 6　继电器型号　缩放到“+L1+L2-K1”和“+L1-L2-K2”。右击-K1，选择【符号属性】，单击【设备型号与回路】。单击【搜索】，添加新型号。找到并添加 Schneider Electric 型号“9001KA2”，单击【选择】，单击【确定】。重复操作过程，定义-K2 为 Schneider Electric 型号“LC1D40116G7”。单击【添加】，单击【选择】，单击【确定】。

步骤 7　检查设备未分配的回路　最大化【绘图规则管理】，单击【更新】，查看问题是否已经解决。

步骤 8　已分配至设备但未使用的制造商部件　单击【已分配至设备但未使用的制造商部件】，查看设备型号。最小化【绘图规则管理】。

步骤 9　删除未使用的设备型号　右击符号“+L1+L2-K1”，选择【符号属性】，单击【设备型号与回路】。选择型号“VZN05”，单击【删除】，将其从设备中删除。

注意

型号具有常开触点回路，在符号中可以看出这是未使用的，是多余的设计要求，如图 16-17 所示。

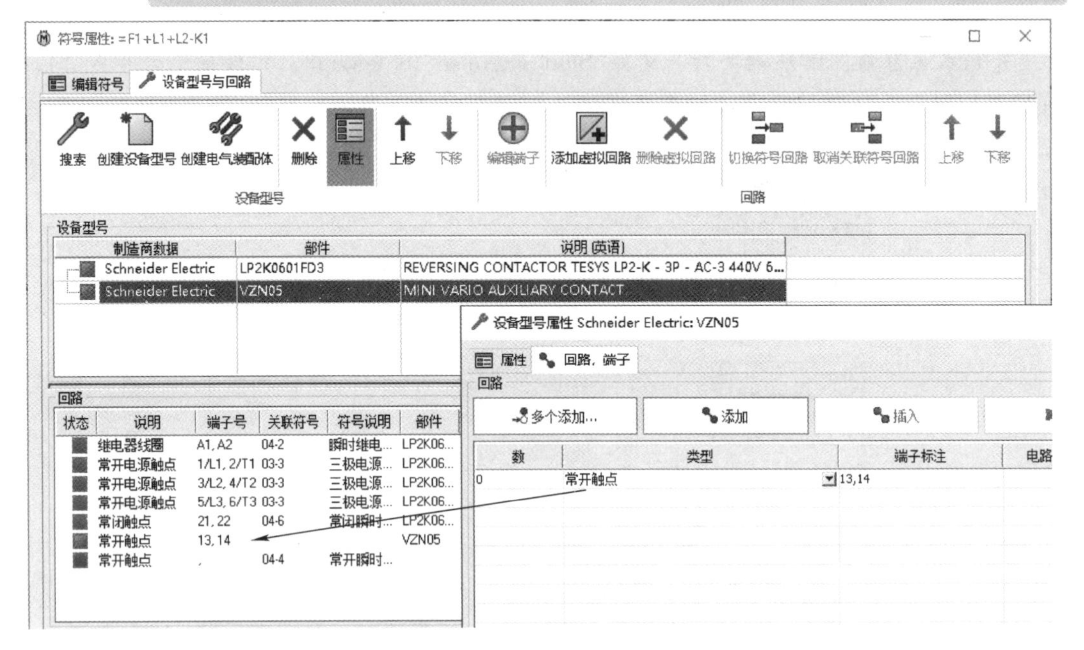

图 16-17　查看设备型号

步骤 10　检查未使用的设备型号　最小化【绘图规则管理】，更新报表，确认问题是否已经解决。

步骤 11　关闭工程　右击工程名称，选择【关闭】。

第 17 章　报　　表

学习目标

- 复制报表
- 修改报表布局
- 添加报表列
- 应用排序和中断

扫码看视频

17.1　报表概述

报表用于显示工程中的应用数据，如图 17-1 所示。报表种类有很多，通过【报表管理】可以决定工程使用哪种报表。

Drawing	Function	Location	Revision	Date	Created by	Designation	Folder mark	Folder designation
01	F1	L1	0	5/2/2012	fkoehler	Cover page		
02	F1	L1	0	5/2/2012	fkoehler	Drawing list		
03	F1	L2	0	5/2/2012	fkoehler	Line diagram		
04	F1	L2	0	5/2/2012	fkoehler	Power		
05	F1	L1	0	5/2/2012	fkoehler	Control		
06	F1	L1	0	5/2/2012	fkoehler	PLC inputs		
07	F1	L1	0	5/2/2012	fkoehler	PLC Outputs		
08	F1	L1	0	5/2/2012	fkoehler	PLC Inputs / Outputs list		
09	F1	L1	0	5/2/2012	fkoehler	Bill of materials		
10	F1	L1	0	5/2/2012	fkoehler	Bill of materials		
11	F1	L1	0	5/2/2012	fkoehler	List of wires		
12	F1	L1	0	5/2/2012	fkoehler	List of wires		
13	F1	L1	0	5/2/2012	fkoehler	List of wires		
14	F1	L1	0	5/2/2012	fkoehler	List of wires		
15	F1	L1	0	5/22/2012	fkoehler	List of the cables		

SolidWorks
Waltham, MA
02451
USA
CONTRACT Nº: 20
Drawing list
LOCATION: L1　Main electrical closet
0　5/2/2012　fkoehler
REV.　DATE　NAME　CHANGES
User data 2
REVISION 0
SCHEME 02

图 17-1　报表

报表是一种 SQL 查询，以列的形式显示连接的数据库中的字段数据。这些报表可以分配唯一的名称并储存为 XML 文件，以便在程序级或工程级使用。

程序级包含大量按照类别分组的标准报表，例如按制造商和包的物料清单、按基准分组的电缆清单、按线类型的电线清单和图纸清单等。在工程级中可以创建不同的报表，也可以设定报表生成的顺序，以便提高对文档的输出控制。

17.1.1 按制造商和包的物料清单

【按制造商和包的物料清单】列出了项目中已分配的设备，如图 17-2 所示。列可按照参考（Reference）、标注（Mark）、说明（Description）、数量（Quantity）和制造商（Manufacturer）排序。在这个例子中，报表是根据标注（Mark）排序的。

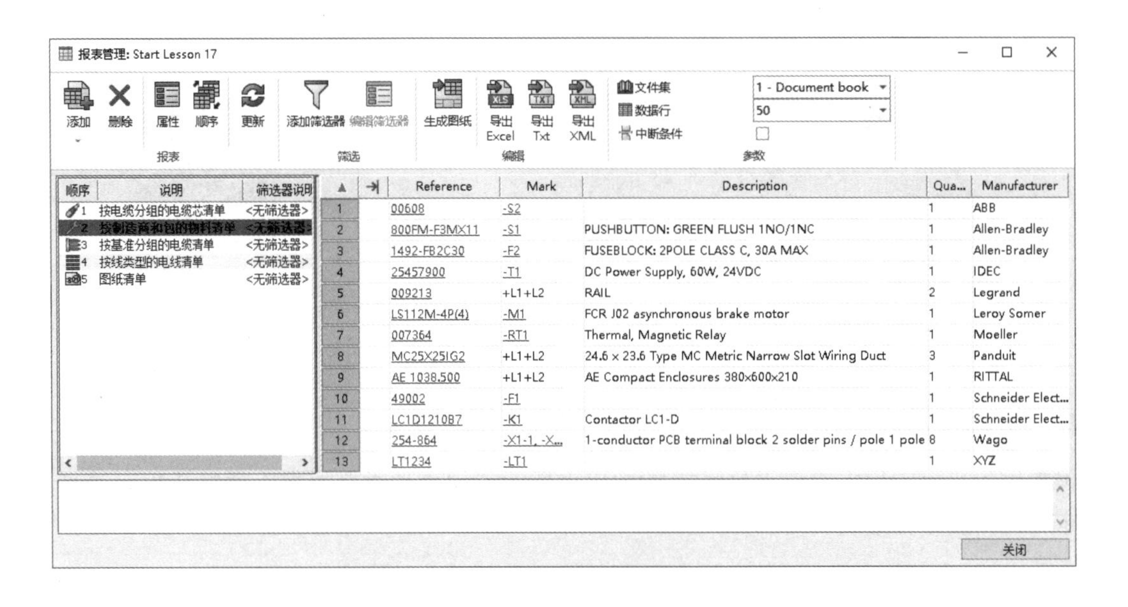

图 17-2 按制造商和包的物料清单

17.1.2 按基准分组的电缆清单

【按基准分组的电缆清单】列出了项目中的电缆，如图 17-3 所示。列可按照标注（Mark）、说明（Description）、路径（Location path）、源（From location）、终点（To location）和线长（Length）排序。在这个例子中，报表是根据说明（Description）排序的。

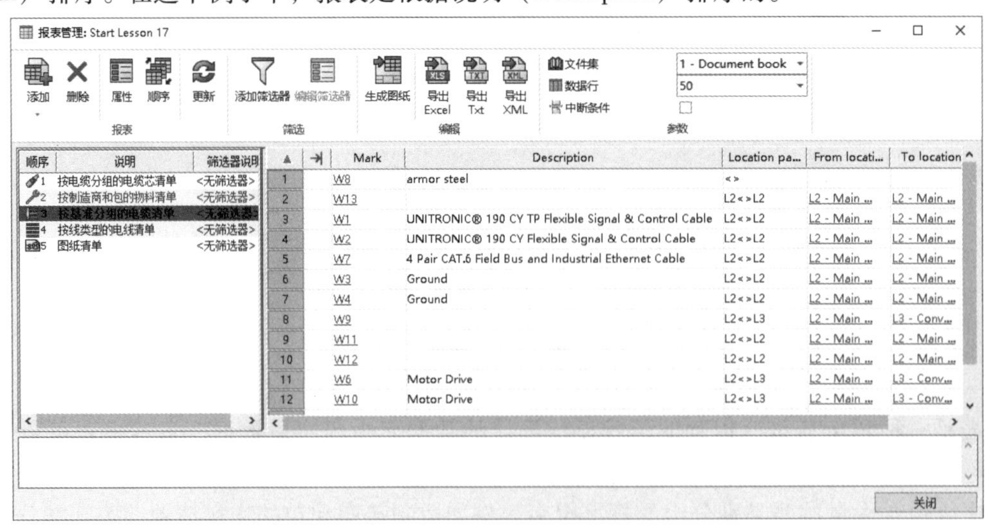

图 17-3 按基准分组的电缆清单

17.1.3 按线类型的电线清单

【按线类型的电线清单】列出了项目中的连接线，如图17-4所示。列可按照源（Origin）、终点（Destination）、线号（Wire number）、截面积（Section）、线长（Length）和线型（Line style）排序。在这个例子中，报表是根据截面积（Section）排序的。

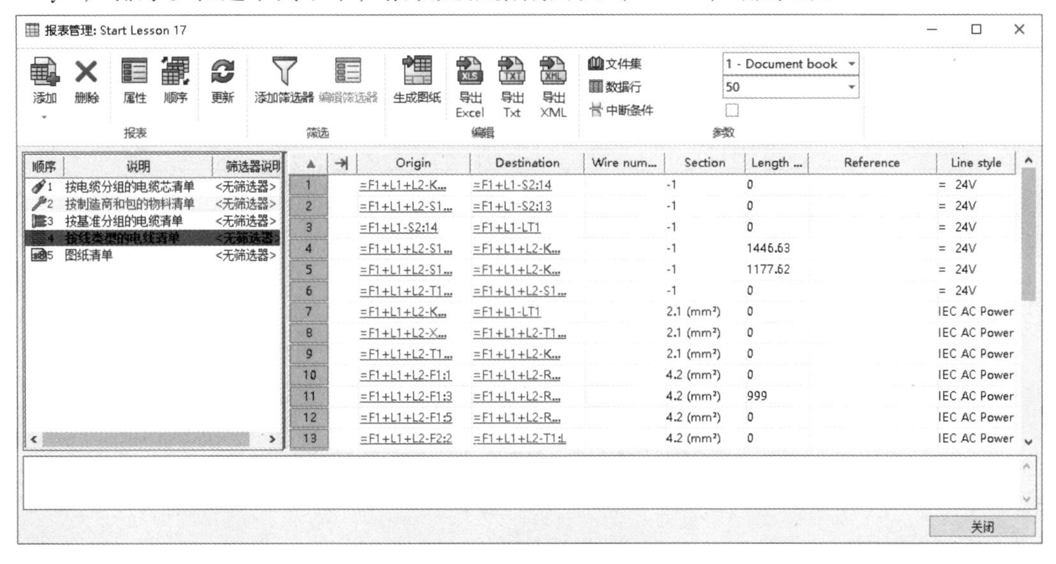

图17-4　按线类型的电线清单

17.1.4 图纸清单

【图纸清单】列出了项目中所有的页面或原理图，如图17-5所示。列可按照页面（Drawing）、说明（Description）、功能（Function）、位置（Location）、校对（Review）、创建者（Creator）和文件夹（Folder）等排序。在这个例子中，报表是根据页面（Drawing）排序的。

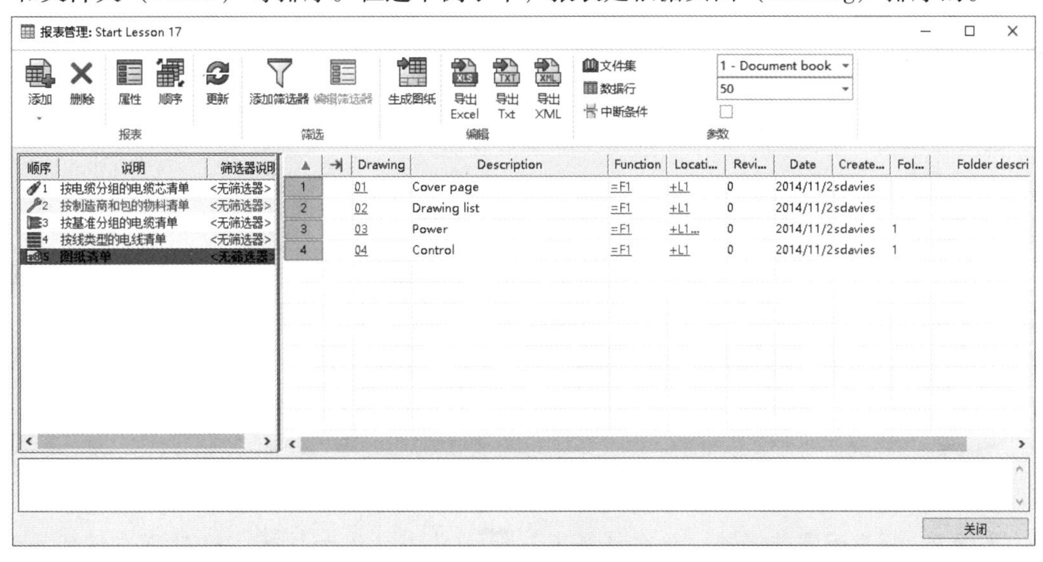

图17-5　图纸清单

在创建报表之前，有多种方法可以浏览和输出报表数据。例如，项目文件集中的页面；SOLIDWORKS Enterprise PDM vault中的CSV（Comma Separator Value）；Microsoft XLS Excel电子表格，如图17-6所示；使用了大量的文本标识符和分隔符的CSV或TXT文件。

每个清单中可用的列信息是在清单模板中定义的，可以通过报表的属性来查看。此外，报表列也可以根据报表内容进行排序或中断、合并列单元，并定义自动生成的报表页面中使用的文本类型和格式。

Allen-Bradley

Reference	Mark	Description
1492-FB2C30	F2，F4	FUSEBLOCK: 2POLE CLASS C, 30A MAX
800FM-F3MX11	S1，S3	PUSHBUTTON: GREEN FLUSH 1NO/1NC

IDEC

Reference	Mark	Description
25457900	T1，T2	DC Power Supply, 60W, 24VDC

Legrand

Reference	Mark
009213	L2

	Reference	Mark	Description	Qu...	Manufact...
2	1492-FB2C30	F2，F4	FUSEBLOCK: 2POLE CLASS C, 30A ...	2	Allen-Bradley
3	800FM-F3M...	S1，S3	PUSHBUTTON: GREEN FLUSH 1NO/1...	2	Allen-Bradley
4	25457900	T1，T2	DC Power Supply, 60W, 24VDC	2	IDEC
5	009213	L2	RAIL	2	Legrand
6	LS112M-4P(4)	M1，M2	FCR J02 asynchronous brake motor	2	Leroy Somer
7	007364	RT1，RT2	Thermal, Magnetic Relay	2	Moeller
8	MC25X25IG2	L2	24.6 x 23.6 Type MC Metric Narrow ...	3	Panduit
9	AE 1038.500	L2	AE Compact Enclosures 380x600x210	1	RITTAL
10	49002	F1，F3		2	Schneider E...
11	LC1D1210B7	K1，K2	Contactor LC1-D	2	Schneider E...
12	254-864	X1-1，X1-2，X...	1-conductor PCB terminal block 2 sol...	8	Wago

图 17-6　浏览和输出报表

17.2　设计流程

主要操作步骤如下：

1. **添加报表**　报表管理器控制着报表的使用。
2. **创建报表图纸**　生成报表作为图纸。
3. **添加列**　更改显示的列和文本格式。
4. **导出模式**　修改 SQL 查询，添加更多的列。
5. **添加列**　创建新列，选择查询新内容。
6. **生成报表**　将报表创建为项目文件集中的图纸文件。
7. **排序和中断**　更改排序和中断选项，更新报表。

操作步骤

开始本课程前，解压缩并打开"Start_Lesson_17. proj"，文件位于文件夹"Lesson17\Case Study"内。新建报表，进行 SQL 查询和 XML 设置，改进报表显示效果及内容。

报表	• 命令管理器：【电气工程】/【报表】。

步骤 1　打开原理图　打开页面"03-Power"。

步骤 2　报表配置选择器　单击【报表】，单击【添加】。通过筛选找到并添加报表，如图 17-7 所示。单击【确定】。

步骤 3　对报表排序　单击标注（Mark）表头，对报表排序，如图 17-8 所示。

步骤 4　报表列　选择【按制造商和包的物料清单】，单击【属性】。在【列】中单击【列管理】。

图 17-7 报表配置选择器

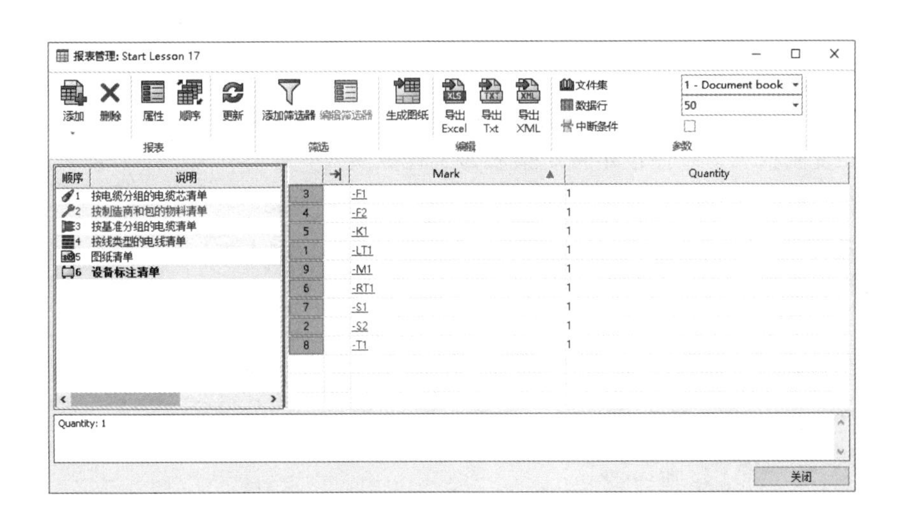

图 17-8 对报表排序

还有其他方法可以添加和删除列吗？

勾选【Component mark】复选框，单击【确定】，单击【应用】和【关闭】。

步骤 5 生成报表图纸 单击【生成图纸】，勾选所有报表，如图 17-9 所示。

为什么有一个是绿色的？

单击【确定】，生成报表。单击【关闭】。

之前创建的报表，如图纸目录，将保持其在文件集中的原始位置。

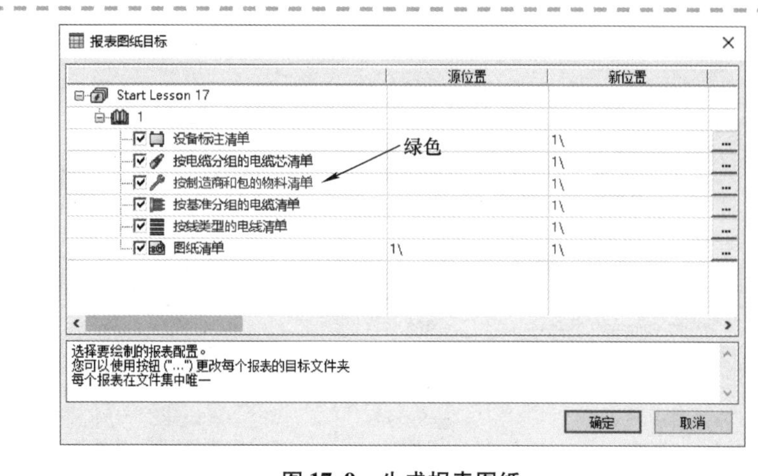

图 17-9 生成报表图纸

单击【关闭】，关闭报表管理器。

17.3 报表模板

报表模板储存在应用级或工程级的 XML 文件中。文件包含与特定报表相关的所有数据，除了用于获取报表信息的 SQL 查询外，还包括名称、列、布局、排序和中断设置。

通过报表模板管理器，可以复制、删除、修改、压缩或解压缩报表，也可以在工程级文件和应用级文件之间复制报表，以便设定特定报表为工程级模板。

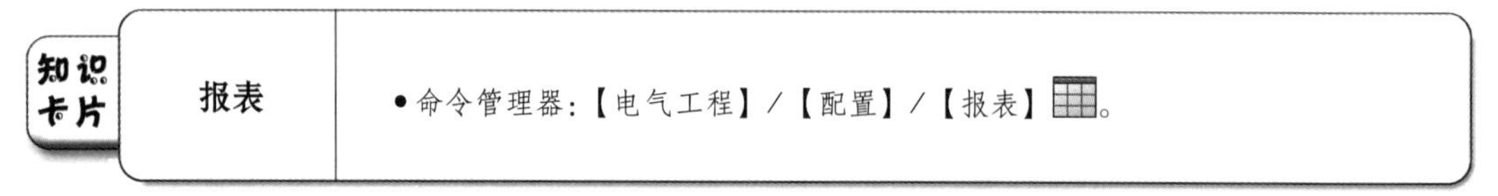

步骤 6 报表配置管理 单击【报表】，打开【报表配置管理】，如图 17-10 所示。

图 17-10 报表配置管理

> **注意**　在【报表配置管理】中对报表做任何修改，都会自动在工程级报表中创建副本。

选择【工程配置】列表中的报表，单击【属性】。在【基本信息】中更改【标题】为“Training”，【说明（简体中文）】为“Training BOM”。单击【应用】和【关闭】。选择此报表，单击【添加到应用程序】。

> **注意**　这样将报表添加到【应用程序配置】，就可以在任何工程中使用该模板。

选择【工程配置】列表中的报表，单击【删除】，单击【是】，删除“Training. xml”，如图 17-11 所示。

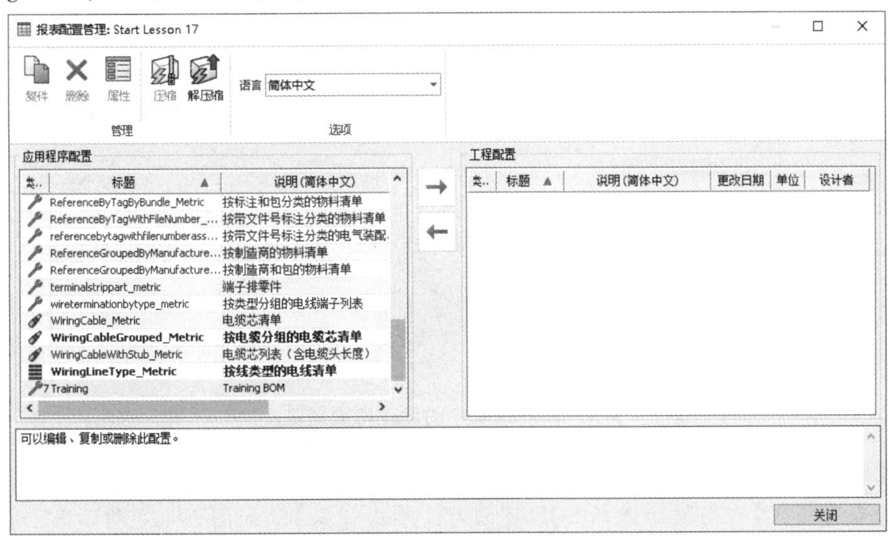

图 17-11　删除报表

单击【关闭】。

步骤 7　检查报表　打开页面“08-Bill of materials”，检查报表。

17.4　报表列

报表中可用的列是在报表查询中定义的，如图 17-12 所示。列与数据库域相关，因此只可以添加查询中包含的域数据。可以通过修改查询来添加或删除可用的列，也可以通过定义列标题来区分所选的列数据。

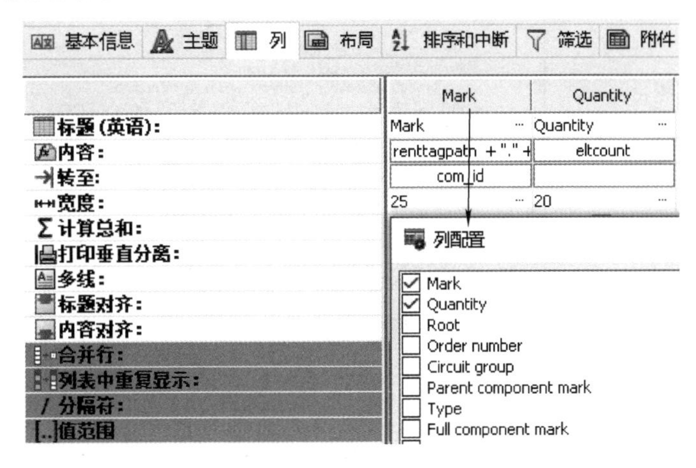

图 17-12　可用的列

列的说明可以根据标题来更改，该数据将会显示在报表中。在选择列后，对列名称做出的更改会更新。

若要在列配置中更改已有的说明，需要删除列后再添加列，并使用不同的名称。

步骤 8　报表属性　单击【报表】，选择报表“Training BOM”，单击【属性】。在【列】中单击【列管理】，取消勾选【Component mark】复选框，勾选【Value 1】复选框。单击【确定】、【应用】和【关闭】。

> **注意**　“Value 1”添加到报表中并显示出来，列连接到设备型号的额定电流，如图 17-13 所示。

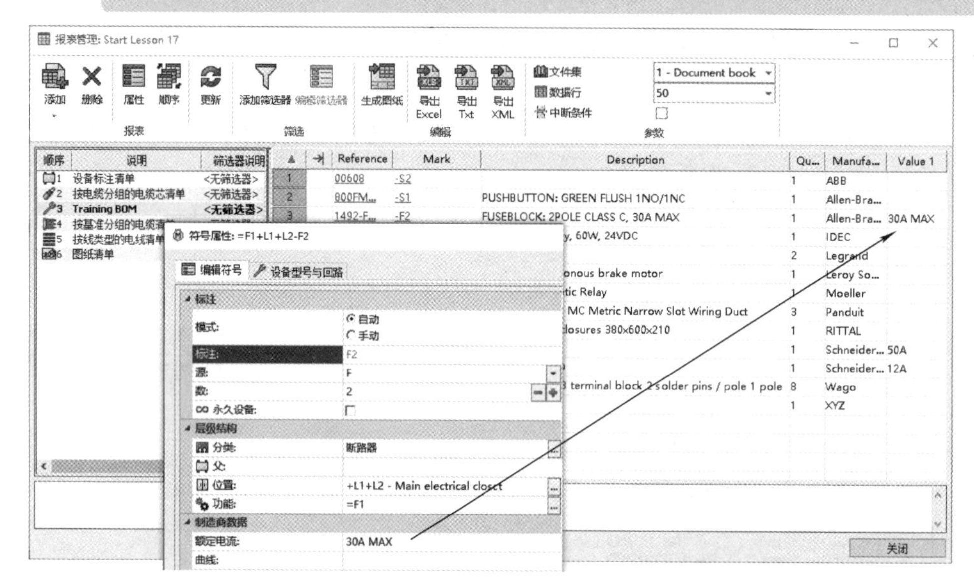

图 17-13　报表中的额定电流属性

步骤 9　更改列的说明　选择报表“Training BOM”，单击【属性】。单击左下角的【激活专家模式】，当提示激活 SQL 查询时，单击【是】，如图 17-14 所示。

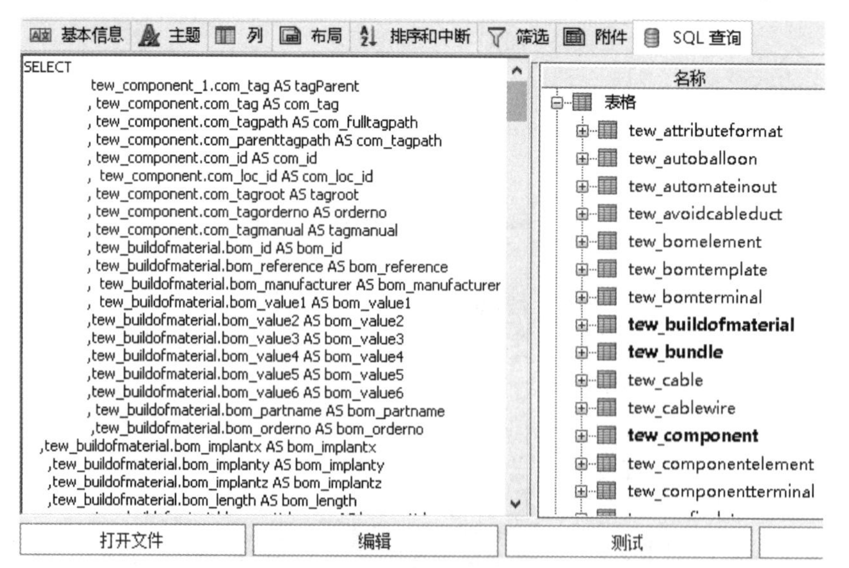

图 17-14　激活专家模式

单击【删除列】，选择【Value 1】，单击【确定】。当提示是否删除列时，单击【是】。单击【添加列】，输入说明，如图 17-15 所示。

图 17-15　添加列

17.5　列格式

单击【*fx*】按钮可以进入 *fx* 格式管理器。与其他格式管理器不同的是，这里的变量取自于查询，如图 17-16 所示。

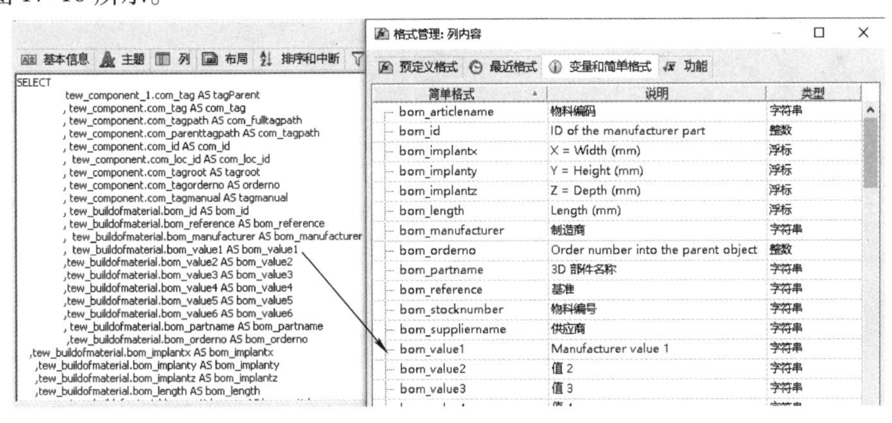

图 17-16　*fx* 格式管理器

变量名是用户为数据库的域定义的别名。

步骤 10　格式管理器　单击【*fx*】按钮，选择“bom_value1”，如图 17-17 所示，在【变量和简单格式】中单击【添加简单格式】。

单击【确定】，添加变量。单击【确定】，创建列并返回报表。更改“CurrentRating”的【内容对齐】为【右】，如图 17-18 所示。

单击【应用】。

图 17-17　选择变量

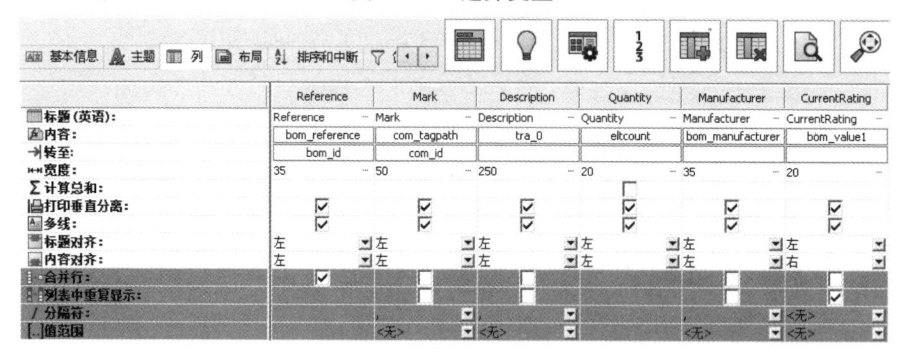

图 17-18　更改对齐方式

注意　在界面的上方可以实时看到报表的结果。

17.6　SQL 查询列

可用的列关联到 SQL 查询的表。所有可用的表都列在 SQL 查询的右侧，每个字段都有说明。在查询中使用的表和字段会加粗显示。如果需要在查询中添加字段，创建新的列，则需要编辑查询，包含所需的字段，形成报表。

步骤 11　编辑 SQL 查询　在【SQL 查询】选项卡中单击【编辑】，展开表“tew_buildofmaterial”，双击字段“bom_usevoltage”，添加到查询中，如图 17-19 所示。

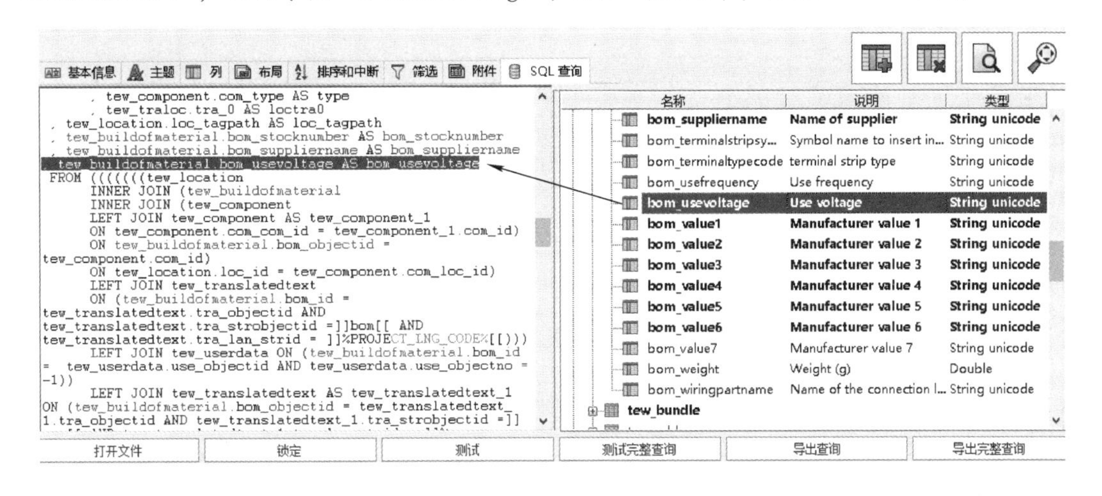

图 17-19　编辑 SQL 查询

提示　报表由两个查询组成，并可插入字段。

在两个语句中，查询并找到“bom_usevoltage”字段，更改“AS bom_usevoltage”为“AS Rated_Voltage”。单击【应用】，选择【测试查询】，查看完整的报表内容，单击【确定】，关闭报表预览。

步骤 12　添加列　使用上述方法，单击【添加列】，设置说明和公式，如图 17-20 所示。

单击【确定】，创建列。单击【应用】和【关闭】，退出报表属性。单击【关闭】，退出管理器。

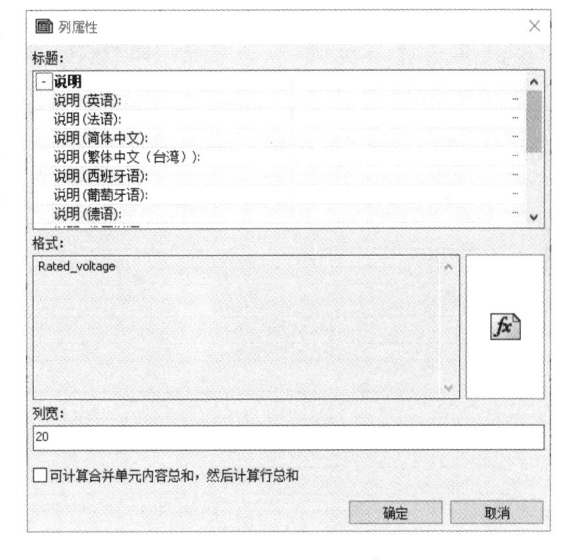

图 17-20　添加列

步骤 13　更新报表　选择页面“08”～“11”，单击【删除】，单击【确定】。右击文件集，选择【在此绘制报表】，选择“Training BOM”。单击【关闭】，退出报表，生成报告。打开页面“08-Bill of Materials”，如图 17-21 所示。

步骤 14　修改列尺寸　单击【报表】，选择“Training BOM”，单击【属性】。在【列】中设置“Description”列的列宽为“175”。单击界面的其他地方，单击【应用】和【关闭】。右击页面“08-Bill of Materials”，单击【更新报表图纸】，在报表生成报告上单击【关闭】，结果如图 17-22 所示。

ABB

Reference	Mark	Description	Quantity	Manufacturer	Current Rating	Rated Voltage
00608	=F1+L1-S2		1	ABB		

Allen-Bradley

Reference	Mark	Description	Quantity	Manufacturer	Current Rating	Rated Voltage
1492-FB2C30	=F1+L1+L2-F2	FUSEBLOCK: 2POLE CLASS C, 30A MAX	1	Allen-Bradley	30A MAX	600V
800FM-F3MX11	=F1+L1+L2-S1	PUSHBUTTON: GREEN FLUSH 1NO/1NC	1	Allen-Bradley		

IDEC

Reference	Mark	Description	Quantity	Manufacturer	Current Rating	Rated Voltage
23457900	=F1+L1+L2-T1	DC Power Supply, 60W, 24VDC	1	IDEC		

Legrand

Reference	Mark	Description	Quantity	Manufacturer	Current Rating	Rated Voltage
009213	+L1+L2	RAIL	2	Legrand		

Leroy Somer

Reference	Mark	Description	Quantity	Manufacturer	Current Rating	Rated Voltage
LS112M-4P(4)	=F1+L1+L3-M1	FCR 302 asynchronous brake motor	1	Leroy Somer		

Moeller

Reference	Mark	Description	Quantity	Manufacturer	Current Rating	Rated Voltage
007364	=F1+L1+L2-RT1	Thermal, Magnetic Relay	1	Moeller		

Panduit

Reference	Mark	Description	Quantity	Manufacturer	Current Rating	Rated Voltage
MC25X25IG2	+L1+L2	24.6 x 23.6 Type MC Metric Narrow Slot Wiring Duct	3	Panduit		

RITTAL

Reference	Mark	Description	Quantity	Manufacturer	Current Rating	Rated Voltage
AE 1038.500	+L1+L2	AE Compact Enclosures 380x600x210	1	RITTAL		

SOLIDWORKS Electrical

Document book

0	16/09/2015	W54	
REV.	DATE	NAME	CHANGES

REVISION 0

SCHEME 08

CONTRACT:

LOCATION: +L1+L2 Main electrical closet

User data 1

User data 2

Document realised with version : [illegible]

图 17-21　更新报表

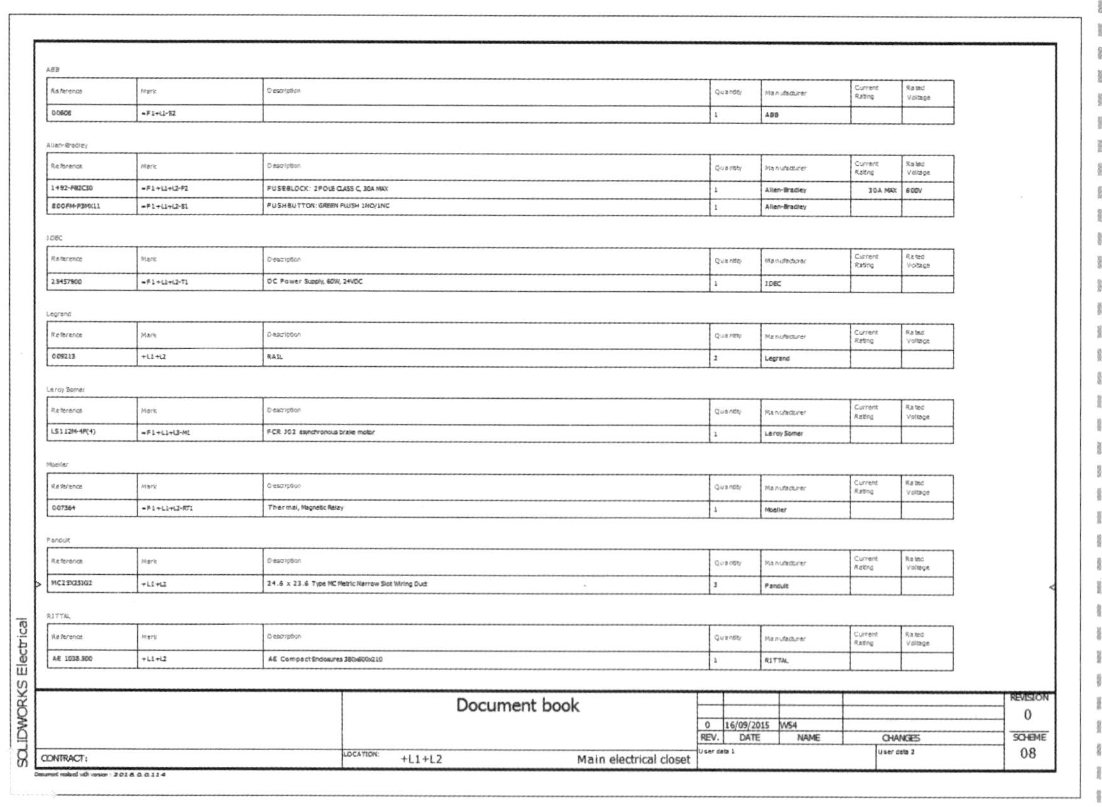

ABB

Reference	Mark	Description	Quantity	Manufacturer	Current Rating	Rated Voltage
00608	=F1+L1-S2		1	ABB		

Allen-Bradley

Reference	Mark	Description	Quantity	Manufacturer	Current Rating	Rated Voltage
1492-FB2C30	=F1+L1+L2-F2	FUSEBLOCK: 2POLE CLASS C, 30A MAX	1	Allen-Bradley	30A MAX	600V
800FM-F3MX11	=F1+L1+L2-S1	PUSHBUTTON: GREEN FLUSH 1NO/1NC	1	Allen-Bradley		

IDEC

Reference	Mark	Description	Quantity	Manufacturer	Current Rating	Rated Voltage
23457900	=F1+L1+L2-T1	DC Power Supply, 60W, 24VDC	1	IDEC		

Legrand

Reference	Mark	Description	Quantity	Manufacturer	Current Rating	Rated Voltage
009213	+L1+L2	RAIL	2	Legrand		

Leroy Somer

Reference	Mark	Description	Quantity	Manufacturer	Current Rating	Rated Voltage
LS112M-4P(4)	=F1+L1+L3-M1	FCR 302 asynchronous brake motor	1	Leroy Somer		

Moeller

Reference	Mark	Description	Quantity	Manufacturer	Current Rating	Rated Voltage
007364	=F1+L1+L2-RT1	Thermal, Magnetic Relay	1	Moeller		

Panduit

Reference	Mark	Description	Quantity	Manufacturer	Current Rating	Rated Voltage
MC25X25IG2	+L1+L2	24.6 x 23.6 Type MC Metric Narrow Slot Wiring Duct	3	Panduit		

RITTAL

Reference	Mark	Description	Quantity	Manufacturer	Current Rating	Rated Voltage
AE 1038.500	+L1+L2	AE Compact Enclosures 380x600x210	1	RITTAL		

SOLIDWORKS Electrical

Document book

0	16/09/2015	W54	
REV.	DATE	NAME	CHANGES

REVISION 0

SCHEME 08

CONTRACT:

LOCATION: +L1+L2 Main electrical closet

User data 1

User data 2

Document realised with version : 2016.0.0.114

图 17-22　修改列尺寸

17.7 排序和中断

报表内容可以根据一定的条件完成排序和中断，如图 17-23 所示。任何可用报表字段都可以用于排序或中断。

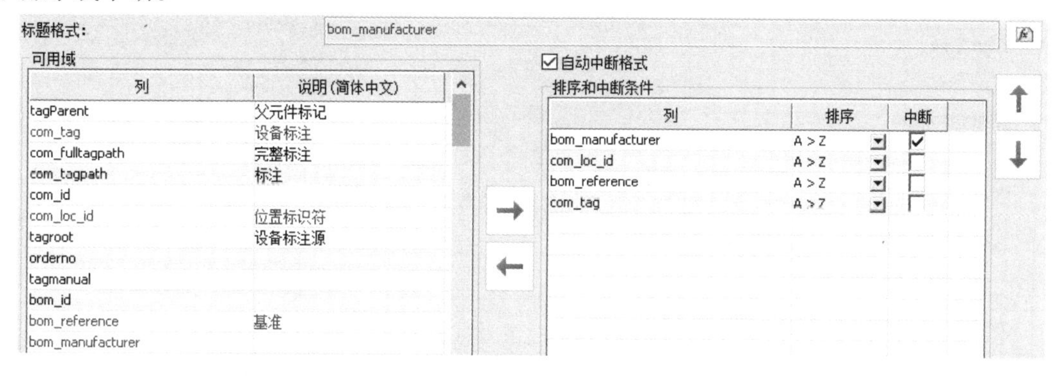

图 17-23 排序和中断

第一个定义了排序且勾选了【中断】复选框的字段将会作为中断条件。这样可以实现复杂报表的布局和显示。

步骤 15 修改排序和中断条件 单击【报表】，选择“Training BOM”，单击【属性】。在【排序和中断】中，取消勾选“bom_manufacturer”的【中断】复选框，移动“com_tag”到排序的顶端，如图 17-24 所示。单击【应用】，完成更改，单击【关闭】。

排序和中断条件

列	排序	中断
com_tag	A > Z	☐
bom_manufacturer	A > Z	☐
com_loc_id	A > Z	☐
bom_reference	A > Z	☐

图 17-24 修改排序和中断条件

右击页面“08-Bill of Materials”，选择【更新报表图纸】，执行更改，如图 17-25 所示。

08 - Training BOM.

Reference	Mark	Description	Quantity	Manufacturer	Current Rating	Rated Voltage
009213	+L1+L2	RAIL	2	Legrand		
MC25X25IG2	+L1+L2	24.6 x 23.6 Type MC Metric Narrow Slot Wiring Duct	3	Panduit		
AE 1038.500	+L1+L2	AE Compact Enclosures 380x600x210	1	RITTAL		
254-864	-X1-1, -X1-2, -X1-3, -X1-4, -X1-5, -X1-6, -X1-7, -X1-8	1-conductor PCB terminal block 2 solder pins / pole 1 pole	8	Wago		
49002	-F1		1	Schneider Electric	50A	
1492-FB2C30	-F2	FUSEBLOCK: 2POLE CLASS C, 30A MAX	1	Allen-Bradley	30A MAX	600V
LC1D1210B7	-K1	Contactor LC1-D	1	Schneider Electric	12A	
LT1234	-LT1		1	XYZ		
LS112M-4P(4)	-M1	FCR J02 asynchronous brake motor	1	Leroy Somer		
007364	-RT1	Thermal, Magnetic Relay	1	Moeller		
800FM-F3MX11	-S1	PUSHBUTTON: GREEN FLUSH 1NO/1NC	1	Allen-Bradley		
00608	-S2		1	ABB		
25457900	-T1	DC Power Supply, 60W, 24VDC	1	IDEC		

图 17-25 更新报表图纸

17.8 报表图解

报表可以插入到不同页面类型中，包括 2D 机柜布局图、原理图、混合图和布线方框图等。报表是标准的 XML 文件配置集，具有【在现有文档中插入】目标类型，如图 17-26 所示。

此报表类型要求其必须包含外部表达式“%CUR_FILE_ID%”。

激活该命令后，将从【选择配置】的下拉列表中选择要插入的报表，如图 17-27 所示。

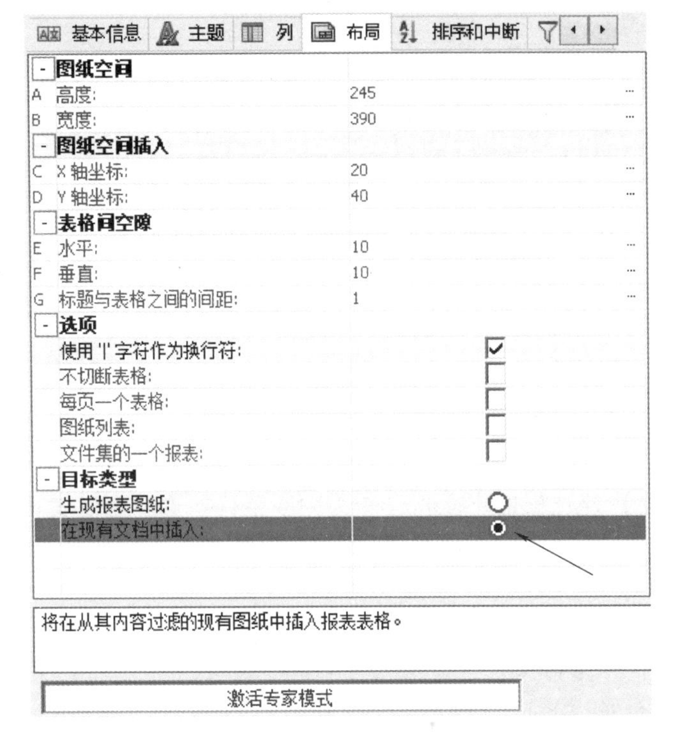

图 17-26　在现有文档中插入

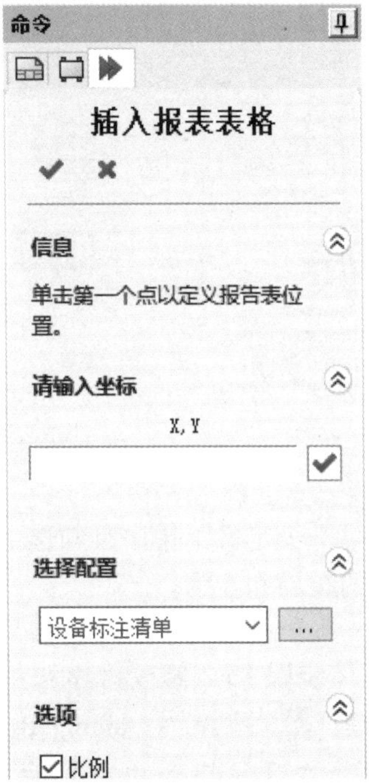

图 17-27　选择配置

通过单击图形区域以确定报表的左上角位置或者在【命令】侧面板中输入【X，Y】的坐标值来设置报表位置。如果勾选了【比例】复选框，则报表边界将被限制为用户在插入过程中所绘制的矩形大小。

如图 17-28 所示，可以通过右击相应的报表，选择【更新报表表格】或【编辑报表配置】来更新或修改所插入的报表。

图 17-28　更新报表表格

步骤 16　添加工程报表　单击【配置】/【报表】，选择【应用程序配置】中的“MarkListComponent_Metric”，单击【添加到工程】➡，结果如图 17-29 所示。

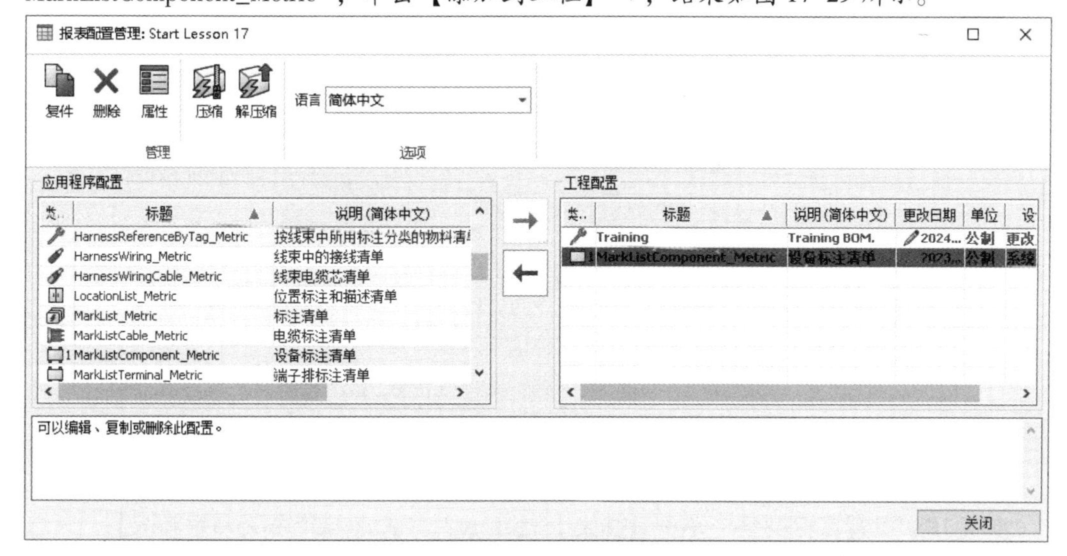

图 17-29　添加工程报表

步骤 17　修改报表　单击【工程配置】中的报表，单击【属性】，更改基本信息和说明，如图 17-30 所示。

基本信息　主题　列　布局　排序和中断

基本信息	
名称:	ComTags
类型:	设备
说明	
说明(英语):	components tags
说明(法语):	Liste des étiquettes de composants
说明(简体中文):	设备标注清单
说明(捷克语):	Seznam jazýčků součástí
说明(德语):	Liste der Bauteilbeschriftungen
说明(意大利语):	Elenco dei contrassegni dei componenti

图 17-30　修改报表

单击【布局】选项卡，单击【在现有文档中插入】，查看提示信息，如图 17-31 所示，该选项为不可用状态。

将在从其内容过滤的现有图纸中插入报表表格。
仅当%CUR_FILE_ID%在 SQL 查询中定义时可用。

图 17-31　提示信息

步骤 18　启用报表图纸　单击【激活专家模式】，在系统提示访问 SQL 查询时单击【是】。单击【编辑】，对查询语句进行修改，并将下列内容添加到查询语句的末尾，结果如图 17-32 所示。

AND

(sym_fil_id = %CUR_FILE_ID%)

单击【应用】保存修改，在出现提示时单击【测试查询】，确保所做的修改准确无误。

```
SELECT DISTINCT
                    vew_component_ex.com_id AS com_id
                    , vew_component_ex.com_type AS com_type
                    , vew_component_ex.vcomcom_com_tag AS vcomcom_vcom_tag
                    , vew_component_ex.com_tag AS com_tag
                    , vew_component_ex.com_tagroot AS com_tagroot
                    , vew_component_ex.com_tagorderno AS com_tagorderno
                    , vew_component_ex.com_loc_id AS com_loc_id
                    , vew_component_ex.loc_tagpath AS loc_tagpath
                    , vew_component_ex.cel_group AS cel_group
                    , vew_component_ex.com_tagpath AS com_tagpath
                    , vew_component_ex.com_parenttagpath AS com_parenttagpath
                    , vew_component_ex.loc_tra_0_l1 AS loc_tra_0_l1
                    , 1 AS %ELEMENT_COUNT%
                    , vew_component_ex.loc_text AS loc_text
                    FROM
                    vew_component_ex
                    WHERE com_type  IN (-1,0, 1,2, 6, 7)  AND
(vew_component_ex.com_parenttagpath != ]][[)
AND
(sym_fil_id = %CUR_FILE_ID%)

                    ORDER BY loc_text ASC,com_tagroot ASC,com_tagorderno ASC
```

图 17-32　添加查询语句

步骤 19　设置目标类型　单击【布局】选项卡，单击【在现有文档中插入】。

注意

此操作确保在图纸中插入报表时配置可以使用。

步骤 20　调整列内容　单击【列】选项卡，按图 17-33 所示更改设置。

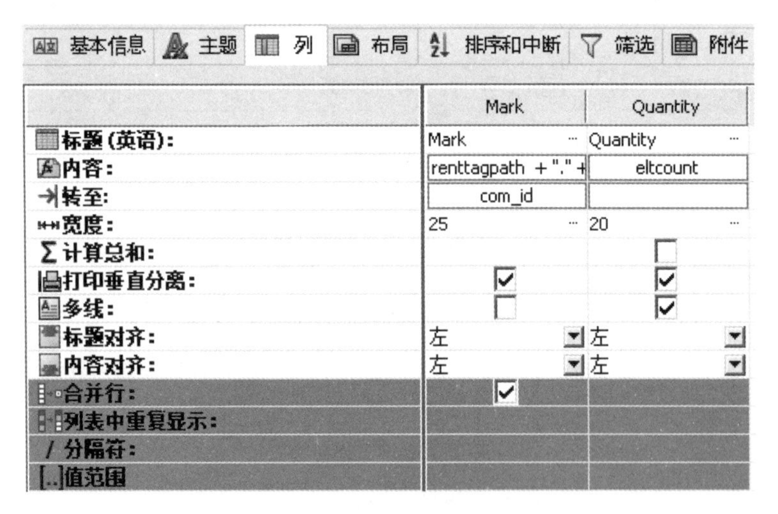

图 17-33　调整列内容

步骤 21　定义主题　单击【主题】选项卡，按图 17-34 所示更改设置。

单击【应用】。单击【关闭】退出配置编辑，单击【关闭】退出报表配置管理器。

步骤 22　添加报表到页面中　右击“03-Power”页面，选择【打开】。单击【原理图】/【插入报表表格】，选择配置“ComTags”，单击【确定】，确保勾选了【比例】复选框。在图形区域单击并拖动以确定报表的位置及大小，如图 17-35 所示。

再次单击以确定报表的大小，并将其插入页面中。

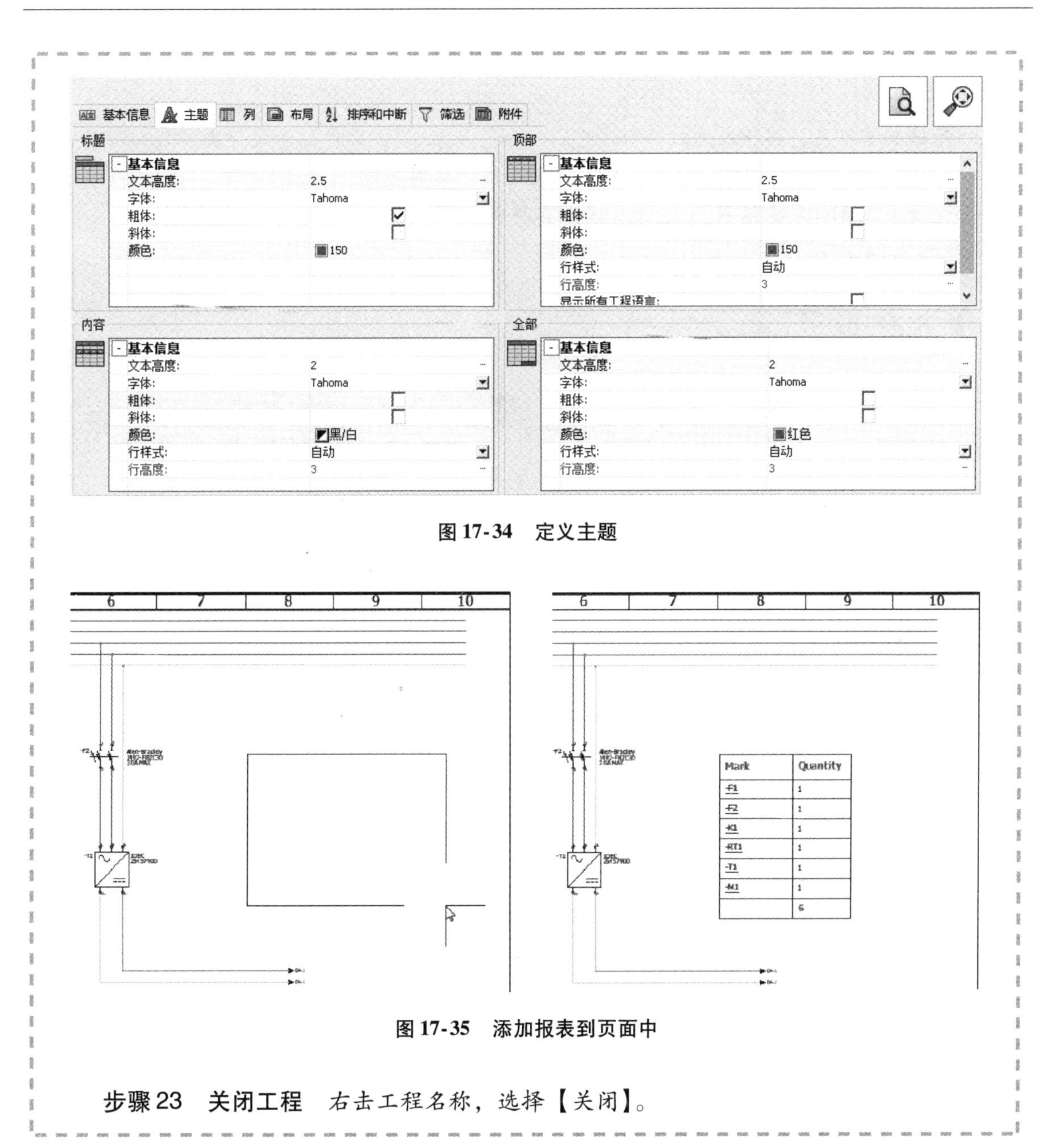

图 17-34　定义主题

图 17-35　添加报表到页面中

步骤 23　关闭工程　右击工程名称，选择【关闭】。

练习　报表

创建和修改报表，更改显示和排序信息。

本练习将使用以下技术：

- 报表配置。
- 添加列。
- 修改列尺寸。
- 更新报表。

操作步骤

开始本练习前，解压缩并打开“Start_Exercise_17. proj”，文件位于文件夹“Lesson17\Exercises”内。创建工程报表，添加列，调整尺寸，更新报表。

步骤 1　添加工程报表　打开工程报表模板，添加报表“HarnessWiring_Metric”到【工程配置】，如图 17-36 所示。

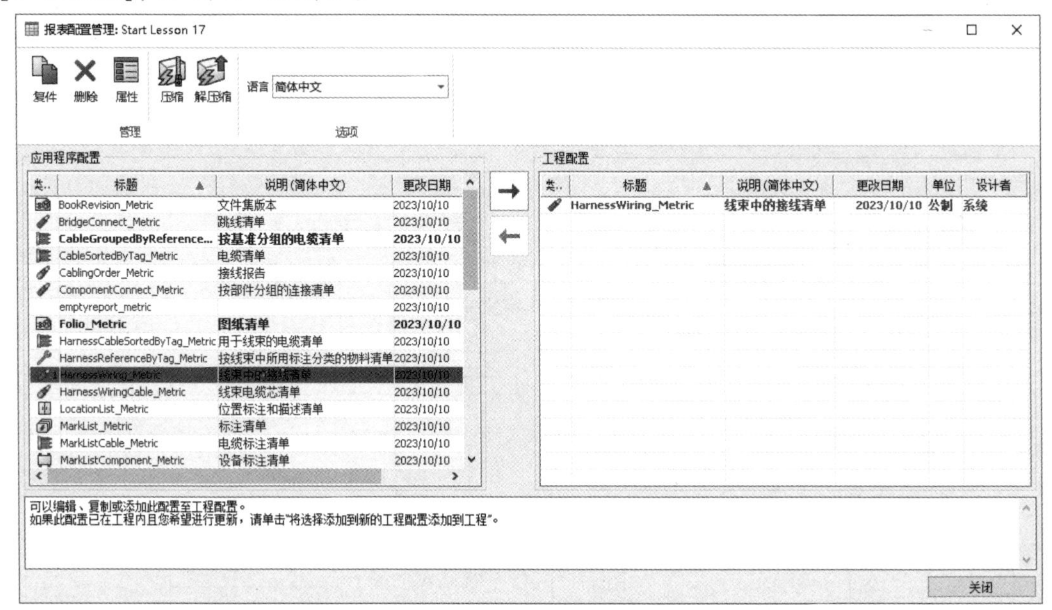

图 17-36　添加工程报表

步骤 2　创建报表页面　生成报表。

步骤 3　检查报表　打开页面“06-List of Connection”。

步骤 4　修改报表列　进入“HarnessWiring_Metric”报表的属性页面。更改列，添加“Length（inches）”，删除“Length（m）”和“Signal”。

步骤 5　更改报表列排序　更改报表列的顺序如下：Connect From→Wire tag→Color code→Section/gauge→Length（inches）→Connect To。

步骤 6　排序和中断　调整排序和中断条件，如图 17-37 所示。

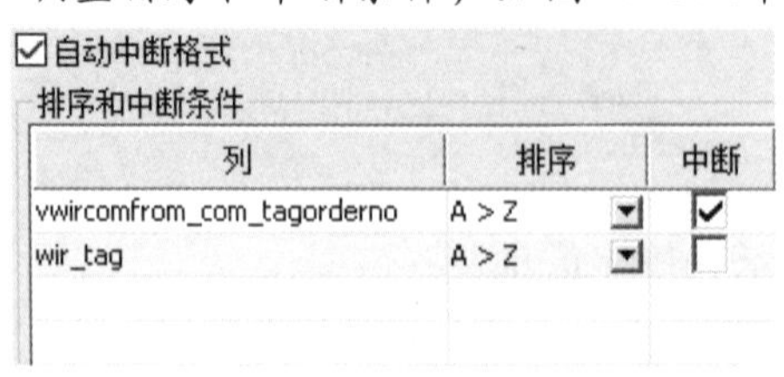

图 17-37　调整排序和中断条件

步骤 7　更新报表　再次生成报表页面，打开页面“10”查看结果，如图 17-38 所示。

步骤 8　关闭工程　右击工程名称，选择【关闭】。

1

Connect From	Wire tag	Color code	Section / gauge	Length (inches)	Connect To
=F1+L1-J1:1	1	RD	0.823	12.44	=F1+L1-J4:4
=F1+L1-J1:2	2	OG	0.823	10.55	=F1+L1-J5:2
=F1+L1-J1:3	3	YE	0.823	10.55	=F1+L1-J5:1
=F1+L1-J1:4	4	BU	0.823	14.76	=F1+L1-J3:3
=F1+L1-J1:5	5	GN	0.823	14.76	=F1+L1-J3:2
=F1+L1-J1:6	18	VT	0.823	14.76	=F1+L1-J3:1

2

Connect From	Wire tag	Color code	Section / gauge	Length (inches)	Connect To
=F1+L1-J2:1	6	RD	0.823	10.61	=F1+L1-J5:4
=F1+L1-J2:2	7	OG	0.823	10.61	=F1+L1-J5:3
=F1+L1-J2:3	8	YE	0.823	14.82	=F1+L1-J3:4
=F1+L1-J2:4	9	BU	0.823	12.5	=F1+L1-J4:3
=F1+L1-J2:5	10	GN	0.823	12.5	=F1+L1-J4:2
=F1+L1-J2:6	16	VT	0.823	12.5	=F1+L1-J4:1

4

Connect From	Wire tag	Color code	Section / gauge	Length (inches)	Connect To
=F1+L1-J4:5	11	GN	0.823	23.4	=F1+L1-J6:5
=F1+L1-J4:6	17	VT	0.823	23.4	=F1+L1-J6:6

5

Connect From	Wire tag	Color code	Section / gauge	Length (inches)	Connect To
=F1+L1-J5:6	13	OG	0.823	25.29	=F1+L1-J6:2

6

Connect From	Wire tag	Color code	Section / gauge	Length (inches)	Connect To
=F1+L1-J6:1	12	GN	0.823	25.29	=F1+L1-J5:5
=F1+L1-J6:3	14	YE	0.823	21.08	=F1+L1-J3:5
=F1+L1-J6:4	15	BU	0.823	21.08	=F1+L1-J3:6

图 17-38 更新报表

第 18 章　简 易 报 表

- 设置报表名称和说明
- 在延伸视图中创建查询
- 从多表格中添加字段
- 创建多字段列公式

扫码看视频

18.1　视图概述

视图是在应用程序数据库中创建和存储的基础 SQL 查询，它将数据库中的表相互连接。延伸视图也是一种查询，但延伸视图是由复杂 SQL 查询组成的。因此，延伸视图有更多的表和字段可用。简单视图和延伸视图如图 18-1 所示。

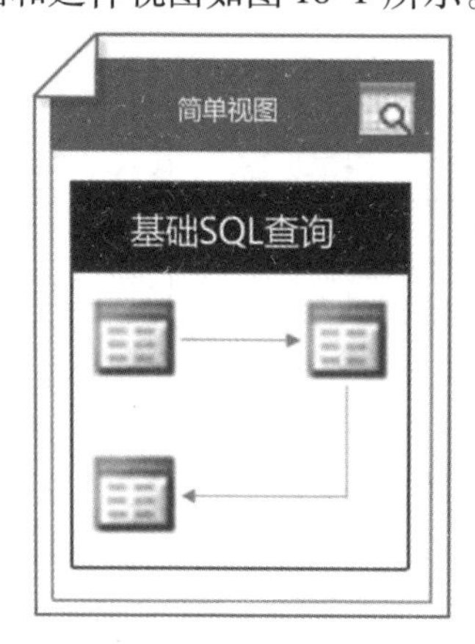

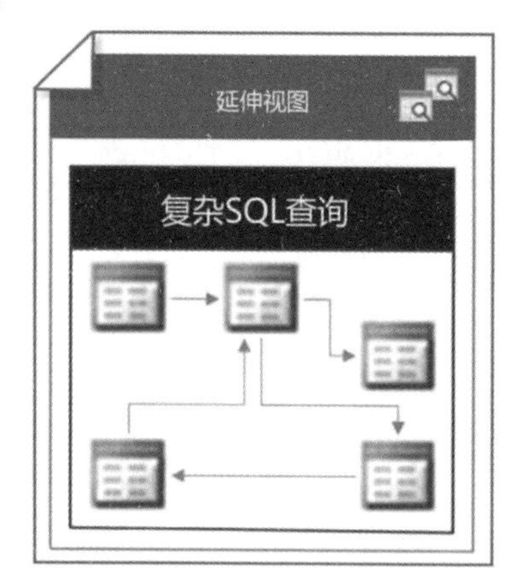

图 18-1　简单视图和延伸视图

通过选择适当的字段，并将这些字段分配给列，就可以创建出新的报表模板。

本章将使用最复杂的延伸视图之一来创建连接报表模板。

18.2　设计流程

主要操作步骤如下：

1. **报表重命名**　编辑报表的名称和说明。
2. **在视图中创建查询**　使用延伸视图创建新的查询。
3. **添加多个字段**　从不同的延伸视图中添加字段。
4. **添加列公式**　使用字段变量创建列公式。
5. **预览内容**　在报表管理器中预览报表结果。

操作步骤

开始本课程前，解压缩并打开"Start_Lesson_18. proj"，文件位于"Lesson18\Case Study"文件夹内。编辑报表，在延伸视图中创建新的SQL查询，编辑列并创建公式，由此创建一个全新的报表模板。

步骤1 打开原理图 打开页面"04-Control"。

步骤2 报表管理器 单击【电气工程】/【报表】，选择【按线类型的电线清单】，此时界面如图18-2所示，然后单击【属性】。

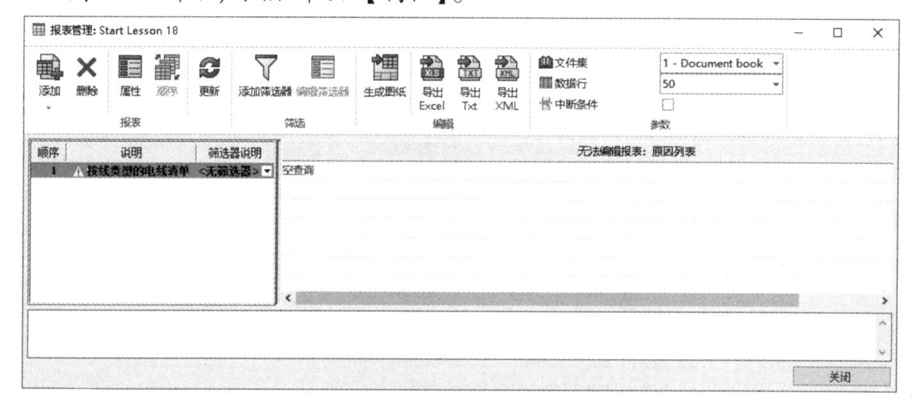

图18-2 报表管理器

步骤3 命名报表 更改报表名称为"FromTo"，更改报表说明为"Net List"。

步骤4 专家模式 单击【激活专家模式】，单击【是】。专家模式的空查询界面如图18-3所示。

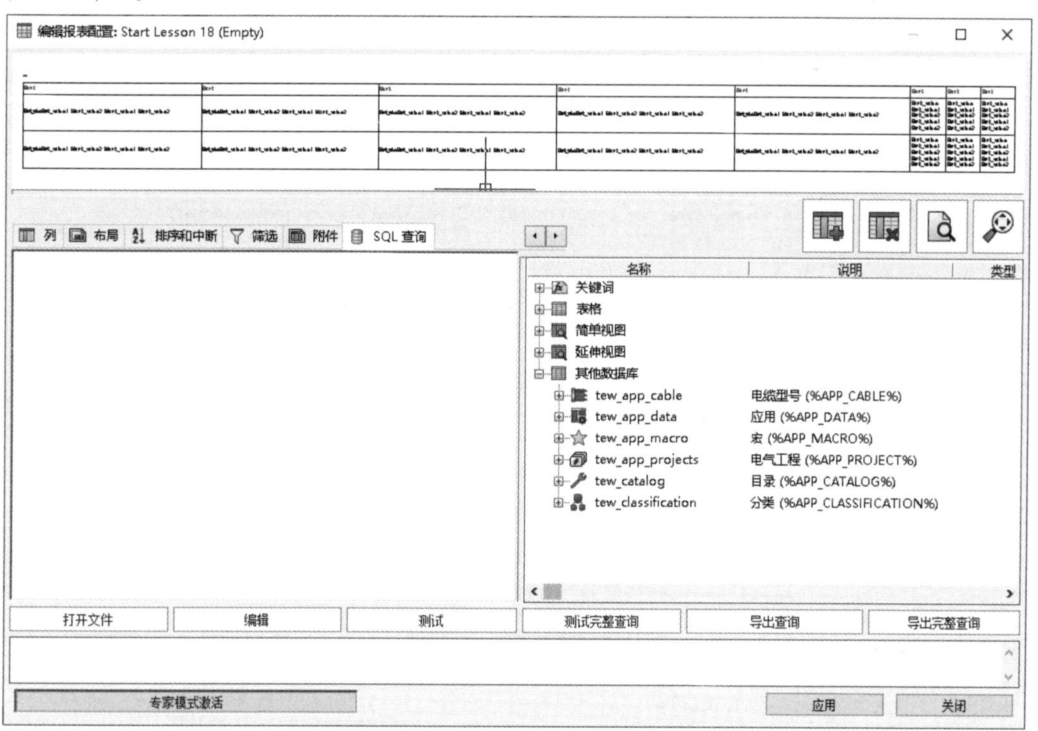

图18-3 专家模式的空查询界面

步骤 5　创建查询　单击【编辑】，进入报表的 SQL 查询。展开【延伸视图】中的“vew_wire_ex”，如图 18-4 所示。

图 18-4　“vew_wire_ex”视图

注意

延伸视图中包含多种表格，通过选择字段创建 SQL 查询，创建连接报表。

步骤 6　启动查询　单击“tew_component”源设备，双击“vwircomfrom_com_parenttagpath”字段，添加到查询，如图 18-5 所示。

```
SELECT
vew_wire_ex.vwircomfrom_com_parenttagpath AS vwircomfrom_com_parenttagpath
FROM
.vew_wire_ex
```

图 18-5　添加第一个字段

注意

此时会发现程序根据 SQL 查询规则自动添加了 SELECT、FROM、字段和别名。

步骤 7　添加字段　使用相同的操作，添加以下字段到报表的 SQL 查询，见表 18-1。

表 18-1　添加字段

表	字段
tew_componentterminal（源设备端子）	vwirctefrom_cte_txt
tew_wire（电线）	wir_tag、wir_color、wir_diameter
tew_component（目标设备）	vwircomto_com_parenttagpath
tew_componentterminal（目标设备端子）	vwircteto_cte_txt

结果如图 18-6 所示。

```
SELECT
vew_wire_ex.vwircomfrom_com_parenttagpath AS vwircomfrom_com_parenttagpath
 , vew_wire_ex.vwirctefrom_cte_txt AS vwirctefrom_cte_txt
 , vew_wire_ex.wir_tag AS wir_tag
 , vew_wire_ex.wir_color AS wir_color
 , vew_wire_ex.wir_diameter AS wir_diameter
 , vew_wire_ex.vwircomto_com_parenttagpath AS vwircomto_com_parenttagpath
 , vew_wire_ex.vwircteto_cte_txt AS vwircteto_cte_txt
FROM
.vew_wire_ex
```

图 18-6 添加多个字段

步骤 8 测试查询 单击【测试】，查询结果如图 18-7 所示。单击【确定】。

查询结果

vwircomfrom_com_parenttagpath	vwirctefrom_cte_txt	wir_tag	wir_color	wir_diameter	vwircomto_com_parenttagpath	vwircteto_cte_txt
-X1-4	2		GNYE	1.63	-M1	M
-K1	6/T3		GY	2.3	-X1-3	1
-K1	4/T2		BK	2.3	-X1-2	1
-K1	2/T1		BN	2.3	-X1-1	1
-X1-3	2		GY	2.3	-M1	W
-X1-2	2		BK	2.3	-M1	V
-X1-1	2		BN	2.3	-M1	U
-RT1	6		GY	2.3	-K1	5/L3
-RT1	4		BK	2.3	-K1	3/L2
-RT1	2		BN	2.3	-K1	1/L1
-F1	5		GY	2.3	-RT1	5
-F1	N		BU	1.63	-T1	N
-F1	1		BN	2.3	-RT1	1
-X1-4	1		GNYE	1.63	-T1	G
-F1	3		BK	2.3	-RT1	3
-T1	V-		VT	1	-S1	1
-T1	V+		GNYE	1.63	-K1	A2

选定 24 行 - 运行时间 0.06s　确定

图 18-7 查询结果

步骤 9 设置列 单击【列】选项卡，修改第一列【标题（英语）】为“Origin”，再单击【内容】对应的区域，弹出图 18-8 所示的对话框。

图 18-8 【列属性】对话框

单击【fx】按钮，在【变量和简单格式】中选择“vwircomfrom_com_parenttagpath”，单击【添加简单格式】➕。在【格式：列内容】中，在字段后面添加“ +":"”，再双击以添加“vwirctefrom_cte_txt”变量。结果如图 18-9 所示。

单击【确定】，确认变量。回到【列属性】对话框后单击【确定】，创建列。

步骤 10　电线列　修改第二列【标题（英语）】的内容为“Wire”，再单击【内容】对应的区域，弹出【列属性】对话框。

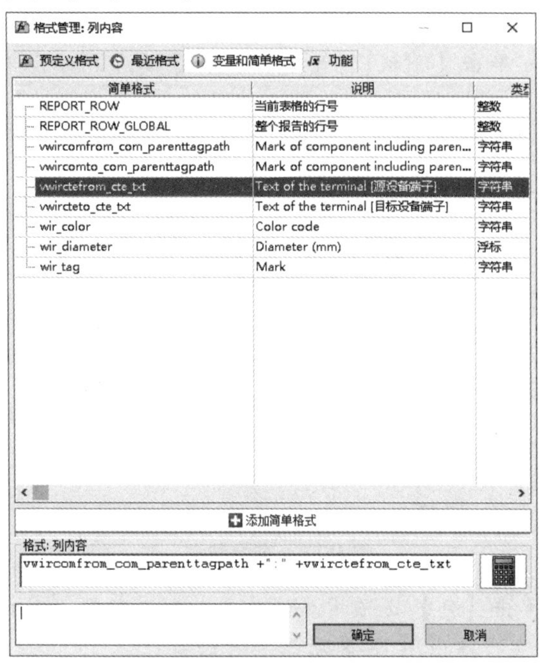

图 18-9　完成 Origin 变量添加

单击【fx】按钮，在【变量和简单格式】中选择“wir_tag”，单击【添加简单格式】➕。如图 18-10 所示完成公式定义。

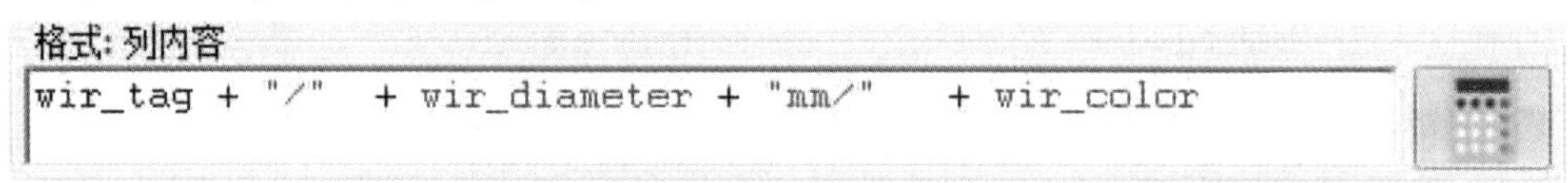

图 18-10　完成 Wire 变量添加

单击【确定】，确认变量。回到【列属性】对话框后单击【确定】，创建列。

步骤 11　目标列　修改第三列【标题（英语）】的内容为“Destination”，再单击【内容】对应的区域，弹出【列属性】对话框。

单击【fx】按钮，在【变量和简单格式】中选择“vwircomto_com_parenttagpath”，单击【添加简单格式】➕。如图 18-11 所示完成 Destination 变量添加，即完成公式定义。

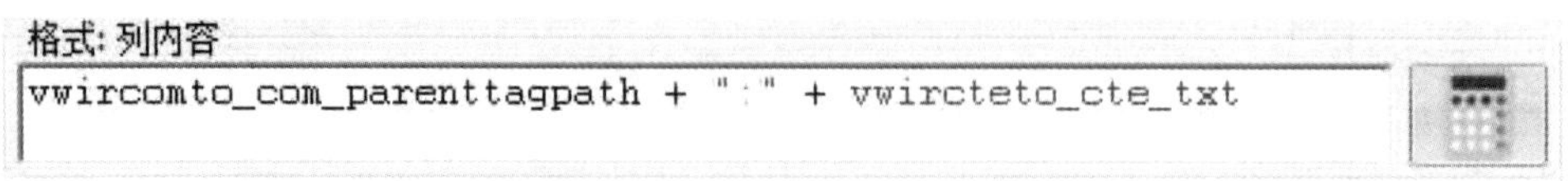

图 18-11　完成 Destination 变量添加

单击【确定】，确认变量。回到【列属性】对话框后单击【确定】，创建列。

步骤12　隐藏列　单击【列管理】，并取消勾选“Blank”复选框，如图18-12所示。单击【确定】。

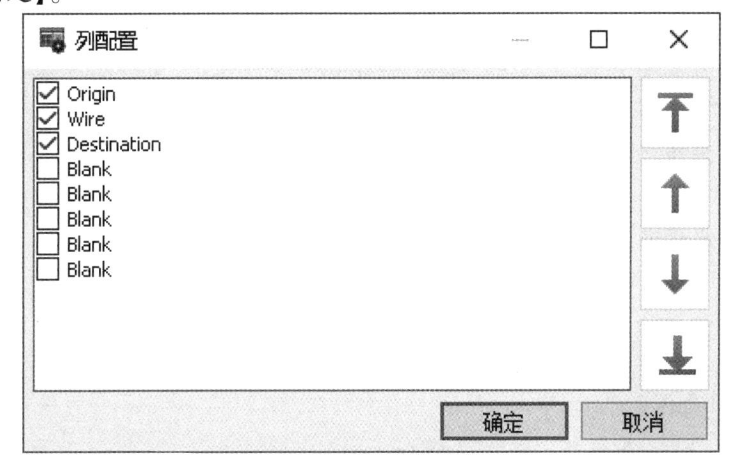

图18-12　隐藏列

步骤13　预览报表　单击【应用】，再单击【关闭】。

回到报表管理器中查看报表预览，如图18-13所示。

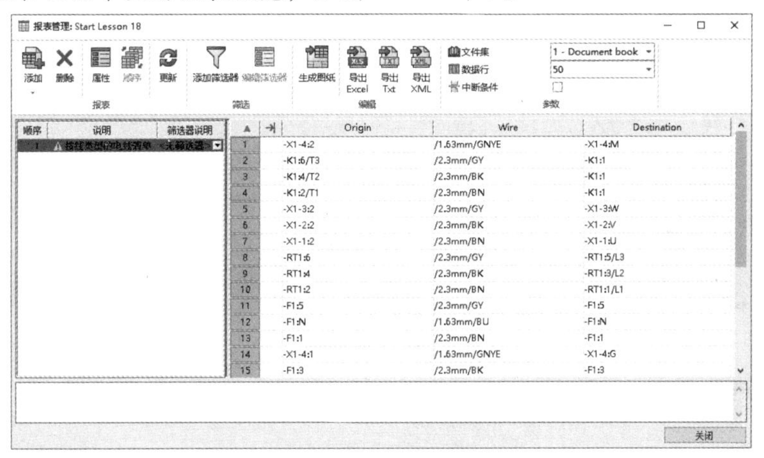

图18-13　预览报表

> **注意**　后期还可以继续开发，如修改列宽、修改排序以及添加接线数据，开发出一个复杂的SQL查询。

练习　简易报表

创建和修改报表，调整显示和排序信息。

本练习将使用以下技术：

- 报表重命名。
- 激活专家模式。
- 创建查询。

- 添加字段。
- 设置列。
- 预览报表。

操作步骤

开始本练习前，解压缩并打开“Start_Exercise_18. proj”，文件位于文件夹“Lesson18\Exercises”内。修改空的工程报表，创建查询，关联变量到列，预览报表。

步骤 1　报表重命名　更改报表名称为“DWGList”，更改说明为“Drawing Index”，设置类型为“图纸”。

步骤 2　创建查询　在专家模式中编辑查询，添加下列字段：

- Last revision number
- Modification date
- Mark
- Translated data 0

提示　前三个查询字段在【延伸视图】/“vew_file_ex”/“tew_file”的“主字段”下，第四个查询字段在“可译字段（主要语言）”下。

步骤 3　关联字段　删除第一列，关联字段，结果如图 18-14 所示。

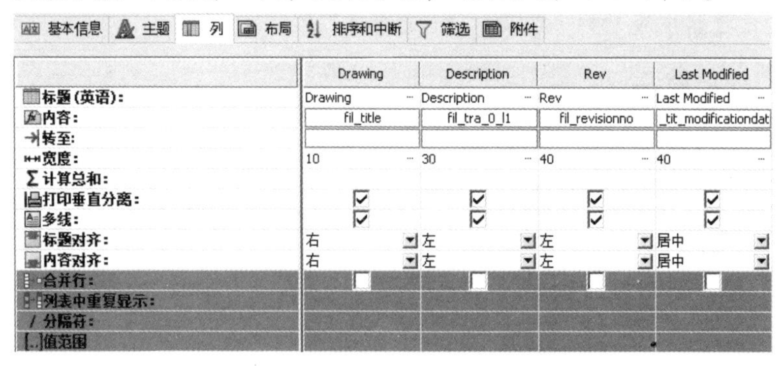

图 18-14　关联字段

步骤 4　预览报表　返回报表管理器，添加最新修改的报表并预览，结果如图 18-15 所示。

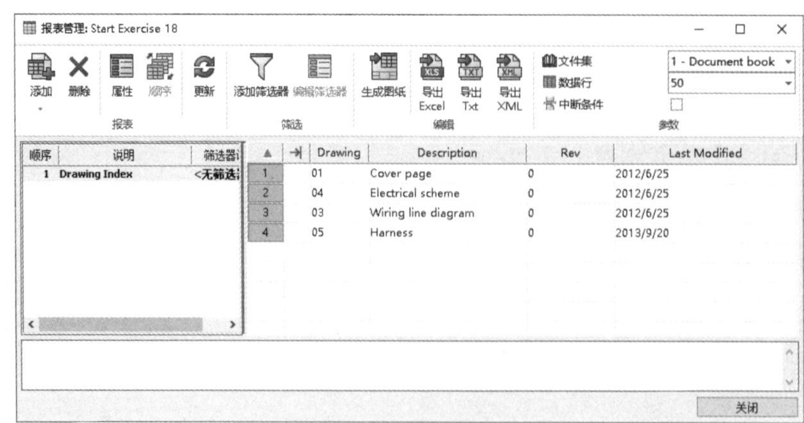

图 18-15　预览报表